"十三五"职业教育国家规划教材

动物营养与饲料应用技术

主　编◎陈翠玲　方希修

副主编◎范秀敏　宋　林

DONGWU YINGYANG YU

SILIAO YINGYONG JISHU

北京师范大学出版集团
BEIJING NORMAL UNIVERSITY PUBLISHING GROUP

北京师范大学出版社

图书在版编目(CIP)数据

动物营养与饲料应用技术 / 陈翠玲，方希修主编 . —2 版 . —北京：北京师范大学出版社，2022.1

ISBN 978-7-303-22387-9

Ⅰ.①动… Ⅱ.①陈… ②方… Ⅲ.①动物营养－营养学－高等职业教育－教材 ②动物－饲料－高等职业教育－教材 Ⅳ.①S816

中国版本图书馆 CIP 数据核字(2017)第 115381 号

营 销 中 心 电 话	010-58802181　58805532
北师大出版社职业教育分社网	http：//zjfs. bnup. com
电 子 信 箱	zhijiao@bnupg. com

出版发行：北京师范大学出版社 www. bnupg. com

　　　　　北京市西城区新街口外大街 12-3 号

　　　　　邮政编码：100088

印　　　刷：保定市中画美凯印刷有限公司

经　　　销：全国新华书店

开　　　本：787 mm×1092 mm　　1/16

印　　　张：20

字　　　数：438 千字

版 印 次：2022 年 1 月第 2 版第 5 次印刷

定　　　价：40.00 元

策划编辑：华　珍　周光明	责任编辑：华　珍　周光明
美术编辑：李向昕	装帧设计：李向昕
责任校对：陈　民	责任印制：赵　龙

本书编审委员会

主　编　陈翠玲（黑龙江职业学院）

　　　　方希修（江苏农牧科技职业学院）

副主编　范秀敏（黑龙江职业学院）

　　　　宋　林（黑龙江职业学院）

参　编　王艳辉（黑龙江职业学院）

　　　　张绍男（黑龙江农业经济职业学院）

　　　　宋　哲（辽宁禾丰牧业股份有限公司）

　　　　周芝佳（黑龙江职业学院）

　　　　谭关索（长春博瑞科技股份有限公司）

　　　　（以上参编按姓氏笔画排序）

主　审　陈晓华（黑龙江职业学院）

前　言

　　本书是黑龙江职业学院畜牧兽医重点建设专业核心课教材，以"突出培养学生的自我学习能力、专业技术操作能力、社会能力和良好的职业道德，强调做中学，做中教"为原则编写。全书共有 4 个学习情境，具体内容如下：

　　学习情境 1：饲料原料选购。学生通过"模块 1：饲料与营养基础"的学习，了解动物营养与饲料基础知识，通过"模块 2：畜禽饲料选用"的学习，学会为反刍动物、单胃动物、毛皮动物、水产动物等合理选用饲料；通过"知识链接"，了解营养与环境保护以及饲料原料采购相关知识与基本技能。通过本情境的学习，为从事饲料采购及动物生产等岗位打下良好的基础。

　　学习情境 2：饲料原料质量检测。学生通过"模块 1：物理性状检测"、"模块 2：常规成分分析"、"模块 3：维生素检测"、"模块 4：微量元素检测"、"模块 5：有毒有害物质检测"、"模块 6：掺假物检测"等的学习，完成饲料样品采集与制备、饲料的物理性指标、饲料常规成分的分析、饲料有毒有害物质的检测、矿物质元素的分析、维生素的分析等项目的操作训练，了解饲料原料质量检测的基本方法，初步掌握各种分析检测的原理及方法步骤；通过"知识链接"，熟悉现代分析仪器的使用特点。通过本情境的学习，为从事饲料品控岗位工作需要奠定基础。

　　学习情境 3：饲料原料加工处理。学生通过"模块 1：精饲料加工"的学习，掌握植物性籽实饲料、饼粕类饲料及常用的动物性饲料加工方法；通过"模块 2：青粗饲料加工"的学习，掌握青干草、青贮饲料调制方法及粗饲料加工调制方法，通过"知识链接"，了解叶蛋白提取及添加剂原料的预处理方法，为进一步合理利用各种饲料原料打下基础。

　　学习情境 4：配合饲料产品生产。学生通过"模块 1：饲料配方设计"的学习，完成畜禽全价配合饲料配方设计、畜禽浓缩饲料配方设计、畜禽预混合饲料配方设计等项目的训练任务，基本掌握畜禽饲料配方设计的方法；通过"模块 2：饲料产品生产与应用"的学习，了解饲料厂配合饲料产品生产工艺流程，了解饲料产品生产过程的技术要点，熟悉饲料产品生产过程中质量管理措施，掌握饲料产品合理使用技巧，为从事饲料销售及售后服务、动物养殖等工作岗位需要打下基础。

　　本书建议教学时数为 120 学时，每个学习情境均设计了参考学时数。教学应在"教、学、做"一体化教室内进行，一体化教室应设有教学区、工作区和资料区，也可选择其中一个或几个情境的教学在企业中进行，以提高学生的职业认知能力。

　　本书的主要特色是：

　　1. 从畜牧兽医专业学生应具备的职业综合能力出发，基于工作过程系统化进行课程开发，按照"以能力为本位，以职业实践为主线，以具体产品生产为载体，以完整的工作过程为行动体系"的总体设计要求，以培养动物营养与饲料应用技术和相关职业岗位能力为基本目标，紧紧围绕工作任务完成的需要来选择和组织课程内容，突出工作任务与知识的紧密性。

2. 打破了传统的动物营养与饲料课程结构，不以知识的系统性构建课程内容，而是以完成工作任务为目标构建课程内容，以典型的饲料产品为载体，学生在工作过程中掌握动物营养与饲料应用技术的相关知识和技能，锻炼学生的自主学习和实际操作能力，提高学生的技能水平。

3. 与企业专家共同设计并开发了以真实饲料产品为载体的学习情境。学习情境的选择具有典型性、实践性、职业性、开发性和可拓展性。教学中采用"教、学、做"相结合的行动导向任务驱动等多种教学方法，灵活采用资讯、计划、决策、实施、检查和评价六个步骤进行教学。

本书由黑龙江职业学院陈翠玲教授任主编，由黑龙江职业学院陈晓华教授主审。本书编写任务分配：学习情境1由陈翠玲编写；学习情境2由周芝佳编写；学习情境3由范秀敏编写；学习情境4由宋林、王艳辉和方希修教师编写。附录一、附录三由王艳辉编写，附录二、附录四由张绍男编写；附录五由陈翠玲编写；附录六、附录七由范秀敏、方希修编写。书中新增文字及图表由张绍男和王艳辉等人负责完成校稿。辽宁禾丰牧业股份有限公司的宋哲、长春博瑞科技股份有限公司谭关索参与了本书的修订、指导工作。

由于编者水平有限，编写时间仓促，书中难免有错误和不当之处，望广大读者给予批评指正。在此表示衷心的感谢。

编　者

2021 年 10 月

内容提要

　　本书是黑龙江职业学院畜牧兽医重点建设专业的特色教材。本书整合了动物营养与饲料、饲料分析与质量检测技术、饲料生产、饲料加工工艺等课程内容，建立以典型饲料产品为载体的学习情境，适用于工作过程系统化的教学模式，突出职业能力培养。通过典型产品的生产与应用过程的学习，使学生掌握饲料原料选购、饲料原料质量检测、饲料原料加工处理、饲料产品生产与应用等专业技能。

　　本书收集了大量的资料和实物图片，并配有学习任务单、任务资讯单、相关信息单、作业单等辅助教学材料。本书既可作为高职高专院校畜牧兽医专业学生教材，也可作为饲料与动物营养、宠物养护与疾病防治、特种动物养殖等专业学生的教材。

目　录

学习情境 1

饲料原料选购

●●●●● 学习任务单

学习情境 1	饲料原料选购	学　时	32
布置任务			
学习目标	1. 通过自主学习，能够从营养价值及成分含量上认识各种饲料原料。 2. 通过动物营养原理知识的学习，掌握畜禽对各种营养物质需要的规律，并会运用这些规律科学指导养殖生产。 3. 通过自主学习，掌握各种饲料在畜禽养殖上的利用特点。 4. 在完成学习任务过程中，学会为畜禽等动物生产选用各种饲料原料。 5. 通过小组学习，培养学生具备一定的综合素质，如知识信息收集能力、学习能力、分析与解决问题的能力及团队合作能力。		
任务描述	学生根据某养殖场饲养规模、动物种类、年龄、生产性能、生产水平、饲料市场价格等因素，选购各种饲料原料。具体任务如下： 1. 运用牛营养需要原理知识及饲料相关知识为牛合理选用各种饲料。 2. 运用猪禽营养需要原理知识及饲料知识为猪禽合理选用各种饲料。 3. 运用家兔消化营养生理知识为家兔合理选用饲料。 4. 运用食肉毛皮动物的消化营养生理知识为貂、狐、貉等合理选用饲料。 5. 运用宠物营养需要原理知识及饲料知识为猫、狗合理选用各种饲料。 6. 通过市场调研或网络资源，了解饲料原料市场信息状态。 7. 根据原料采购规程要求，会编制原料接受标准。		
任务载体 工作场景	任务载体：饲料原料选购 工作场景：综合教室		
学时分配	资讯 12 学时 ｜ 计划 2 学时 ｜ 决策 2 学时 ｜ 实施 12 学时 ｜ 考核 2 学时 ｜ 评价 2 学时		
提供资料	1. 姚军虎. 动物营养与饲料. 北京：中国农业出版社，2001 2. 杨久仙，宁金友. 动物营养与饲料加工. 北京：中国农业出版社，2006 3. 陈翠玲. 动物营养与饲料应用技术. 北京：北京师范大学出版社，2011 4. 张淑娟. 经济动物生产. 北京：中国农业出版社，2011 5. 中国饲料行业信息网. 网址：http：// www. feedtrade. com. cn 6. 中国饲料原料信息网. 网址：http：// www. feedonline. cn 7. 中国养殖网饲料频道. 网址：http：// www. chinabreed. com/Feed		
对学生 要求	1. 以小组为单位完成学习任务，要求学生具备一定的沟通合作能力和团队精神。 2. 学生应具备基本的自学能力，能够按照资讯问题查阅并获取相关专业知识和信息。 3. 学生应具备一定的分析问题与解决问题的能力，能够按要求完成各项学习任务。 4. 学生应具备一定的观察、总结能力，在教师指导下完成对各种饲料识别能力、选用能力的训练。		

●●●● **任务资讯单**

学习情境1	饲料原料选购
资讯方式	资讯引导、看视频、实物观察、网站及相关信息单上查询问题；咨询指导教师。
资讯问题	模块1：饲料与营养基础 1. 饲料种类有哪些？饲料中含有哪些营养成分？ 2. 什么是必需氨基酸？必需氨基酸的种类有哪些？ 3. 什么是限制性氨基酸？第一限制性氨基酸在蛋白质营养中有什么意义？ 4. 单胃动物和反刍动物蛋白质营养需要各有什么特点？ 5. 以玉米—豆饼型为基础的日粮饲喂猪、鸡、奶牛时最感缺乏的氨基酸是什么？ 6. 提高饲料粗蛋白质利用率的措施有哪些？ 7. 什么是瘤胃氮素循环？其生理意义是什么？ 8. 奶牛日粮中添加尿素的给量方法有哪些？尿素的饲喂方式有哪些？ 9. 用尿素喂牛应注意什么问题？ 10. 粗纤维对畜禽有何生理功能？ 11. 影响饲料中粗纤维利用的因素有哪些？ 12. 比较单胃动物和反刍动物对脂肪类消化、吸收和代谢有什么异同？ 13. 饲料脂肪性质对畜禽产品品质有何影响？ 14. 饲料中能量在动物体内如何转化？影响能量转化的因素有哪些？ 15. 动物生产中衡量饲料能量价值的指标有哪些？ 16. 我国猪、鸡、奶牛配合饲料中常用的能量指标是什么？ 17. 影响钙、磷利用的因素有哪些？ 18. 如何预防幼畜禽铁、硒缺乏？ 19. 维生素的种类有哪些？各有什么特点？ 20. 哪些饲料中富含维生素？ 21. 哪些维生素与动物繁殖关系密切？如何满足动物对这些维生素的需要？ 22. 畜禽在什么情况下需要补充维生素C？ 23. 饲料中缺乏哪些营养素会导致畜禽贫血？ 24. B族维生素有何特点？ 25. 饲料中缺乏哪些营养素会导致畜禽骨骼病变？ 26. 在应激状态下，动物应强化哪些营养？ 27. 动物体内水的来源及排泄途径有哪些？水对动物有何营养作用？ 28. 影响动物需水量的因素有哪些？ 模块2：畜禽饲料选用 29. 粗饲料种类有哪些？喂牛的饲用价值如何？ 30. 如何合理利用青干草饲喂奶牛？ 31. 青绿饲料营养价值如何？ 32. 如何合理利用各种青绿饲料饲喂牛羊、猪、禽？ 33. 青贮饲料有什么特点？使用青贮饲料饲喂奶牛应注意什么问题？ 34. 能量饲料的种类有哪些？各有何营养特点？在畜禽生产中如何合理利用？ 35. 蛋白质饲料的种类有哪些？在畜禽生产中如何合理利用？ 36. 各种饼粕类饲料在蛋白质品质方面有何不同？ 37. 如何合理利用各种饼粕类饲料喂猪、禽、牛等动物？

续表

资讯问题	38. 猪、禽、牛等动物常用的矿物质饲料有哪些？ 39. 在猪、鸡、牛的混合料中，盐分的给量范围是多少？ 40. 畜禽生产中使用的饲料添加剂种类有哪些？ 41. 畜禽饲料添加剂应具备哪些基本条件？ 42. 使用添加剂时应注意什么问题？ 43. 使用饲料级氨基酸添加剂应注意什么问题？ 44. 使用植酸酶时应注意什么问题？ 45. 油脂在养殖生产中有何作用？在各种畜禽饲粮中添加比例如何？ 46. 如果你是一个畜牧场场主，在选用饲料时，你会考虑哪些问题？ 47. 如何为猪、禽、牛、家兔合理选择饲料？ 48. 犬猫用的饲料与猪禽饲料有何不同？ 49. 为水产动物选用饲料时要注意什么问题？ 50. 你是如何理解动物营养与环境的关系的？ 51. 制定原料接受标准的主要依据是什么？ 52. 制订原料采购计划方案的主要步骤包括哪些？

●●●●● 相关信息单

模块 1　饲料与营养基础

单元 1　饲料类别

　　饲料是指在合理饲喂条件下能对动物提供营养物质、调控生理机能、改善动物产品品质，且不发生有毒、有害作用的物质。饲料是动物生产的物质基础，为了科学地利用饲料，有必要建立现代饲料分类体系，以适应现代动物生产发展需要。目前世界各国饲料分类方法尚未完全统一。美国学者 L. E. Harris(1956)的饲料分类原则和编码体系成为当今饲料分类编码体系的基本模式，被称为国际饲料分类法。20 世纪 80 年代初，在张子仪研究员主持下，依据国际饲料分类原则与我国传统分类体系相结合，提出了我国现行的饲料分类法和编码系统。

任务 1：认识国际饲料分类法

　　L. E. Harris 根据饲料的营养特性将饲料分为粗饲料、青绿饲料、青贮饲料、能量饲料、蛋白质补充料、矿物质饲料、维生素饲料、饲料添加剂八大类，并对每类饲料冠以 6 位数的国际饲料编码(International Feeds Number，IFN)，首位数代表饲料归属的类别，后 5 位数则按饲料的重要属性给定编码。编码分 3 节，表示为△－△△△－△△△。国际饲料分类依据及编码见表 1-1。

表 1-1　国际饲料分类的依据及编码

饲料分类	饲料类名	饲料类编码（IFN）	饲料分类依据（%）		
			天然含水量	DM 中 CF	DM 中 CP
1	粗饲料	1－00－000	＜45.0	≥18.0	
2	青绿饲料	2－00－000	≥45.0		
3	青贮饲料	3－00－000	≥45.0		
4	能量饲料	4－00－000	＜45.0	＜18.0	＜20.0
5	蛋白质补充料	5－00－000	＜45.0	＜18.0	≥20.0
6	矿物质饲料	6－00－000	包括天然矿物质、化工合成无机盐类		
7	维生素饲料	7－00－000	包括工业合成或提取单一种或复合维生素		
8	饲料添加剂	8－00－000	包括营养性和非营养性两大类		

任务 2：认知中国现行的饲料分类法

张子仪院士等在 1987 年建立了我国饲料数据库管理系统及饲料分类方法。该方法首先是根据国际饲料分类原则将饲料分成 8 大类，然后结合我国传统饲料分类习惯划分为 17 亚类，两者结合，对每类饲料冠以相应的中国饲料编码（Chinese Feeds Number，CFN），共 7 位数，首位为 IFN 的类别，第 2 位、第 3 位为 CFN 亚类编号，第 4～7 位为每一亚类的顺序号。编码分 3 节，表示为△－△△－△△△△。目前我国饲料行业和养殖领域均执行此类方法。

一、认知按饲料营养特性划分的八大类

1. 粗饲料（1－00－0000）　是指在自然状态下，天然含水量在 45% 以下，绝干物质中粗纤维含量在 18% 以上的饲料。粗饲料主要包括青干草、秸秆类及秕壳类等农副产品、高纤维糟渣类。

2. 青绿饲料（2－00－0000）　是指天然水分含量在 60% 以上的野生牧草和人工栽培的牧草及饲用作物。主要包括天然草地牧草、人工栽培牧草、叶菜类、根茎类、鲜树叶和水生植物等。

3. 青贮饲料（3－00－0000）　是指青饲料在密闭的青贮窖中，经过乳酸菌发酵，或采用化学制剂调制，或降低水分，以抑制植物细胞呼吸及其附着微生物的发酵损失，而使青饲料养分得以保存。常用的有玉米青贮饲料、燕麦青贮饲料、高粱青贮饲料等。

4. 能量饲料（4－00－0000）　是指天然含水量＜45%，干物质中粗纤维含量＜18%，粗蛋白含量＜20% 的饲料，主要包括谷实类、糠麸类、淀粉质的块根、块茎及瓜果类和其他加工副产物。

5. 蛋白质补充料（5－00－0000）　是指天然含水量＜45%，绝干物质中粗纤维含量＜18%、粗蛋白质含量在 20% 以上的饲料。主要包括植物性蛋白质饲料、动物性蛋白质饲料、单细胞蛋白质饲料和非蛋白含氮饲料四大类。

6. 矿物质饲料（6－00－0000）　是指用来提供常量元素与微量元素的天然矿物质及工业合成的无机盐类，也包括来源于动物的贝壳粉和骨粉。

7. 维生素饲料(7—00—0000)　由工业合成或提取的单一种或复合维生素,但不包括富含维生素的天然青绿饲料在内。分为脂溶性和水溶性维生素。

8. 饲料添加剂(8—00—0000)　是指在配合饲料中添加的各种少量或微量成分的总称。具有改善饲料的营养价值,提高饲料利用率,提高动物生产性能,降低生产成本;增进动物健康,改善畜产品品质;改善饲料的物理特性,增加饲料耐贮性。一般将其分为营养性添加剂和非营养性添加剂。

二、认知中国传统饲料分类习惯划分的十七亚类

1. **青绿多汁类饲料**　凡天然水分含量≥45%的栽培牧草、草地牧草、野菜、鲜嫩的藤蔓和部分未完全成熟的谷物植株等皆属此类。CFN 形式为 2—01—0000。

2. **树叶类饲料**　有 2 种类型:

(1)CFN 形式为 2—02—0000　采摘的树叶鲜喂,饲用时的天然水分含量≥45%的青绿饲料。

(2)CFN 形式为 1—02—0000　采摘的树叶风干后饲喂,干物质中粗纤维含量≥18%,如槐叶、松针叶等属粗饲料。

3. **青贮饲料**　有 3 种类型:

(1)CFN 形式为 3—03—0000　是由新鲜的植物性饲料调制成的青贮饲料,一般含水量在 65%～75%的常规青贮。

(2)CFN 形式为 3—03—0000　是低水分青贮饲料(或称半干青贮饲料),用天然水分含量为 45%～55%的半干青绿植物调制成的青贮饲料。

(3)CFN 形式为 4—03—0000　是谷物湿贮,以新鲜玉米、麦类籽实为主要原料,不经干燥即贮于密闭的青贮设备内,经乳酸发酵,其水分在 28%～35%。根据营养成分含量,属能量饲料,但从调制方法分析又属青贮饲料。

4. **块根、块茎、瓜果类饲料**　有 2 种类型:

(1)CFN 形式为 2—04—0000　天然水分含量≥45%的块根、块茎、瓜果类,如胡萝卜、芜菁、饲用甜菜等,鲜喂。

(2)CFN 形式为 4—04—0000　新鲜的块根茎类饲料脱水后的干物质中粗纤维和粗蛋白质含量都较低,干燥后属能量饲料,如甘薯干、木薯干等,干喂。

5. **干草类饲料**　包括人工栽培或野生牧草的脱水或风干物,其水分含量在 15%以下。水分含量在 15%～25%的干草压块亦属此类。有 3 种类型:

(1)CFN 形式为 1—05—0000　是指干物质中的粗纤维含量≥18%的饲料,属于粗饲料。

(2)CFN 形式为 4—05—0000　是指干物质中粗纤维含量<18%、粗蛋白质含量<20%的饲料,属能量饲料,如优质草粉。

(3)CFN 形式为 5—05—0000　是指一些优质豆科干草,干物质中的粗蛋白含量≥20%、粗纤维含量<18%的饲料,如苜蓿或紫云英的干草粉,属蛋白质饲料。

6. **农副产品类饲料**　有 3 种类型:

(1)CFN 形式为 1—06—0000　是指干物质中粗纤维含量≥18%的饲料,如秸、荚、壳等,属于粗饲料。

(2)CFN 形式为 4—06—0000　是指干物质中粗纤维含量<18%、粗蛋白含量<20%

的饲料，属能量饲料(罕见)。

(3)CFN 形式为 5－06－0000　是指干物质中粗纤维含量＜18％、粗蛋白质含量≥20％的饲料，属于蛋白质饲料(罕见)。

7. 谷实类饲料　谷实类饲料的干物质中，一般粗纤维含量＜18％、蛋白含量＜20％，如玉米、稻谷等，属能量饲料，CFN 形式为 4－07－0000。

8. 糠麸类饲料　有 2 种类型：

(1)CFN 形式为 4－08－0000　是饲料干物质中粗纤维含量＜18％、粗蛋白质含量＜20％的各种粮食的碾米、制粉副产品，如小麦麸、米糠等，属能量饲料。

(2)CFN 形式为 1－08－0000　是粮食加工后的低档副产品，如统糠、生谷机糠等，其干物质中的粗纤维含量≥18％，属于粗饲料。

9. 豆类饲料　有 2 种类型：

(1)CFN 形式为 5－09－0000　豆类籽实干物质中粗蛋白质含量≥20％、粗纤维含量＜18％，属蛋白质饲料，如大豆等。

(2)CFN 形式为 4－09－0000　个别豆类籽实的干物质中粗蛋白质含量＜20％，属于能量饲料，如江苏的爬豆。

10. 饼粕类饲料　有 3 种类型：

(1)CFN 形式为 5－10－0000　干物质中粗蛋白质≥20％、粗纤维含量＜18％，属于蛋白质饲料，大部分饼粕属于此类。

(2)CFN 形式为 1－10－0000　干物质中的粗纤维含量≥18％的饼粕类，即使其干物质中粗蛋白质含量≥20％，仍属于粗饲料类，如有些多壳的葵花籽饼及棉籽饼。

(3)CFN 形式为 4－08－0000　有一些饼粕类饲料，干物质中粗蛋白质含量＜20％、粗纤维含量＜18％，如米糠饼、玉米胚芽饼等，则属于能量饲料。

11. 糟渣类饲料　有 3 种类型：

(1)CFN 形式为 1－11－0000　干物质中粗纤维含量≥18％的饲料，属于粗饲料。

(2)CFN 形式为 4－11－0000　干物质中粗蛋白质含量＜20％、粗纤维含量＜18％的饲料，属于能量饲料，如优质粉渣、醋糟、甜菜渣等。

(3)CFN 形式为 5－11－0000　干物质中粗蛋白质含量≥20％、粗纤维含量＜18％的饲料，属蛋白质饲料，如含蛋白质较多的啤酒糟、豆腐渣等。

12. 草籽树实类饲料　有 3 种类型：

(1)CFN 形式为 1－12－0000　干物质中粗纤维含量≥18％的饲料，属于粗饲料，如灰菜籽等。

(2)CFN 形式为 4－12－0000　干物质中粗纤维含量＜18％、粗蛋白质含量＜20％的饲料，属能量饲料，如干沙枣等。

(3)CFN 形式为 5－12－0000　干物质中粗纤维含量＜18％、粗蛋白质含量≥20％的饲料，属蛋白质饲料，但较罕见。

13. 动物性饲料　有 3 种类型：

(1)CFN 形式为 5－13－0000　均来源于渔业、畜牧业的动物性产品及其加工副产品，其干物质中粗蛋白质含量≥20％的饲料，属蛋白质饲料，如鱼粉、动物血、蚕蛹等。

(2)CFN 形式为 4－13－0000　干物质中粗蛋白质含量＜20％，粗灰分含量也较低的动物油脂属能量饲料，如牛脂等。

（3）CFN 形式为 6－13－0000　干物质中粗蛋白质含量＜20％，粗脂肪含量也较低，以补充钙磷为目的，属矿物质饲料，如骨粉、贝壳粉等。

14. 矿物质饲料　是指可供饲用的天然矿物质，如石灰石粉等，CFN 形式为 6－14－0000；来源于动物性饲料的矿物质也属此类，如骨粉、贝壳粉等，CFN 形式为 6－13－0000。

15. 维生素饲料　是指由工业合成或提取的单一种或复合维生素制剂，如硫胺素、核黄素、胆碱、维生素 A、维生素 D、维生素 E 等，但不包括富含维生素的天然青绿多汁饲料，CFN 形式为 7－15－0000。

16. 饲料添加剂　有 2 种类型：

（1）CFN 形式为 8－16－0000　其目的是为了补充营养物质，保证或改善饲料品质，提高饲料利用率，促进动物生长和繁殖，保障动物健康而掺入饲料中的少量或微量营养性及非营养性物质。如添加饲料防腐剂、饲料黏合剂、驱虫保健剂等非营养性物质。

（2）CFN 形式为 5－16－0000　饲料中用于补充氨基酸为目的的工业合成赖氨酸、蛋氨酸等，属于蛋白质补充饲料。

17. 油脂类饲料及其他　油脂类饲料主要是以补充能量为目的，属于能量饲料，CFN 形式为　4－17－0000。

随着饲料科学研究水平的不断提高及饲料新产品的涌现，还会不断增加新的 CFN 形式。

任务 3：认知饲料中营养物质的构成

一、饲料中营养物质的组成

动物为了维持自身生命活动和生产，必须从饲料中摄取所需要的各种营养物质。

（一）元素组成及影响因素

1. 元素组成

应用现代分析技术测定得知，在已知的 109 种化学元素中，动植体内约含 60 余种，其中以碳、氢、氧、氮含量最多，占总量 95％以上。矿物质元素的含量较少，约占 5％，根据矿物质元素在动植物体内的含量多少，可分为两类：

（1）常量元素　含量占机体体重的 0.01％以上的元素，如钙、磷、钾、钠、氯、镁、硫等。

（2）微量元素　含量占机体体重的 0.01％以下的元素，如铁、铜、钴、锌、硒、碘、锰、钼、铬、矾、氟、镍、锡、砷、硅等。

2. 影响元素含量的因素

（1）植物体内化学元素的含量受植物种类、土壤、肥料、气候条件和收割、贮存时间等因素影响。

（2）动物体内化学成分的含量与动物种类、年龄、营养状况等有关。

（3）动植物体内皆以氧为最多，碳和氢次之，钙和磷较少。动物体内的钙、磷含量大大超过植物，钾含量则低于植物。其他微量元素的含量相对较稳定。

（二）营养物质的组成

动植物体内的元素是以复杂的有机或无机化合物形式存在，这些化合物主要是水分、蛋白质、脂肪、无氮浸出物、粗纤维等，它们构成了动植物体各种组织器官和产品。

1. 营养物质的概念

饲料中凡能被动物用以维持生命、生产产品的物质统称为营养物质，简称养分。饲料中的养分可以是简单的化学元素，如钙、磷、镁、钠、氯、硫、铁、铜等，也可以是复杂的化合物，如蛋白质、脂肪、碳水化合物和各种维生素。

2. 营养物质的划分

分析饲料中营养物质的方法很多，最常用的方法是常规分析（概略养分分析法），但随着营养科学的发展和饲料养分分析方法的不断改进，分析手段越来越先进，随着氨基酸自动分析仪、原子吸收光谱仪、气相色谱分析仪等的使用，使饲料分析的劳动强度大大减轻，分析的效率不断提高，各种纯养分皆可进行分析，促使动物营养研究更加深入细致，饲料营养价值评定也更加精确可靠。

按常规分析方法可将饲料中的养分概略地划分为六类，即水分、粗灰分、粗蛋白质、粗脂肪、粗纤维和无氮浸出物。该分析方案概括性强，简单、实用，尽管分析中存在一些不足，特别是粗纤维分析尚待改进，目前世界各国仍在采用。

（1）水分　各种饲料均含有水分，其含量差异很大，最高可达95%以上，最低可低于5%。水分含量多的饲料，干物质含量少，营养浓度低，相对而言，营养价值也低。植物幼嫩时含水较多，成熟后水分含量减少；植株部位不同，水分含量也有差异，枝叶中水分较多，茎秆中水分较少。青绿多汁饲料和各类鲜糟渣饲料中水分含量较多，谷物籽实和糠麸类饲料中水分含量较少，而酒糟、糖渣及粉渣等饲料含水量较高甚至可达90%以上。水分含量多不利于饲料的贮存和运输，一般保存饲料的水分以不高于14%为宜。

饲料中的水分以两种状态存在。一种是含于动植物体细胞间、与细胞结合不紧密、容易挥发的水，称为游离水或自由水；另一种是与细胞内胶体物质紧密结合在一起、形成胶体水膜、难以挥发的水，称为结合水或束缚水。游离水与结合水之和称为总水分。除去初水分和吸附水的饲料为绝干物质（缩写 DM）。绝干物质是比较各种饲料养分多少的基础。

（2）粗灰分（缩写 ash）　粗灰分是饲料、动物组织和动物排泄物样品在 $550\ ℃\sim600\ ℃$ 高温炉中完全彻底燃烧后剩余的残渣。主要为矿物质氧化物或盐类等无机物质，有时还含有少量泥沙，故称粗灰分。

（3）粗蛋白质（缩写 CP）　粗蛋白质是常规饲料分析中用以估计饲料、动物组织或动物排泄物中一切含氮物质的指标，它包括真蛋白质和非蛋白含氮物（缩写 NPN）两部分。NPN 包括游离氨基酸、硝酸盐、氨等。

常规饲料分析测定粗蛋白质，是用凯氏定氮法测出饲料样品中的氮含量后，用含氮量乘 6.25 计算粗蛋白质含量。6.25 称为蛋白质的换算系数，代表饲料样品中粗蛋白质的平均含氮为 16%。因此，一般测定粗蛋白质都用 6.25 进行计算。

（4）粗脂肪（缩写 EE）　粗脂肪是饲料、动物组织、动物排泄物中脂溶性物质的总称。常规饲料分析是用乙醚浸提样品所得的乙醚浸出物。粗脂肪中除真脂肪外，还含有其他溶于乙醚的有机物质，如叶绿素、胡萝卜素、有机酸、树脂、脂溶性维生素等物质，故称粗脂肪或乙醚浸出物。

(5)粗纤维(缩写 CF)　粗纤维是植物细胞壁的主要组成成分，包括纤维素、半纤维素、木质素及角质等成分。常规饲料分析方法测定的粗纤维，是将饲料样品经 1.25% 的稀酸、1.25% 的稀碱各煮沸 30 min 后，所剩余的不溶解碳水化合物。其中纤维素是由 $\beta-1,4-$葡萄糖聚合而成的同质多糖；半纤维素是葡萄糖、果糖、木糖、甘露糖和阿拉伯糖等聚合而成的异质多糖；木质素是苯丙烷衍生物的聚合物，它是动物利用各种养分的主要限制因子。

该方法在分析过程中，有部分半纤维素、纤维素和木质素溶解于酸、碱中，使测定的粗纤维含量偏低，同时又增加了无氮浸出物的计算误差。为了改进粗纤维分析方案，Van Soest(1976)提出了用中性洗涤纤维(缩写 NDF)、酸性洗涤纤维(缩写 ADF)、酸性洗涤木质素(缩写 ADL)作为评定饲草中纤维类物质的指标。同时将饲料粗纤维中的半纤维素、纤维素和木质素全部分离出来，能更好地评定饲料粗纤维的营养价值。

粗饲料中粗纤维含量较高，粗纤维中的木质素对动物没有营养价值。反刍动物能较好地利用粗纤维中的纤维素和半纤维素，非反刍动物借助盲肠和大肠微生物的发酵作用，也可利用部分纤维素和半纤维素。

(6)无氮浸出物(缩写 NFE)　无氮浸出物包括淀粉、菊糖、双糖、单糖等。常规饲料分析不能直接分析饲料中无氮浸出物含量，而是通过计算求得。常用植物性饲料中无氮浸出物含量一般在 50% 以上，特别是禾本科籽实和淀粉质的块根、块茎类饲料中含量高达 70%~85%。饲料中无氮浸出物含量高，适口性好，消化率高，是动物能量的主要来源。动物性饲料中无氮浸出物含量很少。无氮浸出物中还包括水溶性维生素等成分。

3. 影响植物性饲料中营养物质含量的因素　了解影响饲料中营养物质组成的因素，一方面能正确地认识饲料的营养价值和查用饲料成分表，做到合理利用饲料；另一方面可采取适当的措施，改变饲料的营养物质组成，提高饲料的营养价值。

(1)饲料种类及品种。不同种类饲料中营养物质的组成差异很大，如青饲料中水量和各种维生素均丰富。蛋白质饲料中粗蛋白质的含量高，品质也较好。禾本科籽实中富含淀粉。同一种饲料，其营养物质的组成也因品种不同而异。蛋白质、脂肪、矿物质的含量随植物种类不同差异很大。如豆科植物含蛋白质较多，牧草特别是豆科牧草含矿物质相对较多。一般来说，动物体内的蛋白质含量较高，植物体内碳水化合物含量较高。

(2)植物在不同生长阶段，养分的含量不同。随着植物的逐渐成熟，蛋白质、矿物质和类胡萝卜素的含量逐渐减少，而粗纤维的含量则逐渐增加。植物体水分含量随植物从幼龄至老熟，逐渐减少。

(3)植物的部位植物的部位不同，各种化学成分含量差异较大。植物成熟后，籽实中蛋白质、脂肪和无氮浸出物含量皆高于茎叶，粗纤维含量则低于茎叶。植物叶片中蛋白质、脂肪、无氮浸出物含量比茎秆高，粗纤维则比茎秆低。动物生产上，叶片保存完整的植物饲料营养价值也相对较高。

植物的叶片中蛋白质、矿物质及维生素等养分含量丰富，远远超过其茎秆，因此，在收获、晒制和贮存过程中，应该尽量避免叶片的损失。

(4)植物的贮存时间及条件。在植物收获后，经过长期贮存，养分的含量也有很大变化。良好的贮存条件下，损失的程度会得到一定控制。

二、动、植物饲料组成成分的比较

植物性饲料与动物体化学成分间有以下个几方面的差异。

1. 成分上的差异

（1）碳水化合物　碳水化合物是植物体的结构物质和贮备物质。植物体内的碳水化合物包括无氮浸出物和粗纤维；而动物体内没有粗纤维，只含有少量的葡萄糖、低级羧酸和糖原。

（2）粗蛋白质　植物体内的蛋白质包括纯蛋白质和氨化物，且构成蛋白质的氨基酸种类不齐全，品质较差。氨化物在植物生长旺盛时期和发酵饲料中含量最多，主要包括游离氨基酸、硝酸盐类；而动物体内的蛋白质，除纯蛋白质外，仅含有一些游离氨基酸、酶和激素，且构成蛋白质的氨基酸种类齐全、品质好；构成动植体蛋白质的氨基酸种类相同，但植物体能合成全部的氨基酸，动物体则不能全部合成，一部分氨基酸必须从饲料中获得。

（3）粗脂肪　植物中的粗脂肪包括中性脂肪、磷脂、脂肪酸、脂溶性维生素、树脂和蜡质；而动物体内的粗脂肪不含树脂和蜡质，其余成分相同或相似；动物体内的脂类主要是结构性的复合脂类，如磷脂、糖脂、鞘脂、脂蛋白质和贮存的简单脂类，而植物种子中的脂类主要是简单的甘油三酯，复合脂类是细胞中的结构物质，含量很少。

2. 质量上的差异

动物体与饲料各种成分的含量及变化幅度也极不一致，并且植物性饲料养分含量变化幅度明显高于动物体。主要表现为以下几点：

（1）水分　植物性饲料因种类不同，含水量在 5%～95% 变化；而动物体的含水量虽然也有变化，但成年动物（生长育肥动物除外）比较稳定，一般多为体重的 1/2～2/3，如成年牛体内含水仅 40%～60%。

对生长育肥动物而言，动物体内水分随年龄增长而大幅度降低。如牛在胚胎期含水高达 95%，初生犊牛含水 75%～80%，5 月龄幼牛含水 66%～72%。降低的原因是由于体脂肪的增加，如瘦阉牛体内含脂肪 12%，含水 64%；肥阉牛体内含脂肪 41%，含水 43%。又如猪从体重 8 kg 至 100 kg，水分从 73% 下降到 49%，脂肪则从 6% 上升到 36%。由此可见，动物体内的水分和脂肪的消长关系十分明显。

水分是动物体成分之一，不同器官和组织因机能不同，水分含量亦不同。血液含水分 90%～92%，肌肉含水分 72%～78%，骨骼组织含水分约 45%，牙齿珐琅质含水分仅 5%。

（2）蛋白质和脂肪　在各种动物体内，蛋白质和脂肪的含量除肥育家畜有明显变化外，一般健康的成年动物都相似。但植物性饲料则不然，由于植物种类不同，在粗蛋白质和脂肪含量上有很大差异。例如块根、块茎类饲料的粗蛋白质含量不超过 4%，粗脂肪含量在 0.5% 以下，而大豆中粗蛋白质含量为 37.5%，粗脂肪含量为 16%。

（3）碳水化合物　动物体内的碳水化合物含量低于 1%，主要以肝糖原和肌糖原形式存在。肝糖原占肝鲜重的 2%～8%、总糖原的 15%。肌糖原占肌肉鲜重的 0.5%～1.0%、总糖原的 80%。其他组织中糖原约占 5%。葡萄糖是重要的营养性单糖，肝、肾是体内葡萄糖的贮存库。

植物体内的碳水化合物含量高，如块根、块茎和禾本科谷物籽实干物质中淀粉等营养性多糖含量达 80% 以上。豆科籽实中棉籽糖、水苏糖含量高。甘蔗、甜菜等茎中蔗糖含量特别高。

此外，动物体内灰分含量比植物体内多。特别是钙、磷、镁、钾、钠、氯、硫等常量矿物质元素的含量高于植物体。

3. 动植物在组成上存在异同的原因

动物从饲料中摄取各种营养物质后，必须经过体内的新陈代谢过程，才能将饲料中的营养物质转变为机体成分、动物产品或为使役提供能量。由于转化过程造成二者在组成上出现不同。动物体成分与饲料成分间的关系可概括如下：

(1)动物体水分来源于饲料水、代谢水和饮用水；

(2)动物体蛋白质来源于饲料中的蛋白质和氨化物；

(3)动物体脂肪来源于饲料中的脂肪、无氮浸出物、粗纤维及蛋白质的脱氨部分；

(4)动物体内的糖分来源于饲料中的碳水化合物；

(5)动物体内的矿物质来源于饲料、饮水和土壤中的矿物质；

(6)动物体内的维生素来源于饲料中的维生素和动物体内合成的维生素。

上述这种转化并不是绝对的，因为饲料中的各种营养物质，在动物体内的代谢过程中，存在着相互协调、相互代替或相互颉颃等复杂关系。

三、营养物质消化吸收方式

动物采食饲料是为了从饲料中获得所需要的营养物质，但饲料中的营养物质一般不能直接进入体内，必须经过消化道内一系列消化过程，将大分子有机物质分解为简单的、在生理条件下可溶解的小分子物质，才能被吸收。不同动物对不同饲料的消化利用程度不同，饲料中各种营养物质消化吸收的程度直接影响其利用效率。了解动物消化饲料的基本规律和特点，有利于合理向动物供给饲料，科学认识动物的营养过程，提高饲料利用率，降低动物生产成本，节约利用饲料。

(一)消化方式

不同种类畜禽消化系统的结构和功能不同，但是它们对营养物质的消化却具有许多共同的规律，都存在着以下三种消化方式。

1. 认知物理性消化

物理性消化是指饲料在动物口腔内的咀嚼和在胃肠运动中的消化。该方式是依靠动物的牙齿和消化道管壁的肌肉运动把饲料压扁、撕碎、磨烂，从而增加饲料的表面积，更容易与消化液充分混合，并把食糜从消化道的一个部位运送到另一个部位，有利于饲料在消化道形成多水的悬浮液，为胃和肠的化学消化与微生物消化做好准备。

口腔是猪、马、牛、羊、犬、猫、兔等哺乳动物主要的物理消化器官，对改变饲料粒度起着十分重要的作用。

鸡、鸭、鹅等禽类对饲料的物理消化，主要是通过肌胃收缩的压力和饲料中硬质物料的切揉，从而使饲料粒度变小。因此，禽类在笼养条件下，配合饲料中一般应适量添加硬质沙砾。

物理性消化改变了饲料颗粒大小，饲料没有发生化学变化，其消化产物不能被吸收。由于饲料粒度对咀嚼及消化器官的肌肉运动产生机械刺激，进而促进了消化液的分泌，有利用于化学性消化，因此，各种动物均不提倡将精饲料粉碎过细。

2. 认知化学性消化

化学性消化主要是酶的消化，是饲料变成动物能吸收的营养物质的一个过程，单胃动物与反刍动物都存在着酶的消化，但是这种消化对单胃动物的营养具有特别重要的作用。

动物的口腔可以分泌唾液，口腔中的唾液通常用来润湿食物，便于吞咽。唾液中含有淀粉酶，但因动物种类不同，淀粉酶的含量也不同。人、兔和鼠的唾液中含有淀粉酶较多，猪和家禽唾液中含有少量淀粉酶，牛、羊、马、犬、猫等唾液中不含淀粉酶或含量极少。唾液淀粉酶在动物口腔内消化活性很弱，在胃内还可以进一步发挥消化作用。反刍动物唾液中所含 $NaHCO_3$ 和磷酸盐对维持瘤胃适宜酸度具有较强的缓冲作用，唾液分泌量对维持瘤胃稳定的流质容积也起重要作用。

胃、肠内的消化酶有多种，大多数存在于腺体所分泌的消化液中，有的存在于肠黏膜内或肠黏膜脱落细胞内。消化腺所分泌的酶主要是水解酶，具有高度的特异性，根据其作用的底物不同而将酶分为三组，即蛋白分解酶、脂肪分解酶及糖分解酶，每组又包括数种。不同生长阶段的动物，所分泌的消化酶的种类、数量及活性均不相同，这一特性为合理组织动物饲养提供了科学依据。

3. 认知微生物消化

消化道内的微生物在消化过程中起着积极作用。这种作用对反刍动物和草食动物的消化十分重要，是其能够大量利用粗饲料的根本原因。瘤胃是反刍动物微生物消化的主要场所，盲肠和大肠是草食动物微生物消化的主要场所。动物对饲料中粗纤维的消化，主要靠消化道内微生物的发酵。

（1）反刍动物微生物消化

① 瘤胃内环境特点：反刍动物的瘤胃相当于一个厌氧性微生物接种和繁殖的活体发酵罐。其内容物含干物质 10%～15%，含水分 85%～90%，虽然经常有食糜流入和排出，但食物和水分相对稳定，能保证微生物繁殖所需的各种营养物质。瘤胃内 pH 范围是 5.0～7.5，呈中性或略偏酸，适合微生物的繁殖。由于瘤胃发酵产生热量，所以瘤胃内温度通常超过体温 1℃～2℃，一般为 38.5℃～40℃，适合各种微生物的生长。

② 瘤胃内微生物消化：成年反刍动物的瘤胃容积大，约为胃总容积的 80%，消化道总容积的 70%。它就像一个高效率的发酵罐，其中寄生着数量巨大的细菌和纤毛虫，饲料中 70%～85% 的干物质和 50% 粗纤维在瘤胃内被消化。

瘤胃内的微生物能分泌淀粉酶、蔗糖酶、呋喃果聚糖酶、蛋白酶、胱氨酸酶、半纤维素酶等物质。饲料中的营养物质被微生物酶逐级分解，最终产生挥发性脂肪酸等营养物质供宿主利用，同时产生甲烷等大量气体，通过嗳气排出体外。瘤胃微生物能直接利用由饲料蛋白质分解的氨基酸合成菌体蛋白，细菌在有碳链和能量供给的条件下，也可利用氨态氮合成菌体蛋白。

（2）非反刍草食动物微生物消化　马的盲肠类似反刍动物的瘤胃，食糜在盲肠和结肠滞留达 12h 以上，经微生物发酵，饲草中纤维素 40%～50% 被分解为挥发性脂肪酸和二氧化碳等。家兔的盲肠和结肠有较强的蠕动与逆蠕动功能，从而保证盲肠内微生物对饲料残渣中粗纤维进行充分消化。

（3）猪禽的微生物消化　猪能靠大肠内微生物发酵作用，而少量利用饲料中的粗纤维。家禽嗉囊除贮存食物外，也适宜微生物栖居和活动，饲料中粗纤维在嗉囊内可初步进行微生物发酵性消化。

(4)微生物消化的特点 可将大量不能被宿主直接利用的物质转化成能被宿主利用的高质量的营养素。但在微生物消化过程中，也有一定数量的可直接被宿主利用的营养物质首先被微生物利用或发酵损失，这种营养物质二次利用明显降低利用效率，特别是能量利用效率。

畜禽最大生产性能的发挥，有赖于它们所具有的正常胃肠道环境和健康的体况。因为胃肠道正常微生物区系从多方面影响消化道环境的稳定和动物的健康。由于近年大量使用抗生素，破坏了胃肠道正常微生物区系，目前人们试图通过直接饲喂微生态制剂(或称益生素)、使用化学物质(如有机酸、寡聚糖等)等方法恢复胃肠道的正常微生物区系，这一点在家禽及乳猪、仔猪饲养上的作用尤为显著。

上述三种消化方式，并不是彼此孤立进行，而是相互联系共同作用，只是在消化道某一部位或某一消化阶段或某种消化过程才居于主导地位。

(二)养分的吸收

1. 认知相关概念

什么是吸收？饲料被消化后，其分解产物经消化道黏膜上皮细胞进入血液或淋巴液的过程称为吸收。

什么是可消化营养物质？动物营养研究中，把消化吸收了的营养物质视为可消化营养物质。

2. 认知动物对营养物质的吸收特点

(1)各种动物口腔和食道内均不吸收营养物质。

(2)消化道的部位不同，对各种营养物质的吸收程度不同。

(3)消化道各段都能不同程度地吸收无机盐和水分。

(4)单胃动物的胃吸收能力有限，只能吸收少量的水分、葡萄糖、小肽和无机盐。成年反刍动物的瘤胃能吸收大量的挥发性脂肪酸和氨，约75%的瘤胃微生物消化产物在瘤胃中吸收，其余三个胃主要是吸收水和无机盐。

(5)小肠是各种动物吸收营养物质的主要场所，其吸收面积最大，吸收的营养物质也最多。

(6)肉食动物的大肠对有机物的吸收作用有限，而草食动物和猪的盲肠及结肠中，还存在较强烈的微生物消化，对其消化产物，盲肠和结肠的吸收能力也较强。

3. 认知养分的吸收方式

根据养分吸收的机理，养分吸收方式分为以下三种。

(1)胞饮吸收 胞饮吸收是细胞通过伸出伪足或与物质接触处的膜内陷，从而将这些物质包入细胞内。以这种方式吸收的物质有分子形式、团块或聚集物的形式。初生哺乳动物就是通过胞饮吸收方式吸收初乳中免疫球蛋白获取抗体的。

(2)被动吸收 被动吸收是通过动物消化道上皮的滤过、简单扩散和易化扩散、渗透等作用，将消化了的营养物质吸收进入血液和淋巴系统的吸收方式。这种方式不需要消耗机体能量，如简单的多肽、各种离子、电解质、水及水溶性维生素和某些糖类的吸收均为被动吸收。

(3)主动吸收 主动吸收主要靠消化道上皮细胞的代谢活动，是一种需消耗能量的吸收过程，营养物质的主动吸收需要有细胞膜上载体的协助。主动吸收是高等动物吸收营养物质的主要途径，绝大多数有机物的吸收依靠主动吸收完成。

四、衡量动物的消化力与饲料的可消化性的指标

（一）认知消化力与可消化性的概念

1. 什么是动物的消化力？动物消化饲料中营养物质的能力称为动物的消化力。

2. 什么是饲料的可消化性？饲料被动物消化的性质或程度称为饲料的可消化性。

（二）衡量指标

消化率是衡量动物的消化力和饲料的可消化性这两方面的统一指标，它是饲料中可消化营养物质占食入营养物质的百分率。其中可消化营养物质等于食入营养物质减去粪中营养物质。消化率的计算公式如下：

$$消化率(\%)=\frac{食入营养物质-粪便中营养物质}{食入营养物质}\times100\%=\frac{可消化营养物质}{食入营养物质}\times100\%$$

因粪便中所含各种营养物质并非全部来自饲料，有少量来自消化道分泌的消化液、肠道脱落细胞、肠道微生物等内源性产物，所以前面所述的消化率为表观消化率。而真实消化率应按下式计算：

$$真实消化率(\%)=\frac{食入营养物质-（粪中排出营养物质-粪中代谢产物）}{食入营养物质}\times100\%$$

表观消化率比真实消化率低，但真实消化率的测定比较复杂困难，因此，一般测定和应用的饲料营养物质消化率多是表观消化率。饲料的消化率可通过消化试验测得。

不同动物因消化力不同，对同一种饲料的消化率也不同；不同种类的饲料因可消化性不同，同一种动物对其消化率也不同。

（三）影响消化率的因素

影响消化率的因素很多，一般而言，凡是影响动物消化生理、消化道结构和机能以及饲料性质的因素，都会影响消化率，如动物、饲料、饲料的加工调制、饲养水平等。

1. 动物因素

（1）动物种类　不同种类的动物，由于消化道的结构、功能、长度和容积不同，因而消化力也不一样。一般来说，不同种类动物对粗饲料的消化率，差异较大。牛对粗饲料的消化率最高，羊稍次，猪较低，家禽几乎不能消化粗饲料中的粗纤维。精料、块根茎类饲料的消化率，动物种类间差异较小。

（2）动物的年龄　动物从幼年到成年，消化器官和机能发育的完善程度不同，则消化力强弱不同，对饲料的消化率也不一样。一般而言，随着年龄的增加而呈上升的趋势，尤以粗纤维最明显，无氮浸出物和有机物质的消化率变化不大。老年动物因牙齿衰残，不能很好地磨碎食物，消化率又逐渐降低。

（3）个体差异　同年龄、同品种的不同个体，因培育条件、体况、神经类型等的不同，对同一种饲料的消化率仍有差异。一般对混合料差异可达6%，谷实类差异可达4%，粗饲料差异可达12%～14%。

2. 饲料方面的因素

（1）饲料的种类　不同种类、不同来源的饲料因营养物质的含量和性质不同，可消化性亦不同。

（2）生长期　一般幼嫩的饲料可消化性较好，而粗老的饲料可消化性较差。各类作物的籽实可消化性较好，而茎秆的可消化性较差。

（3）化学成分　饲料中化学成分不同，对饲料消化率影响也不同。一般而言，粗蛋白质和粗纤维对消化率影响程度最大，饲料中粗蛋白质越多，消化率越高。原因是，饲料中粗蛋白质含量高，碳水化合物含量则相对较低，有利于动物消化液的分泌和营养物质的充分消化。对反刍动物而言，各种营养物质的消化率随饲料蛋白质水平的升高而升高，其中有机物质和粗蛋白质本身消化率的变化最明显。单胃动物猪和禽也存在这种变化趋势，但没有反刍动物明显。饲料中粗纤维含量越高，则有机物质的消化率越低。这方面的变化非反刍动物更明显些。

（4）饲料中抗营养因子　饲料中抗营养因子是指饲料本身含有或从外界进入饲料中的阻碍营养物质消化的微量成分。常见的有影响蛋白质消化的因子（如蛋白质酶抑制剂、皂苷、单宁、胀气素等）、影响矿物质消化利用的因子（如植酸、草酸、葡萄糖硫苷、棉酚等）、影响维生素消化利用的因子（如能破坏维生素 A 的脂氧化酶、双香豆素、能影响维生素 B_1 利用的甲基芥子盐吡嘧胺及影响维生素 B_2 利用的异咯嗪等）。这些因子都不同程度地影响饲料消化率。

3. 饲养管理技术方面的因素

（1）饲料的加工调制　饲料加工调制方法很多，各种方法对饲料中营养物质的消化率均有影响，其影响程度因动物种类不同而异。如适度的磨碎有利于单胃动物对饲干物质、能量和氮的利用；适宜的加热、膨化可提高饲料中蛋白质等有机物质的消化率；碱化处理粗饲料有利于反刍动物对粗纤维的消化。

（2）饲养水平　随着饲喂量的增加，饲料的消化率降低。用维持水平或低于维持水平的饲料饲养，营养物质的消化率最高，而超过维持水平后，随着饲养水平的提高，消化率逐渐下降。饲养水平对猪的影响较小，对草食动物的影响较明显。

单元 2　蛋白质营养

任务 1：认知蛋白质组成及其来源

1. 认知蛋白质的组成

（1）元素组成　由碳、氢、氧、氮、硫、磷等构成。

（2）基本单位　20 余种氨基酸（AA）。

（3）氨基酸的分类及其相互关系如下：

① 必需氨酸（EAA）：畜禽营养上必需，但体内不能大量合成，不能满足机体需要，必须由饲料供给的一类 AA。

② 非必需氨基酸（UEAA）：畜禽营养上必需，但体内能大量合成，并能满足机体需要，不必由饲料供给的一类 AA。

③ 半必需氨基酸：畜禽饲粮中胱氨酸可代替部分蛋氨酸，丝氨酸可代替甘氨酸，酪氨酸可代替苯丙氨酸。故称胱氨酸、丝氨酸和酪氨酸为半必需氨基酸。

④ 限制性氨基酸：是指一定饲料或饲粮所含必需氨基酸的量与动物所需的必需氨基酸的量相比，比值偏低的氨基酸。由于这些氨基酸的不足，限制了动物对其他必需和非必

需氨基酸的利用，其中比值最低的称第一限制性氨基酸，以后依次为第二、第三、第四……限制性氨基酸。

⑤ 氨基酸的颉颃：某些氨基酸在过量的情况下，有可能在肠道和肾小管吸收时与另一种或几种氨基酸产生竞争，增加机体对这种氨基酸的需要，这种现象称为氨基酸的颉颃。如赖氨酸与精氨酸、苏氨酸与色氨酸、亮氨酸与异亮氨酸和缬氨酸、蛋氨酸与甘氨酸、苯丙氨酸与缬氨酸、苯丙氨酸与苏氨酸之间在代谢中都存在着一定的颉颃作用。

⑥ 氨基酸的互补作用：是指在饲粮配合中，利用各种饲料氨基酸含量和比例的不同，通过两种或两种以上饲料蛋白质配合，相互取长补短，弥补氨基酸的缺陷，使饲粮氨基酸比例达到较理想状态。

2. 认知蛋白质的来源

蛋白质有如下两个来源：

(1)植物性饲料　植物性饲料中粗蛋白包括纯蛋白和氨化物，植物中的蛋白质是由多种氨基酸构成，植物能合成所有的氨基酸。但植物蛋白质的氨基酸组成不平衡，品质较差。

(2)动物性饲料　动物源性饲料中除含有纯蛋白质，还含有游离氨基酸和一些激素，不含有氨化物。动物不能合成所有的氨基酸。动物蛋白质氨基酸组成较平衡，品质较好。

任务 2：认知蛋白质营养功能

1. 蛋白质是构成动物体的结构物质

动物的体表组织如毛、皮、羽、蹄、角等基本由角蛋白所构成；动物的肌肉、皮肤、内脏、血液、神经、结缔组织等也以蛋白质为基本成分。肌肉、肝、脾等组织器官的干物质中平均含蛋白质达 80% 以上。

此外，蛋白质也是体组织再生、修复、更新的必需物质。动物体内的蛋白质处于动态平衡状态，即通过新陈代谢作用而不断更新组织。据实验表明，动物体蛋白质总量中每天通常有 0.25%～0.30% 进行更新。

2. 蛋白质是调控物质

动物体内的体液、酶、激素和抗体等是动物生命活动所必需的调节因子。这些调节因子本身就是蛋白质。例如酶是具有催化活性的蛋白质，可促进细胞内生化反应的顺利进行；激素中有蛋白质或多肽类的激素，如生长激素、催产素等，在新陈代谢中起调节作用；具有抗病力和免疫作用的抗体，本身也是蛋白质。另外，运输脂溶性维生素和其他脂肪代谢的脂蛋白，运输氧的血红蛋白，以及在维持体内渗透压和水分的正常分布上，蛋白质都起着非常重要的作用。

3. 蛋白质是遗传物质的基础

动物的遗传物质 DNA 与组蛋白结合成为一种复合体—核蛋白。而以核蛋白的形式存在于染色体上，将本身所蕴藏的遗传信息，通过自身的复制过程遗传给下一代。DNA 在复制过程中，涉及 30 多种酶和蛋白质的参与协同作用。

4. 蛋白质可分解供能和转化为糖、脂肪

蛋白质的主要营养作用不是氧化供能，但在分解过程中，其代谢尾产物可氧化产生部分能量。尤其是当食入劣质的蛋白质或过量的蛋白质时，多余的氨基酸经脱氨基作用后，将不含氮的部分氧化供能或转化为脂肪贮存起来，以备能量不足时动用。在机体能量供应不足时，蛋白质也可分解供能，维持机体的代谢活动。在动物生产实践中应尽量避免蛋白质作为能源物质。正常条件下，鱼等水生动物体内亦有相当数量的蛋白质参与供能作用。

5. 蛋白质是动物产品的重要成分

蛋白质是形成乳、肉、蛋、皮、毛等畜产品的重要原料。除反刍动物外，食物蛋白质几乎是唯一可用以形成动物体蛋白质的氮来源。

任务3：认知蛋白质缺乏或过量对动物生产的影响

1. 缺乏对动物的影响

(1)降低消化系统的机能　动物缺乏蛋白质会出现食欲下降，营养不良及慢性腹泻等现象，影响消化道组织蛋白质的更新和消化液的正常分泌。

(2)影响动物生长发育　幼龄动物正处于皮肤、骨骼、肌肉等组织迅速生长和各种器官发育的旺盛时期，需要蛋白质多。若供应不足，幼龄动物增重缓慢，生长停滞，甚至死亡。

(3)导致贫血　蛋白质不足，体内就不能形成足够的血红蛋白和血细胞蛋白而患贫血症。

(4)抗病能力下降　因血液中免疫抗体的数量减少，使动物抗病力减弱，容易感染各种疾病。

(5)繁殖机能下降　蛋白质不足，会使公畜性欲降低，精子数量减少，精液品质下降。母畜不发情，性周期异常，受胎率低，胎儿发育不良，产弱胎、死胎或畸形胎儿。

(6)生产性能下降　蛋白质不足，可使生长家畜增重缓慢，动物泌乳量下降，家畜产毛量下降，产蛋禽蛋重变小，产蛋量降低，生长禽生长缓慢，体重减轻，羽毛干枯，抵抗力下降。

2. 过量对动物的危害

(1)造成浪费。

(2)加重肝肾负担，严重时引起肝肾的疾患，夏季还会加剧热应激。家禽会出现蛋白质中毒症(禽痛风)，主要症状是禽排出大量白色稀粪，并出现死亡现象，解剖可见腹腔内沉积大量尿酸盐。

任务4：认知单胃动物蛋白质营养需要特点

1. 认知单胃动物体内蛋白质消化代谢特点

(1)蛋白质消化的主要场所是小肠，靠化学方式进行消化，最终以大量氨基酸和少量寡肽的形式被机体吸收，进而被利用。

(2)能大量利用饲料中蛋白质，但不能大量利用氨化物。

(3)不能很好地改善饲料中蛋白质的品质。

(4)家禽、马属类与猪比较　家禽消化器官中的腺胃容积小，饲料停留时间短，消化作用不大。而肌胃又是磨碎饲料的器官，因此家禽蛋白质消化吸收的主要场所也是小肠，其特点大致与猪相同。马属动物和家兔等单胃草食动物的盲肠与结肠相当发达，它们在粗蛋白质的消化过程中起着重要作用。饲料中的粗蛋白质在马体内的消化和营养生理与反刍动物不同，与单胃杂食动物猪也有差别。粗蛋白质进入马体内后，主要的消化场所在小肠，其次是在盲肠和大结肠。若用干草作为马的唯一饲料时，由盲肠和结肠微生物酶消化的饲料粗蛋白质可占被消化蛋白质总量的 50% 左右，这一部位消化粗蛋白质的过程类似反刍动物。而胃和小肠蛋白质的消化吸收过程与猪类似。由此可见，马属类动物利用饲料中氨化物转化为菌体蛋白的能力比较强。

2. 认知单胃动物蛋白质需要特点

(1)对饲料中 EAA 的要求严格　成年动物需由饲料供给的必需氨基酸有 8 种，即赖氨酸、蛋氨酸、色氨酸、苯丙氨酸、亮氨酸、异亮氨酸、缬氨酸和苏氨酸。生长动物有 10 种，除上述 8 种外，还有精氨酸、组氨酸。雏鸡有 13 种，除上述 10 种外，还有甘氨酸、胱氨酸、酪氨酸。

(2)对饲料中 CP 水平的要求严格　非必需氨基酸也是动物营养上必需的，它们可借助饲料中的氮源或必需氨基酸来合成，这样对饲料中的氮源有一定要求。

3. 认知合理满足单胃动物蛋白质需求措施

(1)合理搭配日粮　构成日粮的饲料种类尽量多样化，饲料种类不同，所含的氨基酸的种类、数量也不同，多种饲料搭配，能起到氨基酸的互补作用，从而提高饲料蛋白质的转化率。

(2)补饲氨基酸添加剂　通过添加合成氨基酸，可降低饲粮粗蛋白质水平，改善饲粮蛋白质的品质，提高其利用率，从而减少氮的排泄。

(3)合理地供给蛋白质营养　参照饲养标准，均衡地供给氨基酸平衡的蛋白质营养，有利于饲料的高效利用。

(4)保证日粮中蛋白质与能量有适当比例　日粮中能量不足时，会加大蛋白质的供能消耗，造成蛋白质的浪费，导致蛋白质的转化效率降低，因此必须合理配合日粮中蛋白质与能量之间的比例，以最大限度地减少蛋白质的供能部分。

(5)适当控制日粮中粗纤维的水平　单胃动物饲粮中粗纤维过多，会加快饲料通过消化道的速度，不仅使其本身消化率降低，而且影响蛋白质及其他营养物质的消化。因此要严格控制单胃动物饲粮中粗纤维水平。

(6)合理地调制蛋白质饲料　生豆类及生豆饼类、棉子饼粕类、菜子饼粕类等均含抗营养因子，对蛋白质的利用有一定的影响，采取适当的方法进行脱毒处理，可破坏这些因子的活性，提高蛋白质的利用。

任务 5：认知反刍动物蛋白质营养需要特点

1. 认知反刍动物体内蛋白质消化代谢特点

(1)蛋白质消化的主要场所是瘤胃，靠生物学方式进行消化，其次在小肠，靠化学方式进行消化。

(2)反刍动物能大量利用饲料中蛋白质，也能大量利用氨化物。

(3)反刍动物能很好地改善饲料中劣质蛋白质的品质。

2. 认知反刍动物蛋白质需要特点

(1)对饲料中 EAA 的要求不太严格，主要强调蛋氨酸的供给。

(2)对饲料中 CP 水平的要求严格。

3. 认知反刍动物对氨化物（NPN）的利用

（1）利用机理 反刍动物对尿素、双缩脲等氨化物的利用主要靠瘤胃内的微生物。

尿素 $\longrightarrow$ 氨 ＋ 二氧化碳

碳水化合物 $\longrightarrow$ 酮酸 ＋ 挥发性脂肪酸

氨 ＋ 酮酸 $\longrightarrow$ 氨基酸 $\longrightarrow$ 细菌体蛋白

细菌体蛋白 $\longrightarrow$ 氨基酸

上述反应中细菌体蛋白的合成过程是在微生物细菌酶作用下完成的，而细菌体蛋白的消化利用是在真胃及小肠消化酶的作用下完成的。

（2）影响氨化物利用的因素 主要有日粮中淀粉含量、粗蛋白质含量、矿物质及维生素含量等。

① 淀粉的影响：淀粉降解速度与尿素分解速度相近，有利于菌体蛋白合成，牛日粮中若加尿素时，应适当增加淀粉质的精料。

② 粗蛋白质的影响：牛日粮中粗蛋白质含量超过 13％时，尿素被利用的程度下降，还易引起中毒，日粮中粗蛋白质含量低于 8％时，会影响瘤胃微生物生长繁殖，也会影响尿素的利用。所以建议牛日粮中粗蛋白质含量在 8％～13％时，可补加尿素。

③ 矿物质及维生素的影响：硫是瘤胃微生物利用氮源合成含硫氨基酸的原料，使用尿素做氮源时，应注意氮硫比要适宜，一般建议氮硫比为（10～14）：1。钴是瘤胃合成维生素 B_{12} 的原料，若日粮中钴不足，影响维生素 B_{12} 合成，导致尿素利用率下降。另外，钙、磷、镁、铁、锌、锰和碘等元素也是细菌生长繁殖必需的矿物质。

（3）奶牛日粮中尿素给量方法 按牛体重的 0.02％～0.05％供给；按牛日粮中干物质的 1％供给；按牛日粮中粗蛋白质的 20％～30％供给；按成年牛每天每头喂给 60～100 g，成年羊 6～12 g；按浓缩饲料的 3％～4％供给。

生后 2～3 个月的犊牛和羔羊因其瘤胃尚未发育完善而严禁喂尿素。如果日粮中含有氨化物较高的饲料时，尿素的用量可减半。

（4）尿素喂法 可将尿素均匀地搅拌到精料中混喂，最好用精料拌尿素后再与粗料拌匀；或将尿素加到青贮原料中一起青贮后饲喂。一般每吨玉米青贮原料可加入 4 kg 尿素和 2 kg 硫酸铵。

（5）使用尿素喂时注意事项 饲喂尿素时，开始少喂，逐渐增加喂量，使反刍动物有5～7 d 的适应期；每天尿素的给量应按顿饲喂；用尿素提供氮源时，应补充硫、磷、铁、锰、钴等的不足，因尿素不含这些元素，且氮与硫之比以（10～14）：1 为宜；禁止同含脲酶多的饲料（如生豆类、生豆饼类、苜蓿草籽、胡枝子等）混喂；严禁将尿素溶于水饮用，应在饲喂尿素后 3～4 h 饮水；喂奶牛时最好在挤奶后饲喂尿素，以防影响乳的品质；饥饿或空腹的牛禁止喂尿素，以防尿素中毒；如果饲粮本身含 NPN 较高，如使用青贮饲料，尿素用量则应酌减。

单元 3　碳水化合物营养

任务 1：认知碳水化合物组成与分类

目前，在生物化学中常用糖类这个词作为碳水化合物的同义语。不过，习惯上所谓糖，通常只指水溶性的单糖和低聚糖，不包括多糖。动物营养中把木质素也归入粗纤维和碳水化合物一并研究。碳水化合物是由碳、氢、氧组成的一类高分子化合物。

1. 按植物的细胞结构和性质分类

（1）无氮浸出物　又称可溶性碳水化合物，主要包括淀粉和糖类。淀粉在淀粉酶的作用下可分解成葡萄糖而被吸收。

（2）粗纤维　主要包括纤维素、半纤维素、木质素和果胶等，是饲料中最难消化的物质。畜禽本身不能消化粗纤维，而是通过肠道内微生物发酵把纤维素和半纤维素分解成单糖及挥发性脂肪酸后，再被畜禽利用。木质素并不是碳水化合物，畜禽体内的微生物也难分解之。木质素与纤维素紧密结合，构成细胞壁的重要成分。

2. 按糖分子的组成及糖单位多少分类

（1）单糖　包括丙糖、丁糖、戊糖、己糖、庚糖及衍生糖。

（2）低聚糖或寡糖（2～10 个糖单位）　包括二糖（蔗糖、乳糖、麦芽糖、纤维二糖）、三糖（棉籽糖、蔗果三糖）、四糖（水苏糖）等。其中二糖需降解后吸收。

饲用甜菜、水果中均含有庶糖，麦芽糖是淀粉和糖元水解过程的产物。纤维二糖不以游离状态存在，是纤维素的基本重复单位。糖用甜菜中含有少量棉籽糖。水苏糖普遍存于高等植物中，是由四个单糖构成（2 半乳糖＋葡萄糖＋果糖）。

（3）多聚糖（10 个糖单位以上）　包括同质多糖和杂多糖。

同质多糖是由 10 个以上同一糖单位通过糖苷键连起来形成直链或支链的一类糖。包括糖原（葡萄糖聚合物）、淀粉（葡萄糖聚合物）、纤维素（葡萄糖聚合物）、木聚糖（木糖聚合物）、半乳聚糖（半乳糖聚合物）、甘露聚糖（甘露糖聚合物）。

杂多糖是由 10 个以上不同糖单位组成。包括半纤维素（由葡萄糖、果糖、甘露糖、半乳糖、阿拉伯糖、木糖、鼠李糖、糖醛酸聚合而成）、阿拉伯树胶（由半乳糖、葡萄糖、鼠李糖、阿拉伯糖聚合而成）、菊糖（由葡萄糖、果糖聚合而成）、果胶（半乳糖醛酸的聚合物）、黏多糖（是以 N-乙酰氨基糖、糖醛酸为单位的聚合物）、透明质酸（是以葡萄糖醛酸、N-乙酰氨基糖为单位的聚合物）。

淀粉是一种葡聚糖，是具有两种不同结构的多糖。分直链和支链两种结构，一般为混合物，哪种结构多少取决于品种的不同，谷物、马铃薯中的淀粉，直链结构占 15％～30％，支链结构占 70％～85％。可通过加碘的特有反应来估测，直链结构遇碘变深蓝色，支链结构遇碘变蓝紫色或紫色。直链结构是 1，4 糖苷键，支链结构是 1，6 糖苷键。

菊科、禾本科的根茎、叶中含果聚糖，如半乳聚糖和甘露聚糖，是植物细胞壁的多糖类，以养分的贮备形式存在，发芽后糖类消失。

果胶质是紧密缔合的多糖，溶于热水，是高等植物细胞壁和细胞间质的主要成分。如甜菜渣、柑橘、水果皮中均有。

（4）其他化合物　包括几丁质、硫酸软骨素、糖蛋白质、糖脂、木质素。

透明质酸和硫酸软骨素存在于皮肤、润滑液、脐带中。木质素来源于苯丙烷的三种衍生物（香豆醇、松柏醇、芥子醇），通常与纤维素镶嵌在一起，影响动物消化利用。糖脂和糖蛋白属于复合碳水化合物，是单糖和单糖衍生物在水解过程中产生的物质。

任务2：认知碳水化合物的营养功能

1. 碳水化合物是体组织的构成物质

碳水化合物是细胞的构成成分，参与多种生命过程，在组织生长的调节上起着重要作用。例如透明质酸在软骨中起结构支持作用；糖脂是神经细胞的成分，对传导突触刺激冲动，促进溶于水中的物质通过细胞膜有重要作用；糖蛋白是细胞膜的成分，并因其多糖部分的复杂结构而与多种生理功能有关。糖蛋白有携带具有信息识别能力的短链碳水化合物的作用，而机体内红细胞的寿命、机体的免疫反应、细胞分裂等都与糖识别链机制有关；碳水化合物的代谢产物可与氨基酸结合形成某些非必需氨基酸，例如 α-酮戊二酸与氨基酸结合可形成谷氨酸。

2. 碳水化合物是供给动物能量的主要来源

动物维持生命活动和从事生产活动都需要从饲料中摄取能量，动物所需要的能量约有80%来自于碳水化合物。碳水化合物，特别是葡萄糖是供给动物代谢活动快速应变需能的最有效的营养素。葡萄糖是大脑神经系统、肌肉、脂肪组织、胎儿生长发育、乳腺等代谢的唯一能源。葡萄糖不足，小动物出现低血糖症，牛发生酮症，妊娠母羊产生妊娠毒血症，严重时引起死亡。体内代谢活动需要的葡萄糖有两个来源：一是从胃肠道吸收，二是由体内生糖物质转化。非反刍动物主要靠前者，也是最经济、最有效的能量来源。反刍动物主要靠后者，其中肝是主要生糖器官，约占总生糖量的85%，其次是肾，约占15%。在所有可生糖物质中，最有效的是丙酸和生糖氨基酸，然后是乙酸、丁酸和其他生糖物质。核糖、柠檬酸等生糖化合物转变成葡萄糖的量较少。

3. 碳水化合物是机体内能量贮备物质

碳水化合物在动物体内除供给能量外，多余的则可转化为糖原和脂肪，将能量贮备起来。胎儿在妊娠后期能贮积大量糖原和脂肪供出生后作为能源利用，但不同种类动物差异较大。值得注意的是小猪总糖原含量高，而肝糖原含量低。所以小猪出生后几天会因为能量供给不足产生低血糖，抵抗应激能力极差。

4. 碳水化合物在动物产品形成中的作用

泌乳母畜在泌乳期间，碳水化合物也是合成乳脂肪和乳糖的原料。试验证明，乳脂肪有60%～70%是以碳水化合物为原料合成的。高产奶牛平均每天大约需要1.2kg葡萄糖用于乳腺合成乳糖。产双羔的绵羊每天约需200g葡萄糖合成乳糖。反刍动物产奶期体内50%～85%的葡萄糖用于合成乳糖。基于乳成分的相对稳定性，血糖进入乳腺中的量明显是奶产量的限制因素。葡萄糖也参与部分羊奶蛋白质非必需氨基酸的形成。碳水化合物进入非反刍动物乳腺主要用来合成奶中必要的脂肪酸，葡萄糖也可作为合成部分非必需氨基酸的原料。

5. 粗纤维的主要生理功能

粗纤维是各种动物，尤其是反刍动物日粮中不可缺少的成分，是反刍动物的主要能源物质。粗纤维所提供的能量可满足反刍动物的维持能量消耗；粗纤维能维持反刍动物瘤胃的正常功能和动物的健康，若饲粮中纤维水平过低，淀粉迅速发酵，大量产酸，降低瘤胃液pH，抑制纤维分解菌活性，严重时可导致酸中毒。研究表明，适宜的饲粮纤维水平对消除大量进食精料所引起的采食量下降，纤维消化降低，防止酸中毒、瘤胃黏膜溃疡和蹄病是绝对不可缺乏的。饲粮纤维低于或高于适宜范围,不利于能量利用。NRC(1989)推荐泌乳牛饲粮至少应含 19%~21% 的酸性洗涤纤维(ADF)或 25%~28% 的中性洗涤纤维(NDF),并且饲粮中 NDF 总量中的 75% 必须由粗饲料提供;粗纤维体积大,吸水性强,可充填胃肠容积,使动物食后有饱腹感;粗纤维可刺激消化道黏膜,促进胃肠蠕动及消化液的分泌和粪便的排出;粗纤维可改善胴体品质。例如,猪在肥育后期增加饲粮纤维,可减少脂肪沉积,提高胴体瘦肉率;粗纤维可刺激单胃动物胃肠道发育。研究表明,饲喂高水平苜蓿草粉饲粮的育成猪,其胃、肝、心、小肠、盲肠和结肠的重量均显著提高。在现代畜牧业生产中,常用纤维高的优质粗饲料稀释日粮的营养浓度,以保证种用畜禽胃肠道的充分发育,以满足以后高产的采食量需要。

6. 寡聚糖的特殊作用

近年研究表明,寡聚糖可作为有益菌的基质,改变肠道菌相,建立健康的肠道微生物区系;寡聚糖可消除消化道内病原菌,激活机体免疫系统等作用;寡聚糖可增强机体疫力,提高动物成活率,增重及饲料转化率。寡聚糖作为一种稳定、安全、环保性良好的抗生素替代物,在畜牧业生产中有着广阔的发展前景。

任务 3:认知单胃动物与反刍动物消化代谢区别

1. 单胃动物的消化与代谢特点

(1)单胃动物的主要消化场所在小肠,靠酶的作用进行;

(2)能大量利用无氮浸出物,而不能大量利用粗纤维;

(3)以葡萄糖代谢为主,以挥发性脂肪酸代谢为辅。

2. 反刍动物消化与代谢特点

(1)反刍动物主要消化场所在瘤胃,靠微生物酶的作用进行。其次在小肠,靠消化酶进行;

(2)既可以大量利用无氮浸出物,也可以大量利用粗纤维;

(3)以挥发性脂肪酸代谢为主,以葡萄糖代谢为辅。

3. 影响瘤胃内低级挥发性脂肪浓度变化的因素及其应用

日粮组成是主要影响因素。当粗饲料比例提高而精饲料比例下降时,瘤胃内乙酸浓度提高,丙酸浓度下降,乳脂率会提高,产奶量会下降,否则,则相反。生产中应根据奶牛产奶水平调整日粮中精、粗料的比例。一般而言,按奶牛体重的 1.5%~2% 供给优质干草,可提高奶牛产奶量和乳脂率。

任务 4:认知碳水化合物的应用

1. 猪、禽类对粗纤维的消化能力差,故日粮中粗纤维含量不宜过多,一般在猪日粮中为 4%~8%,鸡饲粮中为 3%~5%。猪、禽的日粮中粗纤维含量过高会影响日粮中有机物的消化率,从而影响整个日粮的利用。

2. 马属类动物在使役时需要较多的能量,日粮中应增加含淀粉多的精料,休闲时可多供给些富含粗纤维的秸秆类饲料。

3. 反刍动物对粗纤维的利用程度大,影响消化道内微生物活性的所有因素均影响粗纤维的利用。粗纤维是反刍动物的一种必需的营养素,正常情况下,奶牛日粮中按干物质计，粗纤维含量约 17％或酸性纤维约 21％，才能预防因粗纤维不足引起的不良影响。

单元 4　脂肪营养

任务 1：认知脂肪组成与性质

1. 脂肪的组成

各种饲料中均含有脂肪。脂肪是由碳、氢、氧三种元素组成的，根据其结构不同，通常将脂肪分为真脂肪和类脂肪两大类。真脂肪在动物体内脂肪酶的作用下，可分解为甘油和脂肪酸；类脂肪除了分解为甘油和脂肪酸外，还有磷酸、糖及其他含氮物。

2. 脂肪的性质主要介绍与营养有关的化学性质

(1)氧化酸败反应　在高温、阳光紫外线、潮湿、氧化剂等条件下，均可使氧化酸败，酸败的结果既能降低脂类营养价值，产生不适宜的气味。在饲料或畜产品加工贮藏的过程中应引起注意。脂肪的酸败程度可用酸价表示。酸价是指中和 1g 脂肪中的游离脂肪酸所需的氢氧化钾的毫克数。通常酸价大于 6 的脂肪可能对动物健康造成不良影响。

(2)水解反应　脂类分解成基本结构单位的过程除在稀酸或强碱溶液中进行外，微生物产生的脂酶也可催化脂类水解，这类水解对脂类营养价值没有影响，但水解产生某些脂肪酸有特殊异味或酸败味，可能影响适口性。脂肪酸碳链越短，异味越浓。动物营养中把这种水解看成是影响脂类利用的因素。

(3)硬化作用　在催化剂或酶的作用下，不饱和脂肪酸的双键与氢发生反应而使双键消失，转变为饱和脂肪酸的过程称为硬化作用。这种作用可使脂肪的硬度增加，不易酸败，有利于贮存，但也损失必需脂肪酸。反刍动物进食的饲料脂肪，可在瘤胃内进行氢化作用。因此其体脂肪中饱和脂肪酸含量较高。

任务 2：认知脂肪的营养生理功能

1. 脂肪是动物体组织的重要成分。

2. 脂肪是供给动物体热能和贮备能量的重要物质。

(1)由于脂肪适口性好、能量高、转化为净能的效率比蛋白质和碳水化合物高 5％～10％；鱼、虾类等水生动物对碳水化合物特别是多糖利用率低，所以动物生产中常将脂肪作为重要的能源物质。

(2)脂肪的体积小，蕴藏的能量多，是动物体贮备能量的最佳形式。如动物体皮下、肠膜、肾周及肌肉间贮备的脂肪，常在饲养条件恶劣时动用。

3. 脂肪可以供给必需脂肪酸。

4. 脂肪是脂溶性维生素的溶剂和载体。

5. 脂肪是畜产品的组成成分　畜产品如肉、乳、蛋中均含有一定数量的脂肪。

(1)乳中通常含 1.6％～6.8％的脂肪；

(2)肉品中含 16％～29％的脂肪；

(3)一个鸡蛋中含 5％～6％脂肪。

6. 脂肪对动物具有保护作用。

(1)皮下脂肪能够防止体热散失，在寒冷的季节有利于维持体温的恒定和抵御寒冷，这对生活在水中的哺乳动物显得更为重要。

（2）脂肪在脏器周围，具有固定和保护器官及缓和外力冲击作用。

（3）高等哺乳动物皮肤中的脂类具有抵抗微生物侵袭，保护机体的作用。

（4）禽类尤其是水禽，尾脂腺分泌的油脂对羽毛的抗湿作用特别重要。

7. 其他营养生理作用

（1）脂类是代谢水的重要来源　生长在沙漠的动物氧化脂肪既能供能又能供水。每克脂肪氧化产生的代谢水比碳水化合物多 67%～83%，比蛋白质多 150% 左右。

（2）磷脂的乳化特性　磷脂分子中既含有亲水的磷酸基团，又含有疏水的脂肪酸链，因而具有乳化剂特性。可促进消化道内形成适宜的油水乳化环境，并对血液中脂质的运输以及营养物质的跨膜转运等发挥重要作用。动植物体中最常见的磷脂是卵磷脂，作为幼小哺乳动物代乳料中的乳化剂，有利于提高饲料中脂肪和脂溶性营养物质的消化率，促进生长。磷脂是鱼虾饲料中一种不可缺少的营养成分。虾一般不能合成磷脂，鱼虾饲料中天然存在的磷脂一般不能满足需要。

（3）胆固醇的生理作用　胆固醇是甲壳类动物必需的营养素。蜕皮激素的合成需要胆固醇，而甲壳类动物（包括虾）体内不能合成胆固醇，需要由饲料供给。胆固醇有助于虾转化合成维生素 D、性激素、胆酸、蜕皮素和维持细胞膜结构完整性，促进虾的正常蜕皮、消化、生长和繁殖。

任务 3：认知必需脂肪酸相关知识

1. 认知必需脂肪酸的概念

在不饱和脂肪酸中，有几种脂肪酸在动物体内不能合成或合成的数量不能满足需要，必须由饲料供给的称为必需脂肪酸。长期以来认为，有三种不饱和脂肪酸，即亚油酸、亚麻酸和花生油酸属于必需脂肪酸。近年来的研究表明，亚油酸是真正的必需脂肪酸，而花生油酸在动物体内可由亚油酸转变而来。

2. 认知必需脂肪酸的营养功能

（1）必需脂肪酸是动物体细胞膜和细胞的组成成分；

（2）必需脂肪酸与类脂肪代谢密切相关；

（3）必需脂肪酸与动物繁殖有关；

（4）必需脂肪酸是动物体内合成前列腺素的原料。

3. 认知必需脂肪酸的来源与供给

（1）单胃动物可从饲料中获得所需的必需脂肪酸。各阶段猪需要 0.1% 亚油酸，禽类日粮中亚油酸含量达 1% 即能满足需要，种鸡和肉鸡亚油酸的需要量可能更高。

（2）成年反刍动物瘤胃中的微生物所合成的脂肪中，亚油酸含量丰富，正常饲养条件下能满足需要而不会产生必需脂肪酸的缺乏。

（3）幼年反刍动物因瘤胃功能尚不完善，需从饲料中摄取必需脂肪酸。

任务 4：认知饲料脂肪对畜禽产品的影响

1. 饲料脂肪对肉类脂肪的影响

对单胃动物肉品影响大、对反刍动物肉品影响小。

（1）对单胃动物肉品影响大的原因　脂肪在单胃动物的胃中不能被消化，只是初步乳化。单胃动物消化吸收脂肪的主要场所是小肠，在胆汁、胰脂肪酶和肠脂肪酶的作用下水解为甘油和脂肪酸。经吸收后，家禽主要在肝脏，家畜主要在脂肪组织中再合成体脂肪。单胃动物不能经细菌的氢化作用将不饱和脂肪酸转化为饱和脂肪酸。因此，它所采食饲料中的脂肪性质直接影响体脂肪的品质。如喂给脂肪含量高的饲料，可使猪体脂肪变软，易于酸败，不适于制作腌肉和火腿等肉制品。因此，猪肥育期应少喂含脂肪高的饲料，多喂富含淀粉的饲料，因为由淀粉转变成的体脂肪中含饱和脂肪酸较多。如用大麦喂猪会使猪肉脂肪变白变硬，用黄玉米喂猪则肉脂变软变黄，品质较差。一般来说，日粮中添加脂肪对总体脂的影响较小，对体脂肪的组成影响较大。

（2）对反刍动物肉品影响小的原因　反刍动物的饲料主要是牧草和秸秆类。其中脂肪中所含不饱和脂肪酸占 4/5，饱和脂肪酸占 1/5。但牧草中的脂肪，在瘤胃内微生物的作用下，水解为甘油和脂肪酸，其中大量不饱和脂肪酸可经瘤胃细菌的氢化作用转变为饱和脂肪酸，再由小肠吸收后合成体脂肪。因此，反刍动物体脂肪中饱和脂肪酸较多，体脂肪较为坚硬。这说明反刍动物体脂肪品质受饲草脂肪性质影响极小，高精料饲养容易使皮下脂肪变软。

2. 饲料脂肪对乳脂品质的影响

主要是脂肪中软脂酸的影响。饲料脂肪在一定程度上，可直接进入乳腺中，脂肪的某些组成部分，可不经变化而用以形成乳脂。如饲喂大量含软脂酸较多的大豆、米糠时，所形成的乳脂质地较软，黄油的硬度低，如喂含软脂酸少的小麦粉等得到的黄油，则具有坚实的硬度。

马与牛、羊不同，马的饲料脂肪中的不饱和脂肪酸多数在盲肠以前被消化吸收，缺乏氢化环节，因此，马的乳脂比牛、羊的乳脂软，原因是马的乳脂肪中 14～18 碳饱和脂肪酸少而不饱和脂肪酸多。

3. 饲料脂肪对蛋黄脂肪的影响

脂肪中某些成分可通过肝脏直接进入卵黄中，所以添加油脂可促进蛋黄的形成，继而增加蛋重，并能生产富含亚油酸的"营养蛋"。蛋黄脂肪的质、量受饲料脂肪影响较大。

单元 5　矿物质营养

任务 1：认知钙、磷的营养

1. 体内分布

动物体内 70% 的矿物质是钙、磷。约 99% 的钙和 80% 的磷存在于骨骼中，其余存在于软组织和体液中。骨骼中含钙 36%、磷 17%，钙、磷比例约为 2∶1，比值较稳定。但动物种类、年龄和营养状况不同，钙磷比也有一定变化。血液中的钙几乎都存在于血浆中。血磷含量较高，一般在 $0.35～0.45\ \mathrm{mg/mL}$，主要以 $H_2PO_4^{-1}$ 的形式存在于血细胞内。

2. 钙、磷的吸收与排泄

（1）钙、磷的吸收　钙、磷主要在十二指肠吸收，钙、磷吸收率变化大，反刍动物钙吸收率变化在 22%～55%，平均 45%；磷吸收率比钙高，平均 55%。非反刍动物钙吸收

率在 $40\%\sim65\%$，猪平均吸收率 55%，磷吸收率在 $50\%\sim85\%$，而植酸磷消化吸收率低，一般在 $30\%\sim40\%$。

反刍动物和单胃动物对钙磷比的忍耐力差异很大。猪、禽对钙磷比的耐受力比反刍动物差，正常比值在 $(1\sim2):1$，产蛋鸡也不超过 $4:1$，但反刍动物饲粮中钙磷比在 $(1\sim7):1$ 都不会影响钙、磷的吸收。

(2)影响钙、磷吸收的因素

① 肠道呈酸性时，可增加钙、磷的溶解度，有利于钙、磷的吸收；

② 维生素 D 可促进钙形成钙结合蛋白，还可降低肠道 pH，因而维生素 D 供应充足，不仅使钙的吸收增多，而且对磷的吸收也有促进作用；

③ 日粮中的糖在肠道内发酵，使肠道呈酸性也有利于钙、磷的吸收；

④ 饲粮中的钙、磷保持在 $(1\sim2):1$ 的比例时，吸收率较高，钙高磷低或钙低磷高都会影响钙、磷的吸收；

⑤ 草酸、植酸、脂肪等在肠道内可与钙结合形成沉淀物，不能被单胃动物吸收，但反刍动物瘤胃内微生物可分解草酸、植酸，因此不影响其对钙的吸收；

⑥ 饲粮中铁、镁、铝等含量过高时，也能与磷酸根形成不溶的磷酸盐而影响其吸收。

(3)钙、磷主要经粪和尿两个途径排泄　不同种类动物经不同途径排泄的量不同。草食动物的磷主要经粪排出，肉食动物则主要经尿排泄。正常情况下所有动物的钙均经粪排出，但马、兔采食高钙时也可能经尿排出大量钙。

3. 生理功能

(1)钙、磷作为动物体结构组成物质参与骨骼和牙齿的组成，并起支持保护作用；

(2)钙能控制神经传递物质释放，调节神经兴奋性；

(3)钙参与凝血过程，在凝血酶元转变为凝血酶时，需要钙离子参加；

(4)钙具有自身营养调节功能，此功能对产蛋、产奶、妊娠动物十分重要；

(5)钙能促进胰岛素、儿茶酚胺、肾上腺皮质固醇，甚至唾液等的分泌；

(6)磷参与体内能量代谢，是 ATP 和磷酸、肌酸的组成成分；

(7)磷以磷脂的方式促进脂类物质和脂溶性维生素的吸收；

(8)磷可保证生物膜的完整，磷脂是细胞膜不可缺少的成分；

(9)磷是某些酶的组分；

(10)磷作为重要生命遗传物质 DNA、RNA 和一些酶的结构成分，参与生命活动过程。

4. 缺乏症表现

草食动物最易出现磷缺乏，猪、禽最易出现钙缺乏。

(1)一般症状表现　食欲降低，异食癖，生长减慢，生产力和饲料利用率下降。

(2)典型症状　动物典型的钙、磷缺乏症有幼畜禽的佝偻症、成年畜禽骨质疏松症和产后瘫痪。幼畜禽表现为佝偻症，见图 1-1 至图 1-2。

图 1-1　雏鸡缺钙症状

图片说明：佝偻症是幼龄生长动物钙、磷缺乏所表现出的一种典型营养代谢病。患畜的关节肿大，骨质软，管骨弯曲易折，肋骨出现念珠状突起。四肢易于疲劳，多坐卧，严重时后肢麻痹，犊牛易出现四肢畸型，呈 O 型或 X 型、腿关节肿大、弓背，生长缓慢。雏鸡缺钙后，出现龙骨变形，不能站立等症状。各种幼畜禽在冬季舍饲期最易发生钙缺乏。

图 1-2　羊缺钙，腿呈 X 型

图片说明：佝偻症是幼龄生长动物钙、磷缺乏所表现出的一种典型营养代谢病。患畜的关节肿大，骨质软，管骨弯曲易折，肋骨出现念珠状突起。四肢易于疲劳，多坐卧，严重时后肢麻痹，犊牛易出现四肢畸型，呈 O 型或 X 型，弓背，生长缓慢。

成年动物骨质疏松症常发生在妊娠、产后及产奶高峰期的母畜和产蛋高峰期的母鸡。此时尽管日粮中有丰富的钙、磷和维生素 D 的供应，但体内的钙、磷仍处于正常生理状态的负平衡。

产后瘫痪是高产奶牛因缺乏钙引起内分泌功能异常而产生的一种营养缺乏症。在分娩后，产奶对钙的需要突然增加，甲状旁腺素、降钙素的分泌不能适应这种突然变化，在缺钙时则引起产后瘫痪。

血钙过低可以引起动物痉挛、抽搐、肌肉、心肌激烈收缩。乳牛产后麻痹综合征是钙痉挛的典型例子。

（3）钙、磷过量的危害　在一般情况下，动物对饲料中的钙、磷是多吃多排，自行调节，不至于发生疾病，但当钙、磷长期过多时会产生不良影响。主要表现为持久性的高血钙，导致骨质增生，甲状腺肿大或骨岩化症，生长母鸡肾病变、输卵管尿酸钙沉积，甚至瘫痪；影响磷、锰、铁、镁等元素的吸收和利用；日粮中磷过多，实质上造成钙不足，引起骨的重吸收超载，将出现肋骨软化、骨折或跛行、腹泻。

5. 钙、磷的来源

（1）谷实类及其副产品含钙量较低，含磷量丰富，但磷的利用率很低。

（2）豆科类籽实含钙较多，一般高于禾本科。

（3）肉骨粉、鱼粉中钙、磷含量较丰富。

（4）石粉、贝壳粉、碳酸钙、骨粉、磷酸氢钙、过磷酸钙等。

6. 影响钙、磷供应的因素

（1）钙、磷的适宜需要量受多种因素的影响。其中维生素 D 的影响最大。维生素 D 是保证钙、磷有效吸收的基础，供给充足的维生素 D 可降低动物对钙、磷比的严格要求，保证钙、磷有效吸收和利用。长期舍饲的动物，特别是高产奶牛和蛋鸡，因钙、磷需要量大，维生素 D 显得更重要。

(2)不同钙、磷来源和不同动物对其利用情况不同。非反刍动物利用无机和动物性来源的钙、磷比植物来源的钙、磷更有效，对植酸磷的利用较低。反刍动物对各种来源的钙、磷利用都有效。

任务2：认知钠、钾、氯的营养

1. 体内分布

钠、钾、氯不同于钙、磷、镁，它们主要分布在软组织及体液中。钾主要存在于细胞内液，约占体内总钾量的90%；钠、氯主要分布于细胞外液，其中钠占体内总量的90%。细胞外液中的钠，约有1/2被吸进骨的羟基磷灰石中，另1/2存在于血浆和细胞间隙的体液中。

2. 生理功能

(1)钠、钾、氯共同维持细胞内、外液的渗透压恒定和体液的酸碱平衡。

(2)钾可维持心、肾、肌肉的正常活动；钠与氯参与水的代谢。

(3)钠可调节肌肉的兴奋性和心肌活动。

(4)氯和氢离子结合成盐酸，可激活胃蛋白酶，保持胃液呈酸性，具有杀菌作用。

(5)食盐具有调味和刺激唾液分泌的作用。

3. 缺乏症表现

缺乏情况及缺乏症表现如下：

(1)钾一般不缺乏，但当育肥肉牛饲喂精料或非蛋白氮物质比例过高或高产奶牛大量使用玉米青贮等饲料时也可出现缺钾症。

(2)各种植物性饲料中钠和氯都较缺乏。三个元素中任何一个缺乏均可导致动物体内渗透压和酸碱平衡紊乱，犊牛、雏鸡、幼猪表现为食欲差，生长受阻，失重，步态不稳，异嗜癖，生产力下降和饲料利用率低。同时可导致血浆中含量和粪尿中含量降低。因此，粪尿中三种元素的含量下降可以敏感地反映这三种元素的缺乏。

(3)奶牛缺钠初期有严重的异嗜癖，对食盐特别有食欲，随缺钠时间延长则产生厌食、被毛粗糙、体重减轻、产奶量下降、乳脂率和奶中钠含量下降等症状。

(4)产蛋鸡缺钠，易出现啄羽、啄肛与自相残杀的现象，同时也伴随着产蛋率下降和蛋重减轻，但不同品种鸡生产力下降程度不同。

(5)猪缺钠可导致相互咬尾或同类相残。

(6)缺氯生长受阻，肾脏受损伤，雏鸡表现特有的神经反应，身躯前跌，双腿后伸。

4. 过量的危害

家畜对钾盐与钠盐具有多吃多排，少吃少排的特点。当缺乏食盐时，钠、氯的排出量可调节到最低极限。大家畜虽然长期缺盐，并不出现疾病。但较长时间缺乏食盐的动物，任食食盐可导致中毒。在限制饮水或肾功能异常时，动物采食过量的食盐，会出现中毒症状，表现为腹泻、极度口渴、产生类似于脑膜炎样的神经症状。鸡饮水量少，适应能力差，日粮中含3%的食盐即可发生水肿，再多可致死亡。

饲粮中钾过量，会降低镁吸收率，当牧草大量施钾肥时可引起反刍动物低镁性痉挛。

5. 来源与供应

(1)植物性饲料中富含钾。

(2)植物性饲料中钠、氯含量很少，日粮中应补加食盐，草食动物尤其需要。

任务 3：认知镁的营养

1. 体内分布

动物体内约含 0.05％的镁，其中约 70％的镁存在于骨骼中，骨镁 1/3 以磷酸盐形式存在，2/3 吸附在矿物质元素结构的表面。其余 30％左右的镁分布于软组织中，主要存在于细胞内亚细胞结构中，线粒体内镁浓度特别高。血中的镁 75％在红细胞内。每 100 mL 血浆含镁 1.8～3 mg。

2. 生理功能

(1)镁是构成骨骼和牙齿的成分。

(2)作为酶的活化因子或直接参与酶的组成，在糖和蛋白质的代谢中起重要作用。

(3)镁维持神经、肌肉正常机能，当血镁浓度低时兴奋性提高，反之兴奋性则抑制。

(4)镁参与 DNA、RNA 和蛋白质合成。

3. 镁的吸收

反刍动物主要经前胃壁吸收，单胃动物主要经小肠吸收。镁通常以两种形式吸收，一是以简单的离子扩散吸收；二是形成螯合物或与蛋白质形成络合物经易化扩散吸收。

4. 影响吸收的因素

镁的吸收率受诸多因素影响，如动物种类、动物年龄、镁的颉颃物、镁的存在形式、饲料类型等不同，镁的吸收率也不同。

5. 镁的代谢

镁的代谢随动物年龄和组织器官不同而变化。成年动物体内贮存和动用镁的能力低，生长动物则较高，必要时可动用骨中 80％的镁用于周转的需要。

6. 缺乏症表现

小猪饲粮中镁低于 125 mg/kg 可导致缺镁。反刍动物需镁量高，是非反刍动物需要量的 4 倍左右。产奶母牛在采食大量缺镁的牧草后会出现"草痉挛"，主要表现为神经过敏，口唇颤抖，面肌痉挛，步态蹒跚，呼吸困难，心跳过速、水泻样下痢，严重者死亡。钾过多可诱发此病。仔猪缺镁，系软腿歪，肌肉抽搐，甚至痉挛致死。

镁痉挛与缺钙的临床表现近似，但血镁含量有差异。缺钙的牛血镁正常，血钙、血磷和可溶性钙含量大幅度下降，而缺镁的牛血钙、血磷正常，血镁下降。

7. 过量的危害

饲料或饲粮中镁过量，会降低动物的采食量，生产力下降，昏睡，运动失调和腹泻，严重可引起死亡；会引起矿物质的代谢障碍，表现内脏浆膜尿酸盐沉积，肾脏增大，内脏痛风。

8. 来源与供应

植物性饲料中镁较多，其中以棉籽饼、亚麻饼含镁特别丰富，青饲料、糠麸类也是镁的良好来源。硫酸镁、氧化镁、碳酸镁等则是补充镁的很好来源。

任务4：认知硫的营养

1. 分布

硫约占动物体重的0.15%，广泛地分布于动物体的每个细胞中。其中大部分硫以有机形式存在于肌肉组织、骨骼和牙齿中，而少量以硫酸盐的形式存在于血中。在动物的被毛、羽毛中含硫量高达4%左右。

2. 功能

(1)硫以含硫氨基酸的形式参与被毛、羽毛、蹄爪等角蛋白的合成。

(2)硫用来合成软骨素基质、黏多糖、牛磺酸、肝素、胱氨酸等有机成分。

(3)硫是在蛋白质合成过程中所必需的含硫氨基酸的成分。

(4)硫是脂类代谢中起重要作用的生物素的成分。

(5)硫是在碳水化合物代谢中起重要作用的硫胺素的成分。

(6)硫是在能量代谢中起重要作用的辅酶A的成分。

(7)作为氨基酸的成分，硫是某些激素的组分。

3. 缺乏症表现

硫的缺乏通常是动物缺乏蛋白质时才能发生，表现如下：

(1)动物缺硫表现消瘦，角、蹄、爪、羽生长缓慢。

(2)反刍动物缺硫，致使体重减轻，利用粗纤维能力降低，生产性能下降。

(3)禽类缺硫易发生啄食癖，影响羽毛质量。

4. 供应　日粮中的硫一般都能满足需要。但是动物脱毛、换羽期间，应补饲硫酸盐。

任务5：认知铁的营养

1. 体内分布

各种动物体内平均含铁量为40 mg/kg。随动物种类、年龄、性别、健康状况和营养状况不同，体内铁含量变化大。成年动物不同种类间体内含量差异不明显。所有动物不同的组织和器官分布差异很大。

2. 生理功能

主要表现为以下三方面：

(1)铁参与载体组成、转运和贮存营养素。

(2)铁参与体内物质代谢。

(3)铁具有生理防卫机能。

3. 缺乏症表现

最常见的症状是低色素小红细胞性贫血，其特点是血红细胞比正常的小，血红蛋白含量较低，仅为正常量的1/3~1/2。缺铁性贫血为初生幼畜共同存在的问题。尤其是仔猪容易发生缺铁症。仔猪缺铁的表现见图1-3。

4. 过量的危害

各种动物对过量铁的耐受能力都较强，猪比禽、牛和羊强。当饲粮中铁利用率降低时，耐受量则更大。饲粮中铁过量会导致慢性中毒，表现为消化机能紊乱，腹泻，增重缓慢，重者会导致死亡。

图片说明：初生仔猪体内贮铁量为 30～50 mg，正常生长每天需铁 7～8 mg，每天从母乳中仅得到约 1 mg 的铁。如不及时补铁，3～5 d 即出现贫血症状，表现为食欲降低，体弱，轻度腹泻，皮肤和可视黏膜苍白，血红蛋白量下降，呼吸困难，严重者 3～4 周龄死亡。补铁方法：在仔猪出生后 3d 肌肉注射牲血素，经 10～15d 再注射一次，每次注射量按药物说明书进行。

图 1-3　仔猪缺铁皮肤皱褶

5. 铁的吸收及影响因素

(1)吸收　十二指肠是铁的主要吸收部位，各种动物的胃也能吸收相当数量的铁。动物消化道对铁的吸收率只有 5%～30%，缺铁情况下可提高到 40%～60%。

(2)影响因素　单胃动物的年龄、健康状况、体内铁的状况、胃肠道环境、铁的形式和数量等对铁吸收都有影响。

① 幼龄动物对铁的吸收率高于成年动物；

② 缺铁的动物比不缺铁的动物对铁的吸收率高；

③ 血红素形式的铁比非血红素形式的铁吸收率高；

④ 铁的螯合形式不同吸收率不同；

⑤ 维生素 C、维生素 E、有机酸、某些氨基酸和单糖可与铁结合促进铁吸收；

⑥ 二价铁比三价铁易吸收；

⑦ 过量铜、锰、锌、钴、磷和植酸可与铁竞争结合，抑制铁吸收；

⑧ 反刍动物饲粮铁含量对铁吸收影响大，饲粮铁含量越低，吸收率越高。

6. 来源与补充

青草、干草及糠麸含铁量较多，动物性饲料除乳含铁缺乏外，鱼粉、肉粉、血粉等含铁较丰富。为了预防幼畜缺铁，可用硫酸亚铁、氯化亚铁及葡萄糖酸铁等补饲，但用量不宜过大，否则会影响采食和消化。

任务 6：认知铜的营养

1. 体内分布

铜在体内含量最高的是肝、肾、心和眼的色素部位以及被毛，其次是胰、皮、肌肉和骨骼，而甲状腺、脑垂体、前列腺中的含量为最低。

2. 生理功能

(1)铜是许多酶的组分；

(2)铜参与血红蛋白、髓蛋白合成；

(3)铜参与骨骼的构成；

(4)铜与被毛色素的沉积有关；

(5)铜可发挥类似抗生素的作用，对猪、鸡有促进生长作用。

3. 缺乏症表现

自然条件下，缺铜与地区和动物种类有关。草食动物常出现缺铜，猪、禽基本上不缺。常见的缺乏症表现如下：

(1)缺铜的主要症状是贫血。猪和羔羊表现低色素小红细胞性贫血；鸡表现正常色素或正常红细胞性贫血；奶牛和母羊可表现低色素和大红细胞性贫血。

(2)牛缺铜时，生长减慢，体重减轻，泌乳减少，继而发生被毛褪色、贫血、腹泻、心脏衰竭、四肢关节肿大及跛行(见图1-4)。

(3)绵羊缺铜早期羊毛褪色，弯曲消失。

(4)羔羊缺铜致使中枢神经髓鞘脱失，表现为"摆腰症"。

(5)猪、禽缺铜常引起骨折或骨畸形(见图1-5)。

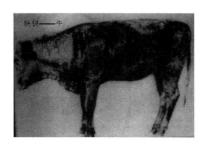　

图1-4　犊牛缺铜　　　　　　　　图1-5　仔猪缺铜

(6)猪、禽、牛缺铜，因含铜赖氨酰氧化酶活性降低，使心血管弹性蛋白弹性下降，甚至引起血管破裂而死亡。

(7)幼龄动物或胎儿可表现成骨细胞形成减慢或停止。

(8)牛和羊均可因缺铜而降低生殖机能。

(9)动物机体免疫系统损伤，免疫力下降。

4. 过量危害

会使红细胞溶解，动物出现血尿和黄疸症状，组织坏死，甚至死亡。

5. 来源与补充

(1)来源　豆科牧草、大豆饼、禾本科籽实及副产品中较丰富，动物一般不缺。

(2)补充方法　缺铜地区的牧地可施用硫酸铜化肥或直接给动物补饲硫酸铜。

任务7：认知钴的营养

1. 体内分布

钴在动物体内分布比较均匀，不存在集中分布的情况。

2. 生理功能

(1)钴是合成维生素 B_{12} 的必需元素，占维生素 B_{12} 重的 4.5%。

(2)维生素 B_{12} 促进血红素的形成。

(3)维生素 B_{12} 在蛋氨酸和叶酸等代谢中起重要作用。

(4)钴是磷酸葡萄糖变位酶和精氨酸酶的激活剂，与蛋白质和碳水化合物代谢有关。

3. 缺乏症表现

典型钴缺乏症的牛表现为消瘦、被皮粗糙、脊柱弯曲变形；羔羊缺钴生长严重受阻，其症状见图 1-6。

4. 过量危害

各种动物对钴耐受力均较强。过量时，单胃动物主要表现是红细胞增多，反刍动物主要表现是肝钴含量增高，采食量和体重下降，出现消瘦和贫血。

5. 来源与补充

各种饲料均含微量的钴，能满足动物需要。缺钴地区，可给动物补饲硫酸钴、碳酸钴和氯化钴。

图片说明：饲喂不同钴含量的饲粮的相同年龄的羔羊，左边羔羊采食钴含量低于 0.07 mg/kg 的饲粮，病畜表现食欲不振，生长停滞，异嗜癖，体弱消瘦，黏膜苍白等贫血症状。缺钴机体中抗体减少，降低了细胞免疫反应。

图 1-6　羊缺钴症状

任务 8：认知硒的营养

1. 体内分布

硒遍布全身的细胞和组织中，以肝、肾和肌肉中含量最高。体内硒一般与蛋白质结合存在。

2. 生理功能

(1)硒是谷胱苷肽过氧化物酶的必需组分，与维生素 E 协同完成保护细胞膜免遭氧化破坏。

(2)硒促进蛋白质、DNA、RNA 的合成并对动物生长有刺激作用。

(3)硒影响胰脂肪酶的形成。

(4)硒能促进免疫球蛋白的合成，增强白细胞杀菌能力。

(5)硒降低汞、镉、砷等元素毒性的作用，并可减轻维生素 E 中毒引起的病变。

3. 缺乏症表现

动物缺硒表现与维生素 E 的相似，缺乏表现如下：

(1)雏鸡患"渗出性素质病"，严重缺硒会引起胰腺萎缩，胰腺分泌的消化液明显减少，1 周龄小鸡最易发生。

(2)猪和兔多发生肝细胞大量坏死而突然死亡，多发生在 3～15 周龄的动物，死亡率高。

(3)幼龄动物均可患"白肌病"，致使骨骼肌和心肌退化萎缩，肌肉表面有白色条纹，羔羊和小牛易发生。

(4)缺硒种公畜的繁殖机能下降，精子生成受阻，活力差，畸形率高，母畜空怀率和死胎率高。

(5)缺硒可加重缺碘症状，并降低机体免疫力。

(6)生产中缺硒有明显地区性。我国从东北到西南的狭长地带内均发现不同程度缺硒。

黑龙江省克山县和四川省凉山缺硒比较严重。

4. 过量的危害

(1)正常量　动物饲粮中含有 0.10～0.15 mg/kg 的硒，则不会出现缺硒症。

(2)中毒量及中毒表现　含有 5.8 mg/kg 时，可发生慢性中毒，表现为消瘦、贫血、关节僵直、脱毛、脱蹄、心脏、肝脏机能损伤，并影响繁殖等。摄入 500～1 000 mg/kg 时，发生急性中毒，患畜瞎眼、痉挛瘫痪、肺部充血，因窒息而死亡。

5. 预防与治疗

可用亚硒酸钠维生素 E 制剂，作皮下或深度肌肉注射。或将亚硒酸钠稀释后，拌入饲粮中补饲。家禽可溶于水饮用。

任务 9：认知碘的营养

1. 体内分布

动物体内平均含碘 0.2～0.3 mg/kg，全身组织都有微量，其中 70%～80% 存在于甲状腺内，血中碘以甲状腺素形式存在，主要与蛋白质结合，少量游离存在于血浆中。少部分碘在唾液中反复利用。肌肉仅含 0.01 mg/kg。

2. 生理功能

(1)碘是甲状腺素的成分。与动物的基础代谢密切相关，并具有促进动物生长发育、繁殖和红细胞生长等作用。

(2)体内一些特殊蛋白质(如皮毛角质蛋白质)的代谢和胡萝卜转变成维生素 A 都离不开甲状腺素。

3. 缺乏症表现

(1)缺碘会降低动物基础代谢。碘缺乏症多见于幼龄动物，表现为生长缓慢，骨架小，出现"侏儒症"。

(2)缺碘可导致初生犊牛和羔羊甲状腺肿，初生仔猪无毛、体弱、成活率低。但甲状腺肿不全是缺碘。

(3)母牛缺碘发情无规律，甚至不孕。雄性动物缺碘，精液品质下降，影响繁殖。

4. 过量

(1) 耐受量　生长猪为 400 mg/kg，禽为 300 mg/kg，牛、羊 50 mg/kg，马为 5 mg/kg。

(2)过量危害　猪血红蛋白含量下降，奶牛产奶量减少，鸡产蛋量降低。为防止碘中毒，饲料干物质含碘量以不超过 4.8 mg/kg 为宜。

5. 来源与补充

主要从饲料和饮水中摄取。沿海地区植物的含碘量高于内陆地区植物。海洋植物含碘量丰富。缺碘动物常用碘化食盐补饲。

任务 10：认知锌的营养

1. 体内分布

锌广泛地分布于动物体各个组织器官中，但分布不均衡。前列腺、肝、肾、胰的浓度最高。骨骼是锌的主要贮存器官，皮毛含量也较高，但随动物种类不同而变化较大。

2. 生理功能

(1)锌参与体内 200 多种酶的组成。

(2)锌参与维持上皮细胞和皮毛的正常形态、生长和健康。

(3)锌是胰岛素的组分,并参与碳水化合物的代谢。

(4)锌维持生物膜的正常结构和功能,防止生物膜遭受氧化损害和结构变形。

3. 缺乏症表现

(1)不完全角质化　皮肤不完全角质化症是很多种动物缺锌的典型表现。

(2)公畜生殖器官发育不良,母畜繁殖性能降低和骨骼异常。

(3)幼龄动物生长、发育严重受阻(见图 1-7、图 1-8)。

4. 过量危害

单胃家畜对高剂量锌的耐受力颇强,牛、羊的耐受力较低,过量能抑制食欲,并发生啃木头等异嗜癖的现象。

图 1-7　(左)羊缺锌生长受阻

图 1-8　鸡缺锌爪发育不正常

5. 来源与供应

植物性饲料都含有一定量的锌,其中青草、干草、糠麸、饼类等均含有较多的锌,谷实类中的玉米、高粱含锌量较低。动物性饲料如鱼粉等含锌量甚多。补锌可用硫酸锌、碳酸锌、氧化锌等含锌化合物。

任务 11：认知锰的营养

1. 体内分布

地壳上锰的含量较多,约为含硒量的 1 万倍,但家畜体内的含量却不多。体内锰以骨骼含量为最高,其次是肝、肾、胰。肝脏是主要的贮备器官。羊毛、羽毛、鸡蛋的含量,均随饲料供应多少而升降。

2. 生理功能

(1)锰是骨骼有机基质形成过程中所必需的多糖聚合酶和半乳糖转移酶的激活剂。

(2)锰是二羧甲戊酸激酶为催化胆固醇合成所必需的元素,与动物繁殖有关。

(3)锰与造血机能密切相关,并维持大脑的正常功能。

(4)锰是精氨酸酶和脯氨酸肽酶的成分。

(5)锰是肠肽酶、羧化酶、ATP 酶等的激活剂,参与蛋白质、碳水化合物、脂肪及核酸代谢。

3．缺乏症表现

（1）缺锰时，动物采食量下降，生长发育受阻，骨骼畸形，关节肿大，骨质疏松。

（2）生长禽患"滑腱症"。患禽不能站立，难以觅食和饮水，严重时死亡（见图1-9和图1-10）。

图1-9　雏鸡缺锰症

图片说明：母鸡饲粮缺锰时，新孵出雏鸡头部收缩，腿部表现为锰滑腱症。

图1-10　鸡缺锰滑腱症

图片说明：生长鸡患滑腱症，腿骨粗短，胫骨与跖骨接头肿胀，后腿腱从踝状突滑出。

（3）产蛋母鸡缺锰，蛋壳不坚固，种蛋孵化率下降。

（4）母畜发情异常，不易受孕，易流产或产弱胎、死胎、畸胎。若妊娠期缺锰，新生仔猪麻痹，死亡率高。

（5）缺锰会抑制机体抗体的产生。

4．过量

（1）耐受量　禽耐受力最强，可高达2 000 mg/kg。牛、羊次之，耐受力可达1 000 mg/kg。猪对过量锰敏感，只能耐受400 mg/kg，生产中锰中毒现象非常少见。

（2）过量危害　会损伤动物胃肠道，生长受阻，贫血，并致使钙磷利用率降低，导致"佝偻症""软骨症"。

5．来源与供应

植物性饲料尤其是糠麸类、青绿饲料中含锰丰富。生产中用硫酸锰、氧化锰等补饲。补饲蛋氨酸锰效果更好。

任务12：认知其他微量元素的营养

1．认知氟的营养

氟是畜禽等动物体内必需元素之一，95%的氟参与骨骼和牙齿的构成，具有抗酸防腐保护牙齿的功能；氟能增强骨强度，预防成年动物的"软骨症"。

氟的吸收率高，可达80%以上，一般不易缺乏。动物在氟摄入量很低时，可通过增加肾脏的重吸收、提高骨对氟的亲和力和减少排泄来保证体内的需要。

常用饲料均可满足动物需要，但要注意防止氟中毒，某些含钙、磷的矿物质饲料含氟量超标，应注意脱氟，以防氟中毒。小牛、奶牛、种羊、猪、肉鸡和蛋鸡对氟的耐受量分别40 mg/kg、50 mg/kg、60 mg/kg、150 mg/kg、300 mg/kg和400 mg/kg。超过此量可产生中毒，表现为牙齿变色，齿形态发生变化，永久齿可能脱落。种蛋孵化率降低，软骨内骨生长减慢，骨膜肥厚，钙化程度降低，血氟含量明显增加。氟中毒有明显的地区性。

2. 认知钼的营养

钼是动物机体内黄嘌呤氧化酶、亚硫酸盐氧化酶、硝酸盐还原酶及细菌脱氢酶的成分，参与蛋白质、含硫氨基酸和核酸的代谢。

钼为反刍动物消化道微生物的生长因子。

常用饲料中均含足量的钼，可满足动物需要。牛对钼过量最敏感，饲料干物质中含量超过 6 mg/kg 时，牛出现钼中毒，表现为：腹泻、消瘦、贫血、生长受阻、关节僵硬、母畜不孕、公畜不育。

3. 认知硅的营养

硅是动物机体结缔组织和生骨细胞的成分，是骨骼发育所必需的物质，并能使皮肤、羽毛具有弹性。缺乏时表现骨骼、羽毛发育不良。硅大量存在于植物性饲料和土壤中，一般不易发生缺乏。硅与钼有颉颃作用。

4. 认知铬的营养

铬在动物体内分布较广，浓度很低，集中分布不明显。动物随年龄增加，体内铬含量减少。铬吸收率很低，0.4%～3%。铬的营养生理作用是：与尼克酸、甘氨酸、谷氨酸、胱氨酸形成葡萄糖耐受因子，通过它协助和增强胰岛素作用，影响糖类、脂肪、蛋白质和核酸代谢。铬参与调节脂肪和胆固醇代谢，维持血中胆固醇正常水平，防止动脉硬化，影响氨基酸合成蛋白质，促进核酸合成。此外，铬有助于动物体内代谢，抵抗应激影响。

实验性缺铬，动物对葡萄糖耐受力降低，血中循环胰岛素水平升高，生长受阻，繁殖性能下降，甚至表现出神经症状。

各种动物对铬的耐受力都较强。耐受氧化铬为 3 000 mg/kg，氯化铬为 1 000 mg/kg。超过此量发生铬中毒，铬中毒的主要表现是：接触性皮炎、鼻中隔溃疡或穿孔、甚至可能产生肺癌。急性铬中毒主要表现是胃发炎或充血，反刍动物瘤胃或皱胃产生溃疡。

啤酒酵母、谷物类、胡萝卜、豆类、肉类、肝、奶制品等都富含铬。据报导，添加有机铬，可促进动物生长，提高繁殖性能，改善胴体品质，增强机体免疫力和抗应激能力。

单元 6　维生素营养

任务 1：认知维生素的种类及其特点

1. 认识维生素种类

(1)脂溶性维生素　包括维生素 A、维生素 D、维生素 E、维生素 K 四种。

(2)水溶性维生素　包括 B 族维生素和维生素 C。

2. 认知各种维生素的特点

(1)脂溶性维生素的特点　含有碳、氢、氧三种元素，不溶于水，而溶于有机溶剂；存在与吸收和脂肪有关；缺乏症特异，短期缺乏不易表现出临床症状；通常由胆汁分泌而随粪便排出体外，排泄慢，长期过量食入易中毒；维生素 K 可在肠道内经微生物合成；动物皮肤中的 7-脱氢胆固醇可经紫外线照射转变为维生素 D_3。

(2)水溶性维生素的特点　含有碳、氢、氧、氮、硫、钴等元素；易溶于水，并可随水分很快地由肠道吸收；体内不贮存，未被利用的部分主要由尿液快速排出体外，所以短期缺乏，易出现缺乏症，而长期过量食入也不易中毒；缺乏症无特异性，主要表现为采食量降低，生长和生产受阻等共同缺乏症状；成年反刍动物经瘤胃微生物可合成大量的 B 族维生素，所以不需要由日粮提供；畜禽体内可合成维生素 C。

任务 2：认知脂溶性维生素的营养

1. 认知维生素 A 的营养

（1）营养功能

① 维生素 A 是构成视觉细胞内感光物质——视紫红质的成分。

② 维生素 A 与黏液分泌上皮的黏多糖合成有关。

③ 维生素 A 促进幼龄动物的生长。

④ 维生素 A 参与性激素的形成。

⑤ 维生素 A 与成骨细胞活性有关，维持骨骼的正常发育。

⑥ 维生素 A 具有抗癌作用，对某些癌症有一定的治疗作用。

（2）识别缺乏症　畜禽饲粮中严重缺乏维生素 A 时，在弱光下，视力减退或完全丧失，患"夜盲症"；各种组织器官的上皮组织干燥和过度角质化，易受细菌侵袭而感染多种疾病；幼龄动物缺乏时，影响蛋白质合成及骨组织的发育，造成幼龄动物精神不振，食欲减退，生长发育受阻。同时也影响软骨骨化过程，使骨骼造型不全，骨弱且过分增厚，压迫中枢神经，出现运动失调，痉挛、麻痹等神经症状。长期缺乏时肌肉脏器萎缩，严重时死亡；繁殖家畜缺乏时，繁殖力下降，种公畜性欲差，睾丸及附睾退化，精液品质下降，严重时出现睾丸硬化。母畜发情不正常，不易受孕（见图 1-11 至图 1-14）。

图 1-11　干眼病

图片说明：泪腺上皮组织干燥和过度角质化，易受细菌侵袭而感染，眼睑被白色乳酪状渗出物封住。

图 1-12　犊牛眼瞎

图片说明：妊娠母牛缺乏维生素 A，导致犊牛出生后眼瞎。

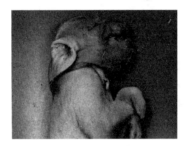

图 1-13　仔猪畸形

图片说明：妊娠母猪维生素 A 缺乏产生弱胎、死胎和畸形胎。

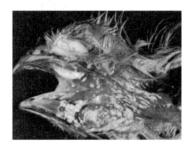

图 1-14　口腔及食管黏膜过度角化

图片说明：雏鸡维生素 A 缺乏，引起消化道黏膜上皮分泌黏多糖减少，引起干燥或过度角质化。

2.认知维生素 D 的营养

(1)营养功能　具有增强小肠酸性，调节钙磷比例，促进钙磷吸收的作用，并可直接作用于成骨细胞，促进钙磷在骨骼和牙齿中的沉积，有利于骨骼钙化。

(2)识别缺乏症　缺乏维生素 D，导致钙磷代谢失调，幼年动物患"佝偻症"，成年动物患"软骨症"。产蛋鸡产软皮蛋，腿不能站立，雏鸡喙软。

维生素 D 常见的缺乏症(见图 1-15 至图 1-18)。

1-15　维生素 D 缺乏猪佝偻病

1-16　维生素 D 缺乏小鸡佝偻病，喙软化

图 1-17　肢腿变形

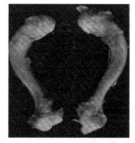

图 1-18　鸡股骨严重弯曲

3.认知维生素 E 营养

(1)营养功能

① 维生素 E 阻止细胞内过氧化物生成，保护细胞膜免遭氧化破坏，维持细胞膜结构的完整和改善膜的通透性。

② 维生素 E 可促进性腺发育，调节性机能。

③ 维生素 E 能够保证肌肉的正常生长发育。

④ 维生素 E 具有维持毛细血管结构的完整和中枢神经系统的机能健全等。

(2)识别缺乏症　维生素 E 缺乏时，精子生成受阻，母畜性周期失常，不受孕。妊娠母畜分娩时产程过长，产后无奶或胎儿发育不良，胎儿早期被吸收或死胎；肌肉中能量代谢受阻，肌肉营养不良，致使各种幼龄动物患白肌病，仔猪常因肝坏死而突然死亡；雏鸡毛细血管通透性增强，致使大量渗出液在皮下积蓄，患渗出性素质病。肉鸡饲喂高能量饲料又缺少维生素 E 时，患脑软化症。表现为小脑出血或水肿，运动失调，伏地不起甚至麻痹，死亡率高(见图 1-19 至图 1-24)。

图 1-19　维生素 E 缺乏雏鸡患脑软化症

1-20　维生素 E 缺乏雏鸡小脑出血(左为健康对照)

图 1-21　幼鸭维生素 E 缺乏症——肌肉瘦弱

图 1-22　羔羊缺乏维生素 E 肌肉发育不良

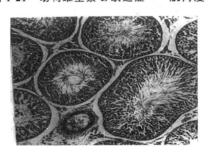

图 1-23　正常老鼠的睾丸切片

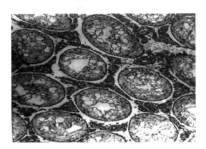

图 1-24　缺乏维生素 E 老鼠繁殖障碍——睾丸退化

4. 认知维生素 K 营养

(1)营养功能　维生素 K 主要参与凝血过程,它可催化肝脏中凝血酶原和凝血活素的合成;维生素 K 与钙结合蛋白的形成有关,并参与蛋白质和多肽的代谢;维生素 K 具有利尿、强化肝脏解毒功能及降低血压等作用。

(2)识别缺乏症　维生素 K 缺乏时,凝血时间延长,主要发生在禽类。雏鸡缺乏时皮下和肌肉间隙呈现出血现象,断喙或受伤时流血不止,并可在躯体任何部位发生出血,在颈、胸、腿、翅膀及腹膜等部位出现小血斑。母鸡缺少维生素 K,蛋壳上有血斑,孵化时,鸡胚常因出血而死亡。猪缺乏时,皮下出血,内耳血肿,尿血,呼吸异常。初生仔猪脐孔出血,仔猪去势后出血,甚至流血不止而死。有的关节肿大,充满瘀血造成跛行(见图 1-25 至图 1-26)。

图 1-25　雏鸡缺乏维生素 K 体内出血而死　　　　图 1-26　羽毛蓬乱，并有带血的渗出液

任务 3：认知水溶性维生素

一、B 族维生素的营养

1. 认知 B 族维生素共同特点

(1)都是水溶性维生素；

(2)几乎都含有氮元素；

(3)都是作为细胞酶的辅酶或辅基的成分，参与碳水化合物、脂肪和蛋白质代谢；

(4)除维生素 B_{12} 外，很少或几乎不能在动物体内贮存；

(5)饲料来源基本一致，除了维生素 B_{12} 只含在动物性饲料中外，其他 B 族维生素广泛存在于各种酵母、良好干草、青绿饲料、青贮饲料、籽实种皮和胚芽中。

2. 认知 B 族维生素理化性质(见表 1-2)

表 1-2　各种因素对维生素的影响情况

维生素	影响因素					附注
	热	氧	光	酸	碱	
维生素 A	+	++	++	++	−	对热敏感，尤其有氧存在
维生素 D	−	+	+	+	+	—
维生素 E	−	++	++			
维生素 K	+	++	++	++	++	
维生素 B_1	++	++	−	−	++	
维生素 2	+	+	++		−	有氧和有碱存在时对热敏感
烟　酸	−		−			
盐酸吡哆醇	−		++	−	−	加热时对氧和碱敏感
泛酸	−	−	−	++	++	
叶酸	++			−	−	在酸溶液中对热敏感
维生素 B_{12}	−	++	++			
维生素 C	++	++	++	−	++	有氧时对热敏感，有重金属时可氧化，对酸较稳定

注：++敏感；+有些敏感；−稳定。

3. 认知 B 族维生素营养功能及缺乏症(见表 1-3 及图 1-27 至图 1-33)

表 1-3　B 族维生素营养概述

维生素名称	主要营养生理功能	主要缺乏症	易受影响的动物
维生素 B_1	以羧化辅酶的成分参与丙酮酸的氧化脱羧反应;维持神经组织和心脏正常功能;维持胃肠正常消化机能;为神经介质和细胞膜组分,影响神经系统能量代谢和脂肪酸合成	心脏和神经组织机能紊乱,心肌坏死,雏鸡患"多发性神经炎",头部仰,神经变性和麻痹;猪运动失调,胃肠功能紊乱,厌食呕吐,浮肿,生长缓慢,体重下降,仔猪体弱,畸胎增加	猪、鸡与幼年反刍动物及成年反刍动物出现应激或高产时均需补充
维生素 B_2	以辅基形式与特定酶结合形成多种黄素蛋白酶,参与蛋白、脂类、碳水化合物及生物氧化;与色氨酸、铁的代谢及维生素 C 合成有关;与视觉有关;强化肝脏功能,为生长和组织修复所必需	幼畜食欲减退,生长停滞,被毛粗乱,眼角分泌物增多,伴有腹泻;猪患皮炎、白内障,妊娠母猪早产或畸胎;雏鸡患卷爪麻痹症,母鸡蛋率、孵化率下降,鸡胚死亡率增高	猪、鸡、幼年反刍动物,尤其笼养鸡、种鸡
维生素 B_3	是辅酶 A 的成分,参与三大营养物质代谢,促进脂肪代谢和抗体合成,是生长动物所必需	猪生长缓慢,胃肠紊乱,腹泻和便血,运动失调。呈现"鹅行步"。雏鸡分泌物增多。母鸡产蛋率下降,鸡胚死亡	猪、禽与幼龄反刍动物
维生素 B_5	以辅酶 Ⅰ、Ⅱ 的形式参与三大营养物质代谢;参与视紫红质的合成;维持皮肤的正常功能和消化腺分泌;参与蛋白质和 DNA 合成	猪患"癞皮病",鸡患口腔炎,皮炎,羽毛蓬乱,生长缓慢。下痢,骨骼异常;母鸡产蛋率和孵化率下降	猪、鸡、幼龄反刍动物
维生素 B_6	以转氨酶和脱羧酶等多种酶系统的辅酶形式参与氨基酸、蛋白质、脂肪和碳水化合物代谢;参与抗体合成;促进血红蛋白中原卟啉的合成	皮炎,脱毛,心肌变性,贫血,动物失调,肝脏脂肪浸润,腹泻,被毛粗糙,阵发性抽搐或痉挛,昏迷,种蛋孵化率下降	高能高蛋白的日粮喂生长动物时,需要量增加;应激状态需补充
维生素 B_7	以各种羧化酶的辅酶形式参与三大有机物代谢	贫血,生长缓慢,皮炎,痉挛,蹄开裂,皮肤干燥,鳞片和以棕色渗出物为特征的皮炎	锗应激时需补充
维生素 B_{11}	以辅酶形式通过一碳基团的转移,参与蛋白质和核酸的合成及某些氨基酸的代谢,促进红细胞、白细胞的形成与成熟	贫血,生长缓慢,下痢,被毛粗乱,繁殖机能和免疫机能下降,猪患皮炎,脱毛,消化、呼吸及泌尿器官黏膜损伤,鸡羽毛脱色,孵化率降低,死胚骨骼畸形	一般可满足需要,猪应激时需补充

续表

维生素名称	主要营养生理功能	主要缺乏症	易受影响的动物
维生素 B$_{12}$	是几种酶系统中的辅酶，参与核酸、胆碱、蛋白质的合成与代谢；促进红细胞的形成与发育；维持肝脏和神经系统的正常功能	食欲下降，营养不良，贫血，神经系统损伤，皮炎，抵抗力下降，繁殖机能降低，雏鸡羽毛不丰满，肾损伤，出壳雏鸡骨骼异常，胚胎最后 1 周死亡	猪、禽与幼龄反刍动物

图 1-27　维生素 B$_1$ 缺乏时雏鸡表现出的角弓反张（多发性神经炎症状）

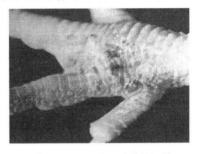

图 1-28　雏鸡维生素 B$_2$ 缺乏患卷爪症　　图 1-29　家禽缺乏烟酸癫皮病

图 1-30　同日龄家禽缺乏叶酸矮小贫血

图 1-31　同日龄的小白鼠缺乏生物素出现皮炎、脱毛症状

图 1-32 维生素 B$_6$ 缺乏时鸡眼睑炎性水肿

图 1-33 泛酸缺乏时猪表现"鹅步"

4. 胆碱的营养

(1)理化特性 胆碱是类脂肪的成分。分子中除含有 3 个稳定的甲基外，还有羟基，具有明显的碱性。胆碱对热稳定，但在强酸条件下不稳定，吸湿性强，胆碱可在肝脏中合成。

(2)营养功能及缺乏症 胆碱是细胞的组成成分，它是细胞卵磷脂、神经磷脂和某些原生质的成分，同样也是软骨组织磷脂的成分。因此，它是构成和维持细胞的结构，保证软骨基质成熟必不可少的物质，并能防止骨短粗病的发生；胆碱参与肝脏脂肪代谢，可促进肝脏脂肪以卵磷脂形式输送或者提高脂肪酸本身在肝脏内的氧化利用，防止脂肪肝的产生；胆碱是甲基的供体并参与甲基转移；胆碱还是乙酰胆碱的成分，参与神经冲动的传导。

动物缺乏胆碱时，食欲丧失，精神不振，生长缓慢，贫血，无力，关节肿胀，运动失调，消化不良等。脂肪代谢障碍，易发生肝脏脂肪浸润而形成脂肪肝。鸡比较典型的症状是骨粗短病和滑腱症。母鸡产蛋量减少，甚至停产，蛋的孵化率下降。猪后腿叉开站立，行动不协调。

过量进食胆碱的症状是：流涎、颤抖、痉挛、发绀、惊厥和呼吸麻痹，增重与饲料转化率均降低。NRC 认为，成年鸡按需要量的一倍添加胆碱是安全的。猪对胆碱耐受力较强。

(3)来源与供应 以绿色植物、豆饼、花生饼、谷实类、酵母、鱼粉、肉粉、蛋黄中最丰富。日粮中缺少动物性饲料或缺少叶酸、维生素 B$_{12}$、锰或烟酸过多时，常导致胆碱的缺乏。饲喂低蛋白高能量饲粮时，常用氯化胆碱进行补饲，补充胆碱同时应适当补充含硫氨基酸和锰。饲喂玉米—豆饼型日粮的母猪补饲胆碱，可提高产活仔数。

二、维生素 C 的营养

1. 认知维生素 C 营养功能

(1)维生素 C 参与细胞间质合成。

(2)在机体生物氧化过程中，起传递氢和电子的作用。

(3)在体内具有杀菌、灭毒、解毒、抗氧化作用。

(4)能使三价铁还原为二价铁，促进铁的吸收。

(5)可促进叶酸变为具有活性的四氢叶酸，并刺激肾上腺皮素等多种激素的合成。

(6)还能促进抗体的形成和白细胞的噬菌能力，增强机体免疫力和抗应激能力。

2. 认知维生素 C 缺乏表现

(1)毛细血管的细胞间质减少，通透性增强而引起皮下、肌肉、肠道黏膜出血。骨质疏松易折，牙龈出血，牙齿松脱、创口溃疡不易愈合，患"坏血症"。

(2)动物食欲下降，生长阻滞，体重减轻，活动力丧失，皮下及关节弥漫性出血，被毛无光，贫血，抵抗力和抗应激力下降。

(3)母鸡产蛋量减少，蛋壳质量降低。

3. 认知维生素 C 的来源

(1)青绿饲料、块根鲜果中均丰富。

(2)动物体内合成。

(3)在高温、寒冷、运输等应激状态下，合成维生素 C 的能力下降，必须额外补充。高温季节，增加鸡饲料中维生素 C 的给量，可提高蛋鸡产蛋量、蛋壳质量及肉鸡增重，可使雏鸡生长均匀并提高成活率，还可增加公鸡精子活力，提高其授精力并防治疾病。

(4)日粮中能量、蛋白质、维生素 E、硒、铁等不足时，增加对维生素 C 的需要量。

(5)猪日粮中适量添加，可提高幼畜成活率及生产性能，明显提高公猪的精液品质。

单元 7　能量营养

任务 1：认知能量的来源及衡量单位

1. 来源

饲料能量主要来源于碳水化合物、脂肪和蛋白质三大营养物质。

2. 能量单位

饲料能量含量只能通过在特定条件下，将能量从一种形式转化为另一种形式来测定。在营养学上，饲料能量基于养分在氧化过程中释放的热量来测定，并以热量单位来表示。传统的热量单位为卡(cal)，国际营养科学协会及国际生理科学协会确认以焦耳作为统一使用的能量单位。动物营养中常采用千焦耳(kJ)和兆焦耳(MJ)。卡与焦耳可以相互换算，换算关系如下：

$$1\ cal=4.184\ J\quad 1\ kcal=1\ 000\ cal\quad 1\ Mcal=1\ 000\ kcal\quad 1\ Mcal=4.184\ MJ$$

任务 2：认知能量的转化过程及影响因素

1. 认知能量转化过程(见图 1-34)

(1)总能　是指饲料中有机物质完全氧化燃烧生成二氧化碳、水和其他氧化物时释放的全部能量，主要为碳水化合物、粗蛋白质和粗脂肪能量的总和。总能可用氧弹式测热计测定。

(2)消化能　是指饲料可消化养分所含的能量，即动物摄入饲料的总能与粪能(缩写FE)之差。即：

$$DE=GE-FE$$

(3)代谢能　是指饲料消化能减去尿能(缩写 UE)及消化道可燃气体的能量(缩写 Eg)后剩余能量。即：

$$ME=DE-(UE+Eg)$$

(4)净能　是饲料中用于动物维持生命和生产产品的能量，即饲料的代谢能扣除饲料在体内的热增耗(缩写 HI)后剩余的那部分能量。即：

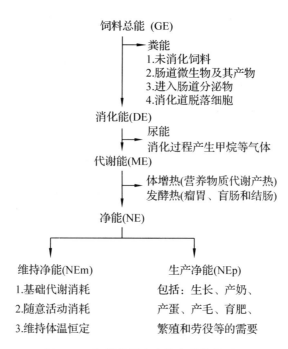

图 1-34　饲料能量在畜体内的转化过程

$$NE = ME - HI$$

净能包括维持净能(缩写 NEM)和生产净能(缩写 NEP)两部分。NEM 是指饲料能量用于维持生命活动、适度随意运动和维持体温恒定的部分。该部分最终以热的形式散失掉。NEP 是指饲料能量用于沉积到产品中的部分，也包括用于劳役做功的能量。因动物种类和饲养目的不同，生产净能的表现形式也不同，包括：增重净能、产奶净能、产毛净能、产蛋净能和使役净能等。

2. 认知影响饲料能量转化效率的因素

(1)饲料的能量利用效率　饲料能量在动物体内经过一系列转化后，最终用于维持动物生命和生产。动物利用饲料能量转化为产品净能，投入能量与产出能量的比率关系称为饲料能量效率。

(2)影响饲料能量利用效率的因素

①动物种类、性别和年龄　动物种类、品种、性别和年龄影响同种饲料或饲料的能量效率。试验表明，代谢能用于生长育肥的效率，单胃动物高于反刍动物；同种饲料代谢能对于肉鸡的生长效率，母鸡高于公鸡。产生这些差异的原因在于各种动物有其不同的消化生理特点、生化代谢机制及分泌特点。

② 生产目的　大量研究结果表明，能量用于不同的生产目的，能量效率不同。能量利用率的高低顺序为：维持＞产奶＞生长、育肥＞妊娠和产毛。能量用于维持的效率较高，主要是由于动物能有效地利用体增热来维持体温。当动物将饲料能量用于生产时，除随着采食量增加，饲料消化率下降外，能量用于产品形成时还需要消耗大部分能量。因此，能量用于生产的效率较低。

③饲养水平　大量实验表明，在适宜的饲养水平范围内随着饲喂水平的提高，饲料有

效能用于维持部分相对减少，用于生产的净效率增加。但在适宜的饲养水平以上，随采食量的增加，由于消化率下降，饲料消化能和代谢能值均减少。

④饲料成分　饲料成分对有效能利用率的影响在前面已讨论。饲料中的营养促进剂，如抗菌素、激素等也影响动物对饲料有效能的利用。

任务 3：认知动物能量需要的表示体系

1. 消化能体系

消化是养分利用的第一步，粪能常是饲料能损失的最大部分，尿能通常较低，故消化能可用来表示大多数动物的能量需要，且对于代谢能和净能，消化能测定较容易。目前，世界各国的猪营养需要多采用消化能体系。

2. 代谢能体系

在消化能的基础上，代谢能考虑了尿能和气体能的损失，比消化能体系更准确，但测定较难。目前，代谢能体系主要用于家禽。

3. 净能体系

不但考虑了粪能、尿能与气体能损失，还考虑了体增热的损失，比消化能和代谢能准确。特别重要的是净能与产品能紧密联系，可根据动物生产需要直接估计饲料用量，或根据饲料用量直接估计产品量，因而，净能体系是动物营养学界评定动物能量需要和饲料能量价值的趋势。但净能体系比较复杂，因为任何一种饲料用于动物生产的目的不同，其净能值不同。为使用方便，常将不同的生产净能换算为相同的净能，如将用于维持、生长的净能换算成产奶净能，换算过程中存在较大误差。此外，净能的测定难度大，费工费时，生产上常采用消化能和代谢能来推算净能。目前，反刍动物的能量需要主要用净能体系来表示。

4. 能量价值的相对单位体系

动物的能量需要和饲料的能量价值除用消化能、代谢能和净能的绝对值来表示外，曾广泛应用能量价值的相对单位如淀粉价、总消化养分、大麦饲料单位和燕麦饲料单位等来表示。

单元 8　水的营养

任务 1：认知水的营养功能

(1)水是动物体内重要的溶剂；
(2)水是各种生化反应的媒介；
(3)水参与体温调节；
(4)水起润滑作用；
(5)水是机体细胞的一种主要结构成分；
(6)水是一种矿物源；
(7)水在疾病防治中的作用；
(8)水有利于饲料转化率的提高。

任务 2：认知水的来源

动物体内的水有三个来源，即饮水、饲料水和代谢水。

任务 3：认知水的排泄

1. 通过粪便与尿排泄

动物的排尿量因饮水量、饲料性质、动物活动量以及环境温度等多种因素的不同而异。

2. 通过皮肤和呼吸排出

由皮肤表面失水的方式有两种。

3. 经动物产品排泄

泌乳动物泌乳也是排水的重要途径。

任务 4：认知影响动物需水量的因素

1. 动物种类

哺乳动物，粪、尿或汗液中流失的水比鸟类多，需水量相对较多。

2. 年龄

幼龄动物比成年动物需水量大。

3. 生理状态

妊娠肉牛需水量比空怀肉牛高 50％，泌乳期奶牛，每天需水量为体重的 1/7～1/6，而干奶期奶牛每天需水量仅为体重的 1/14～1/13。产蛋母鸡比休产母鸡需水量多 50％～70％。

4. 生产性能

生产性能是决定需水量的重要因素。

5. 饲料因素

在适宜环境条件下，饲料干物质采食量与饮水量高度相关。

6. 气温条件

高温是造成需水量增加的主要原因，一般当气温高于30℃，动物饮水量明显增加；低于10℃时，需水量明显减少。

7. 水的品质

水中有一些对畜禽有害的元素和物质，其品质直接影响动物的饮水量，饲料消耗，健康和生产水平。

模块 2　畜禽饲料选用

单元 1　反刍动物常用饲料选用

任务 1：回顾反刍动物消化生理特点

1. 口腔内的消化特点

反刍动物口腔内有发达的下门齿和臼齿，但犬齿不发达。反刍动物主要靠下门齿和臼齿咀嚼食物。反刍动物唾液中淀粉酶含量极少，但存在其他酶类，如麦芽糖酶、过氧化物酶、脂肪酶和磷酸酶等。反刍动物唾液中所含 $NaHCO_3$ 和磷酸盐对维持瘤胃适宜酸度具有较强的缓冲作用。

食物在反刍动物口腔不经细致地咀嚼就匆匆咽入瘤胃，被唾液和瘤胃液浸泡软化后，在休息时又返回到口腔进行细致地咀嚼，再吞咽入瘤胃，这种现象称为反刍，是反刍动物消化过程中特有的现象。

2. 胃肠道内的消化特点

反刍动物的胃是复胃，共 4 个室，前三个为瘤胃、网胃、瓣胃合称为前胃，第四室称为皱胃（真胃），其中前胃以微生物消化为主，并主要在瘤胃内进行。瘤胃微生物种类繁多，主要有两大类：一类是原生动物，如纤毛虫和鞭毛虫；另一类是细菌。瘤胃微生物能分泌淀粉酶、蔗糖酶、果聚糖酶、蛋白酶、胱氨酸酶、半纤维素酶和纤维素酶等。饲料在瘤胃内经微生物充分发酵，有 $70\%\sim85\%$ 干物质和 50% 的粗纤维被消化。由于瘤胃内微生物可产生 β－糖苷酶，此酶可消化纤维素、半纤维素等难消化的物质，从而提高了饲料中总能的利用程度。此外，瘤胃内微生物能合成必需氨基酸、必需脂肪酸以及 B 族维生素等营养物质供宿主利用。但瘤胃微生物的发酵会造成饲料中能量的损失，使优质蛋白质被降解，使一部分碳水化合物被降解成 CH_4、H_2、CO_2 及 O_2 等气体，排出体外。当食糜进入盲肠和大肠时又进行第二次微生物发酵消化，这样饲料中的粗纤维经两次发酵，消化率明显提高，这也是反刍动物能大量利用粗饲料的营养基础。反刍动物的真胃（又称皱胃）和小肠的消化与单胃动物相似，主要是酶的消化。

任务 2：分析反刍动物常用饲料的种类

1. 结合牛羊的消化生理特点及营养物质消化利用特点进行分析。
2. 结合牛羊生产实践体验进行分析。
3. 结合现有饲料种类及特性进行分析。

总结出反刍动物常用的饲料种类包括七部分：粗饲料、青绿饲料、精饲料、粮油等加工副产物、非蛋白含氮饲料、矿物质饲料和饲料添加剂。

任务 3：粗饲料的选用

1. 识别与利用青干草

（1）识别青干草的外观　通过实物或图片识别常见的禾本科类干草、豆科类干草。

（2）认知青干草营养特性

① 影响青干草的营养价值变化的因素：牧草种类、生长状况、刈割时期、调制方法。野干草因草地类型、自然气候、收割时期和调制方法等不同，其品质和营养特性也有较大差异。

② 优质干草的共同特性：茎叶完整，保持绿色，有清香味，营养物质含量达到正常标准，某些维生素和微量元素含量较丰富。含水量为 $14\%\sim18\%$。可消化粗蛋白质含量达 115 g/ kg 干物质，代谢能可超过 10 MJ/kg 干物质，质量差的干草代谢能可能低于 7 MJ/kg干物质，与秸秆相近。人工栽培的禾本科牧草无氮浸出物含量较高，茎叶柔软，适口性好，是补充热能的主要饲料来源。豆科牧草富含蛋白质和钙质，是补充蛋白质饲料的主要来源。

（3）认知青干草饲用价值

① 青干草是草食动物最基本、最主要的饲料，是奶牛、绵羊、马的重要能量来源。

② 干草与青饲料或青贮料混合使用，可促进反刍动物采食，增加维生素 D 的供给。

③ 喂奶牛，可增进干物质及粗纤维采食量，保证产奶量和乳脂含量。

④ 青干草还可制成草颗粒、草饼饲喂给动物。

2. 识别与利用秸秆类饲料

（1）识别秸秆类饲料的外观　通过实物或多媒体识别常见的玉米秸、高粱秸、小麦秸、稻秸、豆秸等。

（2）认知秸秆类饲料营养特性　此类饲料的营养价值低于干草类。其中粗纤维含量较高，一般在 30% 以上，质地坚硬，粗蛋白质含量低于 10%，粗灰分含量高，有机物的消化率一般不超过 60%。

（3）认知秸秆类饲料的饲用价值

① 玉米秸：玉米秸外皮光滑，质地坚硬，可作为反刍动物的饲料。青刈玉米青嫩多汁，适中性好，适于作牛的青饲料。青刈玉米可鲜喂，也可制成干草或青贮供冬、春饲喂。青贮是保存玉米秸养分的有效方法，玉米青贮料是反刍动物常用粗饲料。

② 麦秸：麦秸的营养价值与其品种、生长期有关。常做饲料的有小麦秸、大麦秸和燕麦秸。其中小麦秸产量最多，适口性差，主要饲喂牛、羊。

③ 稻草：稻草营养价值低，但生产的数量大，牛羊对其消化率为 50% 左右。稻草的粗纤维含量较玉米秸高，利用时可与优质干草搭配。

④ 粟秸：也称谷草。粟秸柔软厚实，适口性好，营养价值是谷类秸秆中最好的，可作为草食动物园的优良粗饲料。谷草主要的用途是制备干草，供冬、春两季饲用。谷草是马的好饲料，但长期饲喂对马的肾脏有害。

⑤ 豆秸：豆秸是大豆、豌豆、蚕豆等豆科作物成熟后的茎秆。豆秸含叶量少，茎秆木质化，坚硬，粗纤维含量高，但粗蛋白质含量和消化率均高于禾本科谷类秸秆。使用前需要加工调制，并搭配其他饲料饲喂。

3. 识别与利用秕壳类

秕壳是农作物收获脱粒时，分离出的颖壳、荚皮及外皮等物质，除花生壳、稻壳外，多数秕壳的营养价值略高于同一作物的秸秆。

（1）识别秕壳类饲料的外观　通过实物或图片认识各种秕壳类饲料。

（2）认知秕壳类饲料的营养价值

① 豆荚类：最具代表的是大豆荚，豆荚营养价值较高，粗蛋白质含量为 5%～10%，无氮浸出物含量为 42%～50%，粗纤维含量为 33%～40%，是反刍动物较好的粗饲料。

② 谷类皮壳：营养价值仅次于豆荚，其来源广，数量大。主要有稻壳、小麦壳、大麦壳和高粱壳等，其中稻壳的营养价值很差，对牛的消化能最低，适口性也差，仅能勉强用作反刍动物的饲料。花生壳、棉籽壳、玉米芯、玉米苞叶等饲料经适当粉碎可喂反刍动物。

任务 4：青绿饲料的选用

青绿饲料是指天然水分含量在 60% 以上的野生牧草和人工栽培的牧草及饲用作物。

1. 识别常见青绿饲料的外观

(1)常见的叶菜类及青饲作物外观(见图1-35至图1-38)。

图 1-35　鲁梅克斯

图片说明：蓼科酸模属多年生宿根草本植物，俗称"高秆菠菜"，是一种新型的高蛋白饲科。

图 1-36　苦荬菜

图片说明：菊科莴苣属一年生或越年生草本植物。野生种遍布全国。各地普遍栽培。青饲料产量 75～112 t/hm²。

图 1-37　谷子

图片说明：谷草适口性好，可种植做饲草用，青饲宜在抽穗前刈割，调制干草宜在抽穗期刈割，青贮宜在开花至乳熟期刈割。

图 1-38　高粱

图片说明：乳熟期含糖量最高，可刈割青贮。无论青饲或青贮，草食家畜均喜食。幼苗及再生嫩苗含氢氰酸，不能放牧或直接饲喂。

(2)常见的豆科牧草外观(见图1-39至图1-48)。

图 1-39　黄花苜蓿

图片说明：适宜青饲或晒制干草，在株高 30 cm 时轻度放牧利用，各种家畜均喜食。

图 1-40　埃及三叶

图片说明：每年刈割 2～3 次，茎叶柔嫩，富含粗蛋白质和无机盐，各种家畜都喜食。

图 1-41　鸡眼草

图片说明：豆科鸡眼草属一年生草本植物。耐牧性强，花前期刈割或放牧，叶量达 60%，营养价值很高，适口性好，也不会引起臌胀病。宜青饲、调制干草或放牧利用。

图 1-42　草莓三叶

图片说明：豆科三叶草属多年生草本植物。植株低矮，耐践踏，适宜放牧利用。茎叶柔嫩，各种家畜均喜食。

图 1-43　红三叶

图片说明：红三叶可用于放牧、青饲和晒制干草，每年刈割 3～4 次，每公顷产鲜草 60～75 t。草质柔嫩，干物质消化率达 61%～70%，各种家畜均喜食。

图 1-44　沙达旺

图片说明：沙达旺可青饲或晒制干草，还可混合青贮，刈割应在现蕾期。鲜嫩的沙打旺营养丰富，味苦。家畜习惯后喜食。

图 1-45　截叶胡枝子

图片说明：豆科胡枝子属多年生灌木状草本植物。适宜饲喂牛、羊等家畜，放牧时要重牧，使其保持柔嫩多口状态。

图 1-46　紫花苜蓿

图片说明：豆科苜蓿属多年生草本植物。每公顷产干草 12～15 t。一般苜蓿叶中的蛋白质含量比苜蓿茎中含量高 1.5 倍。

图 1-47　黄花草木樨

图片说明：营养成分与紫花苜蓿相似，但因含有香豆素，影响采食。霉烂的干草或青贮料不能用来饲喂家畜，以免香豆素在体内转变为抗凝血素，引起家畜体内出血死亡。

图 1-48　百脉根

图片说明：多年生草本植物，叶量大，草质柔嫩，适口性好，尤其是盛夏季节，一般牧草生长不佳时，可提供优质饲草。茎叶中皂素含量低，家畜食后不易得臌胀。

（2）认知青绿饲料的营养价值

①含水量高：水分含量高达 75%～95%，干物质含量较低，热能值较低。

②粗蛋白质含量丰富：按干物质计算，一般禾本科牧草含粗蛋白质 13%～15%；豆科牧草可达 18%～24%，富含精氨酸、谷氨酸和赖氨酸，蛋氨酸和异亮氨酸含量不足。

③无氮浸出物含量多，粗纤维含量少。

④钙、磷含量丰富，比例适当：豆科牧草含钙量较多，且钙、磷比例接近平衡。青绿饲料中钙、磷主要集中于叶片中。以青绿饲料为主的家畜不易出现钙、磷缺乏。

⑤维生素含量丰富：类胡萝卜素的含量高于其他饲料；富含 B 族维生素（维生素 B_6 除外）及较多维生素 E、维生素 K 和维生素 C 等，缺乏维生素 D，但含有其前体物质。

（3）认知青绿饲料的利用特点

①适时收割：为保证青饲料具有良好的品质，必须适时收割，饲喂猪、鸡的豆科青饲料宜在孕蕾前收割；饲喂牛、羊、马的宜在盛花期收割。

②采取青刈和放牧相结合的利用方式。

③多样搭配：任何一种青饲料都不具有全面的营养价值，如果多样配合，可起到互补作用，能提高饲料中各种氨基酸的利用率，同时降低饲料成本，发挥其最佳的效益。

④加工与调制：将青饲料调制成青干草或青贮饲料可保持全年均匀供应。

⑤使用青绿饲料注意事项：防止亚硝酸盐中毒；防止氢氰酸中毒；防止草木樨中毒；防止单宁中毒；防止农药中毒；防止其他有毒植物的中毒；防止牛羊瘤胃臌胀；防止不良气味影响奶的品质。

任务5：精饲料的选用

反刍动物常用的精饲料主要有禾本科籽实和豆科籽实。

1. 营养特点

可消化营养物质含量高，体积小，粗纤维含量少，是喂牛的主要能量和蛋白质饲料。

2. 玉米籽实的利用

玉米是禾本科籽实中淀粉含量最高的饲料，是牛精料补充料中主要的能量饲料。

（1）大量使用时，最好与糠麸类饲料搭配使用，以避免瘤胃膨胀。

（2）喂马和乳牛时，不宜磨得过细，宜压扁。饲喂前应破碎或压片，以提高其消化率。压片在饲料效率及动物生长方面均优于整粒、细碎或粗碎的玉米。

（3）大量使用时要注意补充维生素 A。

3. 大麦籽实的利用

大麦含粗纤维较多，质地疏松，乳牛、肉牛均可大量饲喂，饲喂时稍加粉碎即可，粉碎过细，影响适口性，整粒饲喂不利于消化，造成浪费。喂奶牛可获得品质优良的牛奶和黄油，在奶牛精料中占 40％以下。对肥育牛与玉米同等即可。

4. 高粱籽实的利用

高粱与玉米比较，营养价值稍低，含鞣酸，适口性不如玉米，喂量较多时易引起牛便秘。高粱对乳牛的饲用价值同玉米，以粉碎后饲喂效果好。饲喂肉牛，饲用价值相当于玉米的 90％～95％，可以带穗粉碎，效果良好。

5. 燕麦籽实的利用

燕麦是饲喂乳、肉牛的极好饲料，是饲喂马属动物的标准饲料，喂前适当粉碎可提高其消化率。

6. 大豆籽实的利用

大豆的营养价值高于谷物籽实类，是牛生长和泌乳最好的蛋白质饲料。与谷实混喂效果好。大豆熟喂或膨化能增加适口性和提高蛋白质消化利用率。

任务 6：粮油等加工副产物的选用

一、糠麸类

一般谷实的加工分为制米和制粉两大类。制米的副产物称作糠，制粉的副产物则为麸。主要是由籽实的种皮、糊粉层与胚组成。营养价值的高低随加工方法而异。

1. 常用的种类

包括米糠、麸皮、玉米皮、高粱糠等。

2. 营养特点

无氮浸出物比籽实少；粗蛋白质、粗纤维均高于籽实类；有的脂肪含量较多，如米糠中脂肪可达 12％以上。

3. 利用

（1）麸皮用法：麦麸易发霉酸败，保存时注意通风干燥；对产前及产后的母牛有一定的轻泻性，具用保健作用；奶牛可以大量饲用，在奶牛日粮中可添加 10％～20％，泌乳牛由高产转为低产时，可增加用量，一般在 30％。

（2）米糠用法：米糠中脂肪较高，喂量过多会使体脂和乳脂变黄变软，脱脂米糠可适当多喂；乳牛日粮占 20％，肉牛占 30％。陈旧米糠喂牛时易引起腹泻。

（3）玉米皮用法：牛每天喂量可达 4.5～13.6 kg，可代替 50％～80％的麸皮。另外，可喷浆加工成玉米纤维饲料。

（4）大豆皮：大豆皮是大豆湿法浸油分离的副产品，颜色为米黄色或浅黄色，粗纤维含量为 38％，粗蛋白 12.2％，氧化钙 0.53％，磷 0.18％，木质素含量低于 2％。

大豆皮的净能为 8.15 MJ/kg，高于小麦麸的 6.72 MJ/kg，低于玉米的 8.23 MJ/kg，因此大豆皮可代替一定量的玉米与小麦麸喂牛。

二、饼粕类

1. 常用的种类

包括大豆饼粕、棉籽饼粕、花生饼粕、菜籽饼粕等。

2. 营养特点

粗蛋白质含量较高，氨基酸较平衡，品种不同而异；多数饼粕类饲料中含有各种抗营养因子，饲喂时应注意脱毒处理，否则会影响利用效果。

3. 利用

(1)大豆饼粕类　含各种抗营养因子，多数不耐热，喂前适当热处理可提高利用率。在配制日粮时要根据豆饼营养特性与其他饲料搭配使用，根据市场价格调整用量。

(2)棉籽饼粕类　产量仅次于豆饼。营养价值因棉花品种和榨油工艺不同而异。含棉酚物质，利用受限：犊牛尽量少喂；种公牛可占精料30%；肉牛以棉籽饼为主时，应充分喂给优质粗料，并补充胡萝卜素和钙，增重效果较好。

(3)菜籽饼粕　粗蛋白质30%～40%，钙磷丰富。含有芥子甙等有毒成分。牛对这种有毒物质不很敏感，喂量可稍多些。注意与其他饲料配合使用。

三、糟渣类

1. 种类

豆腐渣、甜菜渣、酒糟、酱油渣、醋渣、玉米蛋白粉、玉米胚芽粉等。

2. 营养特点及利用

(1)啤酒糟　水分80%～90%，不易保存。可湿喂、配制青贮料、烘干后饲喂。

①湿喂：奶牛日喂量10～15 kg，可替代精料比例为4∶1。替代青贮料比例为1∶1。替代量不超过1/3。喂奶牛在挤奶后喂。

②配制青贮料：与谷物籽实及副产物、粗料、矿物质饲料等混合搭配，以平衡蛋白质、能量、矿物质等。参考搭配比例：湿啤酒糟12～70；谷物及副产物25～80；矿物质补料1～5；秸秆、秕壳类0～20；啤酒酵母0～5。

③啤酒糟烘干后饲喂：干啤酒糟的 DM 中 CP20%～29%、CF10%～17%、NFE50%、EE8%～10%、ash 5%～9%。相当中等能量、中上等蛋白质的饲料营养价值，奶牛每天可喂 2 kg。育肥牛日粮多为高精料型(玉米等80%以上，秸秆秕壳等10%～15%)，易引起肉牛患肝脓肿。日粮中加10%～20%干啤酒糟，可预防此病。

(2)白酒糟　饲用价值因原料种类、掺杂成分与发酵过程而异。谷物的酒糟较薯类酒糟能量、蛋白质都高。掺有秕壳的酒糟，纤维高，消化率低。白酒糟中 CP 含量中上等，EE 含量多，B族维生素丰富，饲喂时注意合理搭配。由于白酒糟水分大，夏季不易保存，易酸败。可采取干燥、青贮等方式保存。

用量：役牛日喂30～40 kg，肉牛、奶牛适当少喂，不超过日粮 DM 的30%～50%。妊娠母牛不宜饲喂，以免流产，幼龄种牛也不宜饲喂。

(3)甜菜渣　碳水化合物多，其他成分少，营养不平衡。

①饲喂时应注意补充钙、磷、维生素 A 和维生素 D 等。

②可干燥压块保存，也可青贮。

③游离有机酸多，易引起下痢，不宜多喂。

④干甜菜渣易吸水，多喂易引起消化紊乱。喂前用水泡。

⑤干甜菜渣日喂量：犊牛 1～2 kg；奶牛 3～4 kg；役牛 4～6 kg；母牛、肥牛 5～7 kg。

四、油脂、油脚、糖蜜等

1. 油脂饲料油脂来自植物油脂和动物油脂。为了使用方便，人们把油脂用固体粉状物吸附制成脂肪粉。

2. 油脚压榨和浸提得到的植物油中往往含有各种磷脂、色素、固醇、胆碱和游离脂肪酸等，经水洗和精炼后，副产品俗称"油脚"。大豆油脚中残留油脂达 15％ 左右，其余为磷脂等成分。油脚也可以适量地用于配合饲料生产，但要注意其质量。加油脂时可采用预拌方式添加，即先用豆粕类等吸附后，再逐步扩大混入饲料中，或采用直接喷雾法，即先将油脂加热至 60 ℃～90 ℃ 变成液态，再以喷嘴直接喷雾到饲料中。

3. 糖蜜　可作为颗粒饲料的黏合剂，提高颗粒饲料的质量。喂牛时，肉牛为 4％，犊牛 8％。若在糖蜜中添加适量尿素，制成氨化糖蜜，效果更好。

任务 7：非蛋白质含氮饲料的选用

1. 概念

非蛋白质含氮饲料是指简单的含氮化合物。

2. 常用的种类

尿素、二缩脲、铵盐等。

3. 利用

在奶牛日粮中可替代部分蛋白质饲料，节省成本。但应注意防止中毒。用量可按牛体重的 0.02％～0.05％ 添加；或按牛日粮中干物质的 1％ 添加；或按牛日粮中粗蛋白质的 20％～30％ 添加。

任务 8：矿物质饲料的选用

1. 概念

矿物质饲料是指能提供一种或几种常量矿物质元素的矿物性饲料。

2. 常用的种类

(1)补充钠、氯的饲料：主要有食盐、芒硝、小苏打等。

(2)补充钙的饲料：主要有石粉、贝壳粉、碳酸钙、蛋壳粉等。

(3)补充钙、磷的饲料：主要有骨粉、磷酸氢钙等。

(4)其他矿物质饲料：脱氟磷灰石、磷酸氢钠、磷酸氢二钠、磷酸等。

任务 9：饲料添加剂的选用

一、维生素添加剂

养牛生产中常用的有维生素 A、维生素 D、维生素 E、烟酸和胆碱等。

二、氨基酸添加剂

养牛生产中常用的有过瘤胃保护赖氨酸和蛋氨酸产品。

三、瘤胃缓冲剂

1. 作用

可缓解因大量使用精料、酸性青贮料和糟渣类易造成瘤胃 pH 降低，抑制微生物发酵。

2. 种类

常用的有小苏打、乙酸钠、氧化镁。

3. 用量

小苏打占干物质采食量的 $1\%\sim1.5\%$；乙酸钠可提高乳脂率，对瘤胃具有缓冲作用。氧化镁：$0.3\%\sim0.5\%$。

四、生物活性制剂

常用的有纤维素酶制剂、酵母培养物、活菌制剂等。

五、脲酶抑制剂

1. 作用

适度抑制瘤胃脲酶活性，减缓尿素分解速度，有效利用氨源。

2. 种类

我国批准使用的是乙酰氧肟酸。

3. 用量

在奶牛日粮中添加量为 $25\sim30$ mg/kg（按干物质计）。

六、异位酸

1. 种类

异丁酸、异戊酸、2-甲基丁酸。

2. 作用

异位酸是瘤胃纤维分解菌生长所必需，在奶牛日粮中添加异位酸能提高瘤胃微生物数量，改善氮沉积量，提高奶牛的产奶量和乳脂率。

3. 饲喂时间

一般在产犊前 2 周至产后 225 d 期间内，添加效果较好。

七、蛋氨酸锌

1. 作用

抵制瘤胃微生物降解作用，可硬化蹄面和减少蹄病作用。

2. 添加量

一般添加量为 $5\sim10$ g/d·头，或占 $0.03\%\sim0.08\%$（日粮 DM）。

八、离子载体

1. 种类

常用的有莫能霉素和拉沙里霉素。

2. 作用

能够改变瘤胃发酵类型。

3. 应用

最早应用于肉牛，可提高日增生和饲料转化率。目前我国未批准在奶牛饲料中使用。

单元 2　单胃动物常用饲料选用

任务 1：回顾单胃动物消化生理特点

1. 猪的消化与食性特点

(1)猪的门齿、犬齿和臼齿都很发达，它的胃是单室胃，消化营养物质的主要场所在小肠。

(2)猪能广泛地利用各种动植物和矿物质饲料，对饲料的利用能力较强。猪对精饲料有机物的消化率为 75%～77%，对青草和优质干草有机物的消化率为 51%～65%。猪对纤维素含量高的粗饲料的利用能力较差，这是由于猪的胃和小肠内没有分解粗纤维的微生物(只有大肠内有少量这种微生物)，饲料中的粗纤维含量越高，猪对饲料的消化率就越低，但是猪对粗纤维的消化能力因年龄和品种不同而有差异，我国地方猪种比国外培育品种有较好的耐粗饲料特性。

(3)猪有择食性，能辨别食物的味道，饲料的适口性直接影响猪的采食量。猪特别喜爱甜食，未哺乳的初生仔猪就喜爱甜食。

(4)颗粒料和粉料相比，猪爱吃颗粒料。

(5)干料与湿料相比，猪爱吃湿料，且花费时间也少。因此，配制猪的日粮时要注意适口性和易消化性。

2. 家禽的消化与食性特点

(1)家禽口腔构造简单，没有牙齿，唾液腺较发达，但唾液中缺乏淀粉酶。

(2)家禽的舌黏膜没有味蕾，味觉机能较差，家禽类靠视觉和触觉觅食。

(3)家禽的胃分腺胃和肌胃两部分。腺胃较小，虽然分泌胃液，但对食物的消化能力较弱。肌胃不分泌胃液，但肌胃收缩力强，每分钟可收缩 2～3 次，肌胃内膜是由较厚的角质层构成对食物起到磨碎的作用。

(4)家禽的肠管较短，分小肠和大肠两段，家禽消化吸收作用主要在小肠进行，大肠不分泌消化酶，只靠微生物作用进行发酵食物。由于大肠较短，食糜在其中停留时间较短，其消化作用不强，对粗纤维利用能力相对较弱。

任务 2：分析单胃的猪禽常用饲料种类

1. 结合猪、禽消化生理特点及营养物质消化利用特点进行分析。

2. 结合猪、禽生产实践体验进行分析。

3. 结合现有饲料种类及营养特性进行分析。

总结出单胃动物常用的饲料种类主要包括：能量饲料、蛋白质饲料、矿物质饲料、青绿饲料、饲料添加剂等。

任务 3：能量饲料的选用

能量饲料是指天然含水量低于 45%，干物质中粗纤维含量小于 18%，粗蛋白含量小于 20% 的饲料，主要包括禾谷类、糠麸类、淀粉质块根块茎类和其他加工副产物。其中谷物籽实及其加工副产物、油脂和乳清粉等是目前猪禽生产中最常用的能量饲料来源。

一、禾谷类饲料

(一)饲用玉米

1. 认知饲用玉米质量标准(见表 1-4)

表 1-4 饲用玉米质量标准

等级	容重(g/kg)	CP(%)	不完善粒(%)		水分(%)	杂质(%)	气味色泽
			总量	生霉粒			
一	≥710	≥10	≤5.0	≤2.0	≤14.0	≤1.0	正常
二	≥685	≥9	≤6.5	≤2.0	≤14.0	≤1.0	正常
三	≥660	≥8	≤8.0	≤2.0	≤14.0	≤1.0	正常

2. 认知玉米的营养特点

含能高,CP 约 8%,缺赖 aa,蛋 aa,色 aa,Ca 与 P 少,维生素 A 源,维生素 E 含量良好,比其他谷实含核黄素少,比小麦、大麦含烟酸少,硫胺素较多,不饱和脂肪多。黄玉米叶黄素含量高。

3. 认知玉米饲用价值

(1)玉米对猪的饲用价值

①玉米含脂率较高,在猪饲料中避免过量使用,影响背脂厚度。

②用玉米喂猪时应粉碎以利于消化。粉碎的玉米易霉变,不宜久贮。以粗饲、压片、湿喂效果最佳,过细诱发猪胃溃疡。

③注意补充赖氨酸和磷。

④玉米分粉质和蜡质型两种,其中粉质的玉米含粉质淀粉较多,味较甜,宜用于猪饲料。粉质玉米淀粉质较软,易于糊化,故熟化处理亦宜选用粉质玉米。

⑤玉米发霉后禁止喂猪。发霉的玉米含黄曲霉毒素(AFB1)、玉米赤霉烯酮(F-2)、呕吐毒素(DON)、镰刀菌毒素(T-2 毒素)等。猪对这些毒素敏感,猪吃了发霉的玉米后,容易出现厌食、呕吐、腹泻等消化道疾病,黄曲霉毒素会使猪生长延缓,免疫力下降,具有致癌作用,肝脏受损、增生、出血、肿瘤。玉米赤霉烯酮能损害猪的生殖系统,有强烈的致畸性。猪外阴肿胀、早产、流产、发情、胎畸形和死胎。

(2)玉米对鸡的饲用价值

①蜡质玉米叶黄素含量较高,着色能力优,而且硬度大,粉碎后细度均匀,鸡较嗜食,故蜡质玉米适宜喂家禽。

②用玉米饲喂家禽时应适当粉碎,制成粗粒饲喂效果好。一般全部过 4 目。8 目筛上物小于 15% 为宜。

③黄玉米富含叶黄素,可加深蛋黄或肉鸡皮肤及脚趾的颜色。

(二)膨化玉米

1. 低膨化度玉米　容重>0.5 kg/L,一般采用低温膨化,80 ℃～120 ℃,成品水分较高,糊化度能达到 60%～80%,离乳后期仔猪可用,也可用于多维和酶制剂包被工艺。

2. 中等膨化度玉米　容重 0.3～0.5 kg/L,温度 100 ℃～150 ℃,成品水分 8%～10%,糊化度在 90% 以上,适合喂乳猪。

3. 高膨化度玉米　容重 0.1～0.3 kg/L,温度在 140 ℃～170 ℃ 或更高,成品水分 4%～8%,可完全糊化,一般采用干法膨化。一般不作饲料用,只用于复合磷脂粉、药物的载体成分。

（三）小麦

小麦与玉米相比，含代谢能稍低一些，约 12.72 MJ/kg(3.04 Mcal/kg)，但粗蛋白质含量高，约 15.9%，脂肪含量低，约 1.7%。

1. 认知饲用小麦质量标准（见表 1-5）

表 1-5　饲用小麦质量标准

等级	粗蛋白质(%)	粗纤维(%)	粗灰分(%)
一	≥14.0	<2.0	<2
二	≥12.0	<3.0	<2
三	≥10.0	<3.5	<3

注：各项指标均以 87% 干物质为计算。

2. 认知小麦饲用价值

（1）猪：小麦对猪的适口性甚佳，可全量取代玉米用于肉猪饲料，由于能量低于玉米，饲料效率略差，但可节省部分蛋白质来源，且改善胴体品质、小麦用于肉猪饲料以粉碎为宜，太细了影响适口性。但乳猪饲料，一般均用粉末状面粉。

（2）鸡：小麦全量取代玉米用于鸡饲料中，效果不如玉米，仅及玉米 90% 左右，取代量以 1/3～1/2 为宜。小麦粉碎太细会引起粘嘴现象，造成适口性降低，制成粒状饲喂效果好。

（3）在猪鸡饲料中的用量及注意的问题：因猪、鸡的胃肠中的纤维分解菌不足，所以小麦在猪、鸡饲料配方中使用不得超过 20%，否则不易消化。当小麦用量超过 20% 时，必须添加消化酶，但加入消化酶的饲料生产温度不可超过 85 ℃，否则造成酶失效，且因饲料太硬，会造成采食量降低，料肉比升高。

（4）肉鸭：肉鸭对小麦中纤维消化能力较强，所以肉鸭饲料中的小麦可达到 50%，不影响消化利用。

（5）蛋鸭：不宜过多饲喂小麦，原因是蛋鸭体内需要较多 Ca^{2+}、Fe^{2+}、生物素，纤维会吸收阳离子 Ca^{2+}、Fe^{2+}，导致由外界提供矿物质不够，尽而会动用骨骼中钙，最终导致软骨病、软蛋壳。

（四）高粱

高粱根据品种不同分为褐高粱、黄高粱、白高粱。其中褐高粱含高量草宁酸，具苦味，适口性差，粒子较小，单宁含量在 1%～2%。黄高粱和白高粱属于单宁含量低的品种，适口性较好，单宁含量约在 0.4% 以下。

高粱与玉米相比，含代谢能稍低一些，约 12.3 MJ/kg(2.94 Mcal/kg)，但粗蛋白质与玉米相近，脂肪含量比玉米低，不含胡萝卜素。

1. 认知饲用高粱质量标准（见表 1-6）

表 1-6　饲用高粱质量标准

等级	粗蛋白质(%)	粗纤维(%)	粗灰分(%)
一	≥9.0	<2.0	<2.0
二	≥7.0	<2.0	<2.0
三	≥6.0	<3.0	<3.0

2．认知高粱饲用价值

(1)高粱籽粒硬度高，用在猪料需加粉碎，鸡(禽)可食整粒。

(2)大量使用时，因 β－胡萝卜素较少，需补充维生素 A。

(3)大量使用取代玉米时需考虑着色能力，应另补充色源。

(4)高粱含单宁，具有苦味，在配合饲料中比例不宜过大，蛋鸡和雏鸡应控制在 15％以下，可粉碎或整粒饲喂。喂猪可控制在 20％以下，否则易引起便秘。

(五)大麦

大麦包括皮大麦与裸大麦两种，皮大麦常用作饲料。由于皮大麦外包颖壳，所以，粗纤维含量比玉米高 1 倍以上，代谢能较低，约 11.3 MJ/kg(2.7 Mcal/kg)，粗蛋白质比玉米高，约 11％，大麦中粗脂肪含量低，约 1.7％。

1．认知饲用皮大麦质量标准(见表1-7)

表 1-7　饲用皮大麦质量标准

等级	粗蛋白质(％)	粗纤维(％)	粗灰分(％)
一	≥11.0	<5.0	<3.0
二	≥10.0	<5.5	<3.0
三	≥9.0	<6.0	<3.0

2．认知大麦饲用价值

(1)猪：由于皮大麦纤维含量较高，乳猪不宜使用，育肥猪较好，但在饲料中添加量不宜超过 25％。用大麦饲喂肥育猪，肉质细致紧密，脂肪色白坚硬，胴体品质好。大麦经粉碎后喂猪，其饲用价值与玉米相近。

(2)鸡：用大麦喂鸡，效果不如玉米，大量饲喂会使鸡蛋着色不佳。在蛋鸡饲料中使用易造成脏蛋，影响消化率。肉鸡控制在 10％以下。

(六)燕麦

1．营养特点

燕麦中蛋白质及其氨基酸的含量与比例均优于玉米，但由于粗纤维含量高，容积大，有效能值低和植酸磷含量高，营养价值低于玉米。

2．用量

蛋鸡和肉鸡应少用或不用，育成猪用量应低于日粮的 1/4～1/3，种猪可酌量使用10％～20％。

(七)荞麦

1．营养特点

荞麦籽实有一层粗糙的外壳，约占总重量的 30％。粗纤维含量 12％左右，蛋白质品质较好，含赖氨酸 0.73％、蛋氨酸 0.25％。其他方面的营养特性与谷实类饲料相似。能量较高，猪的消化能为 14.31 MJ/kg，牛的消化能为 14.64 MJ/kg。

2．利用时注意事项

荞麦籽实含有一种光敏物质，当动物采食以后白色皮肤受到日光照射可引起皮肤过敏性红斑，严重时能影响生长及肥育效果。

二、禾谷类籽实副产物

（一）次粉

次粉又称黑面、黄粉或三等粉，是小麦加工成面粉时的副产品，为胚芽、部分碎麸和粗粉的混合物。

粗蛋白 12.0%～15.0%，粗脂肪（EE）1.5%～3.5%，粗纤维（CF）2%～3%，无氮浸出物（NFE）67%，灰分（Ash）2%，磷 0.5%，DE（猪）3.2 Mcal/kg，ME（鸡）3.0 Mcal/kg，Lys 0.52%，Met 0.16%。

1. 认知饲用次粉质量标准（见表 1-8）

表 1-8　饲用次粉质量标准

等级	粗蛋白质（%）	粗纤维（%）	粗灰分（%）
一	≥14.0	<3.5	<2.0
二	≥12.0	<5.5	<3.0
三	≥10.0	<7.5	<4.0

2. 认知次粉饲喂价值

(1)次粉对于畜禽肥育效果优于小麦麸，甚至可与玉米相比。

(2)可做颗粒的黏结剂。

（二）小麦麸

1. 认知饲用小麦麸质量标准（见表 1-9）

表 1-9　饲用小麦麸质量标准

等级	粗蛋白质（%）	粗纤维（%）	粗灰分（%）
一	≥15.0	<9.0	<6.0
二	≥13.0	<10.0	<6.0
三	≥11.0	<11.0	<6.0

2. 认知小麦麸饲用价值

(1)猪：小麦麸质地松散，适口性好，具有轻泻性，对产前、产后母猪具有保健作用；小麦麸能量水平低，在育肥和仔猪饲料中用量不宜过大；在育肥猪饲粮中适当添加可提高猪肉品质，使体脂肪变白。

(2)鸡：调节日粮浓度，限饲的作用，育成鸡饲料中用量可达 20%；蛋鸡和种公鸡饲料中控制在 10% 以下。

（三）米糠、米糠饼及米糠粕

1. 认知饲用米糠、米糠饼及米糠粕质量标准（见表 1-10）

表 1-10 饲用米糠、米糠饼及米糠粕质量标准

品种	等级	粗蛋白质(%)	粗纤维(%)	粗灰分(%)
米糠	一	≥13.0	<6.0	<8.0
	二	≥12.0	<7.0	<9.0
	三	≥11.0	<8.0	<10.0
米糠饼	一	≥14.0	<8.0	<9.0
	二	≥13.0	<10.0	<10.0
	三	≥12.0	<12.0	<12.0
米糠粕	一	≥15.0	<8.0	<9.0
	二	≥14.0	<10.0	<10.0
	三	≥13.0	<12.0	<12.0

2. 认知米糠的饲喂价值 米糠是糠麸类中能量最高的能量饲料，新鲜米糠适口性好，味微甜，米糠饼味香，适于饲喂各种畜禽。但米糠含油脂较高，不易保存，极易氧化酸败。

(1)猪：新鲜米糠在生长猪日粮中可占 10%～15%；在育肥猪日粮中可达 30%，用量过多会引起腹泻及体脂发软。

(2)鸡：饲喂家禽的效果不如喂猪好，肉鸡比较明显。用米糠喂鸡时，用于粉料中以 3%～8%为宜。

(3)鸭：米糠在鸭饲料中使用量可达 30%。

(四)谷糠

1. 谷糠的种类

谷糠分粗谷糠和磨光糠两种。

(1)粗谷糠 是谷子第一遍加工后产生的皮壳，也叫砻糠。

(2)磨光糠 是脱壳后的糙米进一步精制加工后产生的种皮、外胚乳和糊粉层的混合物，也叫细谷糠。

(3)统糠 是粗谷糠和磨光糠不同比例的混合物，按其比例的不同分为一九统糠、二八统糠、三七统糠等。

2. 谷糠的饲用价值

(1)粗纤维和镁对防治母猪粪便干燥具有重要意义。磨光糠和粗谷糠的粗纤维含量很高，但二者的镁含量比小麦麸的低，因此，在母猪料中使用谷糠时，应注意补充镁。

(2)以玉米—豆粕型为主的饲粮中应适当限制磨光糠的用量。生长猪料、哺乳母猪料、妊娠母猪和公猪料中磨光糠添加量不宜超过 6%、10%、25%。

(3)粗谷糠只能在妊娠母猪和公猪料中使用，最多不宜超过 18%；这两种饲料在仔猪料、鸡饲料中不宜使用。

三、块根、块茎类

1. 识别常见块根、块茎类饲料的外观

常见的块根、块茎类饲料有甘薯、马铃薯、甜菜、胡萝卜、南瓜等。

2. 认知块根块茎类饲料的营养特性

(1)水分含量高达 75%～90%。

(2)干物质中无氮浸出物达 60%～80%。

(3)粗纤维占 3%～10%。

(4)粗蛋白质仅为 5%～10%。

(5)矿物质为 0.8%～1.8%。

(6)适口性好，消化率高。

(7)缺乏 B 族维生素，除胡萝卜和红心甘薯及南瓜外，都缺乏胡萝卜素。

3. 认知块根、块茎类饲料的利用特点

(1)甘薯　甘薯最宜喂猪，生熟均可。甘薯保存不妥时，碰伤处易受微生物侵染而出现黑斑或腐烂。将甘薯切片晒干和粉碎后可作为配合饲料组分，替代部分玉米等籽实。

(2)马铃薯　马铃薯对牛可生喂；对猪熟喂较好；马铃薯的幼芽、芽眼及绿色表皮含有龙葵素，大量采食可导致家畜消化道炎症和中毒。饲用时必须清除皮和幼芽或蒸食。

(3)南瓜　南瓜营养丰富，是猪、奶牛、肉牛、羊、鸡的好饲料。南瓜肉质致密、富含淀粉质、适宜做育肥猪的饲料，或代替部分精料。南瓜可粉碎后饲喂家畜；南瓜藤叶可打浆后喂猪。

(4)胡萝卜　胡萝卜素多汁味甜，各种家畜都喜食，对种畜有很好的调养作用。

四、油脂、乳清粉等其他能量饲料

1. 识别与利用油脂类饲料

(1)种类　常用的植物油脂有大豆油、玉米油等。动物油脂多由胴体的某些部分熬制加工而来，如猪油脂、牛油脂和鱼油。

(2)利用　油脂类饲料可为单胃动物提供大量的脂肪酸，特别是必需脂肪酸，如亚油酸是猪、禽生命活动和机体健康所必需。油脂的能量浓度很高，易被动物利用。

植物油的代谢能高达 37 MJ/kg，用于肉仔鸡的增重效果好于动物油脂。常用的有大豆油、玉米油等；动物油脂的代谢能略低于植物油，约为 35 MJ/kg。这类油脂多由胴体的某些部分熬制加工而来，如猪油脂、牛油脂和鱼油。

酸败的脂肪，将会引起动物消化代谢紊乱，甚至中毒。在使用时应在脂肪中添加抗氧化剂，并注意检查油脂的酸度、碘值等指标。为了使用方便，通常把油脂用固体粉状物吸附制成脂肪粉。

2. 识别与利用糖蜜

(1)糖蜜来源及营养特点　糖蜜是甘蔗和甜菜制糖的副产品。糖蜜中残留大量蔗糖，含碳水化合物 53%～55%，含水分 20%～30%，含有相当多的有机物和无机盐，干物质中粗蛋白质含量很低，4%～10%，其中非蛋白氮比例较大。糖蜜的灰分较高，占干物质的 8%～10%。

(2)用量　糖蜜具有甜味，对各种畜禽适口性均好，糖蜜具有轻泻性，日粮中糖蜜量大时，粪便发黑变稀。猪、鸡饲料中适宜添加量为 1%～3%。糖蜜可作为颗粒饲料的黏合剂，提高颗粒饲料的质量。

3. 识别与利用乳清粉（见图1-49）

图片说明：乳清粉是乳清经浓缩、干燥而成的粉末。乳清粉中含乳糖67%～71%，含乳蛋白不低于11%，B族维生素及钠、钾丰富。多用作代乳品或仔畜早期补料的组分。仔猪用量一般为5%，效果较佳。犊牛代乳料可用到20%。用量过高会造成下痢及生长障碍并增加饲养成本。

图1-49 乳清粉

任务4：蛋白质饲料的选用

蛋白质饲料是指天然含水量低于45%，绝干物质中粗纤维含量小于18%，粗蛋白质含量在20%以上的饲料。猪禽常用的有植物性蛋白质饲料、动物性蛋白质饲料、单细胞蛋白质饲料。

一、植物性蛋白质饲料

（一）识别植物性蛋白质饲料的外观

植物性蛋白质饲料主要有豆类籽实、各种油料作物籽实榨油后得到的饼粕类及玉米加工后得到的一类副产物。

1. 大豆

外观呈黄色圆形或椭圆形粒状，表面光滑有光泽，脐为黄色、深褐色或黑色（见图1-50）。

图1-50 黄豆

图片说明：蛋白约35%以上，赖氨酸丰富，蛋氨酸不足。无氮浸出物低于能量粉实。粗脂肪量高达15%以上。

图1-51 大豆饼

图片说明：是最常用的植物性蛋白质饲料，蛋白质含量为40%～45%。氨基酸平衡性较好。适口性很好，各种动物都喜欢采食。

2. 大豆饼（粕）

大豆饼为黄褐色饼状或片状，碎豆饼为不规则小块状。大豆粕为浅黄褐色或淡黄色不规则碎片状。色泽新鲜一致，无发霉、变质、结块及异味。黄色或略带绿色为偏生，深红色变褐色为过熟（见图1-51）。

3. 棉籽饼（粕）

棉籽饼为小瓦片粗屑状或饼状，棉籽粕为不规则的碎块。黄褐色，色泽新鲜一致，无霉变、虫蛀、结块，无异味异臭。

4. 菜籽饼(粕)

菜籽饼为片状或饼状，菜籽粕为不规则块状或粉状，黄色、浅褐色或褐色，具有菜籽油特有的芳香味，色泽新鲜一致，无发霉、变质、结块及异味。

5. 花生饼(粕)

花生饼为黄褐色的小瓦块或圆扁块状，花生粕为黄褐色或浅褐色不规则碎屑。色泽新鲜不致，无发霉、变质、结块及异味。

6. 向日葵饼(粕)

饼为黄色或黄褐色的小片状或块状，粕为浅色或黄褐色不规则碎块状、碎片状或粗粉状。色泽新鲜不致，无发霉、变质、结块及异味。

7. 胡麻籽饼(粕)

饼呈褐色片状或饼状，粕呈浅褐色或黄色不规则块状，粗粉状，具有油香味，无发霉、变质、结块及异味。

8. 亚麻仁饼(粕)

饼为褐色大圆饼，厚片或粗粉状，粕为浅黄褐色或深黄色不规则碎块状或粗粉状。具有香味，无发霉、变质、结块及异味。

9. 玉米蛋白粉

玉米蛋白粉是湿法制玉米淀粉或玉米糖浆时，原料玉米除去淀粉、胚芽及玉米外皮后剩下的产品。其外观呈金黄色或橘黄色，粗粉状，带有烤玉米的味道，并具有玉米发酵特殊气味。蛋白质含量25%～60%，赖氨酸和色氨酸严重不足，但蛋氨酸较多。粗维生素少，叶黄素较高，是养鸡业优质饲料。

(二)认知植物性蛋白质饲料的营养特性

1. 豆类籽实的营养特点

蛋白质含量高，而蛋氨酸等含硫氨基酸相对不足。无氮浸出物明显低于能量饲料。大豆和花生的粗脂肪含量很高，超过15%，矿物质和维生素含量与谷实类饲料相似。

2. 饼粕类的营养特点

饼粕类由于原料种类、品质及加工工艺不同，其营养成分差别较大。饼粕类饲料通常含蛋白质较多(30%～45%)，且品质优良；脂肪含量由于加工方法不同差别较大，通常土榨、机榨、浸提的含油量分别为10%、6%、1%，因而，同一豆类籽实粕中粗蛋白质含量一般高于饼；含磷较多，富含B族维生素，缺乏胡萝卜素。

饼粕类有两点不足：

① 氨基酸含量不平衡，如大豆饼粕含赖氨酸较多，而蛋氨酸缺乏；棉籽饼粕和花生饼粕赖氨酸和蛋氨酸都较缺乏，而精氨酸较多；菜籽饼粕和芝麻饼粕赖氨酸和蛋氨酸均较多。设计饲料配方时，应尽量多种饼粕搭配使用，以补充氨基酸。

② 含有抗营养因子或毒素。生大豆饼粕、棉籽饼粕、菜籽饼粕应进行脱毒处理，棉籽饼粕和菜籽饼粕在单胃动物饲粮中应限制使用量。反刍动物日粮中可适当多加。

(三)认知植物性蛋白质饲料的利用特点

1. 豆类的利用特点

未经加工的豆类籽实中含有多种抗营养因子，最典型的是胰蛋白酶抑制因子、脲酶、凝集素、抗原等。因此，生喂豆类籽实不利于动物对营养物质的吸收。目前最常用的方法是将大豆进行膨化后饲喂幼畜禽。

2. 饼粕类利用特点

使用前应注意脱毒处理；根据不同饼粕类饲料的氨基酸含量及市场价格等因素进行合理搭配使用。

除豆饼粕以外的其他杂粕类，因氨基酸平衡性较差，有效能值低，并含有毒素，有的粗纤维含量高，所以在配合饲料中应控制用量。棉籽饼粕在肉猪、肉鸡料中用量为 5％～15％，母猪及产蛋鸡为 5％～10％。菜籽饼粕在蛋鸡、种鸡日粮中用量为 5％，生长鸡、肉鸡为 5％～10％，母猪肉、仔猪为 5％，生长肥育猪为 10％～15％。

二、动物性蛋白质饲料

(一)识别常见的动物性蛋白质饲料的外观

常用的动物性蛋白质饲料有鱼粉、血粉、羽毛粉等。

1. 鱼粉

鱼类加工食品剩余的下脚料或全鱼加工的产品。外观呈淡黄色、棕褐色、红棕色、褐色或青褐色粗粉状，稍有鱼腥味，纯鱼粉口感有鱼肉松的香味。不得含砂及鱼粉外的物质，无酸败、氨臭、虫蛀、结块及霉变，水分含量不超过 12％。

2. 血粉

外观为褐色或黑褐色粉末，色泽新鲜，无霉变、腐败、结块、异味及异臭。水分含量不超过 11％。

3. 羽毛粉

外观为深褐色或浅褐色粉末状，无霉变、腐败、结块、氨臭及异味。水分含量不超过 10％。

(二)认知动物性蛋白质饲料的营养特性

1. 干物质中粗蛋白质含量可达 50％～80％，所含必需氨基酸种类齐全。

2. 除乳外，其他类饲料含碳水化合物极少，且一般不含纤维素，消化率高。

3. 含能量略低于能量饲料。

4. 钙、磷含量较高，比例适当，利用率高。富含有硒等微量元素及一定量食盐。

5. 富含 B 族维生素，其中核黄素、维生素 B_{12} 最多。其品质优于植物性蛋白质饲料。

(三)认知常用动物性蛋白质饲料利用特点

1. 鱼粉

(1)营养特点　蛋白质含量高，赖氨酸、含硫氨基酸和色氨酸等必需氨基酸含量均丰富；富含 B 族维生素，特别是维生素 B_{12}、核黄素、烟酸以及维生素 A、维生素 D 和"未知生长因子"。

(2)利用　肉鸡饲料中加入适量鱼粉，能显著提高饲料转化率及日增重。各类畜禽饲粮中鱼粉用量宜控制在 0～3％；应注意鱼粉是否掺假，感观性状是否正常，脱脂效果以及蛋白质含量等；鱼粉带入配合饲料中的氯化钠应视为添加的食盐；对生长后期或非生长期的畜禽可少用或不用鱼粉。

2. 肉骨粉和肉粉

畜禽下水及各种废弃物或畜禽尸体经高温、高压脱脂干燥而制成的产品。肉骨粉和肉粉作为饲料的组分可替代部分或全部鱼粉。使用时适量添加调味剂，以防畜禽出现厌食现象。

3. 血粉

由各种家畜的血液经消毒、干燥、粉碎或喷雾干燥而制成的产品。

（1）营养特点　粗蛋白质含量达80％以上，氨基酸的组成不平衡。蛋氨酸、色氨酸和异亮氨酸相对不足。血粉含铁特别高，适口性不如鱼粉和肉骨粉，利用率也较低。

（2）利用　低温干燥制得的血粉或血清粉质量较好，可作为幼畜代乳料的良好原料。经发酵处理的血粉可在饲粮中替代部分鱼粉。

4. 羽毛粉

羽毛经高压、水解、烘干和磨碎而成。产蛋鸡用量可占饲粮0.5％～3％，肉猪补充赖氨酸时用量可达5％。水解猪毛粉也可作为蛋白质补充料。

5. 蚕蛹

含蛋白质约55％，粗脂肪20％～30％。蛋白质品质较好，氨基酸组成接近鱼粉，赖氨酸等必须氨基酸含量高。脱脂蚕蛹品质更优，作为鸡的蛋白质补料，饲喂效果好。

三、单细胞蛋白质饲料

1. 认知单细胞蛋白质饲料的种类

单细胞蛋白质饲料是由各种微生物体制成的饲用品，包括酵母、细菌、真菌、蓝藻、小球藻等。

2. 认知主要营养特点

粗蛋白质含量可达到50％，B族维生素含量较丰富。

3. 合理利用

常用啤酒酵母制作维生素，并使不含鱼粉的饲粮品质得以提高。使用时要注意酵母蛋白的含量，谨防假冒伪劣的饲料酵母产品。酵母有苦味，适口性差，猪、禽能适应，用量以2％～3％为宜，最高不超过10％。

任务5：矿物质饲料的选用

矿物质饲料是指用来提供常量元素与微量元素的天然矿物质及工业合成的无机盐类，也包括来源于动物的贝壳粉和骨粉。猪禽常用的矿物质饲料主要是补充钙、磷、钠、氯。

一、认知各种常用的矿物质饲料

1. 识别常用的补充钙的饲料，包括石粉、贝壳粉、蛋壳粉等。

2. 识别常用的补充钙、磷的饲料，包括骨粉、磷酸二氢钙等。

3. 识别常用的补充钠、氯的矿物质饲料，包括食盐、碳酸氢钠、芒硝等。

4. 识别其他矿物质饲料，包括沸石、麦饭石、海泡石、膨润土等。

二、利用矿物质饲料时注意事项

1. 使用石粉时注意镁、铅、汞、砷、氟含量应在卫生标准范围之内。

2. 猪用石粉的细度为0.36～0.61 mm（32～36目），禽用石粉的粒度为0.67～1.30 mm（26～28目）。

3. 贝壳内部残留有少量的有机物，使用时应注意检查贝壳粉有无发霉、腐败情况。

4. 新鲜蛋壳制粉时应注意消毒，避免蛋白质腐败，甚至带来传染病。

5. 使用骨粉时应充分考虑其质量的不稳定性，要注意检查氟含量，有无腐败变质情况。

6. 水产动物对磷酸二氢钙的吸收率比其他含磷饲料高，因此，磷酸二氢钙常用作水产动物饲料的磷源。

7. 补饲食盐时的注意事项：

(1)补饲食盐应考虑动物体重、年龄、生产力、季节，不可过量，否则畜禽饮水量增加，粪便稀软，重则导致食盐中毒；猪肉、禽日粮中以 0.3%～0.5% 为宜。

(2)要保证充足的饮水。

(3)确定食盐添加量时，要注意饲料原料(特别是鱼粉)中的含盐量。

(4)采用食盐供给动物钠、氯时，氯多钠少，尤其对产蛋家禽，需要供给其他钠源，如碳酸氢钠或无水硫酸钠(芒硝)，前者除提供钠外，还是一种缓冲剂，可缓解热应激，改善蛋壳强度，保证瘤胃正常 pH。后者对鸡的互啄有预防作用。

任务 6：饲料添加剂的选用

饲料添加剂是指在配合饲料中添加的各种少量或微量成分的总称。饲料添加剂的主要功能：改善饲料的营养价值，提高饲料利用率，提高动物生产性能，降低生产成本；增进动物健康，改善畜产品品质；改善饲料的物理特性，增加饲料耐贮性。

一、饲料添加剂种类

1. 营养性添加剂

主要是补充营养物质的添加剂，如氨基酸、微量元素与维生素等。

2. 非营养性添加剂

可促进畜禽生长、保健及保护饲料养分的物质，称为非营养性添加剂，主要有包括一般性添加剂和药物性添加剂两类。

二、营养性添加剂

(一)识别与利用氨基酸添加剂

1. 饲粮中添加的目的

节约饲料蛋白质，提高饲料利用率和动物产品产量；改善畜产品品质；改善和提高动物消化机能，防止消化系统疾病；减轻动物的应激症。

2. 识别氨基酸添加剂

(1)饲料级 DL－蛋氨酸　为白色或淡黄色的结晶粉末，在正常光线下有反射光发出。具有微弱的含硫化物或蛋氨酸的特殊气味，易溶于水、稀酸或稀碱，微溶于乙醇，不溶于乙醚。假蛋氨酸多呈粉末状，颜色多为淡白或纯白色，正常光线下无反射光或只有零星反射光发出。

(2)正品饲料级 L－赖氨酸盐酸盐　为白色或浅黄或淡褐色结晶粉末。无味或微有特殊气味。易溶于水，难溶于乙醇及乙醚，有旋光性。伪品或掺杂者颜色较暗，呈灰白色粉末。

3. 合理利用氨基酸

饲料工业中广泛使用的蛋氨酸有两类，一类是 DL－蛋氨酸；另一类是 DL－蛋氨酸羟基类似物及其钙盐。目前国内使用最广泛的是粉状 DL－蛋氨酸，含量一般为 99%。蛋氨酸及其同类产品在饲料中的添加量，一般按配方计算后，补差定量供给。D 型与 L 型蛋氨酸的生物利用率相同。

生产中常用的赖氨酸添加剂商品是 98.5% 的 L 赖氨酸盐酸盐，其活性只有 L－赖氨酸的 78.8%。D 型赖氨酸是发酵或化学合成工艺中的半成品，没有进行或没有完全进行转化为 L 型的工艺，价格便宜，使用时应引起注意。

(二)认知维生素添加剂

1. 维生素 A 添加剂

商品形式为维生素 A 醋酸酯或其他酸酯。常见的粉剂每克含维生素 A 为 50 万 IU，也有 65 万 IU/g 和 25 万 IU/g。

2. 维生素 D_3 添加剂

商品型维生素 D_3 含量为 50 万 IU/g 或 20 万 IU/g。

3. 维生素 E 添加剂

商品型维生素 E 粉一般是以 α－生育酚醋酸酯或乙酸酯为原料制成，含量为 50%。

4. 维生素 K_3 添加剂

商品型活性成分是甲醛醌的衍生物，主要有三种：一是活性成分占 50% 的亚硫酸氢钠甲萘醌；二是活性成分占 25% 的亚硫酸氢钠甲萘醌复合物；三是活性成分占 22.5% 的亚硫酸嘧啶甲萘醌。

5. 维生素 B_1 添加剂

商品型一般为盐酸硫胺素或单硝酸硫胺素。活性成分为 96%。

6. 维生素 B_2 添加剂

常用的有含活性成分为 96% 或 98% 的核黄素。

7. 维生素 B_3 添加剂

商品型添加剂为 d－泛酸钙，活性成分为 98%。

8. 维生素 B_4 添加剂

常用的有两种：一种是液态氯化胆碱，含活性成分为 70%；另一种是固态粉粒型，活性成分为 50%。

9. 维生素 B_5 添加剂

商品型添加剂有烟酸和烟酰胺两种类型，活性成分为 98%～99.5%。

10. 维生素 B_6 添加剂

商品形式是盐酸吡哆醇，活性成分为 98%。

11. 维生素 B_7 添加剂

商品型的活性成分有 1% 和 2% 两种。以 1% 为例，在标签上标有 H-1 或 H1，也有标为 F-1 或 F1。

12. 维生素 B_{11} 添加剂

商品型活性成分有 3% 和 4% 的，也有 95% 的。

13. 维生素 B_{12} 添加剂

商品型活性成分有 0.1%、1% 和 2% 等几种。

(三)认知与利用微量元素添加剂

1. 认知微量元素添加剂的种类

(1)微量元素的无机盐或氧化物　一般采用饲料级微量元素盐，不采用化工级或试剂级产品。化工级没有通过元素预处理工艺，产品中水分多，粒度大，杂质高。

(2)微量元素的有机酸盐　生物效价高于无机盐类，但质量不稳定。

(3)微量元素的氨基酸螯合物　生物效价高于前两类，抗营养干扰能力强。但质量不稳定，价格更昂贵。所以生产中大范围的使用受到限制。

2. 利用微量元素添加剂原料注意的问题

(1)应了解微量元素化合物的可利用性(见表 1-11)。

表 1-11 微量元素化合物的可利用性(%)

元素	化合物	可利用性	元素	化合物	可利用性
铁	$FeSO_4$ $FeCl_2$	100 98	锰	$MnCO_3$ $MnSO_4$	3.1 0.4
铜	$CuSO_4$ CuO、 $CuCl_2$ $CuCO_3$	较好 一般	锌	$ZnSO_4$、 ZnO $ZnCO_3$	三者相同
钴	$CoSO_4 \cdot 5H_2O$、 $CoSO_4 \cdot H_2O$ $CoCl$	三者相同	硒	Na_2SeO_3 Na_2SeO_4	100 89

(2)应了解微量元素化合物及其活性成分分量(见表 1-12)。

表 1-12 纯化合物的活性成分含量

元素	化合物	化学式	微量元素含量
铁	七水硫酸亚铁	$FeSO_4 \cdot 7H_2O$	20.1
	一水硫酸亚铁	$FeSO_4 \cdot H_2O$	32.9
	碳酸亚铁	$FeCO_3 \cdot H_2O$	41.7
铜	五水硫酸铜	$CuSO_4 \cdot 5H_2O$	25.5
	一水硫酸铜	$CuSO_4 \cdot H_2O$	32.8
	碳酸铜	$CuCO_4$	51.4
锰	五水硫酸锰	$MnSO_4 \cdot 5H_2O$	22.8
	一水硫酸锰	$MnSO_4 \cdot H_2O$	32.5
	氧化锰	MnO	77.4
	碳酸锰	$MnCO_3$	47.8
锌	七水硫酸锌	$ZnSO_4 \cdot 7H_2O$	22.75
	一水硫酸锌	$ZnSO_4 \cdot H_2O$	36.45
	氧化锌	ZnO	80.3
	碳酸锌	$ZnCO_3$	52.15
	氯化锌	$ZnCl_2$	48.0
硒	亚硒酸钠	Na_2SeO_3	45.6
	硒酸钠	Na_2SeO_4	41.77
碘	碘化钾	KI	76.45
	碘酸钙	$Ca(IO_3)$	65.1
钴	七水硫酸钴	$CoSO_4 \cdot 7H_2O$	21.0
	六水氯化钴	$CoSO_4 \cdot 6H_2O$	24.8

(3)应了解微量元素添加剂原料的产品规格,包括细度、卫生指标及某种化合物的特殊特点等。

三、一般性添加剂

（一）认知益生素类添加剂

1. 种类

乳酸杆菌制剂、枯草杆菌制剂、双歧杆菌制剂、链球菌属、酵母菌等。

2. 作用机理

生成乳酸、产生过氧化氢、产生抗生素、产生酶、合成 B 族维生素、竞争颉颃作用、改变肠道微生物区系、防止氨等有毒物质生成、产生非特异性免疫调节因子。

3. 使用时应注意问题

选择合适的微生态制剂；正确掌握使用剂量；正确掌握使用时间；选择宜用动物。

（二）认知饲料保存剂类

1. 抗氧化剂类

乙氧基喹啉、二丁基羟基甲苯、丁基羟基茴香醚、没食子酸丙酯、维生素 E 和维生素 C 等。

2. 防霉防腐剂

丙酸、丙酸钙、丙酸钠、山梨酸下同梨酸钾、苯甲酸与苯甲酸钠、甲酸与甲酸钠、对羟基苯甲酸脂、柠檬酸及柠檬酸钠、乳酸与乳酸钙、富马酸二甲酯、双乙酸钠、脱水醋酸等。

3. 青饲料添加剂

防腐剂、有机酸和无机酸等抑制有害微生物活动的抑制剂；促进乳酸发酵的发酵剂，如乳酸菌、糖蜜、酶制剂等；改善营养价值或风味的营养改进剂，如微量元素、悄素、氨水、食盐、磷酸铵等。

4. 粗饲料调节剂

氢氧化钠、氢氧化钙、无水氨、盐酸、尿素。

（三）认知畜禽产品品质改良剂

1. 种类

天然的有：类胡萝卜素、叶黄素，如松针粉、苜蓿、蓝藻、辣椒、黄玉米、万寿菊、虾蟹壳粉、紫菜、橘皮等；人工合成的有：胡萝卜素醇，如斑蝥黄、茜草色素、露康定、柠檬黄、亮蓝等。

2. 作用

改善畜产品外观，提高畜产品的商品价值。

（四）认知食欲增进剂

1. 香料

葱油、大蒜油、橄榄油、茴香油、橙皮油、酯类、醚类、酮类、芳香族醇类、内酯类、酚类等。

2. 调味剂

鲜味剂、甜味剂、酸味剂、辣味剂。

3. 诱食剂

主要针对水产动物使用，常用的有甜菜碱、某些氨基酸和其他挥发性物质。

（五）认知黏结剂

1. 种类

木质素磺酸盐、羟甲基纤维素及其钠盐、陶土、藻酸钠、具有黏结性的天然饲料如膨润土、α—淀粉、玉米面、动物胶、鱼浆、糖蜜等。

2. 作用

减少粉尘损失；提高颗粒饲料的牢固程度；减少制粒过程中压模受损。

（六）认知流散剂

1. 种类

硬脂酸钙、硬脂酸钾、硬脂酸钠、硅藻土、脱水硅酸、硬玉、硅酸钙和块滑石等。

2. 作用

使饲料和饲料添加剂具有较好的流动性，防止饲料在加工及贮存过程中结块。当配合饲料中含有吸湿性较强的乳清粉、干酒糟或动物胶原时均宜加入流散剂。

（七）乳化剂

1. 种类

动植物胶类、脂肪酸、石灰石、氢氧化铝、氧化镁、磷酸氢钙。

2. 作用

乳化剂是一种分子中具有亲水基和亲油基的物质，它的性状介于油和水之间，能使一方均匀地分布于另一方中间，从而形成稳定的乳浊液，改善或稳定饲料的物理性质。

（八）缓冲剂

1. 种类

碳酸氢钠、石灰石、氢氧化铝、氧化镁、磷酸氢钙。

2. 作用

可增加机体的碱贮备，防止代谢性酸中毒；可中和胃酸，促进消化；可调整瘤胃 pH，增加产乳量和提高乳脂率；可防止产蛋鸡因热应激引起蛋壳质量下降。

（九）吸水剂

常用的是蛭石，主要在维生素、微量元素添加剂预混料中使用。

（十）除臭剂

硫酸亚铁、薄荷、腐植酸钙和沸石等都有除臭作用。在饲料中添加一定量，可防止畜禽排泄物的自味污染环境。

（十一）疏水、防尘及抗静电剂

为了降低饲料粉尘和消除静电，常加入油脂类、液体石蜡或矿物油。一般微量元素添加量为 1.5%～2%，预混料和浓缩料中加入 0.5%～1%。

四、药物性饲料添加剂

（一）认知抑菌促生长类添加剂

1. 抗生素类饲料添加剂

种类繁多，从抗生素的发展趋势看，今后将向专用饲料添加剂比如多肽类、聚醚类和磷酸化多糖类的方向发展。

2. 人工合成的抑菌药物

主要有磺胺类、喹诺酮类、硝基呋喃类、砷制剂类。此类药物的作用类似于抗生素，其中砷制剂易导致环境污染和癌症发生。

（二）认知激素类

许多国家禁止使用，仅在少数国家中允许用作饲料添加剂。常见的有生长激素、性激素、甲状腺素、类甲状腺素、抗甲状腺素、蛋白同化激素等。

（三）认知催肥类饲料添加剂

主要有激素和类激素物质、运动抑制剂类（如利血平、阿司匹林、氯丙嗪等镇静剂）和同化增强剂类（如蛋白同化类、甲烷抑制剂、合成洗涤剂类）。

（四）认知驱虫保健剂

1. 抗蠕虫剂

主要有吩噻嗪、哌嗪及其衍生物、苯并咪唑类化合物、四氢嘧啶类、有机磷化合物、抗生素类等。

2. 抗球虫剂

种类很多，一般使用一段时间后效果下降。实践中常将几种抗球虫药物轮换使用，以保证效果。

（五）认知中草药饲料添加剂

目前还未形成大面积推广使用。存在的问题有以下几个方面：

1. 缺乏适宜的方法控制质量。

2. 中药添加剂的作用方式决定了它的地方性极强，其效果影响因素太多。

3. 中药的药效、药理和毒理研究工作还很薄弱。

4. 中药相当一部分属于野生植物，药源有限，限制了中草药的大量使用。

单元 3　其他动物常用饲料选用

任务 1：狐、貉、貂常用饲料选用

一、回顾狐、貉、貂的消化生理

1. 狐、貉、貂为单胃肉食性毛皮动物。

2. 门齿短小，犬齿发达，臼齿的咀嚼面不发达，适合撕裂肉类，不善于咀嚼。

3. 狐消化道短而细，食物通过消化道的速度较快。

4. 消化腺能分泌大量的蛋白酶和脂肪酶，对动物性蛋白和脂肪消化能力很强。

5. 消化腺分泌的淀粉酶量较少，对谷物类食物消化能力差。谷物必须熟制后才能饲喂，对纤维素的消化能力极低。

6. 盲肠退化，微生物辅助消化作用很小，体内合成维生素的能力差。

二、分析狐、貉、貂常用饲料

1. 结合狐、貉、貂消化生理特点及营养物质消化利用特点进行分析。

2. 结合狐、貉、貂生产实践体验进行分析。

3. 结合现有饲料种类及营养特性进行分析。

总结出狐、貉、貂常用饲料种类主要包括：动物性饲料、植物性饲料、矿物质及饲料添加剂等。

三、动物性饲料

包括鱼类饲料、肉类饲料、肉类副产品、干动物性饲料、乳类和蛋类。

1. 鱼类饲料

(1)鱼类饲料种类 鱼类饲料分为淡水鱼类和海杂鱼类两大类。

(2)利用

① 新鲜的海杂鱼生喂,适口性强,蛋白质消化率高。

② 少数海杂鱼和大多数淡水鱼含有硫胺酶,对维生素 B_1 有破坏作用,生喂后易引起维生素 B_1 缺乏,应经蒸煮后熟喂。淡水鱼类长期生喂易引起华枝睾肝吸虫病。

③ 胡芦籽鱼、黄鲫鱼、青鳞鱼的脂肪高,有特殊苦味,喂量过多会引起鱼群拒食。河豚、马面豚等有毒,不能作鱼饲料。

④与肉及副产品、乳、蛋等搭配饲喂时,鱼类可占动物性饲料的 $40\%\sim50\%$。

⑤鱼类饲料中不饱和脂肪酸含量较高,极易氧化酸败,对动物有毒害作用。

2. 肉类饲料

肉类饲料是蛋白质饲料的重要来源。

(1)肉类饲料在日粮中可占动物性饲料 $15\%\sim20\%$,最多不超过动物性饲料的 50%。

(2)利用肉类饲料时,需经卫生检疫,无病害者可生喂,可利用的病畜禽肉或污染的肉需高温无害处理后食用,不可利用的应禁止食用。

(3)痘猪肉除需高温高压处理外,要尽量去掉部分脂肪,同时增加维生素 E 的喂量,并搭配一定比例的低脂小杂鱼、兔头、兔骨架或鱼粉等。

(4)繁殖期严禁饲喂含催产素的饲料(如难产处理后的胎衣),以防流产。

(5)肉类营养价值较高,但价格也较高,因此,要合理搭配使用。在繁殖期和幼兽生长期,可以适当增加肉类饲料比例,以提高日粮中蛋白质的生物学价值。

3. 肉类副产品

肉类副产品包括畜禽的头、骨架、内脏和血液等,在生产实践已被广泛应用。这些产品除肝脏、心脏、肾脏和血液外,蛋白质的消化率和生物学价值均较低。利用这些副产品喂狐、貉、貂数量要适当,并注意同其他饲料搭配。繁殖期注意不喂含激素的副产品。肉类副产品一般占动物性饲料的 $30\%\sim40\%$。

4. 干动物性饲料

常用的干动物性饲料有鱼粉、干鱼、血粉和羽毛粉等。

(1)幼兽生长期饲喂新鲜优质鱼粉,在日粮中占动物性蛋白质的 $20\%\sim25\%$,在非繁殖期,占动物性蛋白质的 $40\%\sim45\%$。

(2)鱼粉含盐量高,使用前必须用清水彻底浸泡,浸泡期间换 $2\sim3$ 次水。

(3)优质干鱼可占日粮动物性饲料的 $70\%\sim75\%$,但在繁殖期,必须搭配 $25\%\sim30\%$ 的新鲜肉、蛋、奶和猪肝等全价蛋白质饲料。

(4)育成期和冬毛生长期,必须搭配新鲜的肉类及其副产品饲料或添加植物油,以弥补干鱼脂肪的不足。

5. 乳类

包括牛羊及其他动物乳等,是全价蛋白质的来源之一,一般只在繁殖期和幼貂生长期利用,对母貂泌乳及幼貂生长发育有良好的促进作用。妊娠期一般每天可喂鲜乳 $30\sim40$

g，最多不能超过 50～60 g，其他时期可给 15～20 g。使用鲜乳一定要加热处理，一般在 70 ℃～80 ℃条件下加热 15 min 即可。无鲜乳可用全脂奶粉代替。

6. 蛋类

各种家禽的蛋及鸟蛋，都是生物学价值较高的饲料，在繁殖期利用效果较好。蛋类饲料应熟喂，否则由于抗生物素蛋白的存在，将使动物发生皮炎、脱毛等症状。在准备配种期间，每只雄性动物喂给 10～20 g 鲜蛋，可提高精液品质；妊娠和哺乳母貂日粮中添加 20～30 g 鲜蛋，可促进胚胎发育，提高仔貂的生命力，促进母貂乳汁的分泌。

四、植物性饲料

包括谷物及豆类籽实饲料、饼粕类、果蔬类饲料。

1. 谷物及豆类籽实饲料　主要由玉米、大豆、大麦及副产品组成，一般占日粮的 10%～15%。其中豆类一般占日粮谷物及豆类籽实的 20%～30%，喂量过大易引起消化不良。实践中大豆粉与玉米粉、小麦粉的混合比为 1∶2∶1。将大豆加工成豆浆代替乳类饲料效果也较好。谷物及豆类籽实应熟喂，发霉变质的谷物易引起动物黄曲霉毒素中毒，严禁食喂。

2. 饼粕类　富含蛋白质，但狐、貉、貂对其消化率低，在日粮中添加比例不宜过大，一般不超过谷物及豆类籽实的 20%，否则会引起消化不良和下痢。

3. 果蔬类　常见常用的蔬菜有白菜、甘蓝、油菜、胡萝卜、菠菜等。蔬菜富含维生素 E、维生素 K 和维生素 C。蔬菜一般占日粮总量的 10%～15%。

五、矿物质及饲料添加剂

包括骨粉、食盐、贝壳粉及人工配制的混合微量元素、氨基酸(赖氨酸、蛋氨酸等)、维生素(脂溶性维生素和水溶性维生素)、抗氧化剂等。

任务 2：家兔常用饲料选用

一、回顾家兔食性与消化特点

1. 家兔口腔结构特殊，上唇分裂为两片，门齿暴露，便于采食和啃咬树皮、饲草。

2. 家兔是单胃草食动物，喜食植物性饲料而不喜食动物性饲料。

3. 家兔的盲肠大而且极其发达，同时在回肠和盲肠相连接处有淋巴球囊，具有机械、吸收和分泌作用，以便于维持大肠中有利于微生物繁殖的 pH 环境，进而有利于纤维物质的消化，因此家兔对粗纤维的消化率较高可达到 65%～78%。家兔日粮中纤维素的含量在 11%～13%比较适宜。

4. 对青粗饲料中的蛋白质有较高的消化率，以苜蓿为例，猪对其中蛋白质消化率不足 50%，而兔接近 75%。

5. 家兔喜欢吃颗粒料而不喜欢吃粉料。

6. 家兔粪便分为硬粪和软粪两种类型，家兔具食软粪的特性。

7. 家兔肠壁薄，幼兔消化道发生炎症时，肠壁渗透性增强，消化道内的有害物质容易被吸收，这是幼兔腹泻时容易自身中毒死亡的重要原因。

二、分析家兔常用饲料

1. 结合家兔消化生理特点及营养物质消化利用特点进行分析。

2. 结合家兔生产实践体验进行分析。

3. 结合现有饲料种类及营养特性进行分析。

总结出单胃动物常用的饲料种类主要包括：青绿饲料、块根块茎饲料、青贮饲料、粗饲料、配合饲料等。

三、青绿饲料、块根块茎饲料与青贮饲料的选用

1. 青绿饲料应保持新鲜、清洁才能饲喂，凡带有露水、雨水和含水分较高的青绿饲料，须经阴干或稍晒干后再喂，防止拉稀，诱发肠炎。被泥沙、粪尿污染的青绿饲料，要用高锰酸钾浸泡消毒后再喂。堆放时间长、发霉变质后的饲料不能喂。

2. 青绿饲料喂兔时，最好是多样搭配使用，如禾本科和豆科牧草搭配、树枝叶与青草和植物茎叶等搭配，比单一饲料效果好。另外，可适当喂些洋葱、大蒜、韭菜等，以起到消毒、杀菌和预防一些常发肠道疾病的作用。

3. 块根类饲料可切成片后饲喂，马铃薯最好熟喂，发绿生芽的马铃薯不能喂兔，以防龙葵素中毒。有黑斑病或其他病害的块根不能喂兔。胡萝卜含有大量胡萝卜素，对妊娠母兔都有较好的饲养效果。

4. 利用块根、块茎、瓜类饲料时要注意与粗饲料搭配喂给，不要单一喂兔。否则，由于淀粉及水分含量高而引起消化不良，一般应与含蛋白质、粗纤维量高的饲料混合喂给。

5. 喂青贮饲料时，应与一定数量的混合精饲料和干草搭配，不能只喂青贮饲料。

四、粗饲料选用

是指在自然状态下，天然含水量在 45% 以下，绝干物质中粗纤维含量在 18% 以上的饲料。粗饲料主要包括青干草、秸秆类及秕壳类等农副产品、高纤维糟渣类。

1. 在家兔日粮要有一定的粗纤维含量，这样有助于家兔消化机能正常活动。适合喂兔的粗饲料来源很广，数量很大，种类很多，包括干草、秸秆、树叶等。

2. 饲喂家兔的青干草常见的有豆科草（苜蓿、三叶草、）和禾本科牧草等。优质青干草冬季可占家兔日粮的 80%。

3. 秕壳饲料粗纤维含量高达 33%～45%，可消化能和蛋白质含量很低，这类饲料粗纤维较多，不易消化，但在饲料中适量配比（10%～20%），可避免消化不良。

4. 在利用粗饲料时，最好将其粉碎后与精饲料拌成粉料，或制成颗粒饲料喂给。如能进行碱化处理更为理想。

五、配合饲料选用

家兔的配合饲料是根据家兔不同的生理阶段，依据饲养标准，综合评定各饲料原料的营养价值后，科学地规定各种饲料的混合比例，经工业生产工艺而产生的价格合理、均匀度高、能直接饲喂的饲料，由于各地区饲料原料的品种和品质有差异，兔场的饲养管理条件也不一致，所以在饲料原料的组成和比例上都各有特色。

家兔配合饲料通常被制成颗粒，研究表明，颗粒饲料饲喂效果与饲料直径大小和成分细度有关，小颗粒饲料饲喂效率优于大颗粒饲料，但颗粒直径也不能太小，以 2.5 mm 为佳。

任务 3：犬猫常用饲料选用

一、回顾犬猫动物消化生理特点

（一）犬

1. 犬具有一对尖锐的犬齿，臼齿也比较尖锐、强健，能切断食物，但不善于咀嚼。

2. 犬的唾液腺发达，能分泌大量的唾液，湿润口腔和饲料，便于咀嚼和吞咽，唾液中还含有溶菌酶，具有杀菌作用，在炎热的季节，依靠唾液中水分蒸发散热，借以调节体温。

3. 犬胃呈不正梨形，胃液中盐酸的含量为 $0.4\% \sim 0.6\%$，在家畜中居首位，因此，犬对蛋白质的消化能力很强，这是其肉食习性的基础，犬在食后 $5 \sim 7$ h，就可将胃中的食物全部排空，比草食或者杂食动物快很多。

4. 犬的肠管较短，一般只有体长的 $3 \sim 4$ 倍，犬的肠壁厚，吸收能力强，这些都是典型的肉食特性，犬的肝脏比较大，相当于体重的 3% 左右，分泌的胆汁有利于脂肪的吸收，犬的排便中枢不发达，不能像其他家畜那样在行进状态下排粪。

5. 犬能很好的消化吸收饲料中的蛋白质和脂肪，对多数动物内脏和鲜肉的消化能力为 $90\% \sim 95\%$，而对植物性饲料如大豆中的蛋白质只能消化 $60\% \sim 80\%$。若犬粮中含有过多的植物性蛋白，会引起腹疼甚至腹泻。

6. 犬因咀嚼不充分和肠管短，不具有发酵能力，故对粗纤维的消化能力差，因此，给犬喂蔬菜时应该切碎、煮熟、不易整块、整棵地喂。

（二）猫

1. 猫是以肉食为主的杂食动物。

2. 颌关节宽且间隙大，使猫的口能扩张很大，具有长而尖锐的犬齿。齿的咀嚼面有尖锐突起，适于咬断骨和肌腱。

3. 舌面粗糙，有许多向舌根生长的乳头刺，适于舔食伏在骨上的肉。

4. 猫唾液腺很发达，吃食时分泌的大量稀薄唾液，不但能湿润食物，有利于吞咽和消化，而且唾液里的溶菌酶还能杀菌、消毒、除臭，保持口腔的清洁卫生，防止极易腐败、变质的肉类危害口腔器官。

5. 猫胃属于单室胃，呈梨形囊状，猫的胃黏膜中没有无腺区，胃腺能分泌盐酸和胃蛋白酶原。盐酸具有很强的腐蚀作用，能将吃到胃里的肉、骨头等食物加工成糊状的食糜，以利于肠道对食物中的营养物质的进一步消化吸收。

6. 猫肠管具有短、宽、厚的特点，是明显的食肉动物特征。

7. 猫缺乏淀粉酶，因此不能大量消化淀粉类食物。

8. 猫不能利用胡萝卜素合成维生素 A，但能在皮肤合成维生素 D。

二、分析犬猫常用饲料种类

1. 结合犬、猫消化生理特点及营养物质消化利用特点进行分析。

2. 结合犬、猫生产实践体验进行分析。

3. 结合现有饲料种类及营养特性进行分析。

总结犬猫常用的饲料种类主要包括：动物性饲料、植物性饲料、饲料添加剂、商品性饲料等。

（一）动物性饲料

猫、犬虽为杂食性动物，但喜食肉食。

1. 各种肉食品及其下脚料包括牛、马、猪、羊、鸡等的肉及其内脏、血粉、骨粉。

2. 鱼类分为脂肪类鱼和蛋白类鱼，脂肪类的鱼有鲱鱼、沙丁鱼、小鳗鱼、金鱼、鳟鱼和鳝鱼等，脂肪含量高达 5%～20%，但其适口性不如肉，蛋白类鱼包括鳕鱼、蝶鱼、大比目鱼等，脂肪含量通常低于 2%。

3. 乳品类包括奶油脱脂乳，乳清，酸奶，奶酪和黄油。

4. 蛋类是铁和蛋白质、维生素 A、维生素 D、维生素 B_2、维生素 B_{12}、叶酸的良好来源，但是缺乏尼克酸。

（二）植物性饲料

1. 谷物饲料包括玉米、高粱、小麦、大麦、燕麦、黑麦、水稻等。

2. 饼粕类包括豆饼粕、花生饼粕、芝麻饼粕、向日葵饼粕等。

3. 蔬菜类分为两类，一是全株或叶、茎部可食用的青菜，如莴苣、白菜和菜花等；二是块根块茎类，如马铃薯、芜菁等。

（三）饲料添加剂

饲料添加剂分为营养性添加剂、生长促进剂和驱虫保健剂。营养添加剂包括微量元素、维生素、氨基酸等，生长促进剂包括抗生素、酶制剂、激素等，驱虫保健剂包括抗寄生虫药等。

（四）商品性饲料

常见的有干型、半干型、软湿型、湿型狗粮、罐头食品，犬奶粉，犬处方食品。

任务 4：水产动物常用饲料选用

一、认知水产动物类消化生理特点

（一）鱼类

1. 鱼类的消化系统由口腔、食道、胃（亦有无胃者）、中肠、后肠、肛门以及附属腺构成。口腔是摄食器官，内生味蕾、齿、舌等辅助构造，具有食物选择、破碎、吞咽等辅助功能。鱼类的消化腺有肝脏、胰脏、幽门腺等，鱼类的胰脏结构和分布比高等动物复杂。就消化而言，肝脏的主要功能是分泌胆汁，胆汁的作用与高等动物的胆汁也相似。

2. 鱼类的食性并不是一成不变的。由于环境条件的变化和鱼类发育阶段的不同，鱼类的食性会发生变化。在个体发育的不同阶段，鱼类摄取不同的食物，食性开始分化，根据摄取主要食物的性质可以将鱼类归纳为：草食性、动物食性、杂食性、碎屑食性。

3. 有胃的鱼对蛋白质的消化始于胃。鱼的胃蛋白酶在胃酸的辅助下，将蛋白质分解成蛋白胨。无胃的鱼对蛋白质的消化主要依靠胰脏或幽门分泌的胰蛋白酶。总的消化过程与高等动物没有差别。

4. 鱼类对脂肪有较高的利用能力，从鱼体增重和能量消耗两个方面来看，其利用率可达到 90%。鱼类对脂肪的需要不多，在饲料中达 2%～3% 即可满足鱼类需求。鱼体脂肪含量一般为 5.9%～10.6%，鱼类是变温动物，对脂肪的消化吸收受到水温和脂肪熔点的影响。

5. 鱼类消化道中含有淀粉酶、麦芽糖酶、蔗糖酶、乳糖酶、磷酸酶、半乳糖苷酶等。

鱼食中的碳水化合物的消化主要在肠道的前半部消化，鱼类对碳水化合物的消化率较高，如鲤鱼对淀粉的消化率可达85％左右。由于鱼类饲料中主要的糖类是淀粉，不同鱼类体内淀粉酶的活性不同，一般而言，鲤鱼的淀粉酶的活性较高，其次是香鱼等。淀粉酶在肠道分布较其他糖类消化酶要广泛，例如罗非鱼的整个胃肠道都能发现淀粉酶。

6. 鱼类消化道对食物消化的方式有三种方式：一是机械性消化；二是化学性消化；三是利用外来的随着食物进入肠管的细菌来消化食物，比如草鱼虽然吃草，但是肠中并没有纤维素酶，借助外来细菌的酶来消化部分纤维素。

（二）虾类

1. 消化系统由消化道和消化腺组成。消化道包括口、食道、胃、肠以及肛门组成。由发生来源可分为外胚层发育而来的前肠、后肠以及中胚层发育而来的中肠。前肠包括口、食道和胃。口位于头胸部腹面，被上唇及口器所包被。口后为一条短而直的食道，食道内壁覆有几丁质表皮，食道内开口于胃。胃分为前、后两腔，前腔称贲门胃，后腔称幽门胃，胃的表皮覆盖有较厚的几丁质。胃内有几丁质结构的胃磨，用来磨碎食物，幽门胃中有复杂的几丁质表皮及骨片，用来过滤食物糜。中肠为一长管状器官，从胃后消化腺开口处向腹部后端延伸直至第六腹节处与后肠相连，在胃与后肠相连处分别有中肠前盲囊和后盲囊，盲囊的功能不详。中肠内层由单层柱状细胞组成，分为分泌型中肠细胞和吸收型中肠细胞两类。中肠分布有连续环肌及成束的纵肌以完成肠的蠕动功能。后肠短而粗，肌肉发达，内表面有几丁质表皮覆盖，作用是推动肠道蠕动，促使粪便进入直肠。

消化腺为一大型致密腺体，位于头胸部中央，心脏的前方，包被在中肠前端及幽门外，又称为中肠腺或肝胰脏。其主要功能为分泌消化酶和吸收、储存营养物质。

2. 虾的消化道中的食物经消化系统的机械处理和酶的消化分解，消化道内产生大量的低聚糖、二糖、单酸甘油醋及少量单糖、氨基酸、脂肪酸等的混合物进入上皮的微绒毛刷状缘，或经胞饮作用进入细胞内进一步降解为单糖、氨基酸等简单化合物，最后被吸收并运输到身体各个部位。

3. 虾类为开放式血液循环系统，吸收转运与哺乳动物不同。

（三）蟹类

蟹类内部器官结构、消化系统结构及消化生理特性、生长发育模式与虾类大致相似。蟹类对食物的消化与吸收也与虾相似。

二、分析水产动物常用饲料种类

1. 结合水产类动物消化生理特点及营养物质消化利用特点进行分析。

2. 结合水产类动物生产实践体验进行分析。

3. 结合现有饲料种类及营养特性进行分析。

总结出水产动物常用的饲料种类主要包括：生物饵料、配合饲料（蛋白质饲料、能量饲料、粗饲料、青绿饲料和饲料添加剂）。

（一）生物饵料

生物饵料是指经过筛选的优质饵料生物，进行人工培养后投喂给养殖对象的活的饵料，它们和养殖对象共同生活在一起，在水中正常生长和繁殖，是活的生物。

1. 植物性的生物饵料

主要包括光合细菌和单细胞藻类。

2. 动物性生物饵料

包括轮虫、卤虫、双壳贝类的卵和幼虫、枝角类、蜣虫类、糟虾、颤蚓、摇蚊幼虫等。

（二）配合饲料

水产动物的配合饲料一般制作成颗粒饲料，其中配合饲料原料包括能量饲料、蛋白质饲料、粗饲料、青绿饲料、青贮饲料、维生素饲料、矿物质饲料和饲料添加剂等。这八大类饲料原料在水产养殖业都有较广泛的应用，其中青饲料、青贮饲料和粗饲料中，除青干草，其他饲料一般是直接饲喂或经直接加工调制后饲喂，很少是经配合加工后饲喂。

●●●●● 知识链接

关注点 1　营养与环境保护相关知识

一、动物对环境排泄的污染源

引起关注的污染源有：氮、磷、铜、锌、砷、硒、氨气、硫化氢等有毒有害气体、抗生素及药物残留等。

二、保护环境的营养措施

1. 准确预测动物的营养需要。

2. 利用理想蛋白质技术配制饲粮，降低饲粮蛋白质水平，减少氮的排泄量。

3. 应用生物活性物质提高养分消化利用率。

4. 限制某些饲料添加剂的使用。

5. 采用合理的饲料加工工艺，提高饲粮利用率。

关注点 2　原料采购相关知识

一、原料采购部门的职责

1. 做好饲料市场调研，分析饲料原料市场信息，估测饲料市场动态，为饲料企业决策提供依据。

2. 根据饲料厂或养殖场生产计划，编制饲料原料采购计划。

3. 选择、评审和管理饲料原料供应商，建立供应商档案，优化进货渠道，降低采购费用。

4. 组织供货合同评审，签订供货合同。

5. 配合技术部，挖掘新货源。

6. 处理采购过程中的退、换货事宜。

7. 参与制订原料采购标准和质量管理计划，控制产品质量和卫生安全。

8. 保守企业秘密。

二、原料采购规程

1. 原料行情预测与上报

采购部应每天了解原料行情，做出原料行情预测并向部门经理汇报，为经理及时做出采购决策提供依据，目的是降低采购成本和价格风险。

2. 采购计划编制

采购部要与仓储部、财务部、销售部、生产部等进行沟通，了解原料库存、资金状况、销售计划、产品生产等情况，合理编制原料采购计划，并报送给部门经理、财务部和生产部。

3. 原料接受

在原料接受前应对原料供应商提供的原料进行样品抽检，当原料质量符合原料接受标准后，方可填写采购订单，并与供应商签订送货合同或协议。采购订单由主办人负责填写，由主办人、采购部经理和总经理签字后方能执行。采购订单和送货合同必须由总经理签字后才能通知供应商送货。

三、采购订单的填写及要求

1. 采购订单填写内容：采购的品种、数量和质量标准；供应商名称、地址；送货数量、规格和包装规格，标准包装应注明质量；送货时间、送货方式、运费承担方式、原料付款方式、付款时间。

2. 采购订单份数：采购订单一式五份，存根、财务部、生产部、化验室、仓管部各一份。

3. 采购订单和采购合同应按月编号并存档。

四、原料采购合同

原料采购合同属于买卖合同。饲料原料采购员必须掌握与合同有关的法律规定，以便防范合同风险，维护自身的合法权益。买卖合同主要包括以下条款：

1. 货品名称、数量金额

包括原料名称、数量、包装标准、单价、金额、产地等。

2. 质量标准

主要包括原料名称、粗蛋白质、粗灰分、水分、感官指标等内容。

3. 交货时间、地点、运费。

4. 质量安全保证书

供方应在提供质量承诺书上签字盖章。

5. 结算方式。

6. 包装标准。

7. 验收标准

按合同要求标准验收，达不到标准，不予接收；如有质量异议，双方共同抽取样品送到双方认可的质检部门检测，检测费用由双方协商解决。

8. 违约责任

违约方承担另一方因此造成的全部损失。

9. 解决纠纷方式

10. 本合同签订后具有法律效力，双方应严格履行，任何一方不得无故终止合同，如有一方变更需得另一方同意，并按订立的合同所必需的手续签订变更合同协议书。

五、原料接受标准制定

饲料原料接受标准的制定，可参照我国饲料原料标准或企业饲料原料标准（原料标准见附录）。示例：饲料原料订购验收质量标准（节选）（见表1-13）。

表 1-13　饲料原料订购验收质量标准

品种	感观指标	验收指标	必检指标	退货标准
玉米	颗粒整齐、均匀饱满、色泽黄红色或黄白色，无烘焦糊化，无发芽、发酵、霉变、结块、虫蛀及异味异物	水分（新玉米）＜14％ 水分（陈玉米）＜13％ 容重（猪用玉米＞680g/L 二级标准；鸭用玉米＞660g/L 三级标准） 杂质＜1％ 霉变粒＜2％ 灰分＜3％ 粗蛋白＞8％	水分 容重 粗蛋白	感观不合格 水分（新玉米）＞16％ 水分（陈玉米）＞14％ 容重＜660g/L 杂质＞2％ 霉变粒＞3％
小麦	籽粒整齐，色泽新鲜一致，无发酵、霉变、结块及异味异嗅，无虫蛀，无发芽，有正常麦香味	水分（新小麦）＜14％ 水分（陈小麦）＜13％ 杂质＜2％ 粗蛋白＞12％ 粗灰分＜2％ 粗纤维＜3％	水分 粗蛋白	感观不合格 水分（新小麦）＞15％ 水分（陈小麦）＞14％ 粗蛋白＜10％ 粗灰分＞4％ 杂质＞4％
稻谷	籽粒整齐，色泽新鲜一致，无发酵、霉变、结块、虫蛀及异味异物	水分＜13％ 粗蛋白＞8％ 粗纤维＜9％ 灰分＜5％ 出糙率＞75％ 杂质＜2％	水分 粗蛋白	感观不合格 粗蛋白＜6％ 水分＞14％ 出糙率＜65％ 杂质＞4％
米糠	细碎屑状，色泽新鲜一致，无发酵酸败，霉变、结块、无虫蛀及异味异嗅，无异物，略有甜味	水分＜13％ 脂肪＞15％ 粗蛋白＞13％ 粗灰分＜8％	水分 粗蛋白 粗灰分	感观不合格 水分＞14％ 粗灰分＞9％ 粗蛋白＜12％ 脂肪＜14％
糠饼	呈浅灰色至咖啡色片状或圆饼状，色泽新鲜一致，具细糠之特有气味，无发酵，霉变、结块及异味、异嗅、异物	水分＜10％ 粗灰分＜9％ 粗蛋白＞14％ 粗纤维＜8％	水分 粗蛋白 粗灰分	感观不合格 水分＞12％ 粗纤维＞9％ 粗蛋白＜13％ 粗灰分＞10％
糠粕	呈淡灰黄色粉状或颗粒状，色泽新鲜一致，无发酵酸败、霉变、虫蛀、结块及异味异嗅、异物	水分＜11％ 粗蛋白＞15％ 粗灰分＜10％	水分 粗蛋白 粗灰分	感观不合格 水分＞12％ 粗蛋白＜14％ 粗灰分＞12％
次粉	粉状，粉白色至浅褐色色泽新鲜一致，无发酵霉变，结块及异味，无较多麸皮，有正常麦香味	水分＜13％ 粗蛋白＞14％ 粗纤维＜3.5％ 粗灰分＜3％	水分 粗蛋白 粗灰分	感观不合格 水分＞14％ 粗蛋白＜12％ 粗灰分＞4％

续表

品种	感观指标	验收指标	必检指标	退货标准
麦麸	细碎屑状，色泽新鲜一致，呈浅黄色或灰黄色，无发酵、霉变、结块及异味异臭，有正常麦香味	水分<13% 灰分<5% 粗蛋白>15% 粗纤维<9%	水分 粗蛋白 粗灰分	感观不合格 水分>14% 粗蛋白<14% 粗灰分>6%
标粉	白色，色泽一致，无发酵，发霉，发酸，结块及异味，有正常麦香味	水分<13% 粗蛋白>12% NFE>70% 灰分<3%	水分 粗蛋白 粗灰分	感观不合格 水分>14% NFE<60% 粗蛋白<11% 粗灰分>5%
玉米胚芽粕	细碎屑状，色泽新鲜一致，呈淡黄色至褐色，具有玉米发芽，发酵后的固有气味，无霉变，结块及异味，异物，异嗅，无辣味	水分<10% 粗蛋白>18% 粗灰分<6%	水分 粗蛋白 粗灰分	感观不合格 水分>12% 粗蛋白<17% 粗灰分>7%
玉米纤维	细碎屑状，色泽新鲜一致，呈淡黄色至褐色，具有玉米发芽，发酵后的固有气味，无霉变，结块及异味，异物，异嗅，略带辣味	水分<10% 粗蛋白>18% 粗灰分<6%	水分 粗蛋白 粗灰分	感观不合格 水分>11% 粗蛋白<17% 粗灰分>7%

作　业　单

学习情境 1	饲料原料选购
作业完成方式	课余时间独立完成； 查资料获得相关信息； 观察实物获得感性认识。
作业题 1	试描述玉米、高粱、小麦、燕麦、大麦、小麦麸、米糠等能量饲料的外观特征、营养特性及利用特点。
作业解答	针对同学们提出的疑问进行解答； 针对难点进行解答。
作业题 2	试描述大豆饼粕、棉籽饼粕、花生饼粕、玉米蛋白粉、DDGS、玉米胚芽饼、鱼粉、肉骨粉等蛋白质饲料的外观特征、营养特性及利用特点。
作业解答	针对同学们提出的疑问进行解答； 针对难点进行解答。
作业题 3	试描述石粉、骨粉、磷酸氢钙、食盐、小苏打、蛋氨酸、赖氨酸等饲料的外观特征及营养特性。
作业解答	针对同学们提出的疑问进行解答； 针对难点进行解答。
作业题 4	制定禾本科籽实及饼粕类原料接受标准； 设计原料采购计划方案。
作业解答	针对同学们制订出的原料接受标准及采购计划方案存在的问题进行指导，并结合学生提出的疑问进行解答； 针对难点进行解答。

作业评价	班　级		第　　组	组长签字		
	学　号		姓　名			
	教师签字		教师评分		日期	
	评语：					

学习情境 2

饲料原料质量检测

● ● ● ● 学习任务单

学习情境 2	饲料原料质量检测			学　时	48
布置任务					
学习目标	1. 掌握饲料原料质量检测的方法。 2. 会运用感观检测的方法对各种原料进行初步检测并给出正确结论。 3. 会运用常规分析方法对饲料原料进行定量分析。 4. 会运用快速点滴试验法对添加剂原料进行定性检测。 5. 了解饲料中有毒有害物质的卫生指标及检测方法。 6. 通过小组学习，培养学生分工合作能力，养成参与意识和团队精神。 7. 通过小组学习，培养沟通与协调的能力。 8. 通过自主学习，培养学生对信息收集处理能力、生产过程管理能力、问题分析与解决问题的能力、学习与总结能力。				
任务描述	在饲料厂，学生能够运用各种分析检测手段对饲料原料或产品质量进行正确评价，以便合理选用饲料进行产品生产。具体任务如下： 1. 通过工作过程，完成饲料原料物理性状检验。 2. 通过工作过程，完成常规成分的分析任务。 3. 通过工作过程，完成饲料中有毒有害物质的检测任务。 4. 通过工作过程，完成饲料中微量元素的分析检测任务。 5. 通过工作过程，完成饲料中维生素的分析检测任务。				
学时分配	资讯22学时	计划 4 学时	决策 2 学时	实施 24 学时	考核 2 学时　　评价学时
提供资料	1. 姚军虎. 动物营养与饲料. 北京：中国农业出版社，2001 2. 杨久仙，宁金友. 动物营养与饲料加工. 北京：中国农业出版社，2006 3. 陈翠玲. 动物营养与饲料应用技术讲义 4. 王秋梅. 动物营养与饲料. 北京：化学工业出版社，2009 5. 徐英岚. 无机与分析化学. 北京：中国农业出版社，2006 6. 余协瑜. 分析化学实验. 北京：高等教育出版社，2002 7. 肖振平，潘求真. 分析化学. 哈尔滨：哈尔滨工程大学出版社，1998 8. 袁春莲. 分析化学实验技术. 长春：吉林科学技术出版社，1995 9. 张丽英. 饲料分析及饲料质量检测技术. 北京：中国农业大学出版社，2004				
对学生要求	1. 以小组为单位完成任务，体现团队合作精神。 2. 学生应具备基本的自学能力，能够按照资讯问题查阅并获取相关专业知识。 3. 严格遵守实验室规章制度，认真完成各项分析检测任务。 4. 学生应具备基本的操作能力，在教师指导下完成能力训练项目。				

●●●●● 任务资讯单

学习情境 2	饲料原料质量检测
资讯方式	通过资讯引导、观看视频及信息单上查询问题；资询指导教师。
资讯问题	模块 1：物理性状检测 　　1. 什么是容重？如何检测饲料容重？检测容重有何意义？ 模块 2：常规成分分析 　　2. 饲料分析与质量检测有什么意义？分析与质量检测的方法有哪些？ 　　3. 什么是常规分析？用常规分析法可将饲料中营养物质划分几类？ 　　4. 简述饲料中灰分的测定方法、原理及操作步骤。 　　5. 简述凯氏定氮法测定粗蛋白质的基本原理和主要测定步骤。 　　6. 简述饲料中钙、磷测定原理及方法步骤。 　　7. 什么是采样与制样？采样的目的及要求是什么？采集样品的工具有哪些？ 　　8. 采集样品的基本方法有哪些？ 　　9. 什么是风干样品？如何制备风干样品？ 　　10. 什么是半风干样品？如何制备半风干样品？ 　　11. 盛有粗脂肪的盛醚瓶在 100 ℃～105 ℃烘箱内的时间为什么不能过长？过长是否会影响测定结果？ 　　12. 脂肪包的长度为何不能超过虹吸管的高度？ 　　13. 饲料中粗纤维是在什么公认的规定条件下测定的？ 　　14. 酸碱法测定粗纤维的缺点是什么？ 　　15. 简述中性洗涤纤维测定的原理及方法步骤。 　　16. 简述酸性洗涤纤维测定的原理及方法步骤。 　　17. 坩埚高热后，坩埚钳也需要烧热后才可夹取，理由何在？ 　　18. 导致高锰酸钾法测定钙结果偏高的原因有哪些？ 模块 3：维生素检测 　　19. 简述饲料添加剂原料中维生素含量测定原理及测定步骤。 模块 4：微量元素检测 　　20. 饲料中氨基酸的测定通常采用哪些方法测定？各自的优缺点是什么？ 模块 5：有毒有害物质检测 　　21. 什么是大豆脲酶活性？简述其检测原理及方法步骤。 　　22. 饲料中有毒有害物质的种类有哪些？ 　　23. 测定饲料中无机元素类有毒有害物质的意义是什么？ 　　24. 简述测定饲料中游离棉酚的意义。 　　25. 简述测定大豆制品中脲酶活性的意义。 　　26. 霉菌总数与霉菌毒素检测结果在评价饲料卫生状况上有何意义？ 模块 6：掺假物检测 　　27. 掺假与掺杂有何区别？ 　　28. 鱼粉常见的掺假物质有哪些？

● ● ● ● ● 相关信息单

模块 1　物理性状检测

单元 1　感观性状检测

一、视觉检查

观察饲料的形状、色泽以及有无霉变、虫子、结块、异物等。

二、味觉检查

通过舌舔和牙咬来检查味道。但应注意不要误尝对人体有毒、有害物质。

三、嗅觉检查

通过嗅觉来鉴别具有特征气味的饲料，有无霉臭、腐臭、氨臭、焦臭等。

四、触觉检查

取样在手上，用手指搓捻，感触饲料粒度的大小、硬度、黏稠性、滑腻感、有无掺杂物和含水程度。

五、料筛检查

使用 8 目、16 目、40 目的筛子，测定混入的异物及原料或成品的大约粒度。

六、放大镜检查

使用放大镜或显微镜鉴定，内容与视觉观察相同。

单元 2　饲料容重测定

各种饲料原料均具有一定的容重。饲料原料样品的容重应做好记录，并与纯料的容重进行对比。如果饲料原料中含有杂质或掺杂物，容重就会改变。因此对饲料样品要作仔细观察，特别要注意细粉粒原料。一般来说，掺杂物有时被粉碎得特别细小以逃避检查。根据测定容重结果，检验分析人员可作进一步的观察，如饲料的形状、颜色、粒度、松软度、硬度、组织、气味、霉菌和污点等外观鉴别。

一、样品的制备

整颗谷粒应彻底混合，无须粉碎；颗粒、碎粒和粉粒状的饲料必须用效果均匀的粉碎机粉碎。

二、仪器设备

1 000 mL 量筒 1 个；不锈钢盘 4 个；小刀、刮铲、直尺、匙各 1 个；台称 1 架。

三、测定步骤

用四分法取样，然后将样品放入 1 000 mL 的量筒内，到 1 000 mL 刻度为止。过量或不足时用刮铲或匙调整容积。注意放入样本时要轻放，不得打击；将样品从量筒中倒出并称重；以 g/L 为单位计算样品的容重，并与纯料容重比较。每一样品应反复进行 3 次，取其平均值。

表 2-1　常见饲料的容重　　　　　　　　　　　　　　单位：g/L

饲料名称	容重	饲料名称	容重
麦（皮麦）	580	大麦混合糠	290
大麦（碎的）	460	大麦细糠	360
黑麦	730	豆饼	340
燕麦	440	豆饼（粉末）	520
粟	630	棉籽饼	480
玉米	730	亚麻籽饼	500
玉米（碎的）	580	淀粉糟	340
碎米	750	鱼粉	700
糙米	840	碳酸钙	850
麸	350	贝壳粉（粗）	630
米糠	360	贝壳粉（细）	600
脱脂米糠	426	盐	830

资料来源：夏玉宇，朱丹．饲料质量分析检验．北京：化工出版社，1994．

模块 2　常规成分分析

单元 1　饲料样品的采集与制备

任务 1：采集粉料和颗粒饲料样品

一、采样工具的准备

粉料和颗粒料常用谷物取样器取样。常用采样工具见图 2-1、图 2-2。

二、采集散装粉料或颗粒料样品

1. 仓装散料的采集

采集步骤如下：

（1）用"几何法"采集原始样品　在料堆的各侧面上按不同层次和间隔，分小区设采样点。用适当的取样器在各点取样，各点插样应达足够的深度，取样器规格应根据饲料粒径和料堆的大小选择。每个取样点取出的样作为支样，各支样数量应一致。将支样混合，即得原始样本。

（2）用"四分法"获取次级样本或化验样本，操作见图 2-3。

图 2-1　短抽样器

图片说明：常用于袋装饲料的采集，取样时将取样器的槽口朝下插入袋中，然后翻转 180 度，取出样品。

图 2-2　长抽样器

图片说明：常用于散堆料的采集。取样方法同短抽样器。

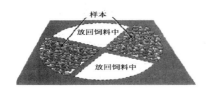

图片说明：将采集的原始样品或次级样品放在干净的塑料薄膜上，混合均匀并铺成圆形或四方形，经过中心平均分成4份，保留对角的2份，其余2份弃去。按此法反复操作，直至保留分析用量(200～500 g)。

图 2-3 四分法示意图

2. 装载工具中散料的采集 按五点交叉法采样，具体做法如下图：

图片说明：

15 t 以下装载量：从距离边缘0.5 m 选4点，再对角相连交叉处取点，共选5点，每点按不同深度取样；最后按"四分法"缩样。

图片说明：

30～50 t 装载量：按上述方法取4点，再在相距较远两点间等距离处各取二点，然后相邻4点对角相连交叉处取点，共选11点。每点按不同深度取样；最后按"四分法"缩样。

图片说明：

15～30 t 装载量：按上述方法取4点，再在相距较远两点间等距离处各取一点，然后相邻4点对角相连交叉处取点，共选8点，每点按不同深度取样；最后按"四分法"缩样。

三、包装袋中饲料样品的采集

1. 根据包装袋数量，确定取样袋数

一般 10 袋以下每袋都取样；总袋数在 100 袋以下，取样不少于 10 袋；总袋数 100 袋以上，在取 10 袋基础上，每增加 100 袋需增补 1 袋；中小颗粒饲料如玉米、大麦等取样的袋数不少于总袋数的 5%；粉状饲料取样袋数不少于总袋数的 3%。

2. 采集原始样品

按随机原则取出事先确定的样袋数量，然后用取样器对每袋分别取样。用口袋取样器从口袋上下两个部位选取，或将料袋放平，从料袋的头到底，斜对角地插入取样器。从每袋中取出的样本为支样，将各支样均匀混合即得原始样本。

3. 用"四分法"缩样原始样品，获取次级样品或分析样品，见图 2-4～图 2-7。

图 2-4 插入抽样器

图 2-5 拔出抽样器

图 2-6　观察

图 2-7　装袋

四、配合饲料生产过程中样品的采集

主要针对饲料进入包装车间或成品库的流水线或传送带上、贮塔下、料斗下、秤上或工艺设备上的原始样本的采集。在饲料确实充分混合均匀后，可以从混合机的出口处定期取样，并随机掌握取样的间隔。具体方法见图 2-8～图 2-11。

图 2-8　自动采样器

图 2-9　打开电动开关

图 2-10　自动抽样器进料口

图 2-11　插入原料及抽出原料

用长柄勺、自动或机械式选样器，间隔时间相同，截断落下的饲料流。间隔时间应根据产品移动的速度来确定，同时要考虑到每批选取的原始样本的总质量。对于饲料级磷酸盐、动物性饲料和鱼粉应不少于 2 kg，而其他饲料产品则不低于 4 kg。获取原始样品后，用四分法获取次级样品和分析样品

任务 2：采集液体或半固体饲料样品

一、采集液体饲料

1. 大型罐车设备采样

过程见图 2-12、图 2-13。

图 2-12　打开开关，先放出 2 L 再取样

图 2-13　取样入透明塑料袋

2. 桶装设备采样

应从不同的包装单位中分别取样，然后混合。

(1)确定取样的桶数

7 桶以下：取样桶数不少于 5 桶；

10 桶以下：不少于 7 桶；

10～50 桶：不少于 10 桶；

51～100 桶：不少于 15 桶；

101 桶以上：按不少于总桶数的 15％抽取。

(2)取样方法　取样时，将桶内饲料搅拌均匀，然后将空心探针缓慢地自桶口插至桶底，然后堵压上口提出探针，将液体饲料注入样本瓶内混匀，见图 2-14～图 2-16。

图 2-14　关闭取样器，插入约 1 m

图 2-15　打开取样器

(3)注意问题　对大桶或池装的散装的液体饲料按照散装液体高度分上、中、下三层分层布点取样；上层距液面约 40 cm 处，中层设在液体中间，下层距池底 40 cm 处，三层采样数量的比例为 1∶3∶1(卧式液池)或 1∶8∶1(车槽)；采样时，原始样本的数量取决于总量：总量为 500 t 以下，应不少于 1.5 kg；501～1 000 t，不少于 2.0 kg；1 001 t 以上，应不少于 4.0 kg；原始样本混匀后，再采集 1 kg 做次级样本备用。

图 2-16　倒入塑料袋

二、采集固体油脂

对在常温下呈固体的动物性油脂的采样，可参照固体饲料采样方法，但原始样本应通过加热熔化混匀后，才能采集次级样本。

三、采集黏性液体

黏性浓稠饲料如糖蜜，可在卸料过程中采用抓取法，即定时用勺等器具随机采样。原始样本总量为 1 t 时，应至少采集 1 L。原始样本充分混匀后，即可采集次级样本。

任务 3：制备样市

将采集的原始样本经粉碎、干燥等处理，制成易于保存、符合化验要求的化验样本的过程称为样本的制备。

一、制备风干样本

风干样本是指饲料或饲料原料中不含游离水，仅有少量的吸附水的样本，主要有籽实类、糠麸类、干草类、秸秆类、乳粉、血粉、鱼粉、肉骨粉及配合饲料等。风干饲料样本的制备方法如下：

1. 缩减样本

从原始样本中按"四分法"取得化验样本。

2. 粉碎

将所得的化验样本经剪碎、捶碎等处理后，用样本粉碎机粉碎。

3. 过筛

按照检验要求，将粉碎后的化验样本全部过筛。用于常规营养成分分析时要求全部通过 40 目（0.44 mm）标准分析筛；用于微量元素、氨基酸分析时要求全部通过 60～100 目标准分析筛，使其具备均质性，便于溶样。对于不易粉碎过筛的渣屑类也要剪碎，并混入样本中，不可抛弃，避免引起误差。

4. 装瓶并贴标签

将筛下的样本装入磨口瓶，在瓶上贴标签并记录有关内容。

二、制备新鲜样本

新鲜样本含水量高，占样本质量的 70%～90%。不易粉碎和保存。一般在测定饲料的初水含量后制成半风干样本，以便保存，供其余指标分析用。

1. 初水分的测定

（1）瓷盘称重　在普通天平上称取瓷盘的质量。

（2）称样本重　用已知质量的瓷盘在普通天平上称取新鲜样本 200～300 g。

（3）消灭酶的活性　将装有样本的瓷盘放入 120 ℃烘箱中烘 10～15 min。

（4）烘干　将瓷盘迅速放在 60 ℃～70 ℃烘箱中烘干 8～12 h。含水量低，数量少的样本只需烘干 5～6 h 即可。

（5）回潮和称重　取出瓷盘，在室内自然条件下冷却 24 h，用普通天平称重。

（6）再次烘干　将瓷盘放入 60 ℃～70 ℃烘箱中烘 2 h。

（7）再次回潮和称重　取出瓷盘，同样冷却 24 h，称重。两次称重之差不超过 0.5 g 为恒重。

（8）初水分含量的计算　计算公式如下：

$$饲料初水分（\%）=\frac{m_1-m_2}{m}\times100\%$$

式中：m_1——烘干前饲料质量加瓷盘重（g）；

m_2——烘干后饲料质量加瓷盘重(g);

m——称取的饲料质量(g)。

2. 半风干样本制备的过程

新鲜样本在 60 ℃～70 ℃的恒温干燥箱中烘 8～12 h，除去部分水分，然后回潮使其与周围环境条件的空气湿度保持平衡，经粉碎，通过 1.00～0.25 mm孔筛，即得分析样本。将分析样本装入样品瓶，贴上标签并登记。

三、样品登记

制备好的样本装瓶后应登记如下内容：

1. 样本名称和种类；

2. 生长期、收获期、茬次；

3. 调制和加工方法及贮存条件；

4. 外观性状及混杂度；

5. 采样地点和采集部位；

6. 生产厂家和出厂日期；

7. 重量；

8. 采样人、制样人和分析人姓名。

四、保存样本

样本保存时间应有严格规定，一般情况下原料样本保留 2 周，成品样本保留 1 个月。

单元 2　水溶性氯化物测定

任务 1：准备试剂

硝酸银标准溶液(浓度为 0.1 mol/L)的配制方法及标定方法如下。

0.1 mol/L 硝酸银标准溶液的配制：准确称取在 100 ℃下烘干 1～2 h 的硝酸银 17 g 置于 1 000 mL 容量瓶中，加入蒸馏水至刻度，溶解并摇匀。

0.1 mol/L 硝酸银标准溶液的标定：用分析纯的氯化钠进行标定。首先将氯化钠放在 400 ℃～500 ℃的高温炉中灼烧至不发出炸裂的声响为止，取出于干燥器中备用。准确称取灼烧至恒重的基准物质氯化钠 0.45～0.50 g，放入锥形瓶中加 25 mL 水溶解，定量转移到 100 mL 容量瓶中，稀释至刻度。取此溶液 25 mL 三份，分别置于 250 mL 锥形瓶中，加入 10％的铬酸钾溶液 1 mL，用已配制的硝酸银溶液滴定至砖红色即为终点。记录硝酸银溶液的用量。根据氯化钠的质量和硝酸银溶液的体积计算硝酸银溶液的准确浓度。平行测定 3 次。硝酸银溶液的准确浓度计算公式如下：

$$c(\text{mol/L}) = \frac{m \times \dfrac{25.00}{100} \times 1\,000}{58.45 \times V}$$

式中：c——硝酸银溶液的摩尔浓度(mol/L)；

m——氯化钠的质量(g)；

58.45——与 1 mL 1 mol/L 标准硝酸银溶液相当的以毫克表示的氯化钠的质量；

V——滴定时消耗硝酸银溶液的体积(mL)。

2.5％铬酸钾指示剂：准确称取 5 g 铬酸钾，加水至 100 mL 溶解并摇匀。

任务 2：准备仪器设备

1. 实验室用样本粉碎机或研钵；
2. 分样筛(孔径 0.44 mm(40 目))；
3. 分析天平(分度值 0.1 mg)；
4. 刻度移液管(1 mL)；
5. 移液管(20 mL、25 mL)；
6. 酸式滴定管(25 mL)；
7. 容量瓶(100 mL、1 000 mL)；
8. 烧杯(500 mL、250 mL)；
9. 锥形瓶(25 mL、250 mL)。

任务 3：测定步骤

称取 5~10 g 样本(准确至 0.001 g)置于 500 mL 烧杯中。准确加入蒸馏水 200 mL，搅拌 15 min，放置 15 min，用移液管准确移取上清液 20 mL，置于 250 mL 的烧杯中，再加蒸馏水 50 mL，10％铬酸钾指示剂 1 mL，用硝酸银标准溶液滴定，呈现砖红色，且 1 min 不褪色为终点。

任务 4：分析测定结果

1. 计算结果

$$NaCl(\%) = \frac{V_1 \times c \times 0.058\ 45}{m} \times \frac{200}{V_2} \times 100\%$$

式中：V_1——滴定消耗的硫氰酸铵溶液体积(mL)；

　　c——硝酸银的摩尔浓度(mol/L)；

　　0.058 45——与 1.00 mL 硝酸银标准溶液$[c(AgNO_3)=1.000\ mol/L]$相当的以克表示的氯化钠的质量。

2. 注意事项

每个试样称取两个平行样进行测定，以算术平均值为结果，所得结果应精确到 0.01％。

单元 3 饲料中水分测定

任务 1：准备仪器设备

1. 实验室用样本粉碎机或研钵；
2. 分样筛(孔径 40 目)；
3. 分析天平(感量为 0.000 1 g)；
4. 电热式恒温烘箱(可控制温度为 105 ℃±2 ℃)；
5. 称样皿(玻璃或铝质，直径 40 mm 以上，高 25 mm 以下)；

6. 干燥器(用变色硅胶作干燥剂)。

任务 2：选取和制备试样

选取有代表性的试样，其原始样量在 1 000 g 以上；用四分法将原始样本缩至 500 g，风干后粉碎至 40 目，再用四分法缩至 20 g，装入密封容器，放阴凉干燥处保存；如试样是多汁的鲜样，或无法粉碎时，应预先干燥处理，称取试样 200～300 g，在 105 ℃烘箱中烘 15 min，立即降至 65 ℃，烘干 5～6 h。取出后，在室内空气中冷却 4 h，称重，即得风干试样。

任务 3：测定步骤

洁净称样皿，在 105 ℃烘箱中烘干 1 h 后取出，于干燥器中冷却 30 min 后称重，准确至 0.000 2 g，同样冷却后称重，直至两次称重之差小于 0.000 5 g 为恒重；用已恒重称样皿称取两份平行试样，每份 2～5 g，准确至 0.000 2 g；不盖称样皿盖，在 105 ℃烘箱中烘 3 h 后取出，盖好称样皿盖，于干燥器中冷却 30 min 后称重；再次烘干 1 h，同样冷却后称重，直至两次称重之差小于 0.002 g。

任务 4：分析测定结果

1. 计算结果

$$水分(\%)=\frac{m_1-m_2}{m_1-m_0}\times100\%$$

式中：m_1——105 ℃烘干前试样及称样皿质量(g)；

m_2——105 ℃烘干后试样及称样皿质是(g)；

m_0——已恒重的称样皿质量(g)。

2. 注意事项

(1)每个试样应取两个平行样进行测定，取其算术平均值为结果。

(2)两个平行样测定值相差不得超过 0.2%，否则应重做。

单元 4　饲料中灰分测定

任务 1：准备仪器设备

1. 实验室用样本粉碎机或研钵；

2. 分析天平(感量 0.000 1 g)；

3. 高温炉(可控制炉温在 550 ℃±20 ℃)；

4. 分样筛(孔径 0.44 mm)；

5. 坩埚(瓷质，容积 50 mL)；

6. 干燥器(用氯化钙或变色硅胶作干燥剂)。

任务 2：测定步骤

1. 坩埚的处理

将干净坩埚放入高温炉中，在 550 ℃±20 ℃下灼烧 30 min，取出，在空气中冷却约 1 min，放入干燥器中冷却 30 min，称重。再重复灼烧、冷却、称重，直到两次重量之差小于 0.000 5 g 为恒重。

2. 称取试样

已恒重的坩埚中称取 2～5 g 试样，准确至 0.000 2 g。

3. 炭化

将装有试样的坩埚放在电炉上，在较低温度状态加热灼烧至无烟状态，然后升温灼烧至样本无炭粒。

4. 灼烧

将炭化好的试样放入高温炉中，于 550 ℃±20 ℃下灼烧 3 h，取出，在空气中冷却约 1 min，放入干燥器中冷却 30 min，称重。再同样灼烧 1 h，冷却，称重，直到两次重之差小于 0.001 g 为恒重。

任务 3：分析测定结果

1. 计算结果

$$粗灰分(\%)=\frac{m_2-m_0}{m_1-m_0}\times100\%$$

式中：m_0——恒重空坩埚质量(g)；

m_1——坩埚加试样的质量(g)；

m_2——灰化灼烧后坩埚加灰分的质量(g)。

2. 注意事项

(1)每个试样应取两个平行样进行测定，以其算术平均值为结果；

(2)粗灰分含量在 5% 以上时，允许相对偏差为 1%；粗灰分含量在 5% 以下时，允许相对偏差为 5%；

(3)用电炉炭化时应小心，以防止炭化过快，试样飞溅；

(4)灼烧残渣颜色与试样中各元素含量有关。含铁高时为红棕色，含锰高时为淡蓝色；

(5)炭化后如果还能观察到炭粒，须加蒸馏水或过氧化氢进行处理，继续灼烧 0.5 h；

(6)灼烧后待炉温降至 200 ℃ 时再取出坩埚或直接取出在空气中放置 1 min 后，再放入干燥器中冷却。

单元 5　饲料中钙的测定

任务 1：准备试剂

1：3 盐酸水溶液；1：3 硫酸水溶液；1：1 氨水水溶液；1：50 氨水水溶液；4.2% 草酸铵水溶液；甲基红指示剂；0.05 mol/L 高锰酸钾标准溶液。

1. 高锰酸钾溶液的配制

准确称取 1.6 g 高锰酸钾(GB643),加蒸馏水 1 000 mL,小火煮沸 10 min,静置 1～2 d 用烧结玻璃滤器过滤,保存于棕色瓶中。

2. 高锰酸钾溶液的标定

称取 0.1 g 草酸钠(用前需要在 105 ℃ 干燥 2 h)于烧杯中,再加 50 mL 蒸馏水和 10 mL 硫酸溶液(1:3),加热至 75 ℃～85 ℃,用配制好的高锰酸钾溶液滴定至粉红色。记下消耗高锰酸钾溶液的用量。滴定结束时,溶液温度在 60 ℃ 以上,同时做空白试验。

空白试验:另取一烧杯,加 50 mL 蒸馏水和 1 mL 硫酸溶液(1:3),用高锰酸钾溶液滴定至粉红色。记下消耗高锰酸钾溶液的用量。计算高锰酸钾溶液准确浓度的公式如下:

$$c = \frac{m}{(V - V_0) \times 0.067}$$

式中:V——滴定草酸钠时消耗高锰酸钾溶液的体积(mL);

V_0——滴定空白时消耗高锰酸钾溶液的体积(mL);

0.067——与 1 mL 1 mol/L 高锰酸钾相当的以克表示的草酸钠的质量;

m——称取草酸钠的质量(g)。

任务 2:准备仪器设备

1. 实验室用样本粉碎机或研钵;

2. 分样筛(孔径 0.44 mm(40 目));

3. 分析天平(感量 0.000 1 g);

4. 高温炉(控制温度在 550 ℃±20 ℃);

5. 水浴锅;

6. 坩埚(瓷质);

7. 酸式滴定管(25 mL);

8. 玻璃漏斗(6 cm 直径);

9. 容量瓶(100 mL);

10. 定量滤纸(中速,直径 7～9 cm);

11. 移液管(10 mL、20 mL);

12. 烧杯(200 mL);

13. 凯氏烧瓶(250 mL 或 500 mL)。

任务 3:测定步骤

一、试样的分解

1. 干法

称取试样 2～5 g 于坩埚中,精确至 0.000 2 g。在电炉上小心炭化,再放入高温炉于 550 ℃ 下灼烧 3 h(或测定粗灰分后连续进行)。在盛灰坩埚中加入盐酸溶液 10 mL 和浓硝酸数滴,小心煮沸。将此溶液转入容量瓶,冷却至室温,用蒸馏水稀释至刻度,摇匀,为试样分解液。

2. 湿法

一般用于无机物或液体饲料。称取试样 2～5 g 于凯氏烧瓶中，精确至0.000 2 g。加入硝酸（GB623，分析纯）30 mL，至二氧化氮黄烟逸尽，冷却后加入 70%～72% 高氯酸 10 mL，小心煮沸至溶液无色，千万不得蒸干，防止危险发生。冷却后加蒸馏水 50 mL，并煮沸排除二氧化氮，冷却后转入 100 mL 容量瓶，蒸馏水稀释至刻度，摇匀，为试样分解液。

二、试样的测定

准确移取试样液 10～20 mL（含钙量 20 mg 左右）于烧杯中，加蒸馏水 100 mL，甲基红指示剂 2 滴，滴加氨水溶液至溶液呈橙色。再加盐酸溶液使溶液恰变红色（pH 为 2.5～3.0），小心煮沸。慢慢滴加热草酸铵溶液 10 mL，且不断搅拌，如溶液变橙色，应补滴盐酸溶液至红色。煮沸数分钟，放置过夜使沉淀陈化或在水浴上加热 2 h。

用滤纸过滤，用 1∶50 的氨水溶液洗沉淀物 6～8 次，至无草酸根离子（接滤液数毫升加硫酸溶液数滴，加热至 80 ℃，再加高锰酸钾溶液 1 滴，呈微红色，1～2 min 不褪色）。将沉淀和滤纸转入原烧杯，加硫酸溶液 10 mL，蒸馏水 50 mL，加热至 75 ℃～80 ℃，用 0.05 mol/L 高锰酸钾溶液滴定，溶液呈粉红色且 0.5 min 不褪色为终点。同时进行空白溶液的测定。

任务 4：分析测定结果

1. 计算结果

$$Ca(\%) = \frac{(V-V_0) \times c \times 0.02}{m} \times \frac{100}{V_1} = \frac{(V-V_0) \times c \times 200}{m \times V_1} \times 100\%$$

式中：V——0.05 mol/L 高锰酸钾溶液用量（mL）；

V_0——空白测定时 0.05 mol/L 高锰酸钾溶液用量（mL）；

c——高锰酸钾标准溶液浓度（mol/L）；

V_1——滴定时移取试样分解液体积（mL）；

m——试样的质量（g）；

0.02——与 1.00 mL 1.00 mol/L 高锰酸钾标准溶液相当的以克表示的钙质量。

2. 注意事项

(1)每个试样取两个平行样进行测定，以其算术平均值为结果；

(2)含钙量在 10% 以上，允许相对偏差为 2%；

(3)含钙量在 5%～10% 时，允许相对偏差为 3%；

(4)含钙量在 1%～5% 时，允许相对偏差为 5%；

(5)含钙量在 1% 以下时，允许相对偏差为 10%。

单元 6　饲料中磷的测定

任务 1：准备试剂

1∶1 的盐酸水溶液；浓硝酸；高氯酸；钒钼酸铵显色剂；磷标准溶液。

1. 钒钼酸铵显色剂的配制：称取偏钒酸铵 1.25 g，加水 200 mL 加热溶解，冷却后加

硝酸 250 mL，另称取钼酸铵 25 g，加水 400 mL 加热溶解，在冷却的条件下，将两种溶液混合，用水定容至 1 000 mL，避光保存，若生成沉淀，则不能使用。

2. 磷标准溶液的配制：将磷酸二氢钾于 105 ℃烘箱中干燥 1 h，取出，在干燥器中冷却后称取 0.219 5 g 溶解于水，定量转入 1 000 mL 容量瓶中，加硝酸 3 mL，用水稀释至刻度，摇匀，即为 50μ g/ mL 的磷标准溶液。

任务 2：准备仪器设备

1. 分样筛(孔径 0.44 mm(40 目))；

2. 分析天平(感量 0.000 1 g)；

3. 分光光度计(用 10 mm 比色池，可在 420 nm 下测定吸光度)；

4. 高温炉(可控制温度在 550 ℃±20 ℃)；

5. 瓷坩埚(50 mL)；

6. 容量瓶(50 mL、100 mL、1 000 mL)；

7. 刻度移液管(1.0 mL、2.0 mL、3.0 mL、5.0 mL、10 mL)；

8. 凯氏烧瓶(125 mL、250 mL)；

9. 可调温电炉(1 000 W)；

10. 实验室用样本粉碎机或研体。

任务 3：测定步骤

一、试样的分解

1. 干法

不适用于含磷酸二氢钙的饲料。称取试样 2～5 g(精确至 0.000 2 g)于坩埚中，在电炉上小心炭化，再放入高温炉中，在 550 ℃下灼烧 3 h。取出冷却，加入 10 mL 盐酸溶液和硝酸数滴，小心煮沸约 10 min。冷却后转入 100 mL 容量瓶中，用水稀释至刻度，摇匀，为试样分解液。

2. 湿法

称取试样 0.5～5 g(精确至 0.000 2 g)于凯氏烧瓶中，加入硝酸 30 mL，小心加热煮沸至黄烟逸尽，稍冷，加入高氯酸 10 mL，继续加热至高氯酸冒白烟(不得蒸干)，溶液基本无色，冷却，加水 50 mL，加热煮沸，冷却后，用水转移至 100 mL 容量瓶中，并稀释至刻度，摇匀，为试样分解液。

二、标准曲线的绘制

分别准确移取磷标准液 0 mL、1.0 mL、2.0 mL、5.0 mL、10.0 mL、15.0 mL，于 50 mL 容量瓶中，各加钒钼酸铵显色剂 10 mL，用蒸馏水稀释至刻度，摇匀，常温下放置 10 min 以上，以 0 mL 溶液为参比，用 10 mL 比色池，在 420 nm 波长下，用分光光度计测定各溶液的吸光度。以磷含量为横坐标，吸光度为纵坐标绘制标准曲线。

三、试样的测定

准确移取试样分解液 1～10 mL(含磷量 50～750 μg)于 50 mL 容量瓶中，加入钒钼酸铵显色剂 10 mL，按上述方法显色和比色测定，测得试样分解液的吸光度，用标准曲线查得试样分解液的含磷量。

任务 4：分析测定结果

1. 计算结果

$$P(\%)=\frac{X}{m}\times\frac{100}{V}\times10^{-6}\times100=\frac{X}{mV\times100}\times100\%$$

式中：m——试样的质量（g）；

　　　X——由标准曲线查得试样分解液含量（μg）；

　　　V——移取试样分解液的体积（mL）。

2. 注意事项

（1）每个试样称取两个平行样进行测定，以算术平均值为结果，所得结果应精确到 0.01%；

（2）当磷含量小于 0.5% 时，允许相对偏差 10%；当磷含量大于 0.5% 时，允许相对偏差 3%。

单元 7　饲料中粗蛋白质测定

任务 1：准备试剂及溶液

1. 硫酸（化学纯）；

2. 2% 的硼酸水溶液：称取 2 g 硼酸溶于 100 mL 蒸馏水中；

3. 40% 氢氧化钠水溶液：称取 40 g 氢氧化钠溶于 100 mL 水中；

4. 甲基红-溴甲酚绿混合指示剂：将 0.1% 乙醇溶液和 0.5% 乙醇溶液等体积混合，在阴凉处保存期为 3 个月；

5. 0.1 mol/L 盐酸标准溶液

（1）盐酸标准溶液配制　一种是 0.1 mol/L 盐酸标准溶液，取 8.3 mL 分析纯盐酸，用蒸馏水定容至 1 000 mL；另一种是 0.02 mol/L 盐酸标准溶液，取 1.67 mL 盐酸，用蒸馏水定容至 1 000 mL。

（2）盐酸标准溶液的标定　精密称取在 300 ℃ 干燥至恒重的无水碳酸钠 0.15 g，加50 mL 蒸馏水，10 滴混合指示剂，用 HCL 滴定至紫红色，煮沸 2 min，冷却至室温后再滴定至暗紫红色，记下消耗盐酸的量。同时按上述方法进行空白测定，不同的是无须加无水碳酸钠，其他步骤相同。结果按下式计算：

$$c=\frac{m\times1\,000}{(V_1-V_0)\times52.994}$$

式中：m——无水碳酸钠的质量（g）；

　　　V_1——滴定无水碳酸钠溶液时消耗盐酸的体积（mL）；

　　　V_0——标定空白时消耗盐酸的体积（mL）。

6. 蔗糖；

7. 硫酸铵（分析纯，干燥）；

8. 混合催化剂 0.4 g 硫酸铜，6 g 硫酸钾或硫酸钠，均为化学纯，磨碎混匀。

任务2：准备仪器设备

1. 实验室用样本粉碎机；
2. 样品分析筛(孔径0.44 mm(40目))；
3. 凯氏烧瓶(150 mL，见图2-17)；
4. 煮炉或电炉(见图2-18)；
5. 酸式滴定管(10 mL)；
6. 分析天平(感量0.000 1 g)；
7. 凯氏蒸馏装置(半微量水蒸汽蒸馏式(见图2-19)或蛋白质分析仪)；
8. 锥形瓶(150 mL)；
9. 容量瓶(100 mL)。

任务3：测定步骤

一、试样的消煮

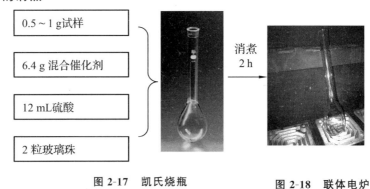

| 0.5～1 g试样 |
| 6.4 g混合催化剂 |
| 12 mL硫酸 |
| 2粒玻璃珠 |

消煮 2 h

图2-17　凯氏烧瓶　　　图2-18　联体电炉

二、氨的蒸馏

1. 采用半微量蒸馏法，将试样消煮液冷却，加入20 mL蒸馏水，转入100 mL容量瓶中，冷却后用蒸馏水稀释至刻度，摇匀，作为试样分解液。

2. 将半微量蒸馏装置(见图2-19)冷凝管末端浸入装有20 mL硼酸吸收液和2滴混合指示剂的锥形瓶内。

3. 蒸汽发生器的水中应加入甲基红指示剂数滴，硫酸数滴，在蒸馏过程中保持此溶液为橙红色，否则需补加硫酸。

4. 准确移取试样分解液10～20 mL注入蒸馏装置的反应室中，用少量蒸馏水冲洗进样入口，塞好入口玻璃塞，再加10 mL氢氧化钠溶液，小心提起玻璃塞使之流入反应室，塞好玻璃塞，且在入口处加水密封，防止漏气。

5. 蒸馏4 min，降下锥形瓶，使冷凝管末端离开吸收液面，再蒸馏1 min，用蒸馏水冲洗冷凝管末端，洗液均需流入锥形瓶中，然后停止蒸馏。

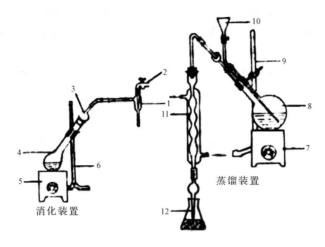

图 2-19　凯氏定氮装置

1. 水力抽气管　2. 水龙头　3. 倒置的干燥管　4. 凯氏烧瓶　5、7. 电炉　8. 蒸馏烧瓶
6、9. 铁支架　10. 进样漏斗　11. 冷凝管　12. 接收瓶

三、滴定

将蒸馏后得到的吸收液,立即用 0.1 mol/L 或 0.02 mol/L 盐酸标准溶液滴定,溶液由蓝绿色变成灰红色为终点。

四、空白测定

称取蔗糖 0.5 g,代替试样,按上述测定步骤进行空白测定,消耗 0.1 mol/L 盐酸标准溶液的体积不得超过 0.2 mL。消耗 0.02 mol/L 盐酸标准溶液体积不得超过 0.3 mL。

任务 4:分析测定结果

1. 计算结果

$$粗蛋白质(\%)=\frac{(V_2-V_1)c\times0.0140\times6.25}{m\dfrac{V'}{V}}\times100\%$$

式中:V——试样分解液总体积(mL);

V_1——滴定空白时所需标准盐酸溶液体积(mL);

V_2——滴定试样时所需标准盐酸溶液体积(mL);

V'——试样分解液蒸馏用体积(mL);

m——试样质量(g);

c——盐酸标准溶液浓度(mol/L);

0.0140——为与 1.00 mL 盐酸标准溶液[$c($ HCl$)=1.000\ 0$ mol/L]相当的、以克表示的氮的质量;

6.25——为氮换算成蛋白质的平均系数。

2. 注意事项

(1)每个试样取两个平行样进行测定,以其算术平均值为结果;

(2)当粗蛋白质含量在 25% 以上时,允许相对偏差为 1%;当粗蛋白质含量在 10%～25% 时,允许相对偏差为 2%;当粗蛋白质含量在 10% 以下时,允许相对偏差为 3%;

（3）在消煮时为防止气泡溅出，开始时炉温应低些，当溶液澄清时可将温度调高；

（4）为防止蒸汽发生器中的水含氨态氮，可在水中加入几滴浓硫酸和 2 滴甲基红指示剂，使水变成橙红色。

附：饲料中真蛋白质的测定

一、测定原理

硫酸铜在碱性溶液中，可将蛋白质沉淀，且不溶于热水，过滤和洗涤后，可将真蛋白质和非蛋白质含氮物分离，再用凯氏定氮法测定沉淀中的蛋白质含量。

二、仪器设备

1. 烧杯（200 mL）；

2. 定性滤纸；

3. 其他设备与粗蛋白质测定方法相同。

三、试剂及配制

1. 100 g/L 硫酸铜溶液：10 g 硫酸铜溶于 100 mL 水中；

2. 25 g/L 氢氧化钠溶液：将 2.5 g 氢氧化钠溶于 100 mL 水中；

3. 10 g/L 氯化钡溶液：将 1 g 氯化钡溶于 100 mL 水中；

4. 2 mol/L 盐酸溶液；

5. 其他试剂与一般粗蛋白质测定法相同。

四、测定步骤

准确称取试样 1 g 左右，置于 200 mL 烧杯中，加 50 mL 水，加热至沸，加入 100 g/L 硫酸铜溶液 20 mL，用玻璃棒充分搅拌，放置 1 h 以上，用倾斜过滤，然后用 60 ℃～80 ℃ 热水洗涤沉淀 5～6 次，用 10 g/L 氯化钡溶液 5 滴和 2 mol/L 盐酸溶液 1 滴检查滤液，至不生成白色硫酸钡沉淀为止。将沉淀和滤纸放在 65 ℃ 烘箱干燥 2 h，然后全部转移到凯氏烧瓶中，消化后进行定氮测定。

五、结果计算

同粗蛋白质测定。

单元 8　饲料中粗脂肪测定

任务 1：准备试剂

无水乙醚；分析纯。

任务 2：准备仪器

1. 实验室用样本粉碎机或研钵；

2. 分样筛（孔径 0.44 mm）；

3. 分析天平（感量 0.000 1 g）；

4. 电热恒温水浴锅（室温至 100 ℃）；

5. 恒温烘箱（50 ℃～200 ℃）；

6. 索氏脂肪提取器（带球形冷凝管，100 mL 或 150 mL）；

7. 滤纸或滤纸筒（中速，脱脂）；

8. 干燥器(用氯化钙为干燥剂);

9. 索氏脂肪提取仪。

任务 3：测定步骤

用索氏脂肪提取器测定步骤如下：

1. 索氏提取器应干燥无水。抽提瓶在 105 ℃±2 ℃烘箱中烘干 1 h,干燥器中冷却 30 min,称重。再烘干 30 min,同样冷却称重。两次重量之差小于 0.000 8 g 为恒重。

2. 称取试样 1~5 g(准确至 0.000 2 g),于滤纸筒中,或用滤纸包好,放入 105 ℃± 2 ℃烘箱中,烘干 2 h(或称取测水分后的干试样,折算成风干样重),滤纸筒应高于提取器虹吸管的高度,滤纸包长度应以全部浸泡于乙醚中为准。将滤纸筒或包放入抽提管,在抽提瓶中加入无水乙醚 60~100 mL,在 60 ℃~75 ℃的水浴上加热,使乙醚回流,控制乙醚回流次数为 10 次/ h,共回流约 50 次(含油高的试样约 70 次)或检查抽提管流出的乙醚挥发后不残留油迹为抽提终点。

3. 取出试样,仍用原提取器回收乙醚直至抽提瓶全部收完,取下抽提瓶,在水浴上蒸去残余乙醚。擦净瓶外壁。将抽提瓶放入 105 ℃±2 ℃烘箱中烘干 2 h,干燥器中冷却 30 min 称重,再烘干 30 min,同样冷却称重,两次重量之差小于 0.001 g 为恒重。

任务 4：分析测定结果

1. 计算结果

$$粗脂肪(\%)=\frac{m_2-m_1}{m}\times 100\%$$

式中：m_1——已恒重的抽提瓶重量(g);

$\quad\quad m_2$——已恒重的盛有脂肪的抽提瓶重量(g);

$\quad\quad m$——风干试样重量(g)。

2. 注意事项

(1)每个试样取两平行样进行测定,取其算术平均值为结果;

(2)粗脂肪含量在 10% 以上时,允许相对偏差为 3%；粗脂肪含量在 10% 以下时,允许相对偏差为 5%。

单元 9　饲料中粗纤维测定

任务 1：准备试剂

1. 硫酸(GB 625)溶液：0.128 moL/L±0.005 mol/L,每 100 mL 含硫酸 1.25 g。应用氢氧化钠标准溶液标定(GB 601);

2. 氢氧化钠(GB 629)溶液：0.313 mol/L±0.005 mol/L,每 100 mL 含氢氧化钠 1.25 g,应用邻苯二甲酸氢钾法标定(GB 601);

3. 酸洗石棉(HG 3−1062)：市售或自制(中等长度酸洗石棉在 1:3 的盐酸中煮沸 45 min,过滤后于 550 ℃灼烧 16 h,用 0.128 mol/L 硫酸浸泡且煮沸 30 min,过滤,用少量硫酸溶液洗一次,再用水洗净,烘干后于 550 ℃灼烧 2 h),其空白试验结果为每克石棉含粗纤维值小于 1 mg；

4. 95%乙醇溶液；

5. 乙醚；

6. 正辛醇(防泡剂)。

任务 2：准备仪器设备

1. 实验室用样本粉碎机；

2. 分样筛(孔径 1 mm(18 目))；

3. 分析天平(感量为 0.000 1 g)；

4. 电炉(可调节温度)；

5. 电热恒温箱(可控制温度在 130 ℃)；

6. 高温炉(可控制温度在 500 ℃~600 ℃)；

7. 抽滤装置：抽真空装置、吸滤瓶和漏斗，抽滤器使用 0.077 mm(200 目)不绣钢网或尼龙滤布；

8. 消煮器(带冷凝球的 600 mL 高型烧杯或有冷凝管的锥形瓶)；

9. 古氏坩埚(30 mL)：预先加入酸洗石棉悬浮液 30 mL(内含酸洗石棉 0.2~0.3 g)，再抽干，确保石棉厚度均匀，不透光为宜，上下铺两层玻璃纤维，有助于过滤；

10. 干燥器(以氯化钙或变色硅胶为干燥剂)；

11. 粗纤维测定仪器。

任务 3：测定步骤

1. 称取试样 1~2 g，准确至 0.000 2 g，用乙醚脱脂(含脂肪大于 10%必须脱脂，含脂肪小于 10%，可不脱脂)，放入消煮器。

2. 加浓度准确且已沸腾的硫酸溶液 200 mL 和 1 滴正辛醇，立即加热，应使其在 2 min 内沸腾，调整加热器，使溶液连续微沸 30 min，注意保持硫酸浓度不变。试样不应离开溶液沾到瓶壁上。随后抽滤，残渣用沸蒸馏水洗至中性后抽干。

3. 用浓度准确且已沸腾的氢氧化钠溶液将残渣转移至原容器中，并加至 200 mL，同样微沸 30 min，立即在铺有石棉的古氏坩埚上过滤，用沸腾蒸馏水洗至中性，再用 15 mL 乙醇洗涤，抽干。

4. 将坩埚放入烘箱，于 130 ℃±2 ℃下烘干 2 h，取出后在干燥器中冷却至室温，称重，再于 550 ℃±20 ℃高温炉中灼烧 30 min，取出后于干燥器中冷却至室温后称重。

任务 4：分析测定结果

1. 计算结果

$$粗纤维(\%)=\frac{m_1-m_2}{m}\times100\%$$

式中：m——未脱脂试样质量(g)；

　　　m_1——130 ℃烘干后坩埚及试样残渣重(g)；

　　　m_2——550 ℃灼烧后坩埚及试样残渣重(g)。

2. 注意事项

(1)每个试样取两平行样进行测定，以算术平均值为结果；

(2)粗纤维含量在 10% 以下，允许绝对值相差 0.4；粗纤维含量在 10% 以上，允许相对偏差为 4%。

模块3 维生素检测

单元 1 脂溶性维生素定性检测

任务 1：维生素 A 的定性鉴别

1. 试剂与溶液

无水乙醇；三氯甲烷（氯仿）；三氯化锑溶液：取三氯化锑 1 g，加氯仿制成 4 mL 溶液。

2. 鉴别方法

称取试样 0.1 g，用无水乙醇湿润后，研磨数分钟，加氯仿 10 mL。振摇过滤，取滤液 2 mL，加三氯化锑的氯仿溶液 0.5 mL，即呈蓝色，并立即褪色。

任务 2：维生素 D₃ 微粒的定性鉴别

1. 试剂与溶液

乙酸酐；三氯甲烷（氯仿）；硫酸。

2. 鉴别方法

称取试样 0.1 g（精确到 0.2 mg），加三氯甲烷 10 mL，研磨数分钟，过滤。取滤液 5 mL，加乙酸酐 0.1 mL，振摇，初显黄色，渐变红色，迅速变为紫色，最后呈绿色。

任务 3：维生素 E 的定性鉴别

1. 试剂与溶液

无水乙醇；硝酸。

2. 鉴别方法

称取试样约相当于维生素 E15 mg，加无水乙醇 10 mL，溶解后，加硝酸 2 mL，摇匀，在 75 ℃ 加热约 15 min，溶液显橙红色。

任务 4：维生素 K（亚硫酸氢钠甲萘醌）的定性鉴别

一、准备试剂

1. 无水碳酸钠溶液：取无水碳酸钠 10 g，加水溶解并稀释到 90 mL；

2. 三氯甲烷；

3.95% 乙醇；

4. 亚硫酸氢钠；

5. 氨水；

6. 氰乙酸乙酯；

7. 氢氧化钠溶液：取氢氧化钠 10 g，加水溶解并稀释至 30 mL；

8.3 mol/L 盐酸溶液；

9. 氨水的乙醇溶液：取氨水与乙醇等体积混合即得。

二、鉴别方法

1. 称取试样约 0.1 g，加水 10 mL 溶解，加碳酸钠溶液 3 mL，即发生甲萘醌的鲜黄色沉淀，用氯仿 5 mL 萃取甲萘醌沉淀，氯仿溶液通过用氯仿洗涤过的滤器过滤，滤液在热水浴中蒸去氯仿，残余物用少量乙醇溶解，并重新蒸干，残渣测其熔点应为 104 ℃～107 ℃。

2. 称取上述方法得到的甲萘醌沉淀约 50 mg，加水 5 mL 后，加亚硫酸氢钠 75 mg，在水浴上加热并剧烈振摇，直到全部溶解呈几乎无色的溶液，用水稀释到 50 mL，摇匀，取 2 mL，加氨水的乙醇溶液 2 mL，振摇，加氰乙酸乙酯 3 滴，即产生深紫蓝色，随即加氢氧化钠溶液 1 mL，溶液转变为绿色，随即变成黄色。

3. 移取试样 4％的水溶液 2 mL，加数滴盐酸溶液，并温热，即发生二氧化硫的臭气。

单元 2　B 族维生素的定性分析

任务 1：维生素 B$_1$ 定性鉴别

一、准备试剂

1. 43 g/L 氢氧化钠溶液：取氢氧化钠 4.3 g，加水溶解成 100 mL；

2. 100 g/L 铁氰化钾溶液：取铁氰化钾 1 g，加水 10 mL 使溶解，可现配现用；

3. 正丁醇（HG 3－1012）；

4. 二氧化锰（HG B 3255）；

5. 硫酸；

6. 碘化钾；

7. 可溶性淀粉；

8. 淀粉指示液：称取可溶性淀粉 0.5 g，加水 5 mL 搅匀后，缓缓倾入 100 mL 沸水中，边加边搅拌，继续煮沸 2 min，放冷，倾取上清液，即得；

9. 碘化钾淀粉试纸：取滤纸条浸入含有碘化钾 0.5 g 的新配制的淀粉指示液 100 mL 中，湿透后取出，干燥后即得。

二、鉴别方法

称取试样约 5 mg，加氢氧化钠溶液 2.5 mL 溶解后，加铁氰化钾溶液 0.5 mL 与正丁醇 5 mL，强力振摇 2 min，放置使分层。上面的醇层显强烈的蓝色荧光，加酸使成酸性，荧光即消失，再加碱使成碱性，荧光又显出。

本品的水溶液呈氯化物的鉴别反应：称取试样 0.5 g，置于干燥试管中，加二氧化锰 0.5 g，混匀，加硫酸湿润，缓缓加热，即发生氯气，能使湿润的碘化钾淀粉试纸显蓝色。

任务 2：维生素 B$_2$ 定性鉴别

一、准备试剂

1. 连二亚硫酸钠（GB 2－809）；

2. 冰乙酸(GB 676)；

3.14 g/L 乙酸钠(GB 693)溶液。

二、鉴别方法

称取试样约 1 mg，加水 100 mL 溶液后，溶液在透射光下显淡黄绿色并有强烈的黄绿色荧光；分成 2 份，1 份中加矿酸或碱溶液，荧光即消失；另一份中加连二亚硫酸钠结晶少许，摇匀后，黄色即消退，荧光即消失。按含量测定制备溶液，用分光光度计(267±1)nm、(375±1)nm 与(444±1)nm 的波长处有最大吸收。吸光度 375 nm 与吸光度 276 nm 的比值为 0.31～0.33。吸光度 444 nm 与吸光度 276 nm 的比值为 0.36～0.39。

任务 3：维生素 B_6 的定性鉴别

一、准备试剂

1.200 g/L 乙酸钠(GB 693)溶液；

2.40 g/L 硼酸(GB 628)溶液；

3.5g/L 氯亚胺基－2，6－二氯醌乙醇溶液；

4.5％乙醇(GB 679)；

5. 硝酸(GB 626)溶液：取硝酸 105 mL，加水稀释至 1 000 mL；

6. 氨水(GB 631)试液：取氨水 40 mL，加水稀释至 100 mL；

7.0.1 mol/L 硝酸银(GB 670)溶液。

二、鉴别方法

称取试样约 10 mg，加水 100 mL 溶解后，各取 1 mL，分别置甲、乙两个试管中，各加 200 g/L 乙酸钠溶液 2 mL，甲管中加水 1 mL，乙管中加 40 g/L 硼酸溶液 1 mL，混匀，各迅速加氯亚胺基－2，6－二氯醌乙醇溶液 1 mL，甲管中显蓝色，几分钟后即消失，并转变为红色，乙管中不显蓝色。

取上述试样的水溶液，加氨水试液使成碱性，再加硝酸溶液使成酸性后，加 0.1 mol/L 的硝酸银溶液，即产生白色凝胶状沉淀；分离，加氨水试液，沉淀即溶解，再加硝酸，沉淀复生成。

任务 4：维生素 B_{12}(核黄素)的定性鉴别

一、准备试剂

1. 甲醇(GB 683)溶液(甲醇：水(19：1)混合液(V：V)；

2. 硅胶 G(薄层层析用)(10～40 目)；

3.3 g/L 羧甲基纤维素钠(CMC－Na)溶液：称取 1 g 羧甲基纤维素钠，加入 300 mL 水，加热煮沸溶解，放置 24～48 h 使用；

4. 维生素 B_{12} 对照品。

二、测定方法

1. 最大吸收

取适量试样，溶于水中，用 1 cm 比色杯，在分光光度计波长 300～600 nm 间测定溶液的吸收光谱，应在(361±1)nm、(550±2)nm 处有最大吸收。

2. 薄层鉴别

取适量硅胶 G，用羧甲基纤维素钠溶液调成糊状，均匀地涂布在 5 cm×20 cm 的玻璃板上，在室温下晾干。

称取相当于 2 mg 维生素 B$_{12}$ 的试样，加入 2 mL 水振摇 10 min，离心 5 min，取上清液作为试样溶液。

称取相当于 2 mg 维生素 B$_{12}$ 的对照品，加入 2 mL 水振摇 10 min，作为对照品溶液。分别吸取 10 mL 试样溶液和对照品溶液 10 μL，在距硅胶薄层板底边 2.5 cm 处的基线上点样。用甲醇－水混合液作为展开剂，当斑点展开至 12 cm 时，取出硅胶薄层板并在室温下晾干，使试样溶液和对照品溶液分别显红色斑点，它们的比移值应当相等。

任务 5：饲料添加剂叶酸的定性鉴别

一、准备试剂

1. 0.1 mol/L 氢氧化钠（GB 629）溶液；

2. 0.1 mol/L 高锰酸钾（GB 643）溶液。

二、准备仪器设备

分光光度计。

三、鉴别方法

方法 1：称取试样约 0.2 g，加氢氧化钠溶液 10 mL，振摇使溶解，加高锰酸钾溶液 1 滴，振摇混匀后，溶液显蓝色，在紫外光灯下，显蓝色荧光。

方法 2：取试样，加氢氧化钠溶液制成 1 mL 中含 10 μg 试样的溶液，用分光光度计测定，在（256±1）nm、（283±2）nm 及（365±4）nm 的波长处有最大吸收。吸光度 256 nm 与吸光度 365 nm 的比值应为 2.8～3.0。

模块 4　微量元素检测

单元 1　预混料中微量元素的定性检测

任务 1：样品的制备

用于定性检测的饲料微量元素预混料样品，可按常规分析要求进行采集和制备，由于已经制成预混料，故一般可直接采样，并按规定要求进行定性检测。

任务 2：准备试剂

一、铜离子检测用试剂

1. 150 g/L 乙二胺四乙酸二钠溶液；0.1 mol/L 氢氧化钠溶液；乙酸乙酯；

2. 铜试剂（二乙基二硫代氨基甲酸钠，GB 10727）：称取铜试剂 5 g，溶于 100 mL 92% 的乙醇中即可。

二、铁离子检测用试剂

1. 0.1 moL/L 盐酸溶液；

2. 氯化亚锡溶液：称取 1.5 g 氯化亚锡，加入少量盐酸使之溶解，再加蒸馏水至 100 mL 即可；

3. 2,2′-联吡啶乙醇溶液：称取 2,2′-联吡啶 2 g，加入 100 mL 乙醇中溶解即可；

4. 氯仿。

三、锌离子检测试剂

1. 60 mL/L 冰乙酸溶液：将 6 mL 乙酸溶于 100 mL 水中；

2. 250 g/L 硫代硫酸钠溶液：将 25 g 硫代硫酸钠溶解于 100 mL 水中；

3. 0.1 g/L 二硫腙四氯化碳溶液；

4. 氯仿。

四、钴离子检测试剂

1. 乙酸钠-乙酸缓冲溶液：称取 2.7 g 乙酸钠，加入 60 mL 冰乙酸，溶于 100 mL 蒸馏水中；

2. 钴试剂：称取钴试剂{4-[(5-氯-2-吡啶)偶氮]-1,3-二氨基苯}0.1 g，溶于 100 mL95％的乙醇中，置于棕色试剂瓶中保存；

3. 浓盐酸。

五、锰离子检测试剂

1. 浓硝酸；

2. 铋酸钠。

六、亚硒酸根检测用试剂

1. 100 mL/L 甲酸溶液；

2. 6 mol/L 盐酸溶液；

3. 5 g/L 硒试剂(盐酸-3,3-二氨基联苯胺)：现配现用；

4. 150 g/L 乙二胺四乙酸二钠溶液。

七、碘离子检测用试剂

1. 10 g/L 可溶性淀粉溶液；

2. 400 mL/L 氨水溶液；

3. 氯仿。

任务 3：检测方法

称取微量元素预混料 50 g，置于 250 mL 锥形瓶中，加入去离子水 100 mL 使之溶解，加塞放置过夜，然后过滤并收集滤液备用。

1. 铜离子检测方法

吸取滤液 2 mL 置于试管中，加入 150 g/L 的乙二胺四乙酸二钠($C_{10}H_{14}N_2Na_2O_8 \cdot 2H_2O$)溶液 5 滴，0.1 mol/L 的氢氧化钠溶液 5 滴，再加入铜试剂溶液 1 mL 和乙酸乙酯 1 mL，振摇混合后，若有机层显黄棕色，表示有铜离子存在。

2. 铁离子检测方法

吸取滤液 1 mL 置于试管中，加入 0.1 mol/L 的盐酸溶液 1 mL，酸性氯化亚锡溶液 3 滴，再加入 20 g/L 的联吡啶乙醇溶液 10 滴，放置 5 min 后，加入 1 mL 氯仿，振摇混合后，若水层显淡红色，表示有铁离子存在。

3.锌离子检测方法

吸取滤液 1 mL 于试管中，加入 60 g/L 的乙酸溶液，将 pH 调节至 4～5，再加入 250 g/L 的硫代硫酸钠溶液 2 滴、0.1 g/L 的二硫腙四氯化碳溶液数滴和氯仿 1 mL，振摇混合后，若有机层显紫红色，表示有锌离子存在。

4.钴离子检测方法

吸取滤液 2 mL 于试管中，加入乙酸钠－乙酸缓冲溶液 2 mL，再加入 1 g/L 钴试剂 3 滴和浓盐酸 3 滴，若显现红色，表示有钴离子存在。

5.锰离子检测方法

吸取滤液 3 滴，置于点滴板上，加入浓硝酸 2 滴，再加入少量铋酸钠粉末，若产生紫红色，表示有锰离子存在。

6.亚硒酸根的检测方法

吸取滤液 2 mL 置于试管中，加入 150 g/L 的 Na_2h_2Y 溶液 5 滴和 10% 的甲酸溶液 5 滴，混合匀后放置 10～20 min，若有沉淀产生，取 2 滴置于载玻片上，于显微镜下观察，可见灰紫色透明棒状结晶，表示有此物存在。

7.碘离子的检测方法

吸取滤液 2 mL 置于试管中，加入少量氨水溶液，碘离子即游离出来。若加入 1 mL 氯仿，振摇混合后，氯仿层显现紫色；若加入 1 mL 10 g/L 的可溶性淀粉溶液，试液显现蓝色，则表示有碘离子存在。

单元 2　饲料级微量元素添加剂的定量测定(选修部分)

1. 硫酸铜含量的测定(按照 HG 2932－1999 检测)。
2. 硫酸锌含量的测定。
3. 硫酸亚铁含量的测定。
4. 硫酸锰的含量测定(按照 HG 2936－1999 检测)。
5. 亚硒酸钠含量的测定。
6. 氯化钴含量的测定。
7. 碘化钾含量的测定。

模块 5　有毒有害物质检测

单元 1　脲酶活性测定

任务 1：准备仪器

1. 样本筛(孔径 200 μm)；
2. 酸度计(精度 0.02 pH，附有磁力搅拌器和滴定装置)；
3. 恒温水浴(可控温 30 ℃±0.5 ℃)；
4. 试管(直径 18 mm，长 150 mm，有磨口塞子)；
5. 精密计时器；

6. 粉碎机(粉碎时应不生强热);

7. 分析天平(感量 0.1 mg);

8. 移液管(10 mL)。

任务 2：准备试剂和溶液

1. 尿素;

2. 磷酸氢二钠;

3. 磷酸二氢钾;

4. 尿素缓冲溶液(pH6.9～7.0)：称取 4.45 g 磷酸氢二钠和 3.40 g 磷酸二氢钾溶于水并稀释至 1 000 mL，再将 30 g 尿素溶在此缓冲溶液中，可保存 1 个月;

5. 盐酸标准溶液：浓度为 0.1 mol/L，按 GB 601 标准溶液制备方法的规定配制;

6. 氢氧化钠标准溶液：浓度为 0.1 mol/L，按 GB 601 标准溶液制备方法的规定配制;

7. 甲基红-溴甲酚绿混合指示剂：0.1% 甲基红乙醇溶液和 0.5% 溴甲酚绿乙醇溶液等体积混合，在阴凉处保存期为 3 个月。

任务 3：测定步骤

1. 试样中脲酶活性测定

称取约 0.2 g 已粉碎的试样，准确至 0.1 mg，加入试管中，活性很高的试样只称 0.05 g。移入 10 mL 尿素缓冲溶液，立即盖好试管并剧烈摇动，置于 30 ℃±0.5 ℃恒温水浴中，准确计时保持 30 min。即刻移入 10 mL 盐酸标准溶液，迅速冷却到 20 ℃。将试管内容物全部转入 50 mL 烧杯，再用 20 mL 水冲洗试管 2 次，立即用氢氧化钠标准溶液滴定至酸度计呈现 pH4.7。

如果选用指示剂，试管中内容物全部转入 250 mL 锥形瓶中，滴加 8～10 滴混合指示剂，以 0.1 mol/L 氢氧化钠标准液滴定至蓝绿色为终点。记录氢氧化钠溶液消耗量。

2. 空白试验

移取 10 mL 尿素缓冲液和 10 mL 盐酸标准溶液于试管中。称取与上述试样量相当的试样，准确至 0.1 mg，迅速加入此试管中。立即盖好试管并剧烈摇晃。将试管置于 30 ℃±0.5 ℃的恒温水浴，同样准确保持 30 min，冷却至 20 ℃，将试管内容物全部转入烧杯，用 5 mL 水冲洗 2 次，并用氢化钠标准溶液滴定至酸度计呈现 pH4.7。

如果选用指示剂，试管中内容物全部转入 250 mL 锥形瓶中，滴加 8～10 滴混合指示剂，以 0.1 mol/L 氢氧化钠标准液滴定至蓝绿色为终点。记录氢氧化钠溶液消耗量。

任务 4：分析测定结果

1. 计算结果

以每分钟每克大豆制品释放氮的毫克数表示的尿素酶活性(U)。

$$U = \frac{14 \times (V_0 - V)}{3 \times m}$$

式中：V_0——空白试验消耗氢氧化钠溶液体积(mL);

　　　V——测定试样消耗氢氧化钠溶液的体积(mL);

m——试样质量(g)。

若试样在粉碎前经预干燥处理,则按下式计算:

$$U = \frac{14 \times c(V_0 - V)}{30 \times m} \times (1 - S)$$

式中:c——氢氧化钠标准溶液浓度(mol/L);

S——预干燥时试样失重的百分率。

2. 注意事项

同一分析人员用相同方法,同时或连续 2 次测定结果之差不超过平均值的 10%,以其算术平均值报告结果。

单元 2 亚硝酸盐检测(盐酸萘乙二胺法)

任务 1:准备试剂

1. 四硼酸钠饱和溶液:称取 25 g 四硼酸钠溶于 500 mL 温水中,冷却后备用;

2. 106 g/L 亚铁氰化钾溶液:称取 53 g 亚铁氰化钾溶于水,加水稀释至 500 mL;

3. 220 g/L 乙酸锌溶液:称取 110 g 乙酸锌,溶于适量水和 15 mL 冰乙酸中,加水稀释至 500 mL;

4. 5 g/L 对氨基苯磺酸溶液:称取 0.5 g 对氨基苯磺酸,溶于 10% 盐酸中,边加边搅,再加 10% 盐酸稀释至 100 mL,贮于暗棕色试剂瓶中,密闭保存,一周内有效;

5. 1 g/L N-1-萘乙二胺盐酸盐溶:称取 0.1 g N-1-萘乙二胺盐酸盐,用少量水研磨溶解,加水稀释至 100 mL,贮于暗棕色试剂瓶中密闭保存,一周内有效;

6. 5 mol/L 盐酸溶液:量取 445 mL 盐酸,加水稀释至 1 000 mL;

7. 亚硝酸钠标准贮备液:称取经 115 ℃±5 ℃烘至恒重的亚硝酸钠 0.300 0 g,用水溶解,移入 500 mL 容量瓶中,加水稀释至刻度,此溶液每毫升相当于 400 μg 亚硝酸根离子;

8. 亚硝酸钠标准工作液:取 5.00 mL 亚硝酸钠标准贮备液(3.7),置于 200 mL 容量瓶中,加水稀释至刻度,此溶液每毫升相当于 10 μg 亚硝酸根离子。

任务 2:准备仪器设备

1. 分光光度计(有 10 mm 比色池,可在 538 nm 处测量吸光度);

2. 分析天平(感量 0.000 1 g);

3. 恒温水浴锅;

4. 实验室用样品粉碎机或研钵;

5. 容量瓶(50 mL(棕色)、100 mL、150 mL、500 mL);

6. 烧杯(100 mL、200 mL、500 mL);

7. 量筒(100 mL、200 mL、1 000 mL);

8. 长颈漏斗(直径 75~90 mm);

9. 吸量管(1 mL、2 mL、5 mL);

10. 称液管(5 mL、10 mL、15 mL、20 mL)。

任务 3：测定步骤

1. 试样的选取与制备

采集具有代表性的饲料样品，至少 2 kg，四分法缩分至约250 g，磨碎，过 1 mm 孔筛，混匀，装入密闭容器，防止试样变质，低温保存备用。

2. 试液制备

称取约 5 g 试样，精确到 0.001 g，置于 200 mL 烧杯中，加约 70 mL 温水（60 ℃ ±5 ℃）和 5 mL 四硼酸钠饱和溶液，在（85 ℃±5 ℃）水浴上加热 15 min，取出，稍凉，依次加入 2 mL 亚铁氰化钾溶液、2 mL 乙酸锌溶液，每一步须充分搅拌，将烧杯内溶液全部转移至 150 mL 容量瓶中，用水洗涤烧杯数次，并入容量瓶中，加水稀释至刻度，摇匀，静置澄清，用滤纸过滤，滤液为试液备用。

3. 标准曲线绘制

吸取 0 mL、0.25 mL、0.50 mL、1.00 mL、2.00 mL、3.00 mL 亚硝酸钠标准工作液，分别置于 50 mL 棕色容量瓶中，加水约 30 mL，依次加入 2 mL 对氨基苯磺酸溶液、2 mL 盐酸溶液，混匀，在闭光处放置 3~5 min，加入 2 mL N－1－萘乙二胺盐酸盐溶液，加水稀释至刻度，混匀，在闭光处放置 15 min，以 0 mL 亚硝酸钠标准工作液为参比，用 10 mm 比色池，在波长 538 nm 处，用分光光度计测其他各溶液的吸光度，以吸光度为纵坐标，各溶液中所含亚硝酸根离子质量为横坐标，绘制标准曲线或计算回归方程。

4. 试样测定

准确吸取试液约 30 mL，置于 50 mL 棕色容量瓶中，从"依次加入 2 mL 对氨基苯磺酸溶液、2 mL 盐酸溶液"起，按测定步骤 3 的方法显色和测量试液的吸光度。

任务 4：分析测定结果

1. 计算结果

试样中亚酸钠的质量分数按下列公式计算：

$$w = m_1 \times \frac{V}{V_1 \times m} \times 1.5$$

式中：V——试样总体积（mL）；

V_1——试样测定时吸取试液的体积（mL）；

m_1——试液中所含亚硝酸根离子质量（μg），（由标准曲线读得或由回归方程求出）；

m——试样质量（g）；

1.5——亚硝酸盐钠质量和亚硝酸盐根离子质量的比值。

2. 结果表示

(1)每个试样取 2 个平行样进行测定，以其算术平均值为结果；

(2)结果表示到 0.1 mg/kg。

3. 重复性

(1)同一分析者对同一试样同时或快速连续地进行两次测定，所得结果之间的差值；

(2)在亚硝酸盐含量小于或等于 1 mg/kg 时，不得超过平均值的 50%；

(3)在亚硝酸盐含量大于 1 mg/kg 时，不得超过平均值的 20%。

单元3 酸价及过氧化值检测

任务1：过氧化物值得测定

一、准备试剂

1. 碘化钾；

2. 三氯甲烷；

3. 冰乙酸；

4. 硫代硫酸钠；

5. 饱和碘化钾：称取14 g碘化钾，加10 mL水溶解，必要时微热使其溶解，冷却后贮于棕色瓶中；

6. 三氯甲烷－冰乙酸混合液：量取40 mL三氯甲烷，加60 mL冰乙酸，混匀；

7. 硫代硫酸钠标准滴定溶液[$c(Na_2S_2O_3)=0.002$ mol/L]；

8. 淀粉指示剂(10 g/L) 称取可溶性淀粉0.5 g，加水少许，调成糊状，倒入50 mL沸水中调匀，煮沸。临用时现配。

二、测定步骤

称取2.00～3.00 g混匀(必要时过滤)的样品，至于250 mL碘量瓶中，加30 mL三氯甲烷－冰乙酸混合液，使样品完全溶解。加入1.00 mL饱和碘化钾溶液，紧密塞好瓶盖，并轻轻振摇0.5 min，然后在暗处放置3 min。取出加100 mL水，摇匀，立即用硫代硫酸钠标准滴定溶液滴定，至淡黄色时，加1 mL淀粉指示剂，继续滴定至蓝色消失为终点。同时做试剂空白试验。

三、分析计算结果

1. 计算结果

试样中过氧化物值 X 按下式计算：

$$X=\frac{(V_2-V_1)\times c\times 0.126\,9}{m}$$

式中：V_2——为试样消耗硫代硫酸钠标准滴定溶液体积(mL)；

V_1——为试剂空白消耗硫代硫酸钠标准滴定溶液体积(mL)；

c——硫代硫酸钠标准滴定溶液的浓度(mol/L)；

m——为试样质量(g)；

0.126 9——为与1.00 mL硫代硫酸钠标准滴定溶液[$c(Na_2S_2O_3)=1.000$ mol/L]相当碘的质量。

2. 结果的表示与重复性

报告算术平均值的2位有效数字。两平行样结果之差值不得大于平均值的10%，即相对相差≤10%。

3. 注意事项

(1)过氧化物值(POV)可用100 g油脂析出碘的质量(g)或每千克油脂析出碘的毫克当量(meq)来表示。其换算关系如下：

$$POV(meq/kg)=POV\times 78.8$$

我国采用 100 g 油脂析出碘的质量(g)表示过氧化物值。

(2)固态油样可微热溶解，并适当多加溶剂。

(3)硫代硫酸钠溶液不稳定，每次滴定时应准确标定其浓度。

任务 2：酸价的测定

一、准备试剂

1. 乙醚；

2.95％的乙醇；

3. 氢氧化钾；

4. 乙醚－乙醇混合液(2＋1，$V＋V$)：用氢氧化钾溶液(3 g/L)中和至对酚酞指示液呈中性；

5.0.05 mol/L 氢氧化钾标准滴定溶液：取 5.6 g 氢氧化钾溶于 1 000 mL 煮沸后的冷却的蒸馏水中，此溶液浓度约为 0.1 mol/L。然后用此溶液稀释成 0.05 mol/L 氢氧化钾标准地滴定溶液；

6. 酚酞指示液 10 g/L 乙醇溶液。

二、准备仪器设备

1. 碱式滴定管(25 mL)；

2. 锥形瓶(250 mL)；

3. 分析天平。

三、测定步骤

准确称取 3.00～5.00 g 样品，置于三角烧瓶中，加入 50 mL 中性乙醚－乙醇混合液，振摇使油样溶解，必要时可置热水中，温热促其溶解。冷至室温，加入酚酞指示液 2～3 滴，以氢氧化钾标准滴定溶液(0.05 mol/L)滴定，至初现微红色，且 30 s 内不退色为终点。

四、分析测定结果

1. 计算结果

试样酸价 X 按下式计算：

$$X=\frac{V\times c\times 56.11}{m}$$

式中：V——试样消耗氢氧化钾标准滴定溶液体积(mL)；

　　　c——氢氧化钾标准滴定溶液的实际浓度(mol/L)；

　　　m——试样质量(g)；

　　　56.11——与 1.0 mL 氢氧化钾标准滴定溶液[$c(KOH)＝1.00$ mol/L]相当的氢氧化钾的质量(mg)。

2. 结果表示与重复性

以 2 次平行测定结果的算术平均值表示，取 2 位有效数字。相对相差不大于 10％。

单元 4 棉籽饼粕中游离棉酚的检测

任务 1：准备试剂

1. 异丙醇；

2. 正己烷；

3. 冰乙酸；

4. 苯胺（$C_6H_5NH_2$）：如果测定的空白试验吸收值超过 0.022 时，在苯胺中加入锌粉进行蒸馏，弃去开始和最后的 10% 蒸馏部分，放入棕色玻璃瓶内贮存在（0 ℃~4 ℃）冰箱中，该试剂可稳定几个月；

5. 3-氨基-1-丙醇（$H_2NCH_2CH_2OH$）；

6. 异丙醇-正己烷混合溶剂（6:4）（$V:V$）；

7. 溶剂 A：量取异丙醇-正己烷混合溶剂约 500 mL、3-氨基-1-丙醇 2 mL、冰乙酸 8 mL 和水 50 mL 于 1 000 mL 的容量瓶中，再用异丙醇-正己烷混合溶剂定容至刻度。

任务 2：准备仪器设备

1. 分光光度计（有 10 mm 比色池，可在 440 nm 处测量吸光度）；

2. 振荡器（振荡频率 120~130 次/min（往复））；

3. 恒温水浴；

4. 具塞三角烧瓶（100 mL、250 mL）；

5. 容量瓶（25 mL，棕色）；

6. 吸量管（1 mL、3 mL、10 mL）；

7. 移液管（10 mL、50 mL）；

8. 漏斗（直径 50 mm）；

9. 表面玻璃（直径 60 mm）。

任务 3：测定步骤

1. 称取 1~2 g 试样（精确到 0.001 g），置于 250 mL 具塞三角烧瓶中，加入 20 粒玻璃珠，用移液管准确加入 50 mL 溶剂 A，塞紧瓶塞，放入振荡器内振荡 1 h（每分钟 120 次左右）。用干燥的定量滤纸过滤，过滤时在漏斗上加盖一表面玻璃以减少溶剂挥发，弃去最初几滴滤液，收集滤液于 100 mL 具塞三角烧瓶中。

2. 用吸量管吸取等量双份滤液 5~10 mL（每份含 50~100 μg 的棉酚）分别至 2 个 25 mL 棕色容量瓶 a 和 b 中，如果需要，用溶剂 A 补充至 10 mL。

3. 用异丙醇-正己烷混合溶剂稀释瓶 a 至刻度，摇匀，该溶液用作试样测定液的参比溶液。

4. 用移液管吸取 2 份 10 mL 的溶剂 A 分别至 2 个 25 mL 棕色容量瓶 a_0 和 b_0 中。

5. 用异丙醇-正己烷混合溶剂补充瓶 a_0 至刻度，摇匀，该溶液用作空白测定液的参比溶液。

6. 加 2 mL 苯胺于容量瓶 b 和 b_0 中，在沸水浴上加热 30 min 显色。

7. 冷却至室温，用异丙醇－正己烷混合溶剂定容，摇匀并静置 1 h。

8. 用 10 nm 比色池，在波长 440 nm 处，用分光光度计以 a_0 为参比溶液测定空白测定液 b_0 的吸光度，以 a 为参比溶液测定试样测定液 b 的吸光度，从试样测定液的吸光度值中减去空白测定液的吸光度值，得到校正吸光度 A。

任务 4：分析测定结果

1. 计算结果

游离棉酚含量按下式计算：

$$X = \frac{A \times 1\,250 \times 1\,000}{amV} = \frac{A \times 1.25}{amV} \times 10^6$$

式中：X——游离棉酚含量（mg/kg）；

　　　A——校正吸光度；

　　　m——试样质量（g）；

　　　V——测定用滤液的体积（mL）；

　　　a——质量吸收系数，游离棉酚为 62.5 L/cm·g。

2. 注意事项

（1）每个试样取 2 个平行样进行测定，以其算术平均值为结果。结果表示到 20 mg/kg。

（2）同时对同一试样进行两次测定，所得结果之间的差值：游离棉酚含量＜500 mg/kg 时，不得超过平均值的 15%；在 750 mg/kg＞游离棉酚含量＞500 mg/kg 时，不得超过 75 mg/kg；游离棉酚含量＞750 mg/kg 时，不得超过平均值的 10%。

（3）国家标准 GB 13078－91 规定，不同饲料游离棉酚允许量为：棉子饼、粕 ≤1 200 mg/kg，肉鸡、生长鸡配合饲料≤100 mg/kg，产蛋鸡配合饲料≤20 mg/kg，生长肥育猪配合料≤60 mg/kg。

单元 5　饲料中铅的测定（原子吸收分光光度法）

任务 1：准备试剂

1. 硝酸（GB 626，优级纯）；

2. 硫酸（GB 625，优级纯）；

3. 高氯酸（GB 623，优级纯）；

4. 盐酸（GB 622，优级纯）；

5. 甲基异丁酮；

6. 6 mol/L 硝酸溶液：量取 38 mL 硝酸，加水至 100 mL；

7. 1 mol/L 碘化钾溶液：称取 166 g 碘化钾（GB 1272），溶于 1 000 mL 水中，贮存于棕色瓶中；

8. 1 mol/L 盐酸溶液：量取 84 mL 盐酸，加水至 100 mL；

9. 50 g/L 抗坏血酸溶液：称取 5.0 g 抗坏血酸溶于水中，稀释至 100 mL，贮存于棕色瓶中；

10. 铅标准贮备液：精确称取 0.159 8 g 硝酸铅，加 6 mol/L 硝酸溶液 10 mL，全部溶解后，转入 1 000 mL 容量瓶中，加水定容至刻度，该溶液为每毫升 0.1 mg 铅；

11. 铅标准工作液：精确吸收 1 mL 铅标准储备液，加入 100 mL 容量瓶中，加水至刻度，此溶液为每毫升 1 μg。

任务 2：准备仪器设备

1. 消化设备（两平行样所在位置的温度差小于或等于 5 ℃）；
2. 高温炉；
3. 分析天平（感量 0.000 1 g）；
4. 实验室用样品粉碎机；
5. 原子吸收分光光度计；
6. 容量瓶（25 mL、50 mL、100 mL、1 000 mL）；
7. 振荡器；
8. 吸液管（1 mL、2 mL、5 mL、10 mL、15 mL）；
9. 消化管；
10. 瓷坩埚。

任务 3：测定步骤

一、试样处理

1. 配合饲料及鱼粉试样处理

称取 4 g 试样，精确至 0.001 g，置于瓷坩埚中缓慢加热至炭化，在 500 ℃ 高温炉中加热 18 h，至试样呈灰白色。冷却，用少量水将炭化物湿润，加入 5 mL 硝酸、5 mL 高氯酸，将坩埚内的溶液无损地移入烧杯内，用表面皿盖住，在沙浴或加热装置上加热，待消解完全后，去掉表面皿，至近干涸。加 1 mol/L 盐酸溶液 10 mL，使盐类溶解，把溶液转入 50 mL 容量瓶中，用水冲洗烧杯多次，加水至刻度。用中速滤纸过滤，待用。

2. 磷酸盐、石粉试样的处理

称取 5 g 试样，精确至 0.001 g，放入消化管中，加入 5 mL 水，使试样湿润，依次加入 20 mL 硝酸，5 mL 硫酸，放置 4 h 后加入 5 mL 高氯酸，放在消化装置上加热消化。在 150 ℃ 温度下消化 2 h。然兵将温度缓缓升到 300 ℃ 进行恒温消化，至试样发白近干为止，取下消化管，冷却。加入 1 mol/L 盐酸溶液 10 mL，在 150 ℃ 温度下加热，使试样中盐类溶解后，将溶液转入 50 mL 容量瓶中，用水冲洗消化管，将洗液并入容量瓶中，加水至刻度。用中速滤纸过滤，备作原子吸收用。

同时于相同条件下，做试剂空白溶液。

二、标准曲线绘制

精确吸收 1 μg/ mL 的铅标准工作液 0 mL、4 mL、8 mL、12 mL、16 mL、20 mL，分别加到 25 mL 容量瓶中，加水至 20 mL。准确加入 1 mol/L 的碘化钾溶液 2 mL，振动摇匀，加入 1 mL 抗坏血酸溶液，振动摇匀，准确加入 2 mL 甲基异丁酮溶液，激烈振动 3 min，静置萃取后，将有机相导入原子吸收分光光度计。在 283.3 nm 波长处测定吸光度，以吸光度为纵坐标，浓度为横坐标绘制标准曲线。

三、试样含铅量测定

精确吸取 5～10 mL 试样溶液和试剂空白液分别加入 25 mL 容量瓶中，按绘制标准曲线的步骤进行测定，测出相应吸光度，并与标准曲线比较定量。

任务 4：分析测定结果

1. 试样中铅的质量分数按下式计算：

$$w(\text{Pb}) = \frac{V_1(m_1 - m_2)}{m \times V_2}$$

式中：m——试样的质量(g)；

　　　V_1——试样消化液总体积(mL)；

　　　V_2——测定用试样消化液体积(mL)；

　　　m_1——测定用试样消化液铅含量(μg)；

　　　m_2——空白试液中铅含量(μg)。

2. 结果表示

每个试样取 2 个平行样进行测定，以其算术平均值为结果。结果表示到 0.01 mg/kg。

3. 重复性

同一分析者对同一试样同时进行两次测定，所得结果之间的差值如下：

铅含量在 ≤5 mg/kg 时，不得超过平均值的 20%；

铅含量在 5～15 mg/kg 时，不得超过平均值的 15%；

铅含量在 15～30 mg/kg 时，不得超过平均值的 10%；

铅含量在 ≥30 mg/kg 时，不得超过平均值的 5%。

单元 6　饲料中氟的测定方法

任务 1：准备试剂和溶液

1. 3 mol/L 乙酸钠溶液：称取 204 g 乙酸钠，溶于约 300 mL 水中，待溶液温度恢复到室温后，以 1 mol/L 乙酸调节 pH 至 7.0，移入 500 mL 容量瓶，加水至刻度；

2. 0.75 mol/L 柠檬酸钠溶液：称取 110 g 柠檬酸钠，溶于约 300 mL 水中，加高氯酸 14 mL，移入 500 mL 容量瓶，加水至刻度；

3. 总离子强度缓冲液：3 mol/L 乙酸钠溶液与 0.75 mol/L 柠檬酸钠溶液等量混合，现用现配；

4. 1 mol/L 盐酸溶液：量取 10 mL 盐酸，加水稀释至 120 mL；

5. 氟标准溶液

(1)氟标准贮备液　称取经 100 ℃ 干燥 4 h 冷却的氟化钠 0.221 0 g，溶于水，移入 100 mL 容量瓶中，加水至刻度，混匀，放入冰箱内保存，此溶液每毫升相当于1.0 mg氟；

(2)氟标准溶液　临用时准确吸取氟标准贮备液 10 mL 于 100 mL 容量瓶中，加水至刻度，混匀。此液每毫升相当于 100 μg 氟；

(3)氟标准稀溶液　准确吸取氟标准溶液 10 mL 于 100 mL 容量瓶中，加水至刻度，混匀，每毫升相当于 10 μg 氟。

任务2：准备仪器设备

1. 磁力搅拌器（见图2-20）；
2. 甘汞电极（232型或与之相当的电极，见图2-21）；
3. 氟离子选择电极（测量范围$5\times10^{-7}\sim10^{-1}$mol/L，CSB－F－1型或与之相当的电极，见图2-22）
4. 酸度计（测量范围0～1 400 mV，PHS－2型或与之相当的酸度计或电位计）；
5. 分析天平（感量0.000 1 g）；
6. 纳氏比色管（50 mL）。

图2-20　磁力搅拌器　　　图2-21　甘汞电极　　　图2-22　氟离子选择电极

任务3：测定步骤

一、氟标准工作液的制备

分别吸取氟标准稀溶液0 mL、1.0 mL、2.5 mL、5.0 mL和10.0 mL（相当于0 μg、10 μg、25 μg、50 μg和100 μg氟），再吸取氟标准溶液2.5 mL、5.0 mL、10.0 mL和氟标准贮备液2.5 mL（相当于250 μg、500 μg、1 000 μg和2 500 μg氟），分别置于50 mL容量瓶中，于各容量瓶中分别加入1 mol/L盐酸溶液10 mL、总离子强度缓冲液25 mL，加水至刻度，混匀。上述两组标准工作液的浓度分别为每毫升相当于0 μg、0.2 μg、0.5 μg、1.0 μg、2.0 μg、5.0 μg、10.0 μg、20.0 μg和50.0 μg。

二、试液制备

称取0.5～1 g试样，精确至0.001 g，置50 mL纳氏比色管中，加入1 mol/L盐酸溶液10 mL，密闭提取1 h，不时轻轻摇动比色管，应尽量避免样品粘于管壁上。提取后加总离子强度缓冲液25 mL，加水至刻度，混匀，以滤纸过滤，滤液供测定用。

三、测定

将氟电极和甘汞电极与测定仪器的负端和正端联接，将电极插入盛有水的50 mL乙烯塑料烧杯中，并预热仪器，在磁力搅拌器上以恒速搅拌，读取平衡电位值，更换2～3次水，待电位值平衡后，即可进行标准样品和样液的电位测定。

由低到高浓度分别测定氟标准工作液的平衡电位。以电极电位作纵坐标，氟离子浓度作横坐标，在半对数坐标纸上绘制标准曲线。

同法测定试液的平衡电位，从标准曲线上读取试液的含氟量。

任务 4：分析测定结果

1. 试液中氟的浓度按下式计算：

$$X = \frac{\rho \times 50 \times 1\,000}{m \times 1\,000} = \frac{\rho}{m} \times 50$$

式中：X——试样中氟的浓度（mg/kg）；

ρ——试液中氟的浓度（μg/mL）；

m——试样质量（g）；

50——试液总量（mL）。

2. 结果表示

每个试样取 2 个平行样进行测定，以其算术平均值作为测定结果，结果表示到 0.1 mg/kg。

3. 重复性

同一操作人员对同一试样进行两次测定，所得结果之间的差值：

氟（F^-）含量≤50 mg/kg 时，不得超过平均值的 10%；

氟（F^-）含量＞50 mg/kg 时，不得超过平均值的 5%。

注：国家标准 GB 13078—91 中规定不同饲料中氟的允许量如下：鱼粉≤500 mg/kg，石粉≤2 000 mg/kg，磷酸盐≤2 000 mg/kg，肉鸡和生长鸡配合料≤250 mg/kg，产蛋鸡配合料≤350 mg/kg，猪（混）合料≤100 mg/kg。

模块 6　掺假物检测

颗粒细小的饲料原料易于掺假，即以一种或多种可能有或者可能没有营养价值的廉价细料物料进行故意掺杂。一般讲，掺假不仅改变被除数掺假饲料原料的化学成分，而且会降低其营养价值。

目前鱼粉、氨基酸添加剂原料和维生素原料等的掺假使杂现象严重。常见于鱼粉中的掺假物主要有经过细粉碎的贝壳、膨化水解羽毛粉、血粉、皮革粉以及非蛋白氮物质如尿素、缩醛脲等。赖氨酸和蛋氨酸主要掺假物有淀粉、石粉、滑石粉等廉价易得原料。其他原料也可能出现掺假现象，如米糠可能会用稻壳掺假。经过细粉碎的石灰石有用做磷酸氢钙的掺杂物。由此可见，饲料掺假可以归纳为以下一些情况："以次充好""以假乱真""过失性混进杂质""漏加贵重成分"以及"故意增减某些成分"等。

单元 1　掺假鱼粉的鉴别

鉴别鱼粉是否掺假，一般采用感官鉴别、物理检验和化学分析等三种方法。

任务 1：感官鉴别

一、优质鱼粉

棕黄色或黄褐色；粉状或颗粒状，细度均匀，表面干燥无油腻；用手捻，感觉质地柔软，呈肉松状；具有较浓的烤鱼香味，略带鱼腥味。

二、掺假鱼粉

灰白色或灰黄色；极细，均匀度差；手捻感到粗糙，纤维状物较多，粗看似灰渣；鱼味不香，腥味较浓。掺假的原料不同就带有不同的异味。

任务2：物理检验

一、体视显微镜鉴别

优质鱼粉在体视显微镜下明显可见鱼肌肉束、鱼骨、鱼鳞片和鱼眼等。在鱼粉有和以上特征相差较远的其他颗粒或粉状物多为掺假物，可根据掺假物的显微特征进行鉴别。

二、水浸泡法鉴别

此法用于对鱼粉中掺麦麸、花生壳粉、稻壳粉及砂分的鉴别。

三、容重法鉴别

粒度为1.5 mm的纯鱼粉，容重为550～600 g/L。如果容重偏大或偏小，均不是纯鱼粉。

任务3：化学分析

一、鱼粉粗蛋白质和纯蛋白质含量的分析

正常鱼粉粗蛋白质为49.0%～61.9%，纯蛋白质40.7%～55.4%。

二、鱼粉中粗灰分和钙、磷比例的分析

全鱼鱼粉的粗灰分含量为16%～20%，如果鱼粉中掺入贝壳粉、骨粉、细砂等，则鱼粉粗灰分含量明显增加。

优质鱼粉的钙、磷比例一般为(1.5～2)∶1(多在1.5∶1左右)。若鱼粉中掺入石粉、细砂、泥土、贝壳粉等的比例较大时，则鱼粉中钙、磷比例增大。

三、鱼粉中粗纤维和淀粉的分析

鱼粉中粗纤维含量极少，优质鱼粉一般不超过0.5%，并且鱼粉中不含淀粉。如果鱼粉中混入稻壳粉、棉子饼粕等物质，则粗纤维含量增加。若混入玉米粉等富含淀粉物质，则无氮浸出物含量增加。

1. 鱼粉中掺有纤维类物质的分析

取样品2～5 g，分别用1.25%硫酸和12.5 g/L氢氧化钠溶液煮沸过滤，干燥后称重。

2. 鱼粉中掺有淀粉类物质的分析

取试样2～5 g置于烧杯中，加入2～3倍水后，加热1 min，冷却后滴加碘-碘化钾溶液。若鱼粉中掺有淀粉类物质，则颜色变蓝，随掺入量的增加，颜色由蓝变紫。

四、鱼粉中掺杂锯末(木质素)的分析

方法1：将少量鱼粉置于培养皿中，加入95%的乙醇浸泡样品，再滴加几滴浓盐酸，若出现深红色，加水后该物质浮在水面，说明鱼粉中掺有锯末类物质。

方法2：称取鱼粉1～2 g置于试管中，再加入20 g/L的间苯三酚95%乙醇溶液10 mL，滴入数滴浓盐酸，观察样品的颜色变化，如其中有红色颗粒产生，则为木质素，说明鱼粉掺有锯末类物质。

五、鱼粉中掺入碳酸钙粉、石粉、贝壳粉和蛋壳粉的分析

利用盐酸对碳酸盐反应产生二氧化碳来判断。

六、鱼粉中掺入皮革粉的分析

可利用钼酸铵溶液浸泡鱼粉观察有无颜色发生变化来分析，无色为皮革粉，呈绿色为鱼粉。钼酸铵溶液的配制：称取 5 g 钼酸铵，溶解于 100 mL 蒸馏水中，再加入 35 mL 的浓硝酸即可。

七、鱼粉中掺入羽毛粉的分析

称取约 1 g 试样于 2 个 500 mL 三角烧杯中，一个加入 1.25％硫酸溶液 100 mL，另一个加入 50 g/L 氢氧化钠溶液 100 mL，煮沸 30 min 后静置，吸去上清液，将残渣放在 50～100 倍显微镜下观察。如果有羽毛粉，用硫酸处理的残渣在显微镜下会有一种特殊形状，而氢氧化钠处理的则没有。

八、鱼粉中掺入血粉的分析

取被检鱼粉 1～2 g 于试管中，加入 5 mL 蒸馏水，搅拌，静置数分钟后。另取一支试管，先加联苯胺粉末少许，然后加入 2 mL 冰醋酸，振荡溶解，再加入 1～2 mL 过氧化氢溶液，将被检鱼粉的滤液徐徐注入其中，如两液接触面出现绿色或蓝色的环或点，表明鱼粉中含有血粉，反之，则不含血粉。

九、鱼粉中掺入尿素的分析

取两份 1.5 g 鱼粉于两支试管中，其中一支加入少许黄豆粉，两管各加蒸馏水 5 mL，振荡，置 60 ℃～70 ℃恒温水浴中 3 min，滴 6～7 滴甲基红指示剂，若加黄豆粉的试管中出现深紫红色，则说明鱼粉中有尿素。

十、鱼粉中掺入双缩脲的分析

称取鱼粉试样 2 g，加 20 mL 蒸馏水，充分搅拌，静置 10 min，干燥滤纸过滤，取滤液 4 mL 于试管中，加 6 mol/L 氢氧化钠溶液 1 mL，再加入 15 g/L 硫酸钙溶液 1 mL，摇匀，立即观察，溶液呈蓝色的鱼粉没掺入双缩脲，若是紫红色，则掺有双缩脲，颜色越深，掺入的双缩脲越多。

单元 2　鉴别蛋氨酸和赖氨酸添加剂原料的真伪

任务 1：DL－蛋氨酸的鉴别方法

1. 外观鉴别

蛋氨酸一般呈白色或淡黄色的结晶性粉末或片状，在正常光线下有反射光发出。假蛋氨酸多呈粉末状，颜色多为淡白或纯白色，正常光线下没有反射光或只有零星反射光发出。

2. 溶解性

取 1 g 蛋氨酸于三角瓶中，加入 50 mL 水，并轻轻搅拌，纯品几乎完全溶解，且溶液澄清。如溶液浑浊或有沉淀多为掺假产品。

3. 烧灼

取瓷坩埚一个，加入约 1 g 蛋氨酸，在电炉上炭化至无烟，然后在 550 ℃高温炉中灼烧 1 h，纯品的残渣不超过 0.5％，掺假的往往高于此值。

4. 与酸、碱溶液反应

分别取 1 g 蛋氨酸产品置于 2 个三角瓶中，分别加入 1∶3 的盐酸溶液和 400 g/L 的氢氧化钠溶液各 50 mL。纯品蛋氨酸溶于上述溶液，且溶液澄清。假冒的不溶或部分溶于上述溶液，下部有白色沉淀，上部溶液浑浊。

5. 与饱和硫酸铜溶液反应

取 30 g 蛋氨酸产品于 50 mL 的小烧杯中，加入饱和硫酸铜溶液 1 mL，纯品呈篮色，假冒的不变色，呈饱和硫酸铜溶液的浅蓝色。

6. 与茚三酮溶液的特征反应

取蛋氨酸产品 0.1 g，溶于 100 mL 水中。取此溶液 5 mL，加 1 g/L 茚三酮溶液 1 mL，加热 3 min 后，加水 20 mL，静置 15 min，溶液呈红紫色为纯品。

7. 蛋氨酸的理论含氮量约为 9.4%，蛋白质等价 58.6%。

8. 在有条件的情况下，可以测定其蛋氨酸含量。

9. 取约 5 mg 的蛋氨酸于 150 mL 的具塞碘量瓶中，加入 50 mL 水溶解，然后加入 400 g/L 氢氧化钠溶液 2 mL。振荡混合，加入 01 mol/L 硝酸银溶液 8～10 滴，再振荡混合，然后在 35 ℃～40 ℃ 水浴中加热 10 min，随即冷却 2 min，加入 1∶3 盐酸溶液 2 mL，振荡混合。纯品呈红色，假冒的不变色，且静置几分钟后底部有沉淀，上部溶液浑浊。

任务 2：L-赖氨酸盐酸盐的鉴别方法

1. 颜色

正品为白色或浅黄或淡褐色结晶粉末。伪品或掺杂者颜色较暗，呈灰白色粉末。掺杂掺假多用石粉、石膏或淀粉等。

2. 溶解性

正品溶于水，64.2 g/100 mL 20 ℃ 水。取约 0.5 的样品，加入 10 mL 水摇动，溶液是澄清的。伪品则不溶或少量溶解，且溶液呈浑浊。

3. 烧灼

正品产生的气体呈碱性，可使湿的 pH 试纸变为蓝色，如掺入淀粉则试纸变红；如果是矿物质则无烟。正品的灰分含量不超过 0.3%，假的则不论是淀粉或矿物质，都超过此值。

4. 茚三酮反应

取少量样品置于试管中，加入 1 mL/L 茚三酮溶液，加水 2 mL，摇匀，加热至沸，静置，溶液呈紫红色为正品。否则为伪品。

5. 定氮

L-赖氨酸盐酸盐的纯度最低为 98.0%。相应含 L-赖氨酸 78%，理论含氮量为 15.3%，蛋白质等价为 95.8%。

单元 3　掺假豆粕的鉴定

任务 1：外观鉴别法

纯豆粕呈不规则碎片状，颜色金黄或浅黄色或淡褐色，色泽一致。颗粒均匀，偶有少量结块，有豆香味。如果颜色灰暗，颗粒不均，有霉变气味，则是劣质豆粕。

若掺入沸石粉、玉米等杂质后，颜色浅淡，色泽不一，结块多，剥开后用手指捻，可见白色粉末状物，闻之稍有豆香味，掺杂量大的则无豆香味。如果将假豆粕粉碎后，再与纯豆粕比较，色差更是显而易见，真品为浅黄褐色，在粉碎过程中，假豆粕粉尘大，装入玻璃容器中粉尘会粘附于瓶壁，而纯豆粕则无此现象。

任务 2：外包装鉴别法

颗粒细、容重大、价格廉，这是绝大多数掺杂物共同的特点，饲料中掺杂了这类物质后，必定是包装体积小，而重量增加。

任务 3：水浸鉴别法

取需检验的豆粕 25 g 放入盛有 250 mL 的玻璃杯中浸泡 2～3 h，然后用木棒轻轻搅动，若掺假可以看出分层，上层为豆饼，下层为泥沙。

任务 4：显微镜检查法

取待检样品和纯豆粕样品各一份置于培养皿中，并使之分散均匀，分别放于显微镜下观察：纯豆粕外壳的表面光滑，有光泽，并有被针刺时的印记，豆仁颗粒无光泽，不透明，呈奶油色；玉米粒皮层光滑，半透明，并带有似指甲纹路和条纹，这是玉米粒区别于豆仁的显著特点。另外玉米粒的颜色也比豆仁深，呈橘红色。

任务 5：碘酒鉴别法

取少许豆粕放在干净的磁盘中，铺薄铺平，在其上面滴几滴碘酒，过 6 min，其中若有物质变成蓝黑色，说明可能掺有玉米、麸皮、稻壳等。

任务 6：容重测量鉴别法

饲料原料都有一定的容重，如果有掺杂物，容重就会发生改变，因此，测定容重也是判断豆粕是否掺假的方法之一。

具体方法为：用四分法取样，然后将样品轻而仔细地放入 1 000 mL 量筒内，使之正好到 1 000 mL 刻度处，用匙子调整好容积，然后将样品从量筒内倒出并称重，每一样品重复做 3 次，取其平均值为容重，一般纯大豆粕容重为 594.1～610.2 g/L，将测得的结果与之比较，如果超出较多，说明该豆粕掺假。

任务 7：检查生熟豆粕

饲料应用熟豆饼做原料，而不用生豆饼。因为生豆饼含有抗胰蛋白酶、皂角素等物质，影响畜禽适口性及消化率。

1. 试纸法

生豆饼含脲酶，可分解尿素成氨，使溶液呈碱性。故观察红色石蕊试纸是否变蓝即可检测出大豆饼粕的生熟度。

具体检测方法：取尿素 0.1 g 左右入 250 mL 三角瓶中，加被检豆饼粉 0.1 g，再加蒸馏水 100 mL，加塞在 45 ℃ 水浴锅上温热 1 h。然后取红色石蕊试纸一条，浸入上述溶液中，若试纸变蓝，说明豆饼生，不变，说明豆饼熟。

2. 酚红法

生大豆饼粕中含有脲酶，室温下可将尿素分解成氨，使溶液 pH 偏碱性，从而使酚红指示剂由黄变红（酚红指示剂在 pH6.4～8.2 时由黄变红）。

具体检测方法：取细度 40 目以上被检豆粕 0.2 g 入三角瓶中，加 0.02 g 尿素和 1～2 滴酚红指示剂（0.1 g 酚红溶入 100 mL95％乙醇中）。再加 20～30 mL 蒸馏水，振摇后观察溶液由黄变红时间。一般 10 min 以上不显红或粉红者为合格大豆粕。其判断标准是：1 min 内显红色者表示脲酶活性很强（豆粕生）；1～5 min 内显红或粉红色者表示脲酶活性强（豆粕生）；5～15 min 内显红或粉红色者表示脲酶活性弱（合格粕）；15～30 min 内显红或粉红色者表示脲酶无活性（过熟粕）。

单元 4　伪劣玉米蛋白粉的识别

任务 1：认知伪劣玉米蛋白粉的组成及危害

1. 纯正的玉米蛋白粉感观品质玉米蛋白粉是湿法制玉米淀粉或玉米糖浆时，原料玉米除去淀粉、胚芽及玉米外皮后剩下的产品。其外观呈金黄色，带有烤玉米的味道，并具有玉米发酵特殊气味，有蛋白质 60％及 50％以上两种规格，一般常规检测外观、水分、粗蛋白质等三个指标。

2. 掺假成分包括蛋白精、玉米粉、小麦粉、色素等成分。

3. 掺假的危害用染成黄色的蛋白精（脲醛聚合物）来冒充粗蛋白质，用小米粉和玉米粉做填充物，生产出不同规格的劣质玉米蛋白粉，以较低价格卖给饲料厂，以次充好，以假乱真，造成饲料质量大幅下降。

任务 2：认知伪劣玉米蛋白粉的识别方法

1. 根据样品在水中的溶解情况进行识别

纯的玉米蛋白粉在水中不溶解，迅速沉淀，其水溶液是无色澄清透明的（叶黄素不溶于水），伪劣的玉米蛋白粉在水中悬浮，沉淀很慢，其水溶液呈混浊状，甚至呈黄色（掺入水溶性色素）。

2. 根据玉米蛋白粉在稀酸、稀碱中变化进行识别

将约 5 g 的样品放在烧杯内，加 50 mL 水，搅拌片刻，再慢慢加入 10 mL 稀盐酸（1＋3），如样品表面变成红色，再慢慢加入 30％氢氧化钠 10～15 mL，红色变为黄色，则此样品属伪劣产品。

3. 检测玉米蛋白粉是否掺入蛋白精

蛋白精在硫酸的作用下分解生成甲醛，甲醛与变色酸生成一种紫色物质。淀粉、蛋白质、糖及铵均不干扰此反应。检验方法如下：

（1）直接称取 0.1～0.2 g 样品于干燥的 50 mL 烧杯内，加 1 mL 变色酸（1 g/L 浓硫酸溶液），在电炉上小心微热至刚产生微烟，取下烧杯，加入 10 mL 水，若溶液变成紫色，则样品中含蛋白精，属伪劣产品。

（2）先将样品置于体视显微镜下，放大 10～20 倍，若发现有黄色易碎的微粒，将其小心夹出数粒于 20 mL 烧杯内，滴加约 0.5 mL 变色酸（1 g/L 浓硫酸溶液），电炉上微热至刚产生微烟，取下后慢慢加水 10 mL，若溶液变成紫色，则样品中含蛋白精，属伪劣产品。

4. 检测玉米蛋白粉中是否掺入尿素

方法 1：取 50 克玉米蛋白粉，加 200 mL 蒸馏水，振摇 2 min，静止 30 s，三层滤纸过滤，取 20 mL 滤液放入 50 mL 三角烧杯中，加入 1 mol/L 的氢氧化钠溶液 10 mL，再加入黄豆液数滴，静置 2～3 min，加奈斯勒试剂 3 滴，如试样中有黄褐色沉淀生成，则表明有尿素存在。

方法 2：取方法 1 中滤液 20 mL，加黄豆粉少许，再加入甲醛红溶液 3 滴，在 70 ℃ 的水浴中加热 2～3 min，如出现较深的粉红色表明有尿素存在。

5. 检测玉米蛋白粉中是否掺入铵盐

方法同检测尿素方法相似，只是在其方法 1 中不加黄豆液，如有黄褐色沉淀产生，则含铵盐。把含有铵盐的玉米蛋白粉溶液用硝酸银和氯化钡溶液滴定，如有白色沉淀产生则初步判定有氯化铵和硫酸铵。

6. 用(1＋1)盐酸滴定玉米蛋白粉判断是否有不明物存在

如产生暗红色，则有不明物存在，再进行下一步的化验判断。

单元 5　检验肉骨粉是否掺假

任务 1：检测肉骨粉是否掺入羽毛粉、鸡腿皮粉

把肉骨粉放在 400 mL 烧杯中，占烧杯容量四分之一即可。用开水充满，加以搅拌，纯肉骨粉的是烤肉香及动物脂肪香味、无异味。如有开水烫死鸡的腥臭味或异味，说明产品中含有大量羽毛粉或者鸡腿皮粉。

任务 2：检测肉骨粉是否掺入玉米胚芽粕

把肉骨粉放在 400 mL 烧杯中。用开水充满，加以搅拌，静止一会儿，烧杯中的肉骨粉会沉淀在底部，如出现分层，且上层漂浮物在短时间内不沉淀，一般为玉米胚芽粕，但经过烘炒的玉米胚芽粕则不漂浮，而是沉淀下去，取一定量上清液，滴入几滴碘化钾溶液，若溶液立即变为深蓝至蓝黑色则说明含植物淀粉。

单元 6　检验油脂是否掺假

任务 1：识别大豆油是否掺假

1. 浓硫酸反应
取浓硫酸数滴，滴于白瓷反应板上，加入待测油液 2 滴，显棕褐色者为纯大豆油。

2. 显色反应
移取被检油 5 mL 入试管中，加 2 mL 三氯甲烷及 2％硝酸钾溶液 3 mL，振荡后呈乳浊状，若此时该溶液显柠檬黄色则为真品。

3. 掺入米汤者，可用碘—碘化钾试剂检查，油液有蓝色出现。

任务 2：识别菜籽油是否掺假

1. 浓硫酸反应
同大豆油的鉴别。

2. 掺入棕榈油鉴别

菜籽油凝固点低（−12 ℃～−10 ℃），而棕榈油凝固点高（27 ℃～30 ℃）。

3. 菜籽油、花生油掺入桐油的检测

取混匀试样 1 mL 入试管中，沿管壁加入 1‰ 三氯化锑—三氯甲烷液 1 mL（溶 1 g 三氯化锑入 100 mL 三氯甲烷的烧杯中搅拌，必要时微热溶解，若有沉淀可过滤）使管内溶液分为两层，在 40 ℃ 水浴中加热 8～10 min，若掺有桐油，两界面出现紫红至咖啡色环。

任务 3：植物油掺入蓖麻油的检测

取 6 滴被检植物油分别滴在白色瓷点滴板中，前三滴被检油滴浓硫酸各一滴，后三滴被检油滴硝酸各一滴。若前者呈现淡褐色，后者呈现褐色，均说明掺有蓖麻油。

任务 4：动物油的掺假检测

1. 掺水检测

春、夏、秋季可取一根比油桶略长的玻璃管，用拇指堵住一头插入桶底，放开拇指，然后再堵住，拔出，若玻璃管底部有水柱，说明油中掺有水。冬季，以同法插入玻璃管，但插入时用力要均匀，如遇到突然变硬，停止插入，取出玻璃管，在桶外与桶相比，以观察插入多少，若玻璃管未插到桶底，则说明桶底有水结冰。

2. 掺盐检测

从桶底取少许动物油于试管中，加 2～3 mL 蒸馏水，加热至沸 1～2 min，过滤，然后在滤液中加几滴硝酸银溶液，若产生白色沉淀，说明掺盐。

3. 掺面粉检测

按上述掺盐检测的方法制取滤液，在滤液中滴入几滴碘—碘化钾溶液，若溶液变蓝，证明掺有面粉。

●●●● 知识链接

关注点 1 现代分析仪器设备简介

一、全自动凯氏定氮仪

以 SKD−2000 全自动凯氏定氮仪为例介绍此类仪器的检测范围、特点及指标（见图 2-23）。

1. 检测范围 SKD−2000 全自动凯氏定氮仪是检测食品、饲料、肥料、土壤、水、化工等行业的氮/蛋白质分析仪器。

2. SKD−2000 全自动凯氏定氮仪的特点

（1）实时显示红绿蓝三基色、滴定标准酸消耗量、含氮量/蛋白质含量；

（2）保护被测样品不被破坏；

（3）冷却水水流、水压的自动检测，碱、硼酸、稀释液、蒸馏水缺液提示；

图 2-23 SKD−2000 全自动凯氏定氮仪

（4）具有对防护门的是否关闭实时检测和提示功能；

（5）自动清洗滴定杯及管路；

（6）手动、自动双模式随意切换，整个测试过程实时跟踪显示；

（7）蒸馏器采用双液位控制（双保险），消除干烧之虞；

（8）间隙式加碱，确保酸碱反应在可控状态，避免无蒸汽状态下酸碱剧烈反应产生热量而使氨气逸出；

（9）蒸馏功率可调，确保低浓度样品有很好的回收率；

（10）加碱采用间隔式加减，避免激烈酸碱反应；

（11）自动加酸、自动加碱、自动加稀释液、自动蒸馏、自动滴定、自动保存、自动打印出计算结果。

3. SKD－2000 全自动凯氏定氮仪的指标

（1）测定范围　0.1～200 mg 氮；

（2）回收率　＞99.5％；

（3）蒸馏时间　4～9 min/样品；

（4）数据存储　1 000 批（软件可无限制贮存）；

（5）蒸馏能力　15～30 mL/min 可调；

（6）滴定精度　0.15％。

二、脂肪测定仪

以 SOX416 脂肪测定仪为例，介绍此类仪器的检测范围及主要特点（见图 2-24）。

1. 检测范围　SOX416 脂肪测定仪是依据索氏抽提原理，按照国标 GB/T 14772－2008 设计的全自动粗脂肪测定仪。测量范围 0～100％，可测定食品、饲料、谷物、种子等多种样品中脂肪的含量。

2. 主要特点

（1）仪器集控温、抽提、冲洗、回收、预干燥、计算及打印于一体；

（2）产品内置乙醚泄露监控系统，最低检测限为 90 ppm（小于中国职业接触限值），乙醚发生泄露，声光报警；

（3）适用于多种不同沸点的有机溶剂，控温范围广，从室温＋5 ℃到 300 ℃；

（4）实验结果相对误差小于 1％；

（5）自动和手动两种抽提方式自由选择；

（6）先进的冷却水监控系统，冷凝装置断水后自动提示；

（7）溶剂自动回收，回收率大于 85％；

（8）浸提时间比传统方法缩短 20％～80％；

（9）可同时测定 1～6 个样品；样品处理量：0.5～15 g。

三、粗纤维测定仪

以 F600 粗纤维测定仪为例介绍此类仪器的适用范围及主要特点（见图 2-25）。

1. 适用范围

F600 型粗纤维测定仪适用于植物、饲料、食品及其他农副产品中粗纤维的测定以及洗涤纤维、纤维素、半纤维素、木质素和其他相关参数测试，其结果符合 GB/T 5515、GB/T 6434 的规定。

图 2-24　SOX416 脂肪测定仪

图 2-25　F600 粗纤维测定仪

2. 主要特点与优点

(1)先进的红外加热方式具有高效的加热性能和良好的控制性能;

(2)进口抽滤泵,高耐酸碱性,稳定性好,寿命长;

(3)高精度酸碱洗滤装置确保样品无损;

(4)酸碱蒸馏水三路预加热可分别控制,消化加热单独控制;

(5)试剂预热、添加,样品抽滤、反冲等功能全部电气自动化设计;

(6)可同时处理六个样品,可设定样品消化时间;

(7)稳定、快速、安全的全自动过滤反冲功能,有效防止样品堵塞。

四、原子吸收光谱仪

1. 基本原理

仪器从光源辐射出具有待测元素特征谱线的光,通过试样蒸气时被蒸气中待测元素基态原子所吸收,由辐射特征谱线光被减弱的程度来测定试样中待测元素的含量(见图 2-26)。

图 2-26　原子吸收光谱仪

2. 应用

因原子吸收光谱仪的灵敏、准确、简便等特点,现已广泛用于冶金、地质、采矿、石油、轻工、农业、医药、卫生、食品及环境监测等方面的常量及微量元素分析。

五、氨基酸分析仪

以 L—8800 全自动高速氨基酸分析仪为例介绍此类仪器的适用范围及特点(见图 2-27、图 2-28)。

1. 适用范围

L—8800 氨基酸分析仪是进行氨基酸分离和衍生并检测的自动化分析系统,广泛用于制药行业、食品行业、饲料行业、农业育种、医学研究和临床诊断以及地质考察等领域。

2. 主要特点

(1)速度最快　蛋白质水解,只需 20 min;生理体液:只需 70 min;

(2)灵敏度最高　柱后茚三酮:3 pmol;柱后荧光法:0.5 pmol;

(3)结果最准确　柱后茚三酮:保留时间重复性:CV 0.3%(Arg);峰面积重复性:CV 1.0%(Gly, His);柱后荧光法;保留时间重复性:CV 1.0%;峰面积重复性:CV 3.0%;

图 2-27　日立 L—8800 型氨基酸分析仪

图 2-28　日立 L—8800 型氨基酸分析仪前观(开前门后)

（4）最高分辨率　专利的柱后反应系统配合主柱 3 μm 的填充料大大提高分辨率；

（5）可对生理体液进行精确分析，可分析氨基糖；

（6）专利的氨气排除系统，令结果及灵敏度更好。

六、高效液相色谱仪

高效液相色谱技术（HPLC）是解决生化分析问题最有前途的方法。由于 HPLC 具有高分辨率、高灵敏度、速度快、色谱柱可反复利用，流出组分易收集等优点，因而被广泛应用到生物化学、食品分析、医药研究、环境分析、无机分析等各种领域（见图 2-29）。

图 2-29　高效液相色谱仪

1. 色谱特点

（1）高压　压力可达 150～300 kg/cm² 。色谱柱每米降压为 75 kg/cm² 以上；

（2）高速　流速为 0.1～10.0 mL/min；

（3）高效　塔板数可达 5 000/米。在一根柱中同时分离成分可达 100 种。

（4）高灵敏度　紫外检测器灵敏度可达 0.01 ng。同时消耗样品少。

2. 应用

高效液相色谱法只要求样品能制成溶液，不受样品挥发性的限制，流动相可选择的范围宽，固定相的种类繁多，因而可以分离热不稳定和非挥发性的、离解的和非离解的以及各种分子量范围的物质。

与试样预处理技术相配合，HPLC 所达到的高分辨率和高灵敏度，使分离和同时测定性质上十分相近的物质成为可能，能够分离复杂相体中的微量成分。随着固定相的发展，有可能在充分保持生化物质活性的条件下完成其分离。

HPLC 成为解决生化分析问题最有前途的方法。由于 HPLC 具有高分辨率、高灵敏度、速度快、色谱柱可反复利用，流出组分易收集等优点，因而被广泛应用到生物化学、食品分析、医药研究、环境分析、无机分析等各种领域。高效液相色谱仪与结构仪器的联用是一个重要的发展方向。

液相色谱—质谱连用技术受到普遍重视，如分析氨基甲酸酯农药和多核芳烃等；液相色谱－红外光谱连用也发展很快，如在环境污染分析测定水中的烃类，海水中的不挥发烃类，使环境污染分析得到新的发展。

关注点 2　饲料卫生标准（见附录六）

作 业 单

学习情境 2	饲料原料质量检测					
作业完成方式	课余时间独立完成； 教师课上答疑。					
作业题 1	什么是采样与制样？采样目的及要求是什么？采集样品工具及基本方法有哪些？					
作业解答	针对同学们提出的疑问进行解答； 针对难点进行解答。					
作业题 2	饲料物理性状的检测方法有哪些？ 测定饲料容重有何意义？					
作业解答	针对同学们提出的疑问进行解答； 针对难点进行解答。					
作业题 3	粗蛋白质测定的仪器设备有哪些？实验操作中应注意哪些问题？					
作业解答	针对同学们提出的疑问进行解答； 针对难点进行解答。					
作业题 4	用酸碱法测定粗纤维含量使实验结果偏低，原因是什么？用高锰酸钾法测定钙含量使结果偏高，原因有哪些？					
作业解答	针对同学们提出的疑问进行解答； 针对难点进行解答。					
作业题 5	饲料中有毒有害物质的种类有哪些？常用的检测方法有哪些？					
作业解答	针对同学们提出的疑问进行解答； 针对难点进行解答。					
作业题 6	掺假鱼粉、豆粕的检测方法有哪些？如何鉴别蛋氨酸与赖氨酸的真伪？					
作业解答	针对同学们提出的疑问进行解答； 针对难点进行解答。					
作业题 7	饲料中维生素、微量元素的检测方法有哪些？					
作业解答	针对同学们提出的疑问进行解答； 针对难点进行解答。					
作业题 8	饲料中真蛋白的测定的原理及方法？					
作业解答	针对同学们提出的疑问进行解答； 针对难点进行解答。					
作业评价	班　　级		第　　组	组长签字		
	学　　号		姓　　名			
	教师签字		教师评分		日　期	
	评语：					

学习情境 3

畜禽饲料原料加工

●●●● 学习任务单

学习情境 3	畜禽饲料原料加工	学　时	20
布置任务			
学习目标	1. 掌握禾本科籽实与豆科籽实的加工处理方法，并能阐述每种加工方法的优缺点。 2. 能说出各种饼粕类饲料的脱毒处理方法，并比较各种方法的优劣。 3. 能准确描绘出高脂鱼粉与低脂鱼粉的加工工艺流程图。 4. 熟悉血粉和羽毛粉的加工方法，并分析各种方法的优劣。 5. 掌握青绿饲料的物理加工方法，并比较各种方法的优劣。 6. 能独立设计并实施青干草的人工调制方案，从中得出最佳的调制时间及温度。 7. 能够准确描述青草粉的加工工艺流程。 8. 掌握青干草的干燥方法，并说出各种方法的适用条件。 9. 会选择适当的原料及添加剂成功的调制青贮饲料。 10. 掌握秸秆类饲料的物理加工方法，并比较各种方法的优劣。 11. 能运用不同的试剂及方法对秸秆类饲料进行化学处理。 12. 通过小组分工合作，培养学生沟通与协调能力以及现场生产与管理能力。 13. 通过自主学习，培养学生独立思考、分析问题及解决问题的能力。		
任务描述	在养殖场，学生按照工作计划，选择正确的设备和工具，以小组为单位，进行合理分工，完成各种饲料原料的加工处理。具体任务描述如下： 1. 通过现场操作，完成青干草的加工调制。 2. 通过现场操作，运用多种原料及设备，完成青贮饲料的加工调制。 3. 通过现场操作，完成秸秆类饲料的发酵、微贮处理。 4. 通过实际操作，完成谷类籽实的发芽、糖化、发酵等加工处理。 5. 通过现场操作，完成饼粕类饲料的脱毒处理。		
任务载体 工作场景	任务载体：饲料原料 工作场景：综合教室、牧场。		
学时分配	资讯 6 学时　计划 1 学时　决策 1 学时　实施 12 学时　考核 1 学时　评价 1 学时		
提供资料	1. 姚军虎. 动物营养与饲料. 北京：中国农业出版社，2001 2. 杨久仙，宁金友. 动物营养与饲料加工. 北京：中国农业出版社，2006 3. 玉柱，贾玉山. 牧草饲料加工与贮藏. 北京：中国农业大学出版社，2010 4. 周明. 饲料学. 合肥：安徽科学技术出版社，2007 5. 王成章，王恬. 饲料学. 北京：中国农业出版社，2003 6. 苏希孟. 饲料生产与加工. 北京：中国农业出版社，2001 7. 龚月生，张文举. 饲料学. 杨凌：西北农林科技大学出版社，2008 8. 中国饲料行业信息网. 网址：http://www.feedtrade.com.cn		

续表

提供资料	9. 中国饲料原料信息网. 网址：http://www.feedonline.cn 10. 中国养殖网饲料频道. 网址：http://www.chinabreed.com/Feed/ 11. 绿色牧业网. 网址：http://www.lsmy.cn/edu/
对学生的 要求	1. 学生应具备基本的自学能力，能够按照资讯问题查阅并获取相关专业知识。 2. 按任务要求完成各种原料的加工处理，做到节约资源，工作细心。 3. 学生应具备与人合作能力、与人沟通能力，并以小组形式完成工作任务。 4. 完成本情境工作任务后，需要提交学习体会报告。

●●●●● 任务资讯单

学习情境 3	畜禽饲料原料加工	学　时	20
资讯方式	利用资料角、图书馆、专业期刊、互联网及信息单上查询问题；向任课老师资讯。		
资讯问题	模块 1：精饲料加工 　1. 籽实类饲料的加工方法有哪些？ 　2. 禾本科籽实经过压扁处理后有何优点？ 　3. 高粱的脱单宁方法有哪些？ 　4. 生大豆（饼粕）如何进行脱毒处理？ 　5. 菜籽饼粕的脱毒方法有哪些？各有何优缺点？ 　6. 棉籽饼粕的脱毒方法有哪些？各有何优缺点？ 　7. 鱼粉的生产工艺有几种？各有何优缺点？ 　8. 血粉的加工方法有哪些？各有何优缺点？ 模块 2：青贮饲料加工 　1. 青饲料的物理加工方法有哪些？加工目的分别是什么？ 　2. 什么是青干草？青干草的人工与自然干燥方法有哪些？ 　3. 青草粉的生产工艺流程是什么？ 　4. 压捆青干草贮藏的方法步骤是什么？ 　5. 青贮饲料加工方法的种类有哪些？ 　6. 一般青贮的调制原理、关键技术条件及方法步骤是什么？ 　7. 青贮饲料常用的添加剂有哪些？如何使用？ 　8. 粗饲料的物理加工方法有哪些？ 　9. 秸秆氨化处理的优点是什么？ 　10. 秸秆氨化时常用的氨源有哪些？用量是多少？ 　11. 影响秸秆氨化的因素有哪些？ 　12. 注氨管的结构是什么？ 　13. 石灰处理秸秆的方法是什么？有何优缺点？ 　14. 窖、池氨化秸秆的方法步骤是什么？ 　15. 秸秆微贮的方法步骤是什么？		

●●●●● 相关信息单

模块 1　精饲料加工

单元 1　植物性籽实饲料加工

任务 1　禾本科籽实饲料加工

一、粉碎

1. 目的

整粒饲喂籽实饲料会降低消化率，粉碎加工是常用的一种方法。谷实类饲料经粉碎后饲喂畜禽，可增加其与消化液的接触面积，有利于消化。

2. 粉碎的程度

粉碎程度由饲料的种类、家畜种类、年龄、饲喂方式等确定。一般猪和老弱病畜为 1 mm、牛羊为 1～2 mm、马为 2～4 mm，禽类粉碎即可，粒度可大一些。

3. 注意事项

谷粒粉碎后，与空气接触面增大，易吸潮、氧化和霉变，不易保存。因此，应在配料前给谷粒粉碎。

二、压扁

1. 目的

提高饲料消化率。

2. 压扁方法

将玉米、大麦、高粱等去皮（喂牛不去皮），加水，将水分调节至15％～20％，用蒸气加热到 120 ℃左右，用对辊压片机压成片状后，干燥冷却，即成压扁饲料。

3. 适用饲喂对象

主要用于喂马、奶牛及肉牛，见表 3-1。

表 3-1　加工方法及饲料的消化率（牛）

处理方法	有机物消化率（％）	淀粉消化率（％）	粪中谷物（％）
粉碎玉米	52.7	70.8	24.1
压　扁	60.9	99.9	7.7

三、浸泡

1. 目的

使谷实类饲料膨胀柔软，容易咀嚼，便于消化。浸泡后使含有的单宁、皂角甙等毒素与异味减轻，提高适口性和可利用性。

2. 方法

一般用凉水浸泡，料水比为 1：（1～5），浸泡时间随季节及饲料种类而异。

四、焙炒

禾谷类籽实饲料，经过 130 ℃～150 ℃ 短时间焙炒，可消灭某些有害细菌和虫卵，使饲料中的淀粉部分转化为糊精，产生香味，提高饲料的适口性和消化率。过高温处理可引起蛋白质和维生素变性，降低其生物学价值。焙炒的大麦可作为仔猪的诱食饲料。

五、微波热处理

谷物经过微波处理后饲喂动物，其消化能值、动物生长速度和饲料转化效率都有显著提高。方法是将谷类经过波长 4～6 μm 红外线照射，使其中淀粉粒膨胀，易被酶消化，因而其消化率提高。经过 90 s 的微波热处理，可使大豆中抑制蛋氨酸、半胱氨酸的酶失去活性，从而提高其蛋白质的利用率。

六、糖化

1. 目的

糖化是利用谷物籽实和麦芽中淀粉酶的作用，把饲料中的淀粉转化为麦芽糖，从而提高饲料的适口性和消化率。

2. 操作方法

将粉碎的谷料装入木桶内，按 1∶(2～2.5) 的比例加入 80 ℃～85 ℃ 水，充分搅拌成糊状，使木桶内的温度保持在 60 ℃ 左右。在谷料表层撒上一层厚约 5 cm 的干料面，盖上木板即可。糖化时间需 3～4 h。为加快糖化，可加入适量(约占干料重的 2%)麦芽曲(大麦或燕麦经 3～4 d 发芽后干制磨粉而成，其中富含糖化酶)。

七、发芽

1. 目的

籽实的发芽是由于酶的作用，将籽实中的淀粉转变为糖，并产生胡萝卜素和其他维生素的过程。籽实发芽的目的在于补充饲料中维生素的不足。

2. 操作方法

将谷粒清洗去杂，放入缸内，用 30 ℃～40 ℃ 温水浸泡一昼夜，必要时可换水 1～2 次。等谷粒充分膨胀后即捞出，摊在能滤水的容器内，厚度不超过 5 cm，温度一般保持在 15 ℃～25 ℃，过高易烧坏，过低则发芽缓慢。在催芽过程中，每天早、晚用15 ℃清水冲洗一次，这样经过 3～5 d 即可发芽。在开始发芽但尚未盘根期间，最好将其翻转 1～2 次。一般经过 6～7 d，芽长 3～6 cm 时即可饲用。

八、发酵

1. 目的

谷实类饲料的发酵是通过微生物的作用增加饲料中的 B 族维生素和各种酶、醇等芳香性物质，从而改善其消化与营养状况。试验证明，以富含碳水化合物的饲料发酵最好，而蛋白质饲料不宜发酵。

2. 发酵的方法

每 100 kg 磨或细磨粉碎的籽实，用面包酵母或酿酒酵母 0.5～1.0 kg。先用温水将酵母稀释化开，然后将 30 ℃～40 ℃ 温水 150～200 kg 倒入发酵箱中，再慢慢加入稀释过的酵母，一面搅拌，一面倒入 100 kg 饲料，搅拌均匀。饲料铺在发酵箱内，厚度为 30 cm 左右，温度保持在 20 ℃～27 ℃，并保证通气良好。每 30 min 搅拌一次，经 6～9 h 发酵即可完成。

九、高粱的脱单宁方法

1. 机械脱壳

单宁存在于籽实的种皮，用机械加工脱去外皮，可除去大部分单宁，但脱壳时也伴随脱去了部分的营养成分。

2. 水浸或煮沸

用冷水浸泡 2 h 或用开水煮沸 5 min，可脱去约 70％的单宁。

3. 碱液处理

用 NaOH 水溶液在 70 ℃下处理 6 min，除去籽实外壳后，将脱壳的籽实浸在 60 ℃温水中，边搅边溢流 30min，可完全除掉单宁。此外，使用氧化钙、碳酸钾、草木灰等碱性溶液处理，也可除去约 90％的单宁。

4. 氨化法

可将高粱籽实置于塑料袋中，加入 NH₄OH，封存 7 d(低压法，含氨 30％)；也可在 80 个大气压条件下用氨对高粱处理 1 h(高压法)。

任务 2　豆科籽实饲料加工

1. 膨化

豆类籽实添加适量水分或蒸气，在 100 ℃～170 ℃高温及$(2～10)×10^6$ Pa 高压下，使连续射出的物料体积骤然膨胀，水分快速蒸发，由此膨化为多孔状饲料。膨化大豆多用于肉用畜禽，不仅具有较高的能值，还可替代部分饼粕，效果很好。

2. 蒸煮

蒸煮可破坏豆类饲料中的抗胰蛋白酶，去除豆腥味。但加热时间不宜过长。一般情况下，在 130 ℃的温度下进行蒸煮，时间以不超过 20 min 为宜。

3. 焙炒

经焙炒可以破坏豆类籽实中的生长抑制因子；有助于提高蛋白质的利用率；使饲料中的淀粉部分转化为糊精而产生香味，用作诱食饲料。

单元 2　饼粕类饲料加工

任务 1　大豆饼粕的脱毒处理

1. 有毒物质的种类

大豆饼粕含有抗胰蛋白酶、尿素酶、血球凝集素、皂角苷、甲状腺肿诱发因子、抗凝固因子等有害物质。

2. 脱毒方法

常采用热处理。通常在 100 ℃～110 ℃条件下加热处理 3～5 min，即可达到脱毒目的。加热时间不宜太长、温度不宜过高；否则，会降低蛋白质的饲用价值。

任务 2　棉籽饼粕的脱毒处理

1. 改进制油工艺

棉籽饼粕中游离棉酚的残留量受制油工艺和加工条件的影响很大，制油工艺过程中的湿热处理、压榨、撕裂及某些与水互溶的有机溶剂提取，均可使棉籽色素腺体破坏，释放出游离棉酚，这些游离棉酚直接随棉籽油排出。

2. 硫酸亚铁浸泡法

是一种成本低、效果好、操作简便的方法。用硫酸亚铁去毒时，其用量应因机榨或土榨棉籽而不同。机榨的棉籽饼粕每 100 kg 运用硫酸亚铁 0.2～0.4 kg，土榨的棉籽饼粕则运用 1～2 kg。使用时先将硫酸亚铁用 200 kg 水溶解，制成硫酸亚铁溶液备用。用此溶液浸泡粉碎的饼粕，中间搅拌几次，经一昼夜，即可饲用。

这种去毒方法可在油脂厂棉籽加工过程中、饲料厂或饲养场进行。

3. 碱处理法

可用 2％的熟石灰水溶液、1％的氢氧化钠溶液或 2.5％的碳酸氢钠溶液中的一种，将粉碎的棉籽饼粕浸泡其中 24 h，再用清水冲洗 4～5 遍，也可达到去毒目的。但此法可使饼粕中部分蛋白质和无氮浸出物溶解与流失，从而降低饼粕的营养价值。

4. 水煮脱毒法

将粉碎的棉籽饼粕放在清水中浸泡 1 h 左右，蒸煮，锅盖要压紧盖严，沸后继续煮半小时，冷却后其滤渣作为动物饲料，滤液弃去。这种方法可使棉籽饼粕中 55％～75％的游离棉酚破坏。此法宜在农村和饲养场采用，但缺点是会使饼粕中赖氨酸的有效性大大降低。

5. 分离棉籽色素腺体法

根据棉酚集中于棉籽色素腺体的特点，采用液体旋风分离器，借助高速旋转产生的离心力，将色素腺体完整地分离出来，此法饼粕中的游离棉酚含量低，但技术设备和成本都要求较高。

任务 3　菜籽饼粕的脱毒处理

1. 坑埋法

挖一土坑，坑的大小视原料多少而定，坑内铺放塑料薄膜，将粉碎的菜子饼粕按 1∶1 的比例加水浸泡，然后装进坑内，每立方米可装菜籽饼粕 500～700 kg，装满后，顶部铺塑料薄膜，上埋土 20 cm 以上。埋置 2 个月左右即可饲用。该法脱毒效果达 90％以上。在埋置过程中，菜子饼中蛋白质有一定损失，平均损失率占蛋白质总量的 7.93％。

2. 水浸法

把菜籽饼粕放在水缸里，按饼粕重量的 5 倍加入清水，在 36 h 的浸泡过程中，换水 5 次，脱毒率可达 90％。此法简便易行，但可溶性营养物质损失较多。

3. 氨处理法

将 7％氨水与菜籽饼进行搅拌混匀，料水比为 100∶22，盖盖闷泡 3～5 h，蒸 40～50 min，取出后晒干或炒干。该法脱毒率为 50％左右。

4. 碱处理法

将菜籽饼粕与 14.5％～15.5％的碳酸钠进行搅拌混匀，料水比为 100∶24，其余的处理方法同氨处理法。该法的脱毒率为 60％左右。

5. 硫酸亚铁或硫酸铜处理法

向菜籽饼粕中加入七水硫酸亚铁或五水硫酸铜，以螯合噁唑烷硫酮和异硫氰酸盐等毒素，螯合的毒素不再被动物机体吸收，达到脱毒目的。具体方法同棉籽饼粕铁盐脱毒法。用该法脱毒，可使菜籽饼粕中的异硫氰酸盐下降 60%～70%，噁唑烷硫酮下降 90% 左右。

6. 热喷脱毒法

将原料装入热喷灌内，密封后通入蒸汽，在约 0.2 MPa 压力下，维持 30 min 至 1 h，再加空气至 1 MPa，骤然减压，将物料喷放至捕集器内，经干燥后包装即为成品。

7. 微生物脱毒法

用筛选出的菌株对菜籽饼进行固态发酵，脱毒率可达74%～100%。

单元 3　动物性饲料加工

任务 1　加工鱼粉

目前国内外鱼粉的加工方法较多，主要根据鱼脂肪含量的多少进行加工，分为"高脂鱼"和"低脂鱼"2 种加工工艺，分别采用"湿法"和"干法"。

一、鱼粉的生产流程

鱼粉生产流程如图 3-1 所示。

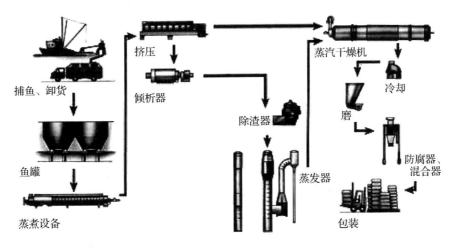

图 3-1　鱼粉生产流程

二、高脂鱼的加工工艺(湿法)

湿法是对脂肪含量较高的鱼粉先进行脱脂，然后再干燥制粉的加工过程。加工工艺流程如图 3-2 所示。

1. 加工工艺

首先用蒸煮或干热风加热，使鱼体组织蛋白质发生变性而凝固，促使体脂分离溶出。然后对固形物进行螺旋压榨，固体部分烘干制成鱼粉。

2. 干燥方法

分为干热风和蒸汽法 2 种。前者吹入干热风的温度因热源形式不同，加热范围在100 ℃～400 ℃；后者使用蒸汽间接加热，干燥速度慢，但鱼粉质量好。

3. 加工的产品

(1)鱼膏　榨出的汁液经酸化、喷雾干燥或加热浓缩制得的产品。鱼膏的原料也可以

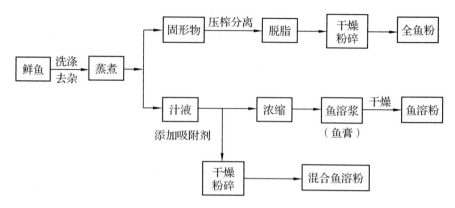

图 3-2　高脂鱼生产鱼粉的加工工艺(湿法)

用鱼类内脏,经加酶水解、离心、去油,再将水解液浓缩制成。

(2)混合鱼溶粉　鱼膏用淀粉或糠麸吸附,再经干燥、粉碎而得到的产品。其营养价值因载体而异。

三、低脂鱼的加工工艺(干法)

干法是对体脂肪相对含量低的鱼及其他海产品的加工过程,一般分为全鱼粉和杂鱼粉2 种。加工工艺流程如图 3-3 所示。

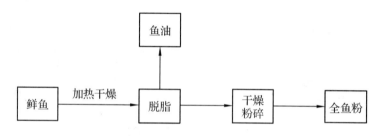

图 3-3　低脂鱼生产鱼粉的加工工艺(干法)

1. 全鱼粉

全鱼粉是对脂肪含量少的鱼进行整体直接加热干燥,失去部分水分后再进行脱脂,固形物经第 2 次干燥至水分含量达 18%,粉碎制成鱼粉。通常每 100 kg 全鱼约可出全鱼粉22 kg。蛋白质含量在 60% 左右。

2. 杂鱼粉

杂鱼粉是将小杂鱼、虾、蟹以及鱼、尾、鳍、内脏等直接干燥粉碎后的产品又称鱼干粉,含粗蛋白质 45%~55% 不等。或在鱼产旺季,先采用盐腌原料,再经脱盐,然后干燥粉碎制得。这种鱼粉往往因脱盐不彻底(含盐 10% 以上),使用不当易造成畜禽食盐中毒。

四、其他的加工方法

1. 离心法

该法适用于各种原料,甚至是不新鲜的原料,制得的鱼粉含油量低,质量好。其设备占地面积小,特别适合装在渔船上,但设备投资费用较大。生产工艺流程如图 3-4 所示。

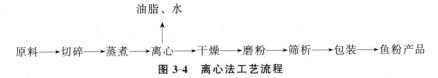

图 3-4　离心法工艺流程

2. 萃取法

该法脱脂彻底，可使鱼粉的含油量下降到 1% 以下，因此鱼油产量高，鱼粉质量好，可用于生产食用鱼粉。但工艺设备较复杂，技术要求高。生产工艺流程如图 3-5 所示。

油脂、水

原料——→切碎——→蒸煮——→萃取——→干燥——→磨粉——→筛析——→包装——→鱼粉产品

图 3-5　萃取法工艺流程

任务 2　加工血粉

目前血粉的生产方法主要由三种：蒸煮法、喷雾干燥法和发酵法。

1. 蒸煮法

此法是传统的生产方法，是将血液加入 0.5%～1% 的生石灰，搅拌后加热蒸煮成乳块，然后压榨脱水并干燥、粉碎而成。该法生产的血粉血腥味较重，适口性差，蛋白质、氨基酸的消化率较差，营养价值较低。

2. 喷雾干燥法

此法是将血液经搅拌脱去纤维蛋白，然后喷入雾化室形成雾滴，进入干燥塔与热空气进行热交换脱水后，干燥、粉碎而成。此法生产的血粉可消化性较好，但适口性仍然不佳。该工艺耗能大，由于去除了纤维蛋白，产品产出率较低。

3. 发酵法

此法是将动物血液与透气性好的辅料以一定比例混合，介入特定的菌种，堆积发酵，然后干燥粉碎而成。此法生产的血粉由于将血中的蛋白质分解转化形成了菌体蛋白，在不同程度上改善了传统法制造血粉的营养缺陷。发酵血粉由于投入低、耗能少，被公认为饲用血粉开发的一个方向。

任务 3　加工羽毛粉

由于羽毛蛋白为角蛋白，畜禽消化率很低，因此，羽毛粉的生产中必须经过一定的处理使其分解，以提高羽毛蛋白的营养价值。羽毛粉目前主要有下列几种加工方法。

1. 高压水解法

此法是将收集的羽毛清洗后，装入水解罐中，在高温（115 ℃～200 ℃）高压（206.8 kPa）条件下水解 0.5～1 h，然后经回旋烘干、粉碎而成。此法主要依靠水解过程中时间、压力、温度的控制来破换羽毛角蛋白质稳定的空间结构，使其变成易消化的可溶性蛋白，但由于水解后二硫键断裂，会使胱氨酸的含量减少。

2. 酸（碱）水解法

此法是将羽毛清洗干净后，浸入一定浓度的酸（盐酸）或碱（氢氧化钠）中，加热水解至用手轻易拉断羽毛为止，此后用水冲洗中和酸（碱）、干燥、粉碎而成。酸（碱）水解过程可破坏角质蛋白的二硫键，使羽毛蛋白分解成易消化吸收的状态。此方法在操作中要注意酸（碱）的浓度和处理时间。时间处理过长反而会降低蛋白质和氨基酸的消化率。

3. 酶解法

此法是用蛋白酶在适宜条件下将羽毛处理一定时间后干燥、粉碎制成羽毛粉的一种方法。经过酶的作用可裂解角蛋白的双硫键，从而提高其消化率，因此，一般认为此法生产的羽毛粉生物学效价较高，但国内外对此类方法的争议较大，未见有实质性报道和产业化产品。

4. 膨化法

此法是采用膨化机对羽毛进行膨化处理，破坏角质蛋白的牢固空间结构，二硫键断裂。角质蛋白纤维变成较小的蛋白质亚单位和线状排布的肽链群，易被动物消化吸收。膨化法是国内外刚开始的新技术，其优点是设备少，投资低，加工成本大大降低，氨基酸破坏少，消化率高，生产过程中无环境污染。

模块2　青粗饲料加工

单元1　青绿饲料加工

任务1　物理加工青饲料

1. 切碎

青饲料经切碎后便于采食、咀嚼，减少浪费，有利于和其他饲料均匀混合。切碎的长度可依家畜种类、饲料类别及老嫩状况而异。用于喂猪，可将青料切成长1～2 cm；用于喂禽类，可将青料切成1 cm以下；用于喂牛，可不切青料。若是块根、块茎、瓜类饲料，可切成小块、小片或小粒。铡草机、切碎机见图3-6。

2. 打浆

方法是：在打浆机内放一些清水后开动机器，将切碎的青饲料慢慢放入机槽内（料、水比一般为1∶1），打成浆后，打开出口，使浆体流入贮料池内，为提高浆体的稠度，可将其过滤。滤渣投喂动物，滤液倒入机槽内，代替部分水而重复使用。打浆机见图3-7。

图3-6　铡草机、切碎机

图3-7　打浆机

3. 闷泡和浸泡

对带有苦涩、辛辣或其他异味的青饲料，可用冷水浸泡和热水闷泡4～6 h后，去掉泡水，再混合其他饲料饲喂家畜，这样可以改善适口性，软化纤维素，提高利用价值。但泡的时间不宜过长，以免腐败或变酸。

4. 发酵

利用有益微生物(如酵母菌、乳酸菌)在适宜的温度、湿度下进行繁殖，从而软化或破坏细胞壁，产生菌体蛋白质和其他酵解产物，把青饲料变成一种具有酸、甜、软、熟、香的饲料。经发酵可改善饲料质地或不良气味，并可避免亚硝酸盐及氰氢酸中毒。

5. 热煮

一些含毒的青饲料喂前必须经蒸煮。如马铃薯生喂时，其中的龙葵素就会引起家畜呕吐、消化障碍、便秘和下痢，孕畜食后可导致流产；草酸含量高的野菜类，经加热可将草酸破坏，从而提高干物质及无氮浸出物的消化率，同时也有利于钙的吸收和利用。方法是：将青饲料切成 2～5 cm 长，置于加热容器中，加适量的水，而后加热，一般以煮开时为止，将其过滤，弃去滤液，用滤渣饲喂动物。

任务2　调制及贮藏青干草

一、调制方法

(一)自然干燥法

1. 地面干燥法

(1)适时收割　豆科类牧草以开花初期到盛花期收割为最好；禾本科类牧草一般应以抽穗初期至开花初期收割为宜。

(2)晒制　先薄层平铺暴晒，使水分降至50%左右；再用搂草机(见图3-8)或人工把草搂成垄，继续干燥，使其含水量降至35%左右；最后用集草器(见图3-9)或人工集成小堆干燥，经 1～2 d 晾晒后，就可以调制成含水量为15%左右的优质青干草，见图3-10。

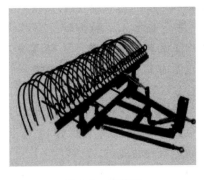

图 3-8　搂草机　　　　　　　　　　　图 3-9　集草器

2. 草架干燥法

该方法适于湿润或时逢雨季的地区，见图3-11。

(1)草架的准备　草架可用树干或木棍搭成，也可采用铁丝作原料，可以是三角形的，也可以是长方形的。

图 3-10　地面干燥

图 3-11　草架干燥

（2）干燥方法　将割下的草在田间晒至水分达 45%～50%，将草一层一层放置于草架上，放草时要由下而上逐层堆放，或打成直径 10～20 cm 的小捆。草的顶端朝里，堆成圆锥形或房脊形。堆草应蓬松，厚度不超过 70～80 cm，离地面应有 20～30 cm，堆中应留通道，以利空气流通。牧草堆放完毕后，将草架两侧牧草整理平顺，让雨水沿其侧面流至地表，减少雨水浸入草内。

3. 发酵干燥法

将已割下的青草晾晒风干，使水分减少到 50% 左右，然后分层堆积。牧草依靠自身呼吸和细菌、霉菌活动产生的热量，并借助通风将饲草的水分蒸发使之干燥。为防止发酵过度，应逐层堆紧，每层可撒上约为饲草重量 0.5%～1% 的食盐。发酵干燥需 1～2 个月方可完成，也可适时把草堆打开，使水分蒸发。这种方法养分损失较多，故多在阴雨连绵时采用。

4. 低温冷冻干燥法

先调节牧草和饲料作物的播种期，使其在霜冻来临时进入孕穗至开花期。在霜冻后的 1～2 周内进行刈割，将刈割后的牧草铺于地面冻干脱水，不需翻转，当其含水量下降至 20% 以下时，即可拉运堆垛。此方法即避开了雨季的影响，又避开了打草季节劳动力不足的矛盾，而且调制的冻干草适口性好，色绿味正，有利于叶片、花序和胡萝卜素的保存。

（二）人工干燥法

1. 常温通风干燥法　先建一个干燥草库，库房内设置大功率鼓风机若干台，地面安置通风管道，管道上设通气孔，需干燥的青草，经刈割压扁后，在田间干燥至含水量 35%～40% 时运往草库，堆在通风管上，开动鼓风机完成干燥。

2. 低温烘干法　先建造饲料作物干燥室，设置空气预热锅炉、鼓风机和牧草传送设备；用煤或电作能量将空气加热到 50 ℃～70 ℃ 或 120 ℃～150 ℃，利用鼓风机将热气流吹入干燥室；利用热气流经数小时处理完成干燥。浅箱式干燥机日加工能力为 2 000～3 000 kg 干草，传送带式干燥机每小时加工 200～1 000 kg 干草。

3. 高温快速干燥法　利用高温气流（温度为 800 ℃～1 000 ℃），将饲料作物水分含量在数分钟甚至数秒内降到 14%～15%，见图 3-12。

图 3-12　高温快速干燥

（三）不同调制方法对干草营养物质损失的影响（见表 3-2）。

表 3-2　不同调制方法对干草营养物质损失的影响

调制方法	可消化蛋白质的损失（%）	胡萝卜素含量（mg/kg）
地面晒制	20～50	15
架上晒制	15～20	40
机械烘干	5	120

资料来源：张秀芬主编．饲草饲料加工与贮藏．北京：中国农业出版社，1992.

（四）物理、化学干燥法

1. 压裂草茎干燥法

为使牧草茎叶干燥保持一致，减少叶片在干燥中的损失，常利用牧草茎秆压裂（压扁）机（见图 3-13）先将豆科牧草以及禾本科比较粗壮的茎秆压裂、压扁，然后根据具体情况进行人工或自然干燥，使牧草的含水量下降至 15% 以下。

图 3-13　牧草茎秆压扁机

2. 化学添加剂干燥法

将一些化学物质如碳酸钾、氢氧化钾、长链脂肪酸甲基酯等添加或者喷洒到牧草（主要是豆科牧草）上，经过一定的化学反应破坏茎表面的蜡质层，促进牧草体内水分散失，缩短干燥时间，加速干燥的速度，提高蛋白质含量和干物质产量。

二、青干草贮藏和管理

（一）青干草的贮藏

1. 散干草的堆藏

（1）露天堆垛（见图 3-14）

场址的选择：长期保藏的草垛，垛址应选择在地势高而平坦、干燥、排水良好，雨、雪水不能流入垛底的地方。距离畜舍不能太远，以便于运输和取送，而且要背风或与主风向垂直，以便于防火。同时，为了减少干草的损失，垛底要用木头、树枝、老草等垫起铺平，高出地面 40～50 cm，还要在垛的四周挖深 30～40 cm 的排水沟。

堆垛方法：一般堆成圆形或长方形草垛。草垛的大小视具体情况而定。堆垛时，第一层先从外向里堆，使里边的一排压住外面的稍部。如此逐排向内堆排，成为外部稍低，中间隆起的弧形。每层 30～60 cm 厚，直至堆成封顶。含水量高的草应当堆放在草垛上部，过湿的干草应当挑出来，不能堆垛。草垛收顶应从堆到草垛全高的 1/2～2/3 处开始。为了减少风雨损害，长草垛的窄端必须对准当地主风向。干草堆垛后，一般用干燥的杂草、麦秸或薄膜封顶，垛顶不能有凹陷和裂缝，以免进雨、蓄水。草垛的顶脊必须用绳子或泥土封压坚固，以防大风吹刮。

堆大垛时，为了避免垛中产生的热量难以散发以及自燃现象的发生，干草含水量一定要在 15% 以下，还应在堆垛时每隔 50～60 cm 垫放一层硬秸秆或树枝，以便于散热。

（2）草棚堆藏（见图 3-15）

在气候湿润或条件较好的牧场和农户应建造干草棚或青干草专用贮存仓库，避免日晒雨淋。草棚应建在离动物圈舍较近、易管理的地方，要有一个防潮底垫。堆草方法与露天堆垛基本相同。堆垛时干草和棚顶应保持一定距离，有利于通风散热，也可利用空房或房前屋后能遮雨地方贮藏。

图 3-14   散干草露天堆藏

图 3-15   草棚堆藏

2. 压捆青干草的贮藏

散干草体积大，为便于装卸和运输，将损失降至最低限度并保持青干草的优良品质，生产中常把青干草压缩成长方形或圆形的草捆（见图 3-16），长方形草捆规格一般为 35 cm×45 cm×85 cm，每捆 30～50 kg，每立方米干草捆重 210～400 kg。草捆垛的大小，可根据贮存场地加以确定，一般长 20 m，宽 5～5.5 m，高 18～20 层（见图 3-17）。具体堆垛方法如下：

图 3-16　压捆机

图 3-17　压捆干草贮藏

(1)底层草捆应该将宽面相互挤紧，窄面向上，整齐铺平，不留通风道；

(2)其余各层堆平窄面在侧，宽面在上下方向；

(3)从第二层开始每层中设置宽 25～30 cm 的通风道，在双数层开纵通风道，在单数层开横通风道，通风道的数量多少根据干草的水分确定；

(4)上层草捆之间的接缝应该和下层草捆间接缝错开；

(5)干草捆的草垛壁垂直堆至八层高；第九层的边缘突出于第八层之外，作为遮檐；第十层至最上层逐渐缩进，堆成阶梯状的双斜面垛顶；

(6)垛顶用麦秸盖顶，并设法压住。

(二)青干草的管理

1. 为了保证垛藏青干草的品质和避免损失，对贮藏的青干草要指定专人负责检查和管理，应注意防水、防潮、防霉、防火、人为破坏，更要注意防止老鼠类动物的破坏和污染。

2. 堆垛初期，定期检查，如果发现有漏缝，应及时加以修补。

3. 如果垛内的发酵温度超过 45 ℃～55 ℃时，应及时采取散热措施，否则干草会被毁坏，或有可能发生自燃着火。散热办法是用一根粗细和长短适当的直木棍，前端削尖，在草垛的适当部位打几个通风眼，使草垛内部降温。

三、青干草的品质鉴定

1. 刈割时期

牧草刈割时期是否适宜，可通过干草的颜色、气味、叶片和花序的多少、质地是否柔软、杂草和有毒有害植物的种类等项指标综合分析评定。

2. 植物学组成

如禾本科和豆科干草所占的比例高，则表示植物学组成优良。干草中豆科牧草的比例超过 50％为优等；禾本科及杂草占 80％以上为中等；有毒杂草含量在 10％以上为劣等。

3. 叶片和花序保有量

鉴定时取一束干草，观察叶片的占有量，青干草的叶片保有量在 75％以上为优等；在 50％～75％为中等；低于 25％的为劣等。

4. 水分含量

制成的干草含水量一般在 14％～18％。常用的测定方法是：

(1)取一束干草用力拧扭，如草束可拧成绳，又不见水滴下，其水分含量为 40％左右。

(2)将一束干草贴近脸颊，不觉凉爽也不觉湿热；或轻轻摇动干草，可听到清脆的沙沙声；揉卷折叠不脆断，松开后干草不能很快自动松散，这样的干草水分含量在14%～18%左右。

5.病虫害的感染情况

鉴定时可观察干草穗上是否有黄色或黑色的斑纹、小穗上是否有煤烟状的黑色粉末，严重时还可闻到腥味。

6.评定等级

(1)优等 色泽青绿，香味浓郁，没有霉变和雨淋。

(2)中等 色泽灰绿，香味较淡，没有霉变。

(3)较差 色泽黄褐，无香味，茎秆粗硬，有轻度霉变。

(4)劣等 霉变严重。

四、青草粉、草粒、草块的加工

(一)青草粉的加工

1.青草粉的加工工艺

生产青草粉的工艺流程一般分为：收割、切短、干燥、粉碎、包装和贮运，如图3-18所示。

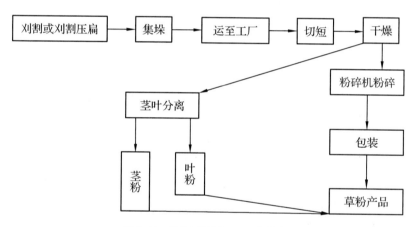

图 3-18 青干草粉加工工艺流程

(1)收割 青干草粉的质量与原料的收割期有很大的关系，务必在营养价值最高的时期进行收购。一般豆科牧草第一次收割应在孕蕾初期，以后各次收割应在孕蕾末期；禾本科牧草不迟于抽穗期。

(2)切短 切短在牧草草粉生产过程中是将收获的牧草进行简单加工，有利于再加工的充分粉碎；有的生产过程不进行切短，而是将收割后的牧草自然干燥后，直接进行粉碎。

(3)干燥 草粉生产中最好用人工干燥法或混合脱水干燥法。混合脱水干燥法是将收割后的新鲜牧草在田间晾晒一段时间，待牧草的含水量降至一定水平，将其直接运送到牧草加工厂进行后续干燥；人工干燥是将切短的牧草放入烘干机中，通过高温空气，使牧草迅速脱水。

(4)粉碎 粉碎是草粉加工中的最后也是最重要的一道工序，对草粉的质量有重要影响，因此，技术要求比较高。牧草经粉碎后，增大了饲料暴露表面积，有利于动物消化和吸收。

2. 青草粉的贮藏

(1)为了保证质量，可以把青草粉放在惰性气体中贮藏，并用抗氧化剂处理或制成颗粒。

(2)粉状青草粉可掺入 0.5%～1%的可食油脂，以免草粉飞扬造成损失。

(3)为便于贮藏和运输，最好压成颗粒或草块(颗粒或草块容重为 560～680 kg/m³，而草粉容重为 250 kg/m³)。

(4)为避免草粉中胡萝卜素不受光线照射及高温影响而被破坏，可采用干燥低温贮藏(含水量为 13%～14%时，温度要求在 15 ℃以下；含水量为 5%左右时，温度在 10 ℃以下)。

(5)贮藏青草粉的库房应保持干燥、凉爽、避光、通风，要注意防火、防潮、灭鼠及其他酸碱、农药等造成的污染。

(二)草粒的加工

为了减少青草粉在贮藏和运输过程中的损失，生产中常把青草粉压制成草粒。

1. 以新鲜苜蓿为原料的制粒工艺

刈割——→晾晒至含水量为 40%～60%——→用粉碎、打浆两用打浆机打浆(或粉碎)——→加入添加剂——→混合——→制粒——→晾晒(或烘干)——→含水量达 15%左右——→包装运输

2. 以青草粉为原料的制粒工艺

刈割——→烘干——→粉碎——→制粒——→包装运输

3. 干草块的加工

该方法就是将碎干草用干草压块机压制成的高密度草块。

例如 9KU-650 型干草压块机的制块工艺是：将碎干草切成 3～5 cm，加入适量水分(约 30%)，送入输送装置，搅拌均匀，送入喂入装置，进入主机压块室内挤压成方形草柱，再用切刀切成草块。草块规格为 30 mm×30 mm×(40～50)mm，密度为 0.6～1.0 g/cm³。压块过程中还可以根据家畜需要，添加尿素、矿物质及各种添加剂。草块具有保鲜、防潮、防火及促进草产品流通出口的优点。

任务 3　调制青贮饲料

一、一般青贮调制方法

(一)一般青贮原理

在厌氧条件下，饲料中乳酸菌发酵糖分产生乳酸，当积累到足以使青贮物料中的 pH 下降到 3.8～4.2 时，则青贮料中所有微生物过程都处于被抑制状态，从而使饲料的营养价值得以长期保存。

(二)一般青贮的关键技术条件

1. 厌氧(切短、压实、密封)。

2. 一定的湿度(原料含水量 60%～75%)。

3. 一定的温度(17 ℃～39 ℃)。

4. 含有一定数量的可溶性糖(适宜的可溶性碳水化合物含量应大于 12%)。

（三）青贮设备

1. 贮存设备

（1）青贮窖（见图3-19）。

呈圆形或方形，以圆形居多，可用混凝土建成。要求内壁光滑，不透气，不漏水。圆形窖做成上大下小，便于压紧，长形青贮窖窖底应有一定坡度，以利于取用完的部分雨水流出。青贮窖容积：一般圆形窖直径2 m，深3 m，直径与窖深之比以1∶(1.5～2.0)为宜；长方形窖的宽深之比为1∶(1.5～2.0)，长度根据家畜头数和饲料多少而定。

青贮窖的主要优点是造价较低，可大可小，能适应不同生产规模，比较适合我国农村现有生产水平。青贮窖的缺点是贮存损失较大（尤以土窖为甚）。

（2）青贮壕　我国常用的有地下式、半地下式（壕）和地上式几种，见图3-20。

图3-19　青贮窖

图3-20　青贮壕

青贮壕建筑要求：宜建在地势高而平坦、水位较低的地方。

青贮壕常用规格：长60 m、宽6～8 m、深3～3.5 m，容积1 080 m³，每壕可贮整株玉米750 000kg。

（3）立式青贮塔（见图3-21）。

青贮塔是由混凝土、钢铁或木头建造成的圆柱形建筑，适用于机械化水平高、饲养规模较大、经济条件较好的饲养场。青贮塔直径4～6 m，高13～15 m，塔内每立方米可容纳650～700 kg青贮原料。塔顶有防雨设备，塔身一侧每隔2～3 m留一个60 cm×60 cm的窗口，装料时关闭，用完后开启。原料由机械吹入塔顶落下，塔内有专人踩实。饲料由塔底层取料口取出。

（4）塑料袋青贮

①小型"袋式青贮"：采用质量较好的塑料薄膜制成袋，装填青贮原料，袋口扎紧，堆放在畜舍内，使用很方便。小型袋宽一般为50 cm，长80～120 cm，每袋装40～50 kg（见图3-22）。

②大型"袋式青贮"：特别适合于苜蓿、玉米秸秆、高粱等大批量青贮（见图3-23）。该技术是将青贮原料切碎后，采用袋式灌装机械将原料高密度地装入由塑料拉伸膜制成的专用青贮袋，在厌氧条件下，完成青贮发酵过程。此技术可青贮含水率高达60%～65%的饲草，一个33 m长的青贮袋可灌装近100 t饲草。灌装机灌装速度可高达每小时60～90 t。

图 3-21　青贮塔　　　　　　　　　　图 3-22　青贮袋

(a)　　　　　　　　　　　　(b)

(c)　　　　　　　　　　　　(d)

图 3-23　大型"袋式青贮"

2. 切碎设备

切碎的工具多种多样，有切碎机、自走式收割机(见图 3-24)和牵引式收割机(见图 3-25)。无论采取何种切碎措施均能提高装填密度，目前自走式收割机应用较多，收割效率高，但一次性投资大。农户养牛制备青贮饲料时，也可采用铡草机将青贮饲料原料切碎。

图 3-24　自走式收割机　　　　　　　　图 3-25　牵引式收割机

（四）一般青贮调制的方法步骤

1. 选择好的青贮原料并适时收割

易于青贮的原料：禾本科作物及牧草。全株玉米应在霜前蜡熟期收割（见图3-26），收果穗后的玉米秸秆，应在果穗成熟后及时抢收茎秆作青贮；禾本科牧草以抽穗期收割为好。

不易成功的原料：豆科作物及牧草。如苜蓿，以开花初期收获为好。此类原料在制作青贮时，可以添加糖蜜，或与含糖量高的青贮原料混贮。

图3-26　全株玉米的适时收割时期

2. 适度切碎（见图3-27）

切碎的程度取决于原料的粗细、软硬程度、含水量、饲喂家畜的种类和铡切的工具等。对于牛、羊等反刍动物来说，禾本科和豆科牧草及叶菜类等切成2～3 cm，玉米和向日葵等粗茎植物切成0.5～2 cm，柔软幼嫩的植物也可不切碎或切长一些。对猪、禽来说，各种青贮原料均应切得越短越好。

 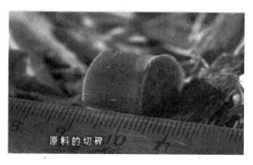

图3-27　原料的切碎

3. 控制原料含水量

玉米、高粱和牧草青贮的适宜含水量为60％～75％。过高或过低应进行调节。青贮原料中含水过高，可混入干草、秸秆或糠麸等干料，也可在收割后进行短期晾晒使之萎蔫；水分含量低时，可在青贮时喷入适量水分，或加入一定量的青绿多汁饲料。

干饲料添加量可按下列公式计算：

$$D=(A-B)/(B-C)\times100$$

式中：A——青贮原料的含水量(%)；

　　　B——混合要求的理想含水量(%)；

　　　C——拟添加干饲料的含水量(%)；

　　　D——每 100 千克原料应添加干饲料的重量(kg)。

4. 装填

青贮前，应将青贮设施清理干净，容器底可铺一层 10～15 cm 切短的秸秆等软草，以便吸收青贮汁液。窖壁四周衬一层塑料薄膜，以加强密封和防止漏气渗水。装填时应边切边填，逐层装入，时间不能延长，速度要快。一般小型容器当天完成，大型容器 2～3 d 内装满压实。

5. 压实和密封(见图 3-28、图 3-29)

图 3-28　压实　　　　　　　　　　　　图 3-29　密封

小型青贮容器可人力踩踏，大型青贮容器则用履带式拖拉机来压实。用拖拉机压实要注意不要带进泥土、油垢、金属等污染物，压不到的边角可人力踩压。青贮原料应装填至高出青贮窖或青贮壕沿 30～60 cm 处进行密封，先在原料的上面盖一层 10～20 cm 切短的秸秆或牧草，再覆上塑料薄膜，最后覆上 30～50 cm 的土，踩踏成馒头形或屋脊形，以免雨水流入窖内。

6. 管护

在密封覆土后，要注意后期管护。在青贮窖四周挖好排水沟，防止雨水渗入；注意覆土层变化，发现流失、下陷或裂纹及时加土修补；注意鼠害，发现老鼠盗洞要及时填补；我国南方多雨地区应在青贮窖或青贮壕上搭棚；在青贮窖、青贮壕周围设置围栏，防牲畜践踏，踩破覆盖物。

二、半干青贮调制方法

1. 半干青贮原理

青饲料刈割后，经风干使水分降到 45%～55%时，植物细胞的渗透压达到 5 573～6 080 kPa，造成腐败菌、酪酸菌及乳酸菌等多种微生物生理干燥状态，使其生长繁殖受限，达到保存饲料的目的。

2. 半干青贮的技术要点

(1)饲料原料含水量　控制在 45%～55%。

(2)高度厌氧　原料应切碎、压实、密封。

(3)选用优质的原料　如豆科牧草。

3. 半干青贮的制作方法

原料收割后不立即切碎，就地推开晾晒，晴朗的天气一般晾晒 24～36 h，使水分降到

45%～55%（豆科草为55%，禾本科草为45%），然后收集，收集后切碎（或压捆）并装入密闭容器中，其余各步骤与一般青贮过程相同。见图3-30、图3-31。

图3-30 半干青贮(牧草)

图3-31 一般青贮(秸秆)

4. 半干青贮饲料的特点

半干青贮过程中微生物发酵微弱，蛋白质分解少，有机酸形成量少，碳水化合物损失少，干物质含量比一般青贮多一倍以上，有效能值、粗蛋白质、胡萝卜素的含量较高，具有果香味，适口性好。

三、添加剂青贮

在青贮原料中加入适当添加剂制作的青贮称为添加剂青贮。使用青贮添加剂的目的，是为更有效地保存青贮饲料的品质和提高其营养价值，其调制方法同一般青贮。

1. 青贮饲料添加剂的种类

根据添加剂的作用效果，可将其分为五类，见表3-3。

表3-3 青贮添加剂种类

发酵促进剂		发酵抑制剂		好气性变质抑制剂	营养性添加剂	吸收剂
细菌培养物	碳水化合物	酸	其他			
乳酸菌	葡萄糖	无机酸	甲醛	乳酸菌	尿素	大麦
	蔗糖	蚁酸	多聚甲醛	丙酸	氨	秸秆
	糖蜜	乙酸	亚硝酸钠	己酸	双缩脲	稻草
	谷类	乳酸	二氧化硫	山梨酸	矿物质	聚合物
	乳清	安息香酸	硫代硫酸钠	氨		甜菜粕
	甜菜粕	丙烯酸	氯化钠			班脱土
	橘渣	羟基乙酸	二氧化碳			
		硫酸	二硫化碳			
		柠檬酸	抗生素			
		山梨酸	氢氧化钠			

2. 常用青贮添加剂的使用

（1）乳酸菌制剂　目前主要使用的菌种有植物乳杆菌、肠道球菌、戊糖片球菌及干酪乳杆菌。一般每100 kg青贮原料中加入乳酸菌培养物0.5 L或乳酸菌剂450 g，使青贮原料中乳酸菌混合菌群落数达到 105 个/g DM。因乳酸菌添加效果不仅与原料中可溶性糖含量有关，而且也受原料缓冲能力、干物质含量和细胞壁成分的影响，所以乳酸菌添加量也要考虑乳酸菌制剂种类及上述影响因素。

(2)糖类和富含糖分的饲料　青贮原料中的可溶性糖含量要求在 2％以上，当原料中可溶性糖分不足时，添加糖和富含糖分的饲料可明显改善发酵效果。糖蜜是制糖工业的副产品，一般糖蜜添加量为原料重量的 1％～3％，葡萄糖、谷类和米糠类等的添加量分别为 1％～2％、5％～10％和 5％～10％，在装填原料时分层均匀地混入即可。

(3)发酵抑制剂

① 无机酸：因其对青贮设备、家畜和环境不利，目前使用不多。

② 甲酸：因其能快速降低 pH、抑制原料呼吸作用和不良细菌的活动，目前应用较多。甲酸一般添加量为湿重的 0.3％～0.5％，但是由于干物质含量的原因，中等水分(65％～75％)原料的添加量要比高水分(75％以上)原料多，其添加量应增加 0.2％左右。

③ 甲醛：能抑制青贮过程中各种微生物的活动。甲醛的一般用量为 0.7％，如同时添加甲酸和甲醛(1.5％的甲酸和 1.5％～2％的甲醛)效果更好。用此法青贮含水量多的幼嫩植株茎叶效果最好。

(4)好气性变质抑制剂　有乳酸菌制剂、丙酸、己酸、山梨酸和氨等。对牧草或玉米添加丙酸调制青贮饲料时，单位鲜重添加 0.3％～0.5％时有效，而增加到 1.0％时效果更明显。

(5)营养性添加剂　氨水和尿素是较早用于青贮饲料的一类添加剂，适用于青贮玉米、高粱和其他禾谷类。添加后可增加青贮饲料的粗蛋白含量，抑制好氧微生物的生长，而对反刍家畜的食欲和消化机能无不良影响。青贮时尿素用量一般为 0.3％～0.5％。

四、高水分谷物青贮

1. 方法

谷物籽实饲料贮藏的适宜含水量为 25％～30％。贮藏过程与青贮过程基本相同，将收获后的籽粒或果穗粉碎，装入青贮窖中，厌氧贮藏，这种方法贮藏时间长，可达 3 年以上，目前国外应用较多的是高水分玉米籽粒和大麦籽粒青贮。

2. 优点

高水分谷物青贮营养成分损失少，一般损失 3％～5％，且成本低，还可提高籽实饲料的适口性和营养成分的利用率。高水分玉米籽粒青贮对于牛的营养价值高于或等于干燥玉米。此外，高水分玉米籽粒青贮也可以饲喂猪和肉鸡。

单元 2　粗饲料加工

草食家畜对秸秆有特殊的消化能力，所以秸秆是其重要的饲料来源。但由于秸秆的营养价值低、消化率低等限制因素的存在，如用秸秆直接饲喂家畜，家畜从中获得可消化营养物质很少。因而常常需要对秸秆饲料进行适当的物理、化学和生物学等加工处理，以提高其饲用价值。

任务1　物理性加工秸秆类饲料

1. 切短

秸秆和其他农副产品都可以用铡草机切短，切短的程度视家畜种类而定。一般牛为3～4 cm，马属动物为2～3 cm，羊为1.5～2.5 cm。

2. 磨碎

（1）目的　对粗饲料磨碎，可减少动物咀嚼时能耗，增加采食量，提高消化率。

（2）磨碎程度　磨碎细度要适宜。若用于反刍动物，细度以能通过0.7 cm的筛孔直径为宜。如用作猪禽配合饲料的干草粉，要粉碎成面粉状，以便充分搅拌，喂猪的草粉粒度应以通过0.2～1 mm直径的筛孔为宜。

3. 浸泡

（1）目的　浸泡的主要目的是软化秸秆，提高适口性，便于家畜采食，并可清洗掉秸秆上的泥土等杂物，同时可改善饲料采食量和消化率。

（2）方法　是在100 kg水中加入食盐3～5 kg，将切碎的秸秆分批在桶或池内浸泡24 h左右。浸泡的秸秆在饲喂前最好用糠麸或精料调味，每100 kg秸秆可加入糠麸或精料3～5 kg，如果再加入10%～20%优质豆科或禾本科干草、酒糟、甜菜渣等效果更好，但切忌再补饲食盐。

4. 蒸煮

蒸煮是一种较早调制秸秆的方法。

（1）目的　蒸煮可以降低纤维素的结晶度，软化秸秆，增加适口性，提高消化率等。

（2）方法　可采用加水蒸煮法和通气蒸煮法处理秸秆。

5. 膨化（见图3-32）

图3-32　秸秆膨化机及饲料样品

（1）膨化原理　将秸秆、秕壳饲料置于密闭的容器内，加热加压，然后突然解除压力，使其暴露在空气中膨胀，从而破坏秸秆中的纤维结构并改变某些化学成分，使秸秆等饲料变为饲用价值较高的饲料。

（2）优缺点　膨化后的秸秆有香味，家畜非常喜食。但是，该项处理技术需要专门的设备投入，且能源消耗较大，处理成本较高，因此，目前在生产上难以推广应用。

6. 热喷

（1）热喷的含义　是将粉碎后的秸秆投入压力罐内，经短时间低、中压蒸汽处理，然后喷放，以改变其物理结构，成为较优质饲料。经热喷处理后的秸秆饲料，消化吸收率有一定提高。

（2）热喷工艺流程　原料经铡草机切碎，装入贮料罐内，经进料漏斗，被分批装入安装在地下的压力罐内。将其密封后通入 0.5～1.0 MPa 的低中压蒸汽（蒸汽由锅炉提供并由进气阀控制），维持一段时间（1～30 min）后，控制排料阀，进行减压喷放，秸秆经排料管进入卸料灌，喷放出的秸秆可直接饲喂或压制成型。

7．揉切（见图 3-33）

揉切是对玉米秸秆较理想的物理性处理方法。为方便反刍家畜对玉米秸秆的采食，一般将玉米秸秆揉碎。

技术措施：将玉米秸秆压扁并切成细丝，切丝后揉搓，破坏其表皮结构，大大增加了水分蒸发面积，使秸秆 3～5 个月的干燥期缩短到 1～3 d，有效保留了秸秆中的养分。

图 3-33　秸秆揉碎机及饲料样品

8．压块、制粒

压块、制粒是将秸秆经铡切、混料、高温高压轧制而成，其养分浓度较高，适于作牛、羊饲料，便于运输和贮存。压块饲料的突出优点是，经过熟化工艺将饲料由生变熟，可添加钙等矿物元素，有焦香味，无毒无菌。见图 3-34、图 3-35。

图 3-34　秸秆压块机

图 3-35　秸秆制粒机

压块饲料的生产工艺流程：秸秆的干燥──→干秸秆机械处理（压裂切碎或揉碎）──→供料至混料机──→添加营养和非营养性添加剂──→混合调质──→压制成型──→冷却除湿（降温──→干燥）──→计量包装──→成品。

任务 2　化学性加工秸秆类饲料

一、氢氧化钠处理法

1. "湿法"碱化处理（见图 3-36）

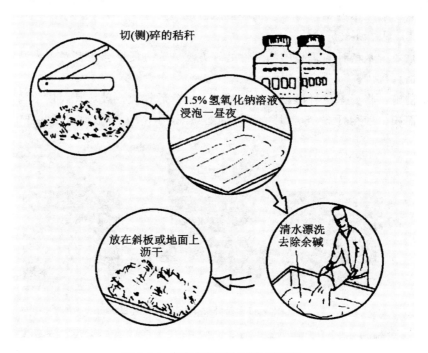

切（铡）碎的秸秆

1.5% 氢氧化钠溶液
浸泡一昼夜

放在斜板或地面上
沥干

清水漂洗
去除余碱

图 3-36　氢氧化钠"湿法"处理秸秆

（1）方法　将秸秆浸泡在 1.5% 的氢氧化钠溶液中，碱溶液和秸秆的比例为 10∶1。在室温下浸泡 24～48 h，捞出秸秆，沥去多余的碱液，再用清水反复漂洗，即可饲喂。

（2）优缺点　优点：可提高饲料消化率 25% 以上，效果显著；有芳香味，适口性好；缺点：在清水冲洗过程中，有机物及其他营养物质损失较多，污水量大并需要净化处理，否则会污染环境。因此这个方法没有得到广泛的应用。

2. "干法"碱化处理（见图 3-37）

（1）方法　用氢氧化钠溶液喷洒秸秆，每 100 kg 秸秆用 1.5% 的氢氧化钠溶液 30 L，随喷随拌，此种方法堆积数日后不经冲洗，直接喂饲反刍家畜，由于不经过浸泡被称为"干法"。

（2）优缺点　优点：处理后秸秆的消化率可提高 12%～20%，且不需用清水冲洗，可减少有机物的损失和对污水的处理，并便于机械化生产；缺点：奶牛长期喂用这种碱化饲料，其粪便中钠离子增多，还田后对土壤有一定的影响，长期使用会使土壤碱化。

二、石灰处理法

1. 石灰水浸泡法（见图 3-38）

（1）配制 1%～3% 的石灰水溶液　秸秆与石灰水的比例一般为 1∶（2～2.5），配制时，先用少量的清水将石灰溶解，然后再加水至全量，搅拌均匀后，滤去杂质即可使用。为提高处理效果，可以在石灰水中加入占秸秆重 1%～1.5% 的食盐。

图 3-37 氢氧化钠"干法"处理秸秆

（2）浸泡 将秸秆切成 2～3 cm 长，置于配制好的石灰水澄清液中，浸泡 24 h。浸泡后，把秸秆捞出，放在倾斜的木板上，滤去残液，不需用清水冲洗即可饲喂家畜。

（3）优缺点 优点：用过的石灰水可以继续使用 1～2 次；缺点：用水量较大，污水需处理。

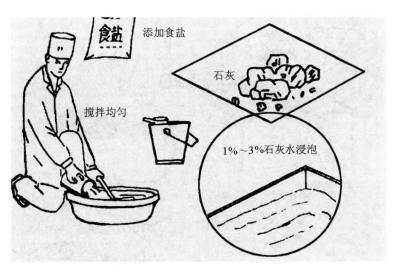

图 3-38 石灰水浸泡法

2. 生石灰喷粉法（见图 3-39）

（1）将切碎秸秆的含水量调至 30%～40%。

（2）按秸秆（干物质）重的 6%，将生石灰粉均匀地撒在湿秸秆上，使其在潮湿的状态下密封 6～8 周，取出后即可饲喂。

（3）或按 100 kg 秸秆加 3～6 kg 生石灰拌匀，放适量水以使秸秆浸透，然后在潮湿的状态下保持 3～4 昼夜，即可取出饲喂。

（4）用此种方法处理的秸秆饲喂家畜，可使秸秆的消化率达到中等干草的水平。

图 3-39 生石灰喷粉法

三、氢氧化钠与石灰混合处理

氢氧化钠与石灰混合处理见图 3-40。

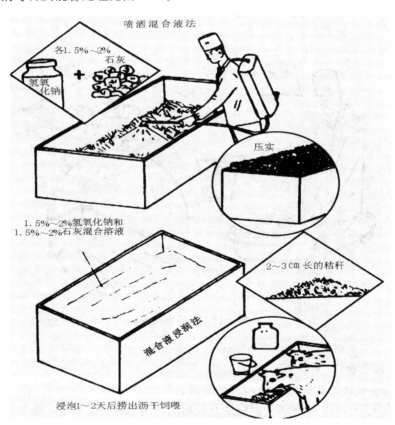

图 3-40 氢氧化钠与石灰混合处理

(1)方法 将秸秆铡成 2~3 cm，放入盛有 1.5%~2%氢氧化钠和 1.5%~2%石灰水混合液的碱化池内，料水比为(2~3)∶1，浸泡 1~2 d。捞出秸秆沥去残液，放置一周，即可饲喂。或用 1.5%～2% 氢氧化钠和 1.5%～2% 生石灰混合液对秸秆进行分层喷洒，边喷洒边压实，经 7～8 d 后即可完成。

（2）优缺点　优点：用该法处理后的秸秆，含氢氧化钠的浓度较低，喂前无须用清水冲洗，饲喂时无须另外补饲食盐，省力、省工、节约实用；缺点：处理后的秸秆饲料矿物质含量不平衡，应注意补磷。

四、氨化法

（一）堆垛氨化法

1. 氨化前的准备

（1）场地及秸秆准备　堆垛场地应选择交通方便、向阳、背风及排水良好的地方，地面要求平整，中部微凹陷，以蓄氨水。秸秆应选择新鲜干净、干燥、无霉变的秸秆进行氨化。根据氨化剂种类不同，适当调节秸秆含水量。

（2）氨化剂及其用量　此法常用的氨化剂是液氨和氨水，其用量见表 3-4。

表 3-4　氨化剂的种类与用量

氨化剂种类	氨水					液氨
	50%	25%	22.5%	20%	17.5%	
用量（占风干重）（%）	8～10	12	13	15	17	3～5

（3）塑料薄膜　选用无毒、抗老化和密封性能好的聚乙烯塑料薄膜，厚度不低于 0.2 mm。薄膜的大小依秸秆垛体积大小而定，一般下铺 6 m×6 m，上盖 10 m×10 m，可氨化长秸秆 1.5 t 或短秸秆 3 t。塑料薄膜的焊接可用 300～500 W 的电熨斗进行，也可用土压实，薄膜及焊接缝口（或压实处）不得有漏气现象。

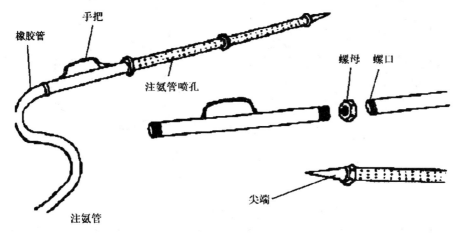

图 3-41　注氨管

（4）注氨管　注氨管是周围有许多小孔的无缝钢管，管径 30 mm，管长 3 m，前段 2 m 管子上有许多 2 mm 的小孔，孔呈螺旋线排列。注氨管常以 3 根为一组使用，注氨管的末端用橡皮软管连接在氨水罐的配管上或氨水罐车上。大垛注无水氨时，可用塑料制的注氨管，按水平 2 m、垂直 0.5 m 的距离，在堆垛时，直接摆在草垛中。如图 3-41 所示。

2. 氨化步骤(见图 3-42)

(1)铺膜 将塑料薄膜就地铺好,将长度方向折叠 3 折置于上风头,余下的 2/5 铺在场地地面上。

(2)堆垛 将铡碎的麦秸、稻草、玉米秸等堆垛在塑料薄膜上,压实,薄膜四周可留出 45～75 cm 的边,用于上下折叠压封。采用氨水处理时,可一次垛到顶,顶部成凸形或脊形,以防积水。用液氨处理时,在堆垛的过程中,可将注氨管置放于垛中,以备注氨。插注氨管时,可先在垛内放置一根木棒,待注氨时抽出木棒插入注氨管。垛好秸秆,盖上塑料薄膜,三面封严。

(3)注氨或喷洒氨水或尿素溶液 氨罐车可停放在堆垛的上风头,将注氨管从未封的一面插入秸秆垛内,可同时用 3 根注氨管插入注氨。注氨完毕,将注氨面上的塑料薄膜对折后用湿土压严或泥抹封严。使用钢瓶时,应将钢瓶卧放,使液阀、气阀上下垂直在一条线上。注入氨水最常用的浓度为 20%～25%,用尿素处理秸秆时,浓度为 1%～2%。每垛 30～50 cm 高,应喷洒 1 次氨水或尿素溶液。

(4)氨化期间的管理 在整个氨化过程中,应加强全程式管理,以防人畜和冰雹、雨雪的破坏,防止漏入雨水,引起秸秆霉变。

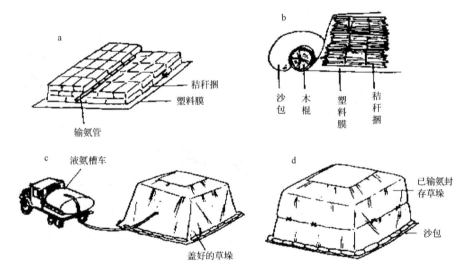

图 3-42 堆垛氨化法

3. 氨化时间 见表 3-5。

表 3-5 不同温度条件下氨化所需的时间

外界温度(℃)	＞30	20～30	10～20	0～10
需要天数(天)	5～7	7～14	14～28	28～56

4. 氨化时注意事项

进行氨化时应注意以下几点,以保证氨化成功。

(1)季节 氨化时,应尽量避开闷热时期和雨季。

(2)严格按规程操作进行 氨化时操作要快,最好当天完成充氨和密封,否则将造成氨气挥发和秸秆霉变。

(3)注意防止爆炸　液氨遇火容易引起爆炸，因此，要经常检查注氨容器的密封性。

(4)氨量　计算氨的用量要力求准确，并注意做好排气和密封工作。否则达不到预期的氨化效果。

(5)防护　氨水和液氨有一定的腐蚀性，操作时要特别注意，做好防护工作，以免伤及人的眼睛和皮肤。

5. 影响氨化质量的因素

秸秆氨化质量优劣，主要决定于氨的用量、秸秆的含水量、环境温度和处理时间，以及秸秆原有的品质等诸多因素。

(1)氨的用量　生产实践表明，秸秆氨化时，使用氨的剂量和氨化效果密切相关。氨剂量从占秸秆干物质重量的 1% 提高到 2.5%，秸秆的体外消化率有显著提高。氨的剂量从 2.5% 提高到 4%，提高秸秆消化率幅度比较小。超过 4% 时，其消化率的提高不明显。因此认为，一般认为经济用量为占秸秆干物质重量 2.5%～3.5% 范围内为宜。

(2)秸秆水分含量　水是氨的"载体"，氨与水结合形成氢氧化铵，其中的 NH_4^+ 和 OH^- 分别对提高秸秆含氮量和消化率起重要作用。所以适当的含水量十分重要，一般含水量以 35%～45% 为宜。含水量过低，没有足够的水承载氨，氨化效果不佳，水分过高，既不便操作，秸秆还有发霉的危险，而且含水量过高，对于提高氨化效果也无明显作用。不同氨化剂要求秸秆含水量不同，如用液氨作氨化剂，含水量可调整到 20% 左右，如用尿素，碳铵作氨化剂，含水量应调整到 40%～50%。调整秸秆的含水量的方法：

例如：若氨化含水量 15% 玉米秸 1 000 kg，要求秸秆含水量为 40%，应加入水多少千克？

设需加水量为 X kg，可按下式计算：

$1\,000 \times 15\% = (1\,000 + X) \times 40\%$　$X = 375$ kg　即加入 375 kg 水使秸秆的含水量达到 40%。

(3)氨化秸秆的温度　化学反应随温度的提高而加快，温度提高，氨化秸秆的消化率和含氮量也相应提高。氨水和无水氨处理秸秆要求较高温度，温度越高，氨化效果越好。但尿素处理秸秆温度不宜太高，过高不利于尿素的分解，易造成腐败菌繁殖而发酵。

6. 氨化秸秆品质鉴定方法

氨化后秸秆在喂饲前应进行品质鉴定，来确定是否能饲喂奶牛。氨化秸秆品质的鉴定，主要采用感观鉴定、化学分析和生物技术三种方法。感观鉴定，就是观察氨化秸秆的物理变化，此法方便简单，易操作，但准确性较差。化学分析方法可以准确地测定出粗蛋白质、粗纤维等养分的含量，但也缺乏全面性。利用生物学的方法，如消化代谢等试验的方法能准确地测定其消化率，是一种科学的方法，但较费时和需要一定的成本。

(1)感观鉴定法　氨化好的秸秆，有刺鼻的氨味，释放余氨后有糊香气味，玉米秸秆还有酸香味。质地变软、蓬松，手握紧时没用扎手感；多数呈棕黄色或浅渴色，若呈白色或灰色，发黏或结块，说明秸秆已经霉变，不能饲喂。如果氨化后与氨化前的颜色基本一样，说明没有氨化好。

(2)化学分析法　化学分析法目前在我国应用的比较广泛，通过试验室的方法，分析秸秆氨化前后营养成分的变化，来判定秸秆质量的改进的幅度。

7. 氨化秸秆的利用特点

(1)利用方法 使用前应先取出 1~2 d 的喂量，放置在远离圈舍和住所的地方，经 1~2 d 放氨后方可饲喂。如秸秆湿度较小，天气寒冷，通风时间应加长些。牛初次饲喂时，应由少到多，逐渐加量。氨化秸秆饲喂量一般占牛日粮的 70%~80%。喂用时应添加部分精料、食盐、骨粉及其他必需饲料。一般氨化秸秆与能量饲料(玉米、麸子)混喂的比例为 100:(2~3)。还应注意搭配胡萝卜和青贮饲料。

(2)利用效果 氨化秸秆可为奶牛提供优质纤维，使泌乳初期和放牧饲养的奶牛保持乳脂率，牛奶无任何异味；用氨化秸秆替代干草饲喂奶牛，对产奶量和牛奶品质均无不良影响。

(二)窖、池氨化法

1. 氨化前的准备

(1)氨化设施 壕、池、窖。氨化池是水泥结构(见图 3-43、图 3-44)。

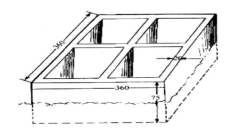

图 3-43 四联氨化池(单位：cm)

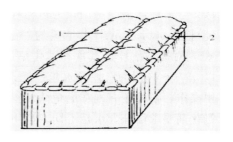

图 3-44 加工完成
1 塑料膜；2 沙石包

(2)氨化秸秆的准备 同"堆垛氨化法"。

(3)氨化剂及其用量 该法常用的氨化剂为尿素和碳酸氢铵。尿素分解为氨的速度，与环境温度有关。温度越高，尿素分解速度越快。尿素和碳酸氢铵用量见表 3-6。

表 3-6 不同温度条件下氨化剂的用量

氨源	每 100 kg 秸秆(干物质)氨化剂的用量(kg)	
	5 ℃~10 ℃	20 ℃~27 ℃
尿素	2	5.5
碳酸氢铵	6	12

(4)塑料薄膜 根据窖的大小选择塑料薄膜的规格。若是土窖，需要内铺上盖；若设施由砖、石、水泥等砌成，只需上面用塑料薄膜盖严即可。

(5)配备水桶、喷壶及秤等设备。

2. 氨化步骤

(1)清理窖池 氨化时应清除窖池内的泥土和积水，并在土窖的底部和四周铺放塑料，以防秸秆中混杂泥土。

(2)切短秸秆 将秸秆切(铡)成 2 cm 左右，粗硬的秸秆如玉米秸可切(铡)得短些，较柔软的秸秆可稍长些。一般长 2.36 m、宽 1.24 m、深 0.8 m 的窖，一次可贮 400 kg 秸秆。

(3)喷洒氨化剂 把称量好的尿素(或碳酸氢铵)溶于水中，每 100 kg 秸秆用水 50~60

kg，为加速溶解，可用 40 ℃左右的温水搅拌溶解。然后将尿素溶液用喷壶均匀地喷洒到秸秆上，边喷洒边搅拌。

（4）装填与压实　将拌匀后的秸秆一批批装入窖内，铺平、踩实。装填时应注意压实靠近四壁的秸秆，尽量排除秸秆中的空气。

（5）密封　原料要高出窖口 30～40 cm，长方形窖修成鱼脊背式，圆形窖修成馒头状，在其上面覆盖塑料薄膜。盖膜要大于窖口，封闭严实后在四周用泥土（或沙袋）填压，逐渐向上均匀填压湿润的碎土，轻轻盖上，切勿将塑料薄膜打破，造成氨气泄出。

3. 氨化时间　用尿素进行氨化的时间一般要比氨水（见表 3-4）延长 5～7 d。

（三）氨化炉氨化法

1. 氨化炉的结构

氨化炉由炉体、加热装置、空气循环系统、电气控制装置和料车等组成。

（1）土建式氨化炉的结构　是用砖砌墙，泡沫水泥板做顶盖，整个炉内水泥抹面，仅在一侧装门，门上镶嵌岩棉毡，并包上铁皮。炉内尺寸为 3 m×23 m×23 m，一次氨化秸秆量为 600 kg。左右侧下部分别安装有 4 根 12 kW 的电热管，合计功率为 9.6 kW。后墙中央上下各开一风口，与墙外的风机和管道相连，加温同时开启风机，使室内氨浓度和温度均匀。

（2）集装箱式氨化炉的结构　利用淘汰的集装箱改装，改装时将其内壁涂上耐腐蚀材料，然后用 80 mm 厚的岩棉毡镶嵌起来，表层覆上塑料薄膜，外罩玻璃纤维加以保护，以达到隔热保温的效果。在右侧的后部装上 8 根 15 kW 的电热管，合计功率 12 kW。在对着电热管的后壁上下各开一风口，与壁外的风机和管道相连，在加温过程中，风机吹风使箱内的氨浓度及温度均匀。一次氨化量为 1 200 kg，集装箱内部尺寸为 6.0 m×23 m×2.3 m。

2. 操作方法

利用氨化炉氨化秸秆，使用碳铵作氨化剂较经济。碳铵用量相当于秸秆干物质重的 8%～12%。溶解在相当于秸秆含水率 45% 的清水中，在炉外将碳铵溶液与秸秆混拌均匀后，装在秸秆料车内压实，物料不得伸出车的四周，料高不得触及炉顶，将车推进炉内后，把炉门关严后加热。用控温装置把温度调整到 85 ℃～95 ℃，使氨气在炉内循环 15 h 后，切断电源、关闭风扇，再继续密封 5～6 h，即可打开炉门，将秸秆料车拉出，任其自由通风，余氨散尽即可饲喂。如用煤或木柴加热，温度达不到 85 ℃～95 ℃时，根据温度高低，适当延长加热时间，如图 3-45 所示。

3. 氨化工作时注意事项

（1）施氨要均匀、炉要密闭、不得泄漏；

（2）炉内秸秆不能触及电热网，防止火灾发生；

（3）加热时先启动通风设备再接通电源；

（4）秸秆饲料出炉至少 24 h 放氨再饲喂，以防残氨对奶牛的伤害。氨化炉氨化秸秆，适于规模较大的饲养场及集约化水平较高的奶牛场，尤其在冬春气候寒冷地区，秸秆需用量大，利用窖式氨化需时间较长的地方。但是氨化成本较高，尤其是用电作热源的氨化炉费用更高，故目前应用较少。

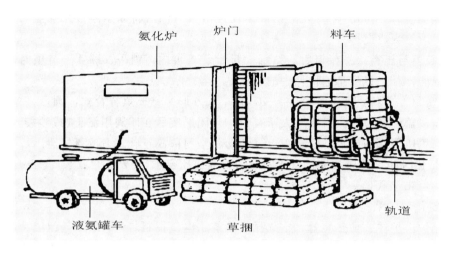

图 3-45 氨化炉法

任务 3 微生物发酵秸秆类饲料

一、菌种发酵法

1. 菌种

种类繁多，主要有酵母、霉菌等，如饲用酵母、啤酒酵母、链孢霉、拟康氏木霉 EA3-867、N2-78 和木霉 2559、958、9023 等。这些菌种可到有关单位购买。

2. 发酵用的原料

糠麸、秸秆、秕壳等农副产品、野草、野菜、各种树叶。豆科和禾本科植物混合在一起，发酵效果更好。

3. 发酵方法

将粗饲料切碎或磨碎，按料水比为 1∶1 混合拌匀(加水量以用手握紧潮料，指缝有水珠而不滴落为宜，冬天使用 50 ℃温水好)，加适量菌种制剂，用地面堆积或装缸法进行发酵。将拌好的饲料松散堆成 30~60 cm 厚的方形堆，上面盖上草席，压实，封闭 1~3 d 即成。或装在缸内压实，封口，1~3 d 即成。

二、秸秆微贮

在农作物秸秆中加入高效活性菌种，放于密封容器中贮藏，经一定时间厌氧发酵，使秸秆具有酸香味，并可长期保存。

1. 微贮方法

(1)菌种复活 取发酵活干菌 3 g，加入 2 kg 水中充分溶解，使菌种复活。复活的菌剂当天用完。有条件的可在水中加蔗糖 20 g，溶解后再加入活干菌，在常温下放置 1~2 h。

(2)配制菌液 配制 1% 的盐水 1 200 L，将复活菌液倒入盐水中搅匀备用，此量可微贮 1 000 kg 秸秆。

(3)秸秆的切短 将秸秆切短或揉碎至 2~5 cm。

(4)装填 在微贮窖或池内，每铺放 20~30 cm 厚的秸秆，喷洒一次菌液并压实，装至高出窖口 30~40 cm 时，在上面撒上食盐(用量为 250 g/m²)，然后覆盖塑料薄膜，膜上放 20 cm 厚的秸秆，覆土 20 cm 厚密封。为加快发酵，可在秸秆中加入 0.5%～1% 的玉米面或麸皮。

（5）管理　发酵期内经常检查，防止漏水进气。微贮适宜温度为 10 ℃～40 ℃，经30 d 发酵后即可饲用。

2. 微贮效果　良好的微贮饲料适口性好、采食量增加，消化率和饲料的营养价值均有提高。

知识链接

关注点 1　饲料添加剂原料的预处理

一、预处理维生素原料

（一）维生素 A

1. 乳化

先在乳化器内加入一定量的基质（阿拉伯胶或明胶，也可用蔗糖或淀粉）和一定量的抗氧化剂（如乙氧基喹啉、BHT 或 BHA），然后加入维生素 A 酯进行乳化，使之形成微粒并均匀地分散于基质中。

2. 包被

将乳化后的细粒移至反应罐中，加入明胶水（或可溶性变性淀粉）溶液，利用电荷作用使乳化液微粒和明胶发生反应，形成被明胶包被的微粒，随后加入糖衣、疏水剂，再用淀粉包被，制成微型胶囊。

3. 吸附

在经过乳化工艺处理制成的细粒中，加入干燥小麦麸和硅酸盐等吸附剂，制成粉剂。

经过预处理的维生素 A 酯，在正常贮存条件下，如果是在维生素预混料中，每月损失 0.5%～1%；如果在维生素、矿物质预混料中，每月损失 2%～5%；在全价的粉料或颗粒料中，温度在 23.9 ℃～37.8 ℃，每月损失 5%～10%。

（二）维生素 D

维生素 D 对光敏感，微耐酸，不耐碱，能被矿物质和氧化剂破坏。将维生素 D_3 酯化，然后用明胶、糖、淀粉进行包被。稳定性会大大提高。在常温 20 ℃～25 ℃下，被包被的维生素 D_3 酯与其他维生素添加剂混合时，可贮存 1～2 年而不失活。但温度过高时，如达 35 ℃，其活性会降低 35%。所以，应将维生素 D_3 贮存在干燥阴凉处，并注意防湿防热。

（三）维生素 E

通常用以下几种工艺对维生素 E 进行预处理。

1. 吸附

将油液状的维生素 E 与二氧化硅混合，混合后将维生素 E 吸附其中。

2. 喷射包被

先将维生素 E 油制成极细的微粒，然后喷射到乳制品、明胶或糖等基质中。喷射包被的维生素 E 比吸附工艺制成的维生素 E 效果好，稳定性高。

3. 固化处理

（1）乳化　将 1 kg 大豆卵磷脂、25 g 抗氧化剂和 3.975 kg 饱和脂肪加入到 50 kg 脂溶性维生素油剂中，使其乳化和稳定化。

（2）粉化　在以上经乳化处理的 55 kg 维生素 E 中加入 115 kg 麦麸粉（载体）、30 kg 硅酸盐或膨润土（吸附剂）进行预混合，制成粒度为 0.1～1.0 mm 的粉剂。

（四）维生素 K

处理方法有两种：一是用明胶包被，再进行微囊化处理；二是制成维生素 K 衍生物，包括硫酸氢钠甲萘醌复合物（MSBC）、亚硫酸氢钠嘧啶甲萘醌（MPB）和亚硫酸氢钠烟酰胺甲萘醌（MNB）。MPB 的稳定性要好于 MSBC，MNB 是目前使用的最为稳定的维生素 K。

（五）维生素 B_{12}

饲料中的添加量极小，处理的方法主要是用载体或吸附剂进行稀释。

（六）生物素

1. 细磨

生物素在饲料中的添加量很少，故对其粒度要求极细。

2. 稀释

加入稀释剂，进行稀释混合。

3. 加吸附剂

将生物素直接喷洒在吸附剂上，混合均匀。

（七）维生素 C

1. 制成维生素 C 钙钠结晶盐。

2. 包被

采用乙基纤维包被、脂肪包被和微胶囊包被。

3. 酯化

制成维生素 C 衍生物，目前主要酯化产物有维生素 C 多聚磷酸酯、维生素 C 单聚磷酸酯和维生素 C 硫酸酯。

（八）胆碱

固体氯化胆碱的预处理方法如下。

1. 干燥

将液体氯化胆碱喷洒到吸附剂上，同时加入抗结块剂，制成固体粉粒状氯化胆碱。

2. 吸附

使用符合粒度的二氧化硅或硅酸盐等吸附剂平衡氯化胆碱的水分以达到固化的目的。

二、预处理微量元素添加剂

（一）硫酸盐的预处理

硫酸盐作为矿物添加剂存在几个主要问题，一是不易粉碎，且易吸湿结块；二是本身的化学稳定性差（易氧化）；三是影响维生素、酶制剂、微生物制剂等成分的活性。因此，作为添加剂时应做预处理。

1. 干燥

硫酸铜、硫酸亚铁、硫酸锌、硫酸锰、硫酸钴等硫酸盐类常含有 5～7 个结晶水。通常用矿物盐干燥设备对硫酸盐进行干燥处理，使其游离水和结晶水的含量达到有关标准的要求。

2. 添加防结块剂

常用的有二氧化硅、硅酸钙、硅酸镁、硅酸铝钙、硅酸铝钾、沉淀碳酸钙及碳酸镁等。

3. 涂层包被

通常采用矿物油包被的方法。将占预混料总量3％的矿物油加到搅拌机内搅拌混匀，可起到阻挡水分的屏障作用，使已干燥的硫酸盐微粒不再吸湿返潮。矿物油具有的黏滞性以及绝缘性，可防止粉尘污染和微粒产生静电作用。

4. 螯合或络合

(1)制成多糖复合物　多糖复合物是一种溶解性盐与多糖溶液所形成的特殊金属复合物。如铜的多糖复合物、铁的多糖复合物、锌的多糖复合物等。这种复合物不仅将微量元素完全包被，且在消化道中更有利于动物的利用，还可防止它们与维生素、益生素及其他矿物质元素之间的相互影响。

(2)制成矿物元素蛋白盐　无机矿物盐在动物体内利用率低，且在使用上有很多缺点，将矿物元素与氨基酸或小肽进行络合，形成矿物质蛋白盐。矿物质蛋白盐稳定性好，加工与贮存方便，生物学效价高，对环境污染小。

(二)碘化钾和氯化钴的预处理

1. 硬脂酸钙法

用球磨机将碘化钾、氯化钴细粒化，然后用硬脂酸钙作保护剂形成一种包合物，保护剂与碘化钾或氯化钴的用量比例为2∶98。

2. 吸收剂平衡法

将碘化钾、氯化钴等分别准确称量，然后各以1∶20～1∶15的比例溶解于水中，再分别按1∶500的比例喷洒在石粉等吸收剂上进行预混合。

3. 添加抗结块剂

碘化钾结晶粉在潮湿空气中可轻微潮解，因此可向原料中加入10％的抗结块剂以防止结块。

(三)亚硒酸钠的预处理

将含硒45％的亚硒酸钠加入81.4 ℃的热水中，经过5 min完全溶解后制成10 kg水溶液，然后再喷洒在搅拌机内的砻糠粉上，混合均匀，制成硒稀释剂，再与其他原料混合制成硒含量为0.02％的预混剂。

(四)微量元素细粒化预处理

将微量元素添加剂进行细粉碎预处理，其目的在于提高混合均匀度，有利于微量元素添加剂在动物胃肠道中的溶解和吸收。

关注点2　叶蛋白饲料的生产

一、叶蛋白的概念

叶蛋白又称叶蛋白浓缩物，是将新鲜牧草或其他青绿植物切碎压榨后，从其汁液中提取的蛋白质制品。

二、选取叶蛋白原料

1. 原料应具备的条件

绿色植物的茎叶均可作为加工叶蛋白的原料，但不同科的绿色植物，其蛋白质含量差异较大，提取叶蛋白的产量和质量也不同。适合提取叶蛋白的原料应具备以下条件：蛋白质含量高；叶量丰富；不含有毒成分及胶质、黏性物质；原料生长速度快。

2. 常用原料的选择

适于生产叶蛋白的原料种类很多。主要有豆科牧草、禾本科牧草、混播牧草、苋菜、苦荬菜、甜菜、萝卜、向日葵和蔬菜等茎叶，以及新鲜树叶与水生植物。常以苜蓿为首选叶蛋白原料。

3. 原料的刈割期与含水量

原料应在蛋白质含量最高时(豆科牧草现蕾期，禾本科牧草孕穗期)及时刈割。其含水量一般为80％～82％，可榨取出较多的草汁，占鲜重的50％～60％。

三、叶蛋白的生产程序

叶蛋白的生产一般包括破碎、压榨、凝固、析出和干燥五道工序，其生产工艺流程如图 3-46 所示。

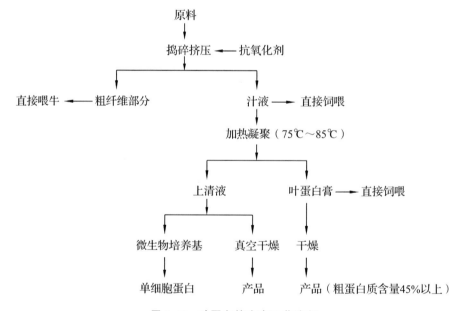

图 3-46　叶蛋白的生产工艺流程

1. 破碎

须破坏植物细胞结构，才能把叶中蛋白质充分提取出来。试验证明：原料碎得越细，叶中蛋白质的提取率越高。一般采用锤式粉碎机(见图 3-47)或螺旋切碎机将原料破碎。

2. 压榨

用压榨机将破碎的原料中绿色汁液挤压出来。生产中，有时将破碎与压榨两步骤在同一机内完成(见图 3-48)。为了把汁液从草浆中充分榨取出来，压榨前可加入5％～10％的水分稀释后挤压，或先直接压榨，后加适量水搅拌，再进行第二次压榨。残渣可直接喂牛，也可在干燥或制成青贮料后喂牛。

图 3-47 锤式粉碎机   图 3-48 破碎压榨机

3. 凝聚

将叶蛋白从绿色汁液中分离出来。常用以下几种方法：

(1)加热凝聚法 当绿色汁液温度达 70 ℃左右时，其中叶蛋白开始凝固和沉淀。为了使叶蛋白从汁液中充分分离出来，可分次给汁液加热：第一次将汁液加热到 60 ℃～70 ℃，然后速冷至 40 ℃，此次滤出的沉淀中主要是叶绿体蛋白，只能用作饲料；第二次将汁液加热到 80 ℃～90 ℃，并保持 2～4 min，此次的凝固物主要是白色的细胞质蛋白，可作为食用蛋白。加热凝聚法工艺流程见图 3-49。

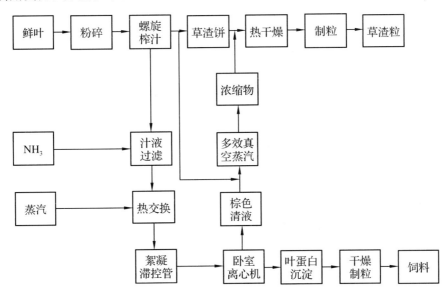

图 3-49 加热法叶蛋白分离工艺流程

加热凝聚法的优点：操作简便，沉淀快，凝聚物结构紧密，体积小，易于过滤收集，适于大规模生产。

缺点：耗能大，成本高，易引起蛋白质热变性，叶蛋白吸水性、溶解性较差，对其营养价值有一定的影响。

(2)加碱加酸法

① 加碱法：用氢氧化钠或氢氧化铵将汁液 pH 调整到 8.0～8.5 后，立即加热凝聚。该法能尽快地降低植物酶活性，从而提高胡萝卜素、叶黄素等的稳定性。

② 加酸法：利用蛋白质在等电点附近凝聚沉淀的特性将叶蛋白从汁液中分离出来。用盐酸将汁液 pH 调整到 4.0～6.4，即可凝结出绿色叶蛋白和白色叶蛋白。

（3）发酵法　将汁液厌氧发酵 48 h，利用乳酸杆菌产生的乳酸使叶蛋白凝聚沉淀。用该法生产的叶蛋白质地柔软，溶解性好，易被消化吸收。此法成本低，还能破坏植物中皂角苷等有害物质。但因发酵时间较长，养分有一定的损失。因此，应尽快给汁液接种乳酸菌，以缩短发酵时间。发酵法叶蛋白分离工艺流程见图 3-50。

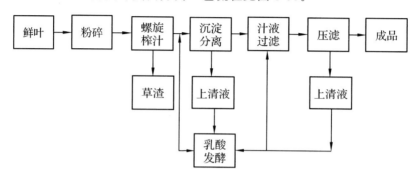

图 3-50　发酵法叶蛋白分离工艺流程

4. 析出

凝聚的叶蛋白多呈凝乳状。一般可用沉淀、倾析、过滤和离心等方法将叶蛋白离析出来。最简单的方法是采用细纱网或滤布过滤，使叶蛋白凝聚物分离。工业化生产，可采用离心机或压滤机，压制成含水量为 50％～60％ 的叶蛋白湿饼。

5. 干燥

提取的叶蛋白浓缩物含水量为 50％～60％，呈软泥状，须及时干燥。工业上通用的干燥方法是热风干燥法和真空干燥法。但其产品往往发生褐变，既影响外观品质，又影响营养价值。较好的替代方法是冷冻干燥法，该法可生产出品质优良的叶蛋白，但成本较高。若进行自然干燥，最好在叶蛋白浓缩物中加入 7％～8％ 的食盐，以免其腐败。

生产实践证明：从原料到成品所经历的时间越短，叶蛋白产品率越高，其中蛋白质、维生素等养分含量也越高。

四、实验室提取叶蛋白的操作方法

（一）材料设备

新鲜苜蓿草、打浆机、高速离心机、水浴锅、纱布、滤纸、烧杯、烧瓶、试管等。

（二）操作步骤

1. 打浆过滤

将新鲜苜蓿草冲洗干净后，在打浆机内打浆。将苜蓿浆液先用纱布过滤，滤液进入烧杯后，用滤纸进行再过滤。

2. 加热沉淀

将滤液导入烧瓶，在水浴锅上加热，使滤液在 70 ℃～80 ℃ 温度下加热 15～20 min，然后将其在室温下静置冷却并沉淀。

3. 离心

将上部清液导入试管，下部浊液导入另一试管，将浊液试管置离心机内进行离心分离。下部沉淀物即为粗蛋白质。

五、叶蛋白饲料的应用

(一)营养特点

1. 粗蛋白质含量一般为 45%~65%。氨基酸组成齐全且配比合理，其中赖氨酸和苏氨酸的含量最高。

2. 叶蛋白的可消化率为 62%~72%，能量代谢率为 69%~90%，粗蛋白质的生物学效价为 73%~79%。

3. 1 kg 叶蛋白浓缩物中，碳水化合物为 5%~10%，矿物质为 3%~8%，有效磷为 0.31%。

胡萝卜素为 500~1 200 mg，叶黄素为 1 000~1 800 mg，还含有丰富的维生素 E、维生素 K 等。

(二)饲用价值

叶蛋白主要用作猪、鸡等的蛋白质和维生素补充饲料。国内外许多试验证明，用叶蛋白取代猪、家禽日粮中的部分乃至全部蛋白质饲料，或取代哺乳犊牛的部分全乳代用品时，都能取得良好的饲养效果。此外，叶蛋白也可以作为鱼虾等配合饲料的成分。

作　业　单

学习情境 3	畜禽饲料原料加工
作业完成方式	课余时间独立完成。
作业题 1	禾本科籽实饲料常用的加工方法有哪些？高粱如何进行脱毒处理？
作业解答	针对同学们提出的疑问进行解答； 针对难点进行解答。
作业题 2	豆科籽实饲料常用的加工方法有哪些？
作业解答	针对同学们提出的疑问进行解答； 针对难点进行解答。
作业题 3	菜籽饼粕与棉籽饼粕常用的脱毒处理方法有哪些？
作业解答	针对同学们提出的疑问进行解答； 针对难点进行解答。
作业题 4	鱼粉的加工方法有几种？各有何优缺点？
作业解答	针对同学们提出的疑问进行解答； 针对难点进行解答。
作业题 5	羽毛粉的加工方法有几种？各有何优缺点？
作业解答	针对同学们提出的疑问进行解答； 针对难点进行解答。
作业题 6	描述青草粉的加工工艺流程。
作业解答	针对同学们提出的疑问进行解答； 针对难点进行解答。
作业题 7	什么是青干草？试比较青干草的人工与自然干燥法各有何优缺点？
作业解答	针对同学们提出的疑问进行解答； 针对难点进行解答。
作业题 8	利用一般青贮与半干青贮的方法调制青饲料的区别是什么？试述其方法步骤。
作业解答	针对同学们提出的疑问进行解答； 针对难点进行解答。
作业题 9	秸秆氨化处理的方法步骤是什么？秸秆如何进行发酵处理？
作业解答	针对同学们提出的疑问进行解答； 针对难点进行解答。

	班　　级		第　　组	组长签字	
	学　　号		姓　　名		
作业评价	教师签字		教师评分		日期
	评语：				

学习情境 4

配合饲料产品生产与应用

●●●●● **学习任务单**

学习情境 4	配合饲料产品生产与应用		学　时	20
布置任务				
学习目标	1. 熟知配合饲料的种类及其概念。 2. 学会运用饲养标准。 3. 了解全价配合饲料、浓缩料和预混合饲料配方中各种原料组成。 4. 初步学会运用试差法、方块法、Excel 等方法设计饲料配方。 5. 熟悉配合饲料生产工艺流程。 6. 学会合理使用畜禽配合饲料产品。 7. 了解配合饲料产品的质量检测方法。 8. 通过小组学习，培养学生分工合作能力，养成参与意识和团队精神。 9. 通过小组学习，培养沟通与协调的能力。 10. 通过自主学习，培养学生信息收集处理能力、分析与解决问题的能力、学习与总结能力。			
任务描述	学生通过完成饲料配方设计的工作任务，掌握配方设计的原则要求及方法。通过自学或现场教学了解配合饲料生产工艺流程过程，掌握饲料产品的应用技巧。具体任务如下： 1. 通过课堂教学与实际操作，完成畜禽饲料配方的设计。 2. 通过课堂教学或饲料厂生产实习，完成配合饲料生产过程的认知。 3. 通过实验操作训练，完成饲料产品质量检测任务。 4. 通过企业生产实践，体验认知饲料产品销售及应用技巧。			
任务载体和 工作场景	任务载体：配合饲料产品。 工作场景：实验室、饲料厂。			
学时分配	资讯 6 学时	计划 1 学时	决策 1 学时　实施 10 学时	考核 1 学时　评价 1 学时
提供资料	1. 姚军虎. 动物营养与饲料. 北京：中国农业出版社，2001 2. 杨久仙，宁金友. 动物营养与饲料加工. 北京：中国农业出版社，2006 3. 陈翠玲. 动物营养与饲料应用技术. 北京师范大学出版社，2011 4. 宗力. 饲料原理清理上料. 北京：中国农业出版社，1998 5. 方希修，尤明珍. 饲料加工工艺与设备. 北京：中国农业出版社，2008			
对学生 的要求	1. 要求学生以小组为单位完成任务，体现团队合作精神。 2. 学生应具备基本的自学能力，能够按照资讯问题查阅并获取相关专业知识。 3. 要求学生严格遵守课堂纪律，不迟到早退，不无故旷课。 4. 学生应具备基本的操作能力，在老师指导下完成能力训练项目。 5. 学生要通过企业实践，体验认知饲料产品销售及售后服务的技能，应具备一定的沟通与合作能力。			

●●●●● 任务资讯单

学习情境 4	配合饲料产品生产与应用	学　时	20
资讯方式	资讯引导、看视频、实物观察、精品课网站及信息单上查询问题；资讯指导教师。		
资讯问题	模块 1：饲料配方设计 　1. 简述营养需要的基本概念及测定方法。 　2. 简述饲养标准的概念、内容与应用特点。 　3. 饲养标准表达形式是怎样的？ 　4. 简述配合饲料的概念及其优越性。 　5. 按营养特性将配合饲料分为几类？各有何特点？ 　6. 按料形可将饲料分为哪些？ 　7. 按饲喂对象可将配合饲料分为哪些种类？ 　8. 简述预混合饲料的概念及其种类。 　9. 简述载体和稀释剂的概念、种类及其基本条件。 　10. 简述日粮及饲粮的含义。 　11. 全价饲粮配方设计的总体原则要求是什么？ 　12. 饲料配方设计的方法有哪些？ 　13. 如何利用试差法和方块法设计猪、禽的全价料配方？ 　14. 如何利用试差法和方块法设计奶牛日粮配方？ 　15. 浓缩料配方设计方法及基本步骤有哪些？ 　16. 设计预混合饲料配方基本步骤有哪些？ 　17. 用 Excel 设计配合饲料的程序包括哪些？ 模块 2：饲料产品生产与应用 　18. 配合饲料的生产工艺的类型？各有何优缺点？ 　19. 设计配合饲料加工工艺流程时应注意什么问题？ 　20. 配合饲料加工工艺流程包括哪几个工序？ 　21. 原料接收的设备有哪些？如何选择这些设备？ 　22. 原料清理的方法有哪些？ 　23. 粉碎的方法有哪些？ 　24. 粉碎的工艺有哪些？ 　25. 粉碎机的类型有哪些？ 　26. 什么是二次粉碎？其形式有哪些？ 　27. 混合机的基本要求是什么？ 　28. 常见的混合机的类型有哪些？ 　29. 影响混合质量的因素有哪些？ 　30. 制颗粒料时为什么要磁选？调制的目的是什么？ 　31. 制粒机的设备有哪些？ 　32. 制粒后的处理设备有哪些？ 　33. 影响颗粒饲料质量的因素有哪些？ 　34. 如何测定配合饲料混合均匀度？ 　35. 如何测定配合饲料颗粒硬度？ 　36. 配合饲料粉碎粒度的检测方法是什么？ 　37. 饲料产品质量管理包括哪几方面？ 　38. 如何正确使用各种猪配合饲料产品？ 　39. 如何正确使用各种禽配合饲料产品？ 　40. 如何正确使用反刍动物配合饲料产品？

● ● ● ● ● **相关信息单**

模块 1　饲料配方设计

单元 1　畜禽全价饲料配方设计

任务 1　认知饲料配方设计相关知识

1. 认知营养需要的测定方法

营养需要又称营养需要量，是指每日每头(只)动物为达到某一种或多种生产目的而对能量、蛋白质、矿物质和维生素等营养物质的需要量。从生理需要角度分析，动物营养需要主要包括两部分，一是维持需要；二是生产需要。测定动物营养需要的方法主要有综合法和析因法。

(1)综合法　研究营养需要最常用的方法，它是指为满足一个目的和数个目的的某一营养物质在某一种生理状态时的总需要量，此过程不剖析构成此需要量的营养物质组分。综合法的测定常采取饲养试验、消化试验、代谢试验、平衡试验、屠宰试验等。常用于测定各种动物对能量、蛋白质、矿物质、维生素等营养物质的需要量。

(2)析因法　析因法是将研究的总体内容分为多个部分，如用于维持、产乳、产毛、产蛋、产肉、使役等方面的需要，然后分别对每个部分进行试验，将各个部分的试验结果综合进而得到动物的总养分需要量。

$$R=aW^b+X/c+Y/d+Z/e+\cdots$$

式中：R——某营养物质总需要量

　　aW^b——维持需要(a：常数，即每千克代谢体重营养需要量；b：指数，0.75；W：体重)；

　　X、Y、Z——不同产品中某一营养物质的数量；

　　c、d、e——某营养物质的利用系数

2. 认知饲养标准的定义

广义上，饲养标准是指根据大量饲养实验结果和动物生产实践的经验总结，对各种特定动物所需要的各种营养物质的定额作出的规定，这种系统的营养定额及有关资料统称为饲养标准。

狭义上，饲养标准是指特定动物系统成套的营养定额。这里的特定动物指的是种类、品种、生理阶段、生产性能、饲养管理的环境与方式等不同的动物。

3. 认知饲养标准的内容

(1)干物质或风干物质　干物质(DM)或风干物质的采食量(DMI)是一个综合性指标，用 kg 表示。

(2)能量　能量是动物的第一营养需要，没有能量就没有动物体的所有功能活动，甚至没有机体的维持，因此充分满足动物的能量需要具有十分重要的意义。

（3）蛋白质、氨基酸　猪、禽用粗蛋白，牛用粗蛋白或可消化粗蛋白表示其蛋白质的需要，单位是克（g）。

（4）维生素　猪、禽所需的维生素全部应由饲料提供。

（5）矿物质元素　钙、磷及钠是各类动物饲养标准中的必需营养素，用克（g）表示，对于猪、禽强调有效磷的需要量。

（6）其他指标　亚油酸已作为家禽的必需脂肪酸被列入饲养标准，其单位是克（g）；或一般占日粮 1%，对种用家禽可能更高些。对猪一般要求亚油酸占日粮 0.1% 即可。

4. 认知饲养标准的表达形式（参照附录三至附录六部分）

（1）按每头动物每天需要量表示。

（2）按单位饲粮中营养物质浓度表示。

（3）其他表达方式：按单位能量浓度表示、按体重或代谢体重表示、按生产力表示。

5. 认知按营养成分划分的配合饲料种类及其特点

（1）全价配合饲料　是由能量饲料和浓缩饲料按一定比例混合搭配而制成的均匀的混合料。该混合料除水分外，能满足动物所需要的全部营养物质（包括蛋白质、能量、维生素、矿物质等）。其特点是使用方便，营养齐全。

（2）浓缩饲料　由蛋白质饲料、矿物质饲料、维生素饲料、饲料添加剂等按照一定比例组成的均匀混合料，属于半成品，饲喂时应混合一定比例的能量饲料。由于浓缩饲料中蛋白质饲料含量占多数，所以又称蛋白质浓缩饲料。其特点是由于不含占全价饲料中比例最大的能量饲料，所以便于运输、节约成本。

（3）精料补充饲料　是为满足反刍家畜因青粗饲料等的不足，而将多种饲料原料按照一定比例混合搭配而制成的配合饲料。主要由能量饲料、蛋白质饲料、矿物质饲料等组成。其特点是添加量少，能够补充能量、蛋白质、矿物质以及维生素等的不足。

（4）添加剂预混合饲料　简称添加剂预混料，是指将一种或以上的饲料添加剂按照一定比例与载体或稀释剂混合在一起的配合饲料。属于配合饲料的半成品，不能单独作为饲料直接饲喂，一般在全价配合饲料中占 0.5%～5%。

6. 认知按照饲喂对象划分的配合饲料种类

（1）猪用配合饲料；

（2）蛋鸡用配合饲料；

（3）肉鸡配合饲料；

（4）牛、羊用精料混合料；

（5）其他用配合饲料。

7. 认知按料型划分的配合饲料种类

（1）粉状配合饲料；

（2）颗粒配合饲料；

（3）膨化配合饲料；

（4）液体配合饲料。

8. 认知配合饲料的优越性

（1）根据动物不同的生长阶段和生产要求的营养需要设计饲料配方，其设计科学、合理，各种营养成分的比例适当，各种原料的计算较为精准，某些原料的计算精度达到了百万分之一以上。因而，可降低饲料成本，缩短饲养周期，提高饲料转化率，增加养殖生产效益。

（2）可以充分合理地利用各种自然饲料资源。

（3）配合饲料中添加有具有预防疾病、保健促生长、防霉防腐作用的饲料添加剂，既增加了饲料的附加功能，又提高了饲料的稳定性。

（4）配合饲料是由专业化的饲料加工厂，经专门的饲料加工生产设备，通过一定的加工工艺生产出来的，这些加工企业均有专业的质量检验机构，实现了产品的标准化生产，所以产品质量有保证。

（5）配合饲料的专业化和标准化生产，节约了养殖企业在饲料加工方面的固定资产投资和劳动力支出的费用，为节约化、现代化的畜牧业生产提供了方便。

9. 认知饲料配方设计的总体基本原则

（1）营养性原则　依据饲养标准；结合实际生产水平调整饲养标准；正确估计原料养分值；正确处理配方设计值与保证值的关系。

（2）经济性原则　充分考虑原料的价格。

（3）市场性原则　充分考虑市场需求情况。

（4）安全性原则与合法性原则　充分考虑饲料原料品质，添加剂选用安全合法。

（5）可行性与适用性原则。

任务 2　采用对角线法设计畜禽全价配合饲料配方

对角线法，也称四角形法、四边形法、十字交叉法、方块法，此法简单易于掌握，适用于饲料原料种类及营养指标较少的情况，生产中最适合于求浓缩饲料与能量饲料的比例。

1. 采用对角线法设计畜禽全价配合饲料配方步骤

（1）查饲养标准，确定该动物日粮中粗蛋白质含量。

（2）查常用饲料营养成分表，确定所选饲料的粗蛋白质含量。

（3）确定能量饲料组成，并计算能量饲料混合物中粗蛋白质的含量。

（4）用方块法计算能量饲料混合物与浓缩饲料在日粮中的比例。

（5）计算能量饲料各占配合饲料的比例。

例：用能量饲料(玉米、麸皮)和含粗蛋白质 33% 的浓缩饲料配制哺乳母猪日粮。

第一步，查饲养标准，确定哺乳母猪日粮中粗蛋白质含量为 17.5%。

第二步，查常用饲料营养成分表，玉米和麸皮粗蛋白质含量分别为 8.7% 和 15.7%。

第三步，确定能量饲料组成，并计算能量饲料混合物中粗蛋白质的含量。

一般玉米占能量饲料的 70%，麸皮占 30%。则其混合物中粗蛋白质含量为 10.8%
（0.7×8.7＋0.3×15.7）。

第四步，用方块法计算能量饲料混合物与浓缩饲料在日粮中的比例。方块中间写上配合饲料中粗蛋白质应达到的含量 17.5%，左上角和左下角分别写上能量饲料混合物和浓缩饲料中粗蛋白质的含量，然后按对角线方向用大数减去小数，结果分别写在相应的右边角上。

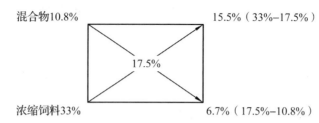

能量饲料混合物占配合饲料的比例：$15.5\%/(15.5\%+6.7\%)\times100\%=69.82\%$

浓缩饲料占配合饲料的比例：$6.7\%/(15.5\%+6.7\%)\times100\%=30.18\%$

第五步，计算玉米、麸皮各占配合饲料的比例。

玉米：$69.82\%\times70\%=48.87\%$

麸皮：$69.82\%\times30\%=20.95\%$

因此，哺乳母猪日粮配方为：玉米 48.87%，麸皮 20.95%，浓缩饲料 30.18%。

任务3　采用试差法设计畜禽全价配合饲料配方

试差法，又称凑数法。是根据经验和饲料营养成分含量，先大致确定一下各类饲料在日粮中所占的比例，然后通过计算看看与饲养标准还差多少再进行调整的配方设计方法。

用试差法设计畜禽全价料配方步骤如下：

(1)查饲养标准计算动物的营养需要。查饲喂对象的饲养标准时主要参考本国的饲养标准，必要时可根据具体情况进行适当调整。

(2)确定选用各种饲料原料的各种营养成分的含量。从饲料营养成分与营养价值表中查出所要选用各种饲料原料的各种营养成分的含量，为了使所设计配方中各项指标更加科学、真实体现饲料原料的各种营养成分含量，有条件的情况下应进行营养指标的检测。

(3)根据设计者经验初拟配合饲料的配方。能量饲料一般占 $75\%\sim80\%$，蛋白质饲料占 $15\%\sim30\%$，矿物质饲料占 $1\%\sim10\%$(产蛋禽占比例更高些，约 10%)，而添加剂预混料占 $1\%\sim5\%$。

(4)调整配方。根据初拟配方营养成分含量与饲养标准要求之差额，适当调整部分原料配合比例，使配方中各种营养成分含量逐步符合饲养标准。方法是：用一定比例的某一原料替代同比例的另一原料。通常首先考虑调整能量和粗蛋白质的含量，其次再考虑钙、磷以及其他指标。如果蛋白质低，能量高，就减少能量饲料的比例，相应增加蛋白质饲料的比例。相反则增加能量饲料，减少蛋白质饲料比例。如果蛋白质和能量同时偏高或偏低，可能是糠麸类饲料不足或过多。

(5)列出最终配方，并附加说明。最终配方一般包括两部分，一是含量配方，即以百分数(配合率)表示的配方；二是生产配方，即为了方便工人加工生产，列出单批配合时各种饲料原料重量的配方。

(6)进行成本核算。生产成本是养殖企业、饲料企业赖以生存和发展的关键，设计配方时在满足动物营养需要的情况下，应该尽可能的降低生产成本。

例：为产蛋率 $65\%\sim80\%$ 的蛋鸡配合全价日粮。现有饲料种类为：玉米、高粱、麦麸、大豆粕、鱼粉、骨粉、贝壳粉、食盐、添加剂等。

第一步，查蛋鸡饲养标准表，列出产蛋率为 $65\%\sim80\%$ 蛋鸡营养需要量(见表4-1)。

表 4-1　产蛋率为 65%～80% 蛋鸡的营养需要

营养指标	代谢能（MJ/kg）	粗蛋白质（%）	蛋白能量比（g/MJ）	钙（%）	总磷（%）	有效磷（%）	食盐（%）	蛋氨酸（%）	赖氨酸（%）
营养需要	11.51	15	13	3.4	0.60	0.32	0.37	0.33	0.66

第二步，查饲料营养成分及价值表，列出所用各种饲料的营养成分含量（见表 4-2）。

第三步，试配。初步拟定各种饲料在配方中的重量百分比，列表计算求配方中各项营养指标合计值，并与饲养标准比较。一般先按代谢能和蛋白质的需要量试配表（见表 4-3）。

第四步，调整。首先，调整代谢能和粗蛋白质的需要量：与饲养标准比较结果是，能量略低于标准，粗蛋白质高于标准。因此，需要进行调整。调整后营养成分计算（见表 4-4）。

表 4-2　所用饲料成分及营养价值

指标	代谢能（MJ/kg）	粗蛋白质（%）	蛋白能量比（g/MJ）	钙（%）	总磷（%）	有效磷（%）	食盐（%）	蛋氨酸（%）	赖氨酸（%）
玉　米	14.06	8.6	—	0.04	0.21	0.06	—	0.13	0.27
高　粱	13.01	8.7	—	0.09	0.28	0.08	—	0.08	0.22
小麦麸	6.57	14.4	—	0.18	0.78	0.23	—	0.15	0.47
大豆粕	10.49	47.2	—	0.32	0.62	0.19	—	0.51	2.54
鱼　粉	10.25	55.1	—	4.59	2.15	2.15	—	1.44	3.64
骨　粉	—	—	—	36.4	16.4	16.4	—	—	—
贝壳粉	—	—	—	33.4	0.14	0.14	—	—	—

表 4-3　试配日粮及主要营养指标的计算

饲料种类	配　比（%）	代　谢　能（MJ/kg）	粗蛋白质（%）
玉　米	54	14.06×0.54＝7.59	8.6×0.54＝4.59
高　粱	7	13.01×0.07＝0.91	8.7×0.07＝0.609
小麦麸	5.5	6.57×0.055＝0.36	14.4×0.055＝0.792
大豆粕	19.0	10.29×0.190＝1.96	47.2×0.190＝8.968
鱼　粉	5	10.25×0.05＝0.51	55.1×0.05＝2.755
空　白	9.5		
合　计	100	11.33	17.744
饲养标准	100	11.50	15.00
与标准比较	0	−0.17	＋2.744

表 4-4　调整后日粮中营养成分计算

饲　料	配　比（%）	代　谢　能（MJ/kg）	粗蛋白质（%）	钙（%）	磷（%）	有效磷（%）
玉米	61	14.06×0.61＝8.58	8.6×0.61＝5.246	0.04×0.61＝0.025	0.21×0.61＝0.129	0.06×0.61＝0.037
高粱	7	13.01×0.07＝0.91	8.7×0.07＝0.609	0.09×0.07＝0.006	0.28×0.07＝0.02	0.08×0.07＝0.006
麦麸	5.5	6.57×0.055＝0.36	14.4×0.055＝0.792	0.18×0.055＝0.010	0.78×0.055＝0.043	0.23×0.055＝0.013
大豆粕	12.0	10.29×0.12＝1.23	47.2×0.120＝5.664	0.32×0.120＝0.038	0.62×0.120＝0.074	0.19×0.120＝0.023
鱼　粉	5	10.25×0.05＝0.51	55.1×0.05＝2.755	4.59×0.05＝0.23	2.15×0.05＝0.108	2.15×0.05＝0.108
空　白	9.5					
合　计	100	11.59	15.066	0.309	0.374	0.187
与标准比较		＋0.09	＋0.066	－3.09	－0.226	－0.133

其次，调整钙、磷的需要量：与饲养标准相比，磷的含量低 0.226%，每增加 1% 骨粉，可使磷的含量提高 0.164%，因此，可加 0.226/0.164＝1.38% 骨粉。与此同时，钙的含量净增加了 0.502%（0.364×1.38），这样与饲养标准相比，钙的含量低 2.589%（3.4－0.309－0.502），用贝壳粉来补充钙，则需要 7.75%（2.589÷0.334）的贝壳粉。另外，加 0.37% 食盐。

最后，调整微量元素、维生素和氨基酸的需要量：微量元素和维生素在基础饲料中的含量一般被看作安全裕量，不予计算。日粮中的添加量按饲养标准中的需要量添加。可直接选用蛋鸡用微量元素和维生素添加剂，并按产品说明书规定的量添加。鸡需要 13 种必需氨基酸，计算起来比较麻烦，有些氨基酸通过饲料可以满足需要。因此，在实际饲养中主要考虑蛋氨酸、赖氨酸、胱氨酸和色氨酸的供给。饲料中的氨基酸计算方法同粗蛋白质和钙、磷的计算。计算结果与饲养标准比较，如果某一项不足，可用商品性氨基酸添加剂来补充。

上述日粮经计算，赖氨酸、色氨酸、胱氨酸都符合标准需要，且都较标准略高些。只有蛋氨酸较标准低 0.104%，蛋氨酸又是鸡的第一限制性氨基酸，因此须补加蛋氨酸 0.104%，用 98% 的蛋氨酸添加剂来补充，每 100 kg 日粮需要添加 106.12g（0.104÷98%×1 000）。

至此，产蛋率 65%～80% 的蛋鸡平衡日粮已配成。其饲料组成（%）如下：

黄玉米 61，高粱 7，小麦麸 5.5，大豆粕 12，鱼粉 5，骨粉 1.38，贝壳粉 7.75，食盐 0.37。另外每 100 kg 饲粮补加蛋氨酸 106.12 g。维生素和微量元素添加剂按产品说明书添加。

任务 4　用 Excel 设计畜禽全价配合饲料配方

用 Excel 设计畜禽全价配合饲料配方的基本步骤包括以下三步。

第一步　创建基本数据表：

1. 输入原料养分含量（技术系数，a_{ij}）、营养参数和原料用量的上下限（资源存量或边界，b_j），以及原料单价（贡献系数，C_i）；

2. 指定存放原料实际用量（决策变量，X_{ij}）、实际养分浓度和配方成本（目标函数）计算结果所在的单元格；

3. 在实际养分浓度和配方成本单元格中，用公式正确反映 a_{ij} 和 X_{ij}，以及 X_{ij} 和 C_i 间的数量关系；

4. 计算原料实际用量总和，放入指定单元格中。

第二步　调用工具栏中"线性求解"功能，填写各对话框：

1. 目标单元格（配方成本所在单元格，选择"最小值"选项）；

2. 可变单元格（原料实际用量所在单元格）；

3. 约束条件（逐项添加各种养分实际浓度与对应营养参数上下限，以及令实际用量总和为 100%）；

4. 选择"采用线性模型"和"假定非负"条件。

第三步　求解，在可变单元格中显示出最终的配方组成，在目标单元格中显示出价。

示例：用 Excel 表格为蛋雏鸡设计全价日粮。

1. 打开 Excel 表格，并建立 Excel 工作表，见下图。

	饲料名称	配方 kg	价格 元/kg	ME Mcal/kg	CP %	Laa %	M+C %	苏氨酸 %	Ca %	AP %	NaCl %	<	=	>
1				2012年2月8日　编号：蛋雏鸡日粮配制								<	=	>
4	玉米		2.4	3.24	8.7	0.24	0.38	0.3	0.02	0.12				
5	小麦麸皮		1.5	1.63	15.7	0.58	0.39	0.43	0.11	0.24				
6	豆粕		4.2	2.35	43	2.6	1.27	1.876	0.33	0.18				
7	磷酸氢钙		2.8						21	16.5				
8	石粉		0.2						38					
9	食盐		1								99			
10	赖氨酸				94.4	79.24								
11	蛋氨酸		32		57.77		98.5							
12	核心料		10										1	
13	指标	=	=											
14		=	=	>	>	>	>	>	>	>	>			
15	标准	100	min	2.85	19	1.00	0.74	0.66	0.9	0.4	0.3			

2. 输入公式

2.1　单击单元格 B13，在文本框中输入"="号，单击工具栏中的下拉符号"▼"，单击"SUM"，光标在 Number1 的空格里闪烁，见下图。

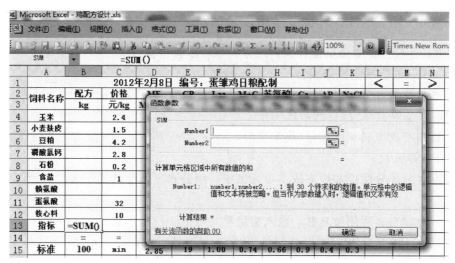

2.2   单击单元格 B4 按住鼠标左键向下拖曳鼠标至单元格 B12 松开，单击"确定"按钮，见下图。

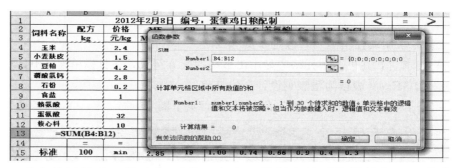

2.3   单击单元格 C13 输入"＝"号，点击工具栏中的下拉符号"▼"，单击"SUM-PRODUCT"，光标在 Array1 的空格里闪烁。

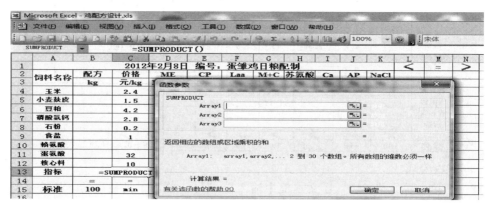

2.4   单击单元格 B4 按住鼠标左键向下拖曳鼠标至单元格 B12 松开鼠标左键，然后在 Arrgy1 格里的"B"字母前后分别输入"＄"符号。将鼠标移到 Arrgy2，单击单元格 C4 按住鼠标左键向下拖曳鼠标至单元格 C12 松开鼠标左键，单击"确定"按钮，见下图。

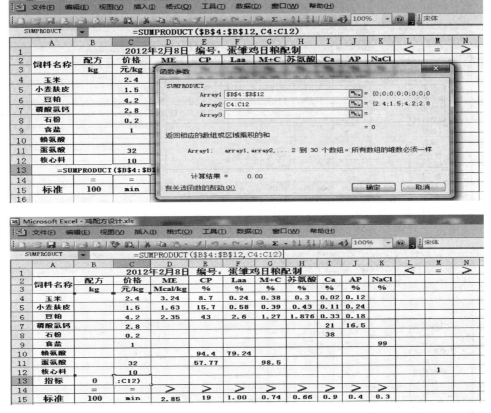

2.5　在公式"＝SUMPRODUCT（$B$4：$B$12，C4：C12）"后面输入"/100"，按 Enter 键。

2.6　单击单元格 C13，将鼠标空心"＋"光标对准单元格 C13 的右下角，光标变为实心的"＋"时，按住鼠标左键向右横拖至单元格 K13 松开左键，单元格 D13，E13，F13，G13，H13，I13，J13，K13 的公式就全部输入完成。

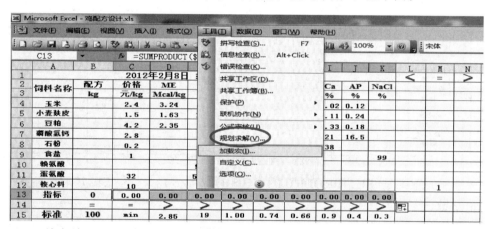

3. 单击工具栏，查找"规划求解"菜单，并选择"规划求解"，见下图。

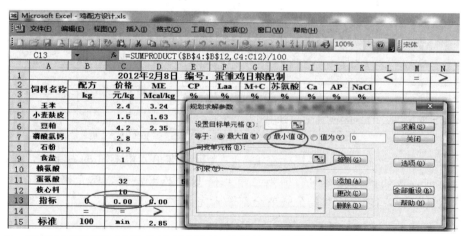

3.1 单击单元格 C13，在规划求解参数菜单栏中选中"最小值"单选按钮，将鼠标移到可变单元格下方的空白格，单击"添加"按钮，进行各种约束条件的添加，见下图。

3.2 添加"原料实际用量的总量"的约束条件。将鼠标移到文本框中"单元格引用位置"处，单击单元格 B13，将"≤"号改为"＝"号，将鼠标移到文本框中"约束值"处，再单击单元格 B15，然后单击文本框中的"添加"按钮，见下表。

Microsoft Excel - 鸡配方设计.xls

B15　=SUMPRODUCT($B$4:$B$12,C4:C12)/100

饲料名称	配方 kg	价格 元/kg	ME Mcal/kg	CP %	Laa %	M+C %	苏氨酸 %	Ca %	AP %	NaCl %	<	=	>
				2012年2月8日　编号：蛋雏鸡日粮配制									
玉米		2.4	3.24	8.7	0.24	0.38	0.3	0.02	0.12				
小麦麸皮		1.5	1.63	15.7	0.58	0.39	0.43	0.11	0.24				
豆粕		4.2	2.35	43	2.6	1.27	1.876	0.33	0.18				
磷酸氢钙		2.8						21	16.5				
石粉		0.2						38					
食盐		1								99			
赖氨酸				94.4	79.24								
蛋氨酸		32		57.77		98.5							
核心料		10										1	
指标	0		0.00	0.00	0.00	0.00	0.00	0.00	0.00	0.00			
		=											
标准	100		min	2.85	19	1.00	0.74	0.66	0.9	0.4	0.3		

添加约束　单元格引用位置 $B$13　=　约束值(C)：$B$15　确定　取消　添加(A)　帮助(H)

3.3　添加"各种原料用量限定"的约束条件。

例如由本题中可以看出，核心料的约束条件为 1，需要添加。

操作：单击单元格 B12，按照约束条件要求，将文本框中"≤"号改为"＝"号，再单击单元格 M12，然后单击文本框中的"添加"按钮，这样核心料的约束条件添加完毕。如果题中还有其他原料也存在约束条件，应按此法逐一添加，见下图。

Microsoft Excel - 鸡配方设计.xls

M12　=SUMPRODUCT($B$4:$B$12,C4:C12)/100

	A	B	C	D	E	F	G	H	I	J	K	L	M	N
1					2012年2月8日　编号：蛋雏鸡日粮配制							<	=	>
2	饲料名称	配方	价格	ME	CP	Laa	M+C	苏氨酸	Ca	AP	NaCl			
3		kg	元/kg	Mcal/kg	%	%	%	%	%	%	%			
4	玉米		2.4	3.24	8.7	0.24	0.38	0.3	0.02	0.12				
5	小麦麸皮		1.5	1.63	15.7	0.58	0.39	0.43	0.11	0.24				
6	豆粕		4.2	2.35	43	2.6	1.27	1.876	0.33	0.18				
7	磷酸氢钙		2.8						21	16.5				
8	石粉		0.2						38					
9	食盐		1								99			
10	赖氨酸				94.4	79.24								
11	蛋氨酸		32		57.77		98.5							
12	核心料		10										1	
13	指标	0	0.00	0.00	0.00	0.00	0.00	0.00	0.00	0.00	0.00			
14		=		>	>	>	>	>	>	>	>			
15	标准	100	min	2.85	19	1.00	0.74	0.66	0.9	0.4	0.3			

添加约束　单元格引用位置 $B$12　=　约束值(C)：$M$12　确定　取消　添加(A)　帮助(H)

3.4　添加各项营养指标约束条件。

操作 1：将鼠标移到文本框中"单元格引用位置"处，单击单元格 D13，再将文本框中"≤"号改为"≥"号，将鼠标移到"约束值"处，再单击单元格 D15，最后再单击文本框中的"添加"按钮。

Microsoft Excel - 鸡配方设计.xls

D15　=SUMPRODUCT($B$4:$B$12,C4:C12)/100

	A	B	C	D	E	F	G	H	I	J	K	L	M	N
1					2012年2月8日　编号：蛋雏鸡日粮配制							<	=	>
2	饲料名称	配方	价格	ME	CP	Laa	M+C	苏氨酸	Ca	AP	NaCl			
3		kg	元/kg	Mcal/kg	%	%	%	%	%	%	%			
4	玉米		2.4	3.24	8.7	0.24	0.38	0.3	0.02	0.12				
5	小麦麸皮		1.5	1.63	15.7	0.58	0.39	0.43	0.11	0.24				
6	豆粕		4.2	2.35	43	2.6	1.27	1.876	0.33	0.18				
7	磷酸氢钙		2.8						21	16.5				
8	石粉		0.2						38					
9	食盐		1								99			
10	赖氨酸				94.4	79.24								
11	蛋氨酸		32		57.77		98.5							
12	核心料		10										1	
13	指标	0	0.00	0.00	0.00	0.00	0.00	0.00	0.00	0.00	0.00			
14		=		>	>	>	>	>	>	>	>			
15	标准	100	min	2.85	19	1.00	0.74	0.66	0.9	0.4	0.3			

添加约束　单元格引用位置 $D$13　>=　约束值(C)：$D$15　确定　取消　添加(A)　帮助(H)

操作2：将鼠标移到文本框中"单元格引用位置"处，单击单元格K13，再将文本框中"≤"号改为"≥"号，将鼠标移到"约束值"处，再单击单元格K15，然后单击文本框中的"添加"按钮。

操作3：将鼠标移到文本框中"单元格引用位置"处，单击单元格D13，按住鼠标左键向右横向拖曳鼠标至单元格K13松开鼠标左键，将文本框中的"≤"号改为"≥"号，将鼠标移到"约束值"处，再单击单元格D15，按住鼠标左键向右横向拖曳鼠标至单元格K15松开鼠标左键，然后单击"确定"按钮。限制条件添加完毕。

4. 单击"选项"，选择"假定非负"，单击"确定"按钮，见下图。

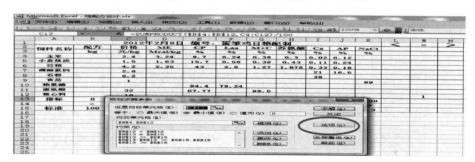

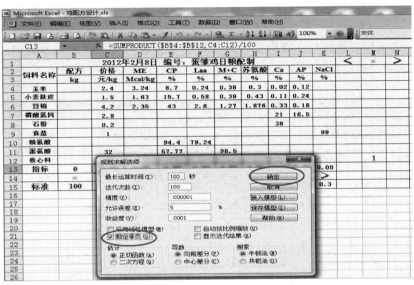

4.1　单击"求解"按钮，然后单击"确定"按钮，见下图。

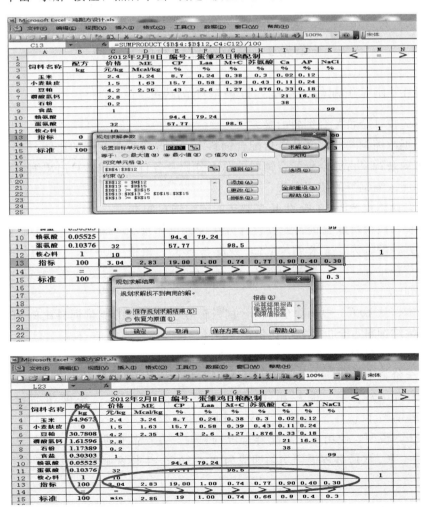

注：上表中圈定选项为计算机最终输出的饲料配方比例、饲料成本及各项营养指标数值。

4.2 如果配方指标与标准指标一致，可手工化零为整，即用量多的原料保留一位小数，用量少的原料或添加剂保留 2～3 位小数。调整后的配方组成见下表。

饲料名称	配方 kg	价格 元/kg	ME Mcal/kg	CP %	Laa %	M+C %	苏氨酸 %	Ca %	AP %	NaCl %		
											<	=	>
玉米	65.14	2.4	3.24	8.7	0.24	0.38	0.3	0.02	0.12			
小麦麸皮	0	1.5	1.63	15.7	0.58	0.39	0.43	0.11	0.24			
豆粕	30.6	4.2	2.35	43	2.6	1.27	1.876	0.33	0.18			
磷酸氢钙	1.62	2.8						21	16.5			
石粉	1.17	0.2						38				
食盐	0.3	1								99		
赖氨酸	0.06			94.4	79.24							
蛋氨酸	0.11	32		57.77		98.5						
核心料	1	10									1	
指标	100		3.03	2.83	18.95	1.00	0.74	0.77	0.90	0.40	0.30	
=												
标准	100	min	2.85	19	1.00	0.74	0.66	0.9	0.4	0.3		

单元 2 畜禽浓缩饲料配方设计

任务 1 由全价配合饲料配方推算浓缩饲料配方

1. 首先设计全价配合饲料的配方。

2. 根据浓缩饲料的定义从全价配合饲料中减去全部能量饲料的比例。

3. 由剩余饲料占原全价配合饲料的总百分比及各自百分比计算出浓缩饲料的配方。

4. 标明浓缩饲料的使用方法。

例：设计体重 20～50 kg 生长育肥猪的浓缩饲料配方。

第一步，按全价配合饲料配方设计方法设计出体重 20～50 kg 生长育肥猪的全价配合饲料的配方。配方为：玉米 71.04%，麸皮 5.00%，鱼粉 1.00%，豆粕 13.84%，棉籽粕 3.00%，菜籽粕 3.00%，磷酸氢钙 0.43%，石粉 1.05%，赖氨酸 0.34%，食盐 0.30%，预混料 1.00%。

第二步，从 100% 中扣除全价配合饲料配方中的所有的能量饲料比例 76.04%，剩余的比例为浓缩饲料占全价饲料的比例 23.96%。

第三步，将鱼粉、豆粕、棉籽粕、菜籽粕、磷酸氢钙、石粉、赖氨酸、食盐及添加剂预混料在全价料中的比例分别除以 23.96%，即得生长育肥猪的浓缩饲料配方。即鱼粉 4.17%，豆粕 57.76%，棉籽粕 12.52%，菜籽粕 12.52%，磷酸氢钙 1.80%，石粉 4.38%，赖氨酸 1.43% ，食盐 1.25%，预混料 4.17%。

第四步，说明：使用本产品配合全价饲料时，在产品说明书上注明每 24 份浓缩饲料加上 71 份玉米、5 份麸皮混合均匀即成为 20～50 kg 生长育肥猪的全价配合饲料。

任务2　由浓缩饲料与能量饲料已知的搭配比例设计浓缩饲料配方

1. 查饲喂对象的饲养标准及所用饲料的成分表。

2. 根据实践经验确定全价饲料中浓缩饲料与能量饲料的比例以及能量饲料的组成。一般浓缩饲料与能量饲料的比例为(30～40)∶(60～70)。

3. 由能量饲料的组成计算其中所含营养成分含量，并与饲养标准相比，计算出需由浓缩饲料补充的营养成分的含量。

4. 根据由浓缩饲料补充的营养成分量和浓缩饲料所占日粮的比例，计算浓缩饲料中各种营养成分的含量。

5. 用试差法或交叉法来设计浓缩饲料的配方。浓缩饲料常由蛋白质饲料、矿物质饲料、添加剂预混料组成。

6. 标明使用方法。

该法原料选择的余地较宽，有利于饲料资源的开发利用和降低饲料成本，便于饲料厂规模化生产，但在设计时需要有一定的实践经验，对浓缩饲料的使用比例、方法有一定了解。

任务3　设计反刍动物浓缩饲料配方

反刍动物浓缩饲料配方设计的方法，根据选用的蛋白质饲料原料种类不同，可分为常规蛋白质饲料原料配制方法和以尿素补充蛋白配制方法。

1. 利用常规蛋白质饲料原料的配制方法

一般首先设计反刍动物精料补充料配方，然后推算出浓缩饲料配方。设计奶牛精料补充料配方的方法同全价配合饲料配方设计。浓缩饲料配方的推算也与单胃动物的推算方法相同。

2. 利用尿素代替部分蛋白质饲料原料的配制方法

用尿素代替部分蛋白质饲料，能提高低蛋白饲料中纤维的消化率，增加动物的体重和氮素沉积量，降低饲料成本，提高养殖业的经济效益。所以配制反刍动物浓缩饲料时，可用一定量的尿素或其他高效非蛋白氮饲料替代浓缩饲料中的常规蛋白质饲料，但使用时应严格按照反刍动物对非蛋白氮的利用方法及原则进行。

单元3　畜禽预混合饲料配方设计

任务1　认知畜禽预混合饲料配方设计相关知识

1. 预混料的分类

(1)根据预混料中的活性成分种类分类

①单项性预混料：它是由一类添加剂原料与适当比例的载体或稀释剂配制而成的均匀混合物。例如多种维生素预混料，微量元素预混料等。

②综合性预混料：亦称复合预混料，即由两类或两类以上添加剂原料与适当比例的载体或稀释剂配制成的均匀混合物，例如由氨基酸、微量元素、维生素及抗生素等类中的两种或两类以上添加剂原料配制成的预混料。为了加强管理和使用安全，又按其中是否含

有药物分为一般预混料和加药预混料。

（2）按照预混料与全价饲料中的用量分类

全价饲料生产厂或预混料用户的加工工艺不同，对预混料在配合饲料中的添加量也不同。一般大中型饲料厂预混料在全价饲料中的比例为 $0.1\%\sim0.5\%$，而对于设备较差、工艺简单、技术力量薄弱的饲料厂以及广大的自配饲料的饲养场（户），预混料在全价饲料中的比例较高，一般为 $1\%\sim5\%$。预混料在饲料中的添加量不同，会导致预混料含有的添加剂种类的不同。

2. 预混料中活性成分添加量的确定

预混合饲料中活性成分主要是指维生素、微量矿物质元素和药物成分等。活性成分需要量主要是指动物对维生素、微量矿物质元素、氨基酸和药物成分的需要量。

（1）预混料中微量元素的添加量

应根据动物的营养需要量与基础饲料中微量元素的含量确定，即添加量等于动物的需要量减去基础饲料中的含量。但实际生产中，由于基础饲料中微量元素的含量变化很大且难以测定，所以，一般按饲养标准规定的需要量添加，而基础饲料中的含量则作为安全裕量。对于某些中毒剂量小（如硒）或特殊用途的微量元素（如铜、锌等），应严格控制添加量。

（2）预混料中维生素的添加量

查动物的饲养标准确定对维生素的需要量，并考虑预混料生产过程，混入饲料的加工过程以及饲喂过程中可能的损耗和衰减量来决定实际加入量。

3. 原料与载体的选择

（1）原料选择

维生素原料的选择主要考虑原料的稳定性和生物学效价。经过包被处理的维生素稳定性优于未包被处理的。选择微量矿物质元素的原料时，应处理好生物学利用率、稳定性和生产成本三者关系。

（2）载体选择

载体应满足以下几个条件：含水量应低，粒度要细，容重应与微量组分相接近，载体表面粗糙或具有小孔，吸水性要弱，不易结块，流动性应适中，酸碱度接近于中性，来源广泛，有一定的营养价值，能与添加剂均匀混合，不易分级等。

任务2　设计维生素预混合饲料配方

1. 确定维生素预混合饲料在全价配合饲料中的添加比例。

2. 确定单体维生素的种类及其在全价配合饲料中的添加量。

3. 选择所需的维生素饲料添加剂，明确添加剂产品规格。

4. 根据维生素在全价配合饲料中的添加量和预混合饲料的添加比例，计算每千克预混合饲料中维生素的用量。

5. 根据预混合饲料中维生素的含量及添加剂产品规格，计算每千克维生素预混合饲料中各商品维生素添加剂的用量。

6. 选择载体并计算载体在维生素预混料中的比例，必要时需要添加抗氧化剂。

7. 计算出维生素预混合饲料的配方。

任务 3　设计微量元素预混料配方

1. 查阅饲养标准，确定微量元素的添加量。

2. 微量元素原料的选择

根据设计对象、饲养标准等，确定实际添加微量矿物质元素的种类和规格，同时，查明其中杂质和其他元素的含量。

3. 计算出商品原料的用量

计算方法如下：

$$纯原料量＝微量元素需要量/纯品中元素含量$$
$$商品原料量＝纯原料量/商品原料纯度$$

4. 计算载体用量

根据预混料在全价配合饲料中的比例，计算载体用量。一般认为预混料占全价配合饲料的 0.5%～1.0% 为宜。载体用量为预混料量与商品原料量之差。

5. 列出微量元素预混料配方。（常以每吨预混料的组成形式表示。）

任务 4　设计复合预混料配方

1. 先设计出维生素、微量矿物质元素预混合饲料配方，生产出的相应预混合饲料。

2. 再将维生素预混合饲料、微量矿物质元素预混合饲料及其他组分按照全价配合饲料中添加量和复合预混合饲料在全价配合饲料中用量，计算出各组分在复合预混合饲料中比例。

模块 2　饲料产品生产与应用

单元 1　饲料产品生产工艺

任务 1　认知饲料产品生产工艺相关知识

1. 认知配合饲料加工工艺流程

配合饲料加工工艺是从原料接收到成品出厂的全部生产过程。包括原料的接收、初清、粉碎、混合、制粒(含冷却、破碎、分级)、成品称重打包等主要工序及通风除尘、油脂添加等辅助工序。在设计工艺流程时应注意的问题如下。

(1)工艺流程的选配应充分考虑产品种类、工厂规模以及今后的发展方向等因素。

(2)选配先进的机器设备，是提高产量、保证质量、节约能耗的基础。

(3)各工序的设备配置要得当，保证工艺流程的连续性。

(4)工艺流程应完整、流畅、简捷，不得出现工序重复或连接不畅的现象。

(5)应充分考虑生产中产生的噪声和粉尘对工作人员及周围环境的影响，采取切实可行的噪声和粉尘防治措施，尽量创造良好的工作环境，保证安全生产。

2. 认知配合饲料加工工序

(1)原料的接收初清工序　这是饲料生产工艺的第一道工序，包括原料接收到原料进入待粉碎仓或配料仓前的所有操作单元。

（2）粉碎工序　待粉碎仓中的原料喂入粉碎机粉碎成粉料，然后通过输送机械按原料品种分配进入各个配料仓备用。粉碎工序是饲料厂保证质量、决定生产能力的重要环节，也是耗能最大的工序。粉碎机产生的噪声是饲料厂的主要噪声源之一。

（3）配料工序　该工序的核心设备是配料秤，各配料仓中的原料由每个配料仓下的喂料器向配料秤供料，并由配料秤对每种原料进行称重。每种原料的用量由配料秤的控制系统根据生产配方进行控制。配料完毕，配料秤斗卸料门开启，将该批物料卸入混合机。卸空后门关闭，配料秤可进行下一批物料的称重配料。配料工序工作质量的好坏直接影响产品的配料精度，此工序是整个生产过程的核心。

（4）混合工序　是将配料秤配好的一批物料中的各种原料组分及人工添加的各种微量组分混合均匀，达到所要求的混合均匀度。此工序的生产能力是饲料加工流程生产能力的标志，饲料厂的生产能力是以混合工序的生产能力来衡量的。

该工序的关键设备是混合机。在混合过程中可根据需要通过油脂添加系统向混合机中的饲料添加油脂。混合好的饲料将被送入待制粒仓。

（5）制粒工序　待制粒仓中的粉料经磁选、调质后被送入制粒机压制室，并被压制成颗粒饲料。

（6）成品包装工序　成品出厂采取两种形式：袋装和散装。其中袋装是由自动打包设备对成品进行称重、装袋、缝口。袋装规格可通过调整打包秤进行改变。

（7）其他辅助工序　根据需要进行配置，如为改善环境可配置通风除尘系统，为各工序之间的衔接应配备输送机械等。饲料厂的辅助工序种类较多，其作用也各不相同。

任务2　准备和处理加工前的饲料原料

1. 认知原料接收设备和设施

根据原料的特性、数量、输送距离、能耗等来选用。主要有刮板输送机、带式输送机、螺旋输送机、斗式提升机、气力输送机。附属设备和设施主要有台秤、自动秤等称量设备、料仓、卸货台、卸料坑等。原料接收设备见图4-1～图4-5。

图4-1　刮板输送机

图4-2　带式输送机

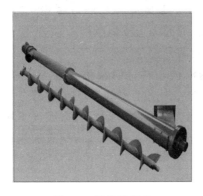

图 4-3　螺旋输送机

图 4-4　斗式提升机

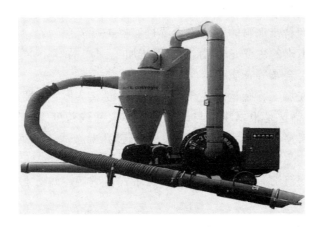

图 4-5　气力输送机

图片说明：刮板输送机和螺旋输送机一般用于水平输送，前者多用于远距离，后者多用于近距离输送。气力输送机宜作容重轻的物料的水平和垂直输送，特别适用于散装的粉料、粒料的装卸工作。容重大的物料以机械输送为好。斗式提升机主要用于垂直提升散状物料。

台秤多用于包装原料进厂的称重；自动秤则适合于散装原料的称重；地中衡则用于以公路运输为主的饲料厂自动车辆接收原料和发放产品的称量。地中衡应布置在地势高处，以防地面雨水流入地下室，其位置应距离汽车转弯处 10～20 m，以保证汽车出入方便。

料仓通常采用立筒仓、房式仓等形式。立筒仓主要用于存放粒状原料，房式仓主要用来存放各种袋装和块状原料，微量矿物质原料及某些添加剂则要求存放在小型储藏室中，液体饲料一般采用液罐存放。

2. 认知原料接收工艺

根据接收原料的种类、包装形式和采用的运输工具不同，采用不同的原料接收工艺。在接收时均需要对原料进行质检和量检。各种形式的原料接收工艺如下。

(1)散装车的接收工艺　散装卡车和火车罐车入厂的原料经地中衡称重后，自动卸入接料坑，原料卸入接料坑后分别经水平输送机、斗式提升机、初清筛、磁选器和自动秤、斗式提升机送入立筒仓贮存或直接进入待粉碎仓或配料仓(不需粉碎的物料)。

汽车接料坑上部应配置栅栏，栅格间隙约为 40 mm。它可保护人身安全，又可除去大杂。接料坑左右处两还需配置吸风罩以减少粉尘，其风速为 $1.2\sim1.5$ m/s。

(2)气力输送接收工艺　它可从罐车和船仓等处吸运散装原料。

(3)袋装接收工艺　分人工接收和机械接收两种。

(4)液体原料的接收　饲料厂接收最多的液体原料是糖蜜和油脂。液体原料接收时，首先需进行检验。检验主要内容有：颜色、气味、比重、浓度等。经检验合格的原料方可卸下贮存。液体原料需用桶装或罐车装运。桶装液料可用车运、人搬或叉车搬运入库。罐车装运时，罐车进入厂内，由泵将液体原料泵入贮存罐。贮存罐内配有加热装置，使用时先将液体原料加热，后由泵输送至车间添加。

3.认知原料清理过程

在饲料原料中，动物性蛋白质饲料、矿物性饲料及微量元素和药物等添加剂的杂质清理均在原料生产中完成，一般不需要在饲料厂清理。

液体原料常在卸料或加料的管路中设置过滤器进行清理。

饲料原料中需清理的主要是谷物饲料及其加工副产品等，主要清除其中的石块、泥土、麻袋片、绳头、金属等杂质。

有些副料由于在加工、搬运、装载过程中可能混入杂物，必要时也需清理。

(1)筛选除杂　筛选是根据物料与杂质的宽厚尺寸或粒度大小不同而利用筛面进行筛理，小于筛孔的物料穿过筛孔为清净物料，大于筛孔的杂质不能通过筛孔而被清理出来。两者或相反。

饲料厂常用的初清筛有圆筒式初清筛、网带式初清筛，如图4-6、图4-7所示。

图 4-6　SCY 型圆筒式初清筛

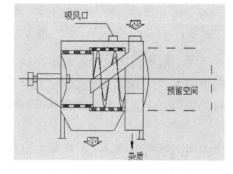
图 4-7　圆筒式初清筛结构图

(2)磁选清理　在饲料原料中及其在加工过程中，往往会混入磁性金属杂质。

金属杂质在饲料加工中的危害：会加速设备工作部件的磨损，造成人身事故；当金属杂物进入粉碎机和风机等设备中时，很可能产生火星而引起粉尘爆炸事故。

因此需清除饲料原料及其加工过程中混入的金属杂质。

常用磁选设备有永磁筒磁选器、溜管磁选器。其结构如图4-8、图4-9。

(3)清除杂物主要采取的措施　利用饲料原料与杂质尺寸的差异，用筛选法分离；利用导磁性的不同，用磁选法磁选；利用悬浮速度不同，用吸风除尘法除尘。

4.认知料仓的功能、分类及应用

(1)料仓的功能　对散体物料的接收、贮存、卸出、倒仓、料位指示等，起平衡生产过程，保证生产连续进行，节省人力，提高机械化程度的作用。

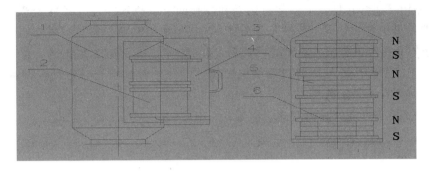

图 4-8　永磁筒结构图

1—外筒；2—内筒装配；3—不锈钢外罩；

4—外筒门；5—磁铁块；6—导磁板

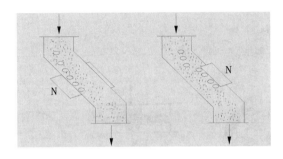

图 4-9　溜管磁选器

（2）料仓的分类

①按用途可分三类：原料仓、中间仓、成品仓。

原料仓：主要储存玉米、高粱等谷物类原料，目前大中型饲料厂都采用立筒仓。麸皮、米糠、次粉、饼粕、鱼粉、骨粉等副料，一般采用房式仓库。

生产过程的中间仓：包括待粉碎料仓、配料仓、待制粒仓、混合机下缓冲料仓等。

②按截面形状可分三类：圆形仓、矩形仓和多边形仓。圆形仓多用于原料、成品的贮存，也有用作中间仓，矩形仓和方形仓多用于配料仓。多边形仓应用的较少。

（3）料仓结构及其应用

①料仓的结构：包括仓体和料斗。其中料斗的结构对料仓运用性能极为重要。料斗与卸料口形状及位置的合理确定，对防止结拱，促使物料流畅具有决定性的意义。因此料斗的形状和卸料口的位置与形状，决定着物料通过料斗的能力。而物料的机械性质制约着料斗的结构、形状和尺寸。

②料仓应用技术：料仓发生结拱、抽心，将导致工艺过程的停顿及产品质量不合格，给企业带来重大损失。造成结拱的因素常见的有：料斗结构、尺寸；物料的物理性质；使用不合理问题等。防止结拱发生的措施：加大卸料口或多设卸料口；选用恰当的料斗，如曲线料斗、一侧为垂直壁的非对称料斗；加大仓壁倾角；在料仓内表面涂料使其光滑；安装助流装置，从而改善料仓的流动性。

5. 认知料仓的料位器

料位器是用来显示料仓内物料高度的一种监控装置。

（1）作用　通常在料仓上安装有满仓和空仓两个料位器。当进料机将筒仓装满时，上料位器即发出相应信号，使操作人员及时关闭进料机或调换仓号。当料仓卸空时，下料位器即发出空仓信号或警报，以声光两种形式催促操作人员迅速采取措施，保证连续正常工作。若将上、下料位器与进料机用继电器相连，即可做到空仓时自动控制进料机自动进料，仓满时则自动停止进料。

（2）种类　有叶轮式、薄膜式、阻旋式、电容式、电阻式及感应式等。

任务3　粉碎饲料

1. 认知粉碎的目的

粉碎直接影响饲料厂生产规模、能耗、饲料加工成本以及产品的质量。粉碎的目的是增大饲料的表面积，提高动物对饲料的消化利用率；改善配料、混合、制粒等后续工序的质量，提高工作效率。

2. 认知粉碎的方法

粉碎方法有4种，见图4-10。

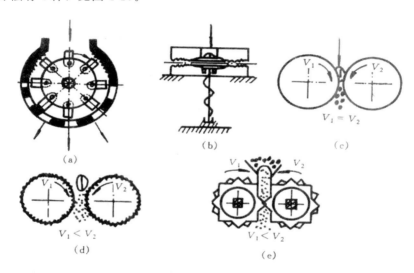

图4-10　粉碎方法

图片说明：

（a）击碎　是利用安装在粉碎室内的工作部件高度运转，对物料实施打击碰撞，依靠工作部件对物料的冲击力使物料颗粒碎裂的方法。常用于锤片式粉碎机工作过程。

优点：适用性好，生产率高，可以达到较细的产品粒度，且产品粒度相对较均匀。

缺点：工作部件的速度要求较高，能量浪费较大。

（b）磨碎　是利用两个刻有齿槽的坚硬磨盘表面对物料进行切削和摩擦而使物料破碎的方法。该法适用于加工干燥且不含油的物料，它可根据需要将物料颗粒磨成各种粒度的产品，但含粉末较多，产品温升也较高。目前在配合饲料加工中应用很少。

（c）压碎　是利用两个表面光滑的压辊以相同的转速相对转动，对夹在两压辊之间的物料颗粒进行挤压而使其破碎的方法。常用于压扁饲料的加工过程。在配合饲料加工中应用较少。

（d）（e）：锯切碎　是利用两个表面有齿的压辊以不同的转速相对转动，对物料颗粒进行锯切而使其破裂的方法。常用于对辊式粉碎机和辊式碎饼机的工作过程。

3. 认知粉碎机的类型

常见的有以下几种，见图 4-11～图 4-15。

图 4-11　齿爪式粉碎机

图片说明：其特点是转速高、产品粒度细，主要适于粉碎脆性物料。其缺点是功耗较大，噪声高。在饲料厂，常作为二次粉碎工艺中的二级粉碎，或在小型饲料厂中作为多用途的备用粉碎机。

图 4-12　锤片式粉碎机

图片说明：一般由供料装置、机体、转子、筛片、排料装置及控制系统等组成。

图 4-13　对辊式粉碎机

图片说明：在饲料行业有多种用途，一是用来谷物饲料的压碎；二是用来颗粒的破碎；三是用来油饼饲料的碎裂；四是用来谷物饲料的辊式粉碎。

图 4-14　分体式微粉碎机

图 4-15　立轴式微粉碎机

4. 认知粉碎工艺

(1)进料方式

① 重力进料：在粉碎机的上方设置一定容积的原料仓，其出料口通过一闸门与粉碎机进料口相连。粉碎机工作时，打开闸门，物料依靠自身的重力进入粉碎室。

② 负压进料：采取这种进料方式的粉碎机一般是轴向喂料式粉碎机，其进料口连接一根进料管，插入物料中，物料的料面可以低于粉碎机。粉碎机转子上装有叶片，起风机作用；或者在粉碎机外部配置专用风机，在风机的抽吸作用下，粉碎室中心部分与进料管内形成一定负压，物料在这种负压的驱使下进入粉碎室。

③ 机械进料：机械进料是指在粉碎机的上方设置待粉碎仓，使用某种机械喂料装置，将物料以恒定的流速喂入粉碎机。

(2)粉碎机的产品输送工艺

① 直线式工艺：原料仓在粉碎机的上方，粉料仓在粉碎机的下方，粉碎后的粉料直接卸入粉料仓中。这种工艺适合于先配料后粉碎的生产工艺，国内比较少见。

② 机械输送式工艺：是最常见的粉碎工艺。待粉碎仓中的原料粉碎后卸入一水平输送机中，由后者将粉料送至一台斗式提升机，提升机将粉料提升至所需的高度并将它卸入下一台设备。

这种工艺对于非专用粉碎机表现出很大的优越性，粉碎机粉碎不同的物料，提升机提升以后就可以通过一定的设备将它们卸入不同的料仓，这便使得整个加工过程的工艺可以设计得比较灵活。

③ 气力输送式工艺：是指粉碎后的物料采用气力输送的方式进入下一道工序。

这种工序的优点：粉料在输送管道中可以向需要的地方长距离输送，并且还可以在中途多次改变方向，这为车间内设备的布局提供了方便。此外，这里所选用的一般是吸送式的输送方式，它可以在粉碎室外形成一定的负压，从而省去了机械输送方式常有的负压吸风系统。

(3)负压吸风系统　负压吸风系统常与机械输送式粉碎工艺联接在一起。当粉碎机转子高速回转时，粉碎机就像一台风机，在粉碎室内产生风压。

风机在对粉碎机吸风的同时会将一部分细颗粒带走，这部分物料在风机作用下与空气一起进入旋风分离器，并在此与空气分离、沉降，最后通过关风器重新回到螺旋输送机中。

拥有负压吸风的粉碎系统，其水平输送机械的输送能力应该大于粉碎机的最大产量，最好选择得使粉碎机产量最大时，输送机只能装满40％～50％，这样，输送机壳体的上部就有足够的空间来容纳空气。输送机械的气密性同样很重要，只有密封才能保证在粉碎室外产生足够的负压。

(4)二次粉碎工艺　二次粉碎工艺是相对于单一粉碎工艺而言的。单一粉碎工艺是指只采用一台粉碎机，用小筛孔片将原料一次性粉碎到所需粒度的工艺方式，这种工艺比较简单，由于使用的筛孔较小，粉碎机的电耗较高。

二次粉碎工艺就是针对这种情况设计的。常见的二次粉碎工艺有单一循环粉碎、阶段二次粉碎、组合二次粉碎 3 种形式。

① 循环粉碎工艺：使用一台粉碎机，配大筛孔的筛片粉碎原料时，产品的粒度不会

全部符合饲料成品的要求。为此，在粉碎机后配置一台分级设备，将粉料分成两类：粒度达到要求的直接进入下一道工序，粒度没有达到要求的粗颗粒则返回粉碎机重新粉碎。这样，物料在粉碎系统内形成一循环体系。循环粉碎工艺的特点是成品粒度比较均匀，产量高，能耗低。

②　阶段二次粉碎工艺：先配料后粉碎加工工艺应用此工艺比较多。已配料好的批量物料经分级筛分，合乎粒度要求的筛下物直接进入混合机，筛上物则进入配大筛孔的第一台粉碎机。经第一台粉碎机粉碎的物料用分级筛分级，将合乎要求的物料分出，并进入混合机，其余筛上物全部进入第二台配小筛孔的粉碎机，粉碎后直接进入混合机。

③　组合二次粉碎工艺：组合二次粉碎是指用对辊式粉碎机作为第一台粉碎机，对原料进行初粉碎，粉碎产品经分级筛分级后，筛上物再进入锤片粉碎机进行第二次粉碎。

这种工艺方式既利用了对辊式粉碎机粉碎时间短、温升低、能耗省的优点，又充分发挥了锤片粉碎机对纤维性物料粉碎效果好的长处，将两种粉碎机配合使用，可以得到很好的粉碎效果。但投资较多，只有规模较大的饲料厂使用才能充分发挥它的优越性。

5. 认知粉状饲料粉碎粒度

(1)鸡料　雏鸡，1.00 mm 以下；中鸡，2.00 mm 以下；大鸡，2.00 mm(颗粒饲料为4.5 mm)；成鸡，2.00～2.5 mm(颗粒料为6.00 mm)。

(2)猪料　哺乳期，1.00 mm 以下；仔猪，1.00 mm 以下；育肥猪，1.00 mm；母猪，1.0 mm。

(3)乳牛料　哺乳期，1.00 mm 以下；幼龄牛，2.00 mm 以下；小牛，2.00 mm 以下(颗粒料为 6.00 mm)；乳牛，2.00 mm 以下(颗粒料为 15 mm)。

(4)鱼饲料　0.5 mm 以下。

(5)马料　2.00～4.00 mm。

任务 4　配料计量

1. 认知配料工艺流程

合理的配料工艺流程可以提高配料精度，改善生产管理。合理的配料工艺流程组成的关键是正确选择配料装置及其与配料仓、混合机的组合协调。目前国内外饲料生产中的配料工艺流程系采用多仓一秤和多仓数秤等形式。

(1)多仓一秤配料工艺　是饲料厂常见的一种形式。

其优点是工艺简单，配料计量设备少，设备的调节、维修、管理等较方便，易于实现自动化。其缺点是其配料周期比一仓一秤要长，累次称量过程中对各种物料产生的称量误差不易控制，从而导致配料精度不稳定。

(2)一仓一秤配料工艺　一仓一秤配料工艺是在每个配料仓下配用一台计量秤。计量秤的形式和称量范围可根据不同物料的物理特性及其在饲料配方中所占的比例大小、生产规模来选定。

其优点是可同时称量多种物料，从而缩短配料周期，速度快、精度高。其缺点是：使用的配料装置多，投资费用相应增多，难以实现自动控制，不利于维修、调试和管理等。现已淘汰。

(3)多仓数秤配料工艺　多仓数秤配料工艺应用极为广泛，配合饲料厂，特别是预混合饲料厂、浓缩饲料厂等，几乎都采用这种配料工艺形式。

该工艺是将各种被称物料按照它们的特性或称量差异而采用相应的分批分档次称量的称量设备。一般大配比物料用大秤，配比小或微量组分用小秤，因此配料绝对误差小，从而经济、精确地完成整个配料过程。

当然，同时配用多台自动化较高的配料秤将增加一次性投资和以后的维修管理费用。但该配料工艺较好地解决了多仓一秤和一仓一秤配料工艺形式存在的问题，是一种比较合理的配料工艺流程。

2. 认知供料器设备

供料器是配料工作中一个不可缺少的组成部分，它对各种粒状或粉状物料进行强制性供料，安装于配料仓与配料秤之间，是保证配料秤准确完成称量过程的一个主要机构。常见的有以下几种：

（1）螺旋供料器　它主要由机壳、螺旋体、传动部件、进出料口等部分组成。螺旋供料器结构简单，工作可靠，维修方便，应用广泛。

（2）电磁振动供料器　主要由料槽、电磁振动器、减振器、吊钩、法兰盘等部分组成。它是饲料工业应用较普遍的供料器之一，适应连续生产的要求，可以做为非粘性的颗粒或粉状物料的供料装置。其作用是将物料从储料斗中定量均匀连续地送到受料装置中。常用它作粉碎机的供料装置。

（3）叶轮供料器　主要由叶轮和圆筒外壳组成。外壳的上口接料仓底部的排料口，下口接配料秤入口，主要用于料仓出口与配料秤入口中心距离较小，空间位置有限的场合。它具有体积小、重量轻、便于悬挂吊装、操作简便的特点。

3. 认知重量计量配料装置

（1）秤车　秤车实际上就是常用的台秤配上料箱，主要用于小型饲料厂及大中型饲料厂微量组分的称量等。常用的秤车有地面轨道式和吊挂式。地面轨道秤车是用普通台秤加上料箱和行走轮改装而成。在配料仓下的地上铺设轨道，秤车称重并在轨道上移动送到混合机旁卸料混合。吊挂秤车是吊挂在空架的轨道上，其工作方法与地面轨道秤车相同。

（2）字盘自动配料秤　字盘自动配料秤是机电结合的字盘定值自动配料秤，是在普通字盘秤的字盘上安装无接触开关并加配相应的电气自动控制线路的一种重量式配料秤。它主要由秤斗、自值表头、电感头、控制电路、排料门、框架等组成。

（3）电子配料秤　电子配料秤的特点是：称重传感器的反应速度快，可提高称重速度；重量轻，体积小，结构简单，不受安装地点的限制；对大吨位的电子秤还可以做成移动式的；称重信号可远距离传送，并可用微机进行数据处理，自动显示并记录称重结果，还可给出各种控制信号，实现生产过程的自动化；称重传感器可以做成密封型的，从而优良的防潮、防尘、防腐蚀性能，可在机械无法工作的恶劣环境下工作；电子秤没有机械秤那种作为支点的刀承和刀子，稳定性好，机械磨损小，减少了维修保养工作，使用方便，寿命长，精度高。

4. 认知电子配料秤组成　电子配料系统主要包括以下两部分：

（1）配料部分机械装置　由多台料仓、相应的螺旋供料器、秤斗以及与其配套的后续设备组成。

（2）计算机及其控制系统　包括多只传感器、放大器、模数转换器、扩展接口板、计算机及其控制电源、所连接的打印机和显示器、接口电路和控制器等。电子配料系统部分组成如图 4-16～图 4-20 所示。

图 4-16　电子配料秤

图 4-17　配料秤斗

图 4-18　配料部分机械装置

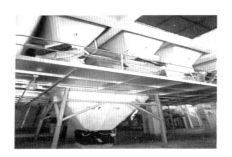

图 4-19　配料部分机械装置

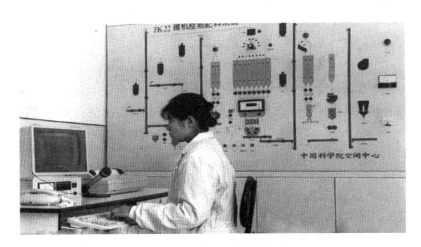

图 4-20　计算机及其控制系统

5. 认知配料过程

(1)由斗式提升机将原料送入各个料仓中。

(2)由计算机根据配方的要求，按一定顺序指令供料电机从料仓中将原料经供料器输入秤斗中。

(3)承重和传力机构将物料重量传递给称重传感器，称重传感器可以将作用其中的重量或力按一定的函数关系转变为电量信号，并将信号送入，经滤波和放大环节，再经过模/数转换后送入计算机。

（4）计算机对模/数定时采样，且进行比较、判断、检查预先存入计算机中的称重值是否达到一定比例，"否"，则仍以快速加料，"是"，则进行减速加料，待达到预定值后，计算机通知停止加料。

（5）当到最后一料仓加完料后，打开卸料门卸料，完成一次称量周期。

任务5 混合饲料

1. 认知饲料混合类型

（1）预混合 各种动物所需要的微量组分，包括维生素、矿物质、氨基酸、抗菌素、药物等，与载体的预混合。其目的是为了在不影响微量成分均匀分布的前提下，缩短全价配合饲料的混合周期。

（2）最后阶段的混合 各种饲料组分按原料配比的要求，由计量器计量进料，进入混合机，制成动物生长所需要的全价配合饲料。

2. 认知饲料混合过程

以卧式分批混合机为例，其混合过程可分为以下3个阶段：

（1）颗粒成团地由物料中的一个部位呈层状向另一个部位渗透滑移。

（2）不同配料颗粒越过新形成的分界面逐渐离散。

（3）在自重、离心力和静电的作用下，形状、大小和密度近似的颗粒将积聚于混合机内的不同部位，称为颗粒集聚。

前两种作用是有助于混合的，后者则是一种有碍颗粒均匀分布的分离作用。

这三个阶段在混合机内是同时发生的，但在不同的混合时间内所起的作用程度不同。

3. 认知混合机的基本要求

（1）混合均匀度高，无死角，物料残留量少。

（2）混合时间短，生产率高，并与整个机组的生产率配套。

（3）结构简单坚固，操作方便，便于检测取样和清理。

（4）应有足够的动力配套，以便在全载荷时可以开车。在保证混合质量的前提下，尽量节约能耗。

4. 认知混合机的类型

混合机可根据其布置形式、用途、结构、工作原理及与配料器配合工作的方式来分类。

（1）按混合机的布置形式，可分为立式混合机和卧式混合机。

（2）根据其适应的饲料种类，可分为干粉料、湿拌料和稀饲料混合机。

（3）按结构和工作原理，可分为回转筒式、固定腔室式两类。

（4）根据被混合物料的物态不同，采用不同的工作部件：

　　①用于干粉料混合的有螺旋、叶片和螺带式；

　　②用于稀饲料搅拌的有螺旋、浆叶和叶片式；

　　③对于潮拌料则用螺旋和叶片式。

（5）按配料和混合工艺流程，混合机可分为分批式和连续式。

5. 识别常见的混合机类型

见图 4-21～图 4-26。

图 4-21　卧式螺带混合机

图 4-22　立式螺旋混合机

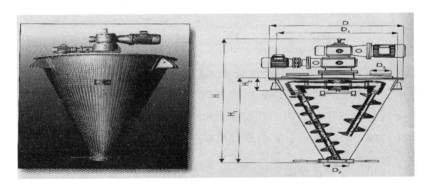

图 4-23　VSH-A 双螺旋悬臂锥形混合机

图片说明：该机由锥体、立式转子和传动装置组成。立式转子由正中满面螺旋和两侧螺带所构成，中间螺旋将物料向上输送，两侧螺带又将周围物料往中间搅拌，同时，物料靠重力往下充填空隙，构成上下、水平方向混合，混合强度大，混合时间短，混合均匀度高。同时机内物料残留量少。适合于饲料的微量组分预混合和小型饲料厂生产使用。

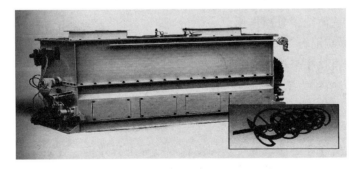

图 4-24　SLHY 系列叶带卧式螺旋混合机

图 4-25　连续式混合机

图片说明：连续式混合机工作时，物料除了要完成扩散和对流运动外，还保持一定的流动方向和流动速度。连续混合机在工作时应同时具有两种形式的混合作用，即纵向混合和横向混合作用。

图 4-26　犁刀式混合机

图片说明：该机工作时，主轴以适当的转速带动犁刀旋转，飞刀作高速旋转。机内粉料受犁刀的作用，部分物料沿筒壁作圆周运动，另一部分物料被抛向筒身中心或沿犁壁法线方向向筒身两端飞散，进行浮游式和扩散式混合。

6. 认知影响混合质量的因素

（1）机型的影响机型不同，主要混合方式就不同，混合强度也有很大差异。例如以对流作用为主的卧式螺带混合机比以扩散为主的立式螺旋混合机在混合时间、混合质量以及残留等方面都具有优越性。又如，分批混合机与连续混合机相比，由于目前连续计量和连续混合难于达到理想的要求，后者的混合质量一般不如分批混合机好。因此，选择合适的混合机机型是极其重要的。即便是同一种机型，各种结构参数或工艺参数不同，混合效果也可能大不一样。如同是卧式螺带混合机，如果螺带转速或螺带结构参数选择不合理，混合均匀度就不可能达到要求；如果螺带与壳体间隙过大，残留量就会增多。因此，混合机设计与制造质量也是影响混合质量的重要因素。

（2）混合组分的物理特性。物理特性主要是指物料的比重、粒度、颗粒表面粗糙度、水分、散落性、结团情况等。这些物理特性差异越小，混合效果越好，混合后越不易再度分离。此外，某组分在混合物中所占的比例越小，即稀释的比例越大，越不易混合。为了减少混合后的再分离，可在其他组分接近完成混合时添加黏性的液体成分，如糖蜜等，以降低其散落性，从而减少分离作用。

（3）操作的影响混合时间、各组分进料顺序等都将影响混合质量，因此要保证混合时间和按照合理加料顺序来加料。

（4）静电的影响维生素 B_2 等物料会由于静电效应而吸附于机壁上，要将机体妥善接地和加入抗静电剂以防静电的影响。

7. 认知混合质量的评定指标及标准

饲料混合质量好坏可通过混合均匀度这项指标进行评定。评定饲料混合均匀度时需要进行科学采集样品，一般样品采集方法是，在混合机内若干指定的位置或在混合机出口，以一定的时间间隔截取若干个一定数量的样品，分别测得每个样品所含某种检测组分的含量。我国饲料标准规定：全价配合饲料的变异系数应不超过 10%；添加剂预混料则不应超过 7% 才认为合格。国外标准规定变异系数相应为 10% 和 5% 才认为合格。

8. 认知提高饲料混合质量的措施

(1)为获得质量满意的配合饲料，须配一台结构及技术参数符合工艺要求的混合机。

(2)前后工序的合理安排及混合机本身的合理使用均是重要条件。

(3)预混合添加剂制备是很重要的。

(4)混合机良好的装料、合理的操作顺序以及混合时间的妥善掌握等也是必要条件。

(5)消除或减少混合好后预混料的储运过程，以防分级。在物料运输过程中，由于重力、风力、离心力、摩擦力等作用，使混合均匀的物料发生很大分离变化。运输距离越长，落差越大，则分级越严重。

9. 认知预混合添加剂的制备过程

(1)选择载体或稀释剂　外购的需要稀释的各种添加剂一般都是很细的，因此要选择粒度和密度都与之接近的稀释剂。合适的稀释剂或载体包括常用的饲料组分，如大豆粉、麦粉、脱脂米糠等。一般是选择粒度细、无粉尘，并对添加剂中的活性成分有亲合性的物料作稀释剂或载体。

(2)使用黏合剂　根据所用设备的形式，可能需用油脂作黏合剂。随着载体的吸收能力和所用脂肪的种类不同，可加入 $1\%\sim3\%$ 的脂肪。应使脂肪充分地散布到载体中去，然后再添加活性成分。如果稀释剂或载体选择得当，成品不需要运送，添加剂中的活性成分不大集中，则不必用黏合剂。若预混合的成品需作长距离的运送，则应当使用油脂。使用油脂的最大缺点是，一部分添加剂的活性成分滞留在混合机的叶片上，影响清理。

(3)添加各种成分的顺序　取决于混合机的形式。一般添加顺序如下：先将约 80% 的稀释剂或载体送进混合机。再将称好的活性成分铺到稀释剂或载体上，有些装置人工铺放不方便，可将活性成分用一般的机械方法送进。然后再送进其余 20% 的稀释剂或载体。

10. 学会混合机的合理使用

(1)适宜的装料　不论对于哪种类型的混合机，适宜的装料是混合机正常工作并且得到预期效果的前提条件。若装料过多，使混合机超负荷工作，更重要的是过多的装料会影响机内物料的混合过程，进而造成混合质量下降；过少，则不能充分发挥混合机的效率，也会影响混合质量。

(2)混合时间　对于分批混合机，混合时间的确定对于混合质量是非常重要的。混合时间过短，物料在混合机中得不到充分混合便被卸出，混合质量得不到保证；混合时间过长，物料在混合机中被过度混合而造成分离，同样影响质量，且能耗增加。混合时间的确定取决于混合机的混合速度，这主要是由混合机的机型决定的。

(3)操作顺序　饲料中的各种添加剂在加入混合机之前需用载体或稀释剂进行预混合，做成添加剂预混料，然后按一定顺序加入混合机。在加料的顺序上，一般是配比量大的组分先加入或大部分加入机内后，再将少量及微量组分置于物料上面。在各种物料中，粒度大的一般先加入混合机，而粒度小的则后加。物料的比重亦有差异，当有较大差异时，一般是将比重小的物料先加，后加比重大的物料。

(4)尽量避免分离　任何流动性好的粉末都有分离的趋势。

分离的原因：一是当物料落到一个堆上时，较大粒子由于较大的惯性而落到堆下，惯性较小的小粒子有可能嵌进堆上裂缝；二是当物料被振动时，较小的粒子有移至底部的趋势，而较大的粒子有移至顶部的趋向；三是当混合物被吹动或溜化时，随着粒度和密度的不同,也相应地发生分离。

避免分离方法:力求混合物各种组分的粒度接近。也可用添加液体的方法来避免分离;掌握混合时间,不要过度混合。一般认为应在接近混合均匀之前将物料卸出,由运输或中转过程完成混合;把混合后的装卸工作减少到最小程度。物料下落、滚动或滑动越少越好。混合后的贮仓应尽可能地小些,混合后运输设备最好是皮带运输机,尽可不要用螺旋输送机、斗式提升机和稀相气力输送;混合后立即压制成颗粒,使粉状混合物的各种成分固定在颗粒中;混合机接地和饲料中加入抗静电剂,以减少静电的吸附作用而分离。

(5)经常检测和维修混合机　就卧式螺带混合机而言,经过一般使用之后,螺带的磨损、损坏和变形,螺带与混合机壳体之间的间隙增加,将大大影响混合均匀度。

11. 认知混合机的油脂添加系统

(1)油脂的特性和密度　随油脂种类不同略有差异,常温下在 0.91~0.95。油脂的黏度亦随油脂的种类不同而异,随温度的升高而降低。

(2)油脂在生产中的储运　生产中油脂储罐温度通常保持在 48 ℃左右。输送、添加时则其温度应高于 48 ℃。如果油脂的储存时间超过 1 周,温度就不应超过 60 ℃。储存时应尽可能保持低温,以保持油脂新鲜。

(3)添加工艺　全价配合饲料中添加油脂的位置可有 3 处:混合机、制粒调质室和颗粒饲料表面喷涂机。在生产添加油脂的颗粒饲料时,一般以 1%~3% 的油脂添加量加入混合机。如果超过 3%,会造成颗粒软化,甚至难以成形。对鱼饲料及其他经济动物饲料,油脂添加量超过 3% 的,其超过部分可在制粒后喷涂。

(4)添加设备　见图 4-27。

图 4-27　液体添加喷涂设备

12. 认知微量成分预混合生产的基本要求

(1)最大可能地保持活性成分的活性　微量组分从其选购、接收起便应注意其理化和生物学特性,在贮存、预处理、加工过程中,设法保护其原有活性。

(2)工艺流程要简短　预混料厂的工艺设计,主要考虑准确配料与均匀混合,工艺流程应尽可能简短。配料、混合与成品打包宜呈空间排列,尽可能减少提升与输送次数,以减少物料间的交叉污染及混合后的分级。为减少交叉污染,在工艺设计时采用些专门措施,如原料分别贮存,使用专门生产线,设备便于观察与检视,内腔各部位无死角,易于清理,没有残留物,当生产结束或更换品种时,有措施可清理残留在生产系统内会造成污染的物质。

(3)配料精度要求高　微量组分的用量很少,有的是极微量,其允许用量和可能致毒量相差不大。为此,要求配料系统的精度高、误差小,故应选用精度高的秤和设计合理的配料工艺,如多级稀释混合、分组配料,对某些极微量成分在配制室内用微量天平称取以保证称量准确等。

(4)混合均匀度要求高　微量组分是如此的少,尽管选用了精度高的配料系统,保证了每批料总量精度,若混合不均匀,还是达不到产品质量要求。一般要求预混料的混合均匀度小于 7%。要选用高效、低残留、高均匀度的混合机,并采用合理的混合工艺。此外,还应对原料的理化特性作为必要的改善，以保证实现高混合均匀度。

（5）包装要求高　在贮存中，预混料中的某些微量组分会逐渐失去活性，因此包装材料要有利于贮存。预混料品种多、用法特殊，因此包装要求称重准确，严防混杂，标签使用应正确、谨慎、以防事故发生。

（6）设备要有防腐蚀性　由于某些微量组分有腐蚀性，凡与微量组分接触的设备，其工作表面均须用不锈钢或其他防腐蚀材料制造。

（7）检测系统应完善　生产预混合料，尤其是加药料的厂家，需经申请核准方能生产与销售。这种厂家除生产设备保证高质量作业外，检测仪器和检测人员均应具有相当数量和水平。

（8）劳动保护要求高　预混合原料有些对人体健康有一定影响，甚至有毒，故应有专人负责添加，计量准确，操作室内有可靠的通风除尘系统。

（9）成品销售要快　预混中某些成分有一定的时效性，因此尽可能早些将产品出售给用户，包装上应注明出厂日期。在设计预混料厂时也须考虑这点，对成品的后处理、贮存应与一般的全价配合饲料厂有所不同。

13. 认知预混合生产工艺与设备

（1）混合添加剂预混料生产中有 3 种混合：稀释混合、承载混合与捏合。

（2）液体添加预混料厂广泛采用液体添加，借以提高添加剂预混料的质量。另外某些微量组分亦可用水化添加的方法达到工艺目的。

① 油脂添加：在添加剂预混料生产中添加油脂，对于稀释混合的主要目的是减少粉尘，对承载混合的目的是提高载体承载活性成分的能力及减少分级现象。亦可消除静电，以使活性成分隔离空气，有利于保存。

② 抗氧化剂：添加剂预混料中某些微量矿物质本身是很强的氧化剂，而另一些组分如维生素则极需防止氧化变质。因此，除各微量组分本身采取保护措施外，还必须在添加剂预混料中添加抗氧化剂。常用的抗氧化剂有乙氧喹啉、BHT、BHA 等。其中乙氧喹啉是一种深褐色液体抗氧化剂。由于添加剂预混料中采用植物油作为黏合剂，而油脂亦会氧化变质，而且还会影响其他活性成分。所以宜将抗氧化剂直接加入油脂中去，其添加量为油脂容积的 1/2 000。还可将液体的抗氧化剂加工成粉体，然后参加配料。

③ 氯化胆碱：氯化胆碱属 B 族维生素，从生理效果讲，它是非常重要的饲料添加剂。它是卵磷脂的组成部分，而磷脂又是动物细胞的主要成分，因此它对鸡和猪的日粮相当重要。在肉鸡日粮中已高达 0.1% 的添加量。习惯上是用脱脂小麦胚粉、二氧化硅等与氯化胆碱混合，做成浓度 50% 的干燥制品添加到添加剂预混料中。但由于氯化胆碱在添加剂预混料中的添加量相对很大，而且氯化胆碱吸湿性强，能从空气中吸收大量水分，使一些微量组分分解失效，因而有些饲料厂不采用上述方法，而是将氯化胆碱做成浓度为 75% 的液体，喷入主混合机，直接添加到全价配合饲料中。

任务 6　制粒和膨化饲料

1. 认知颗粒饲料的优点

（1）营养全面，动物不能挑食，减少了饲喂损失。

（2）改善了饲料的适口性。由于在压制过程中，水分、温度、压力的综合作用，使得淀粉糊化，酶的活性增强，纤维素和脂肪的结构形式有所变化，并经蒸汽高温杀菌，减少了饲料腐败的可能性，改善了适口性，从而提高了饲料的消化率。

（3）便于贮存，减少贮存过程中饲料的损失。

（4）减少了环境污染和自然损耗。

（5）不会分级。容重大的组分如矿物质等，不会产生偏析分级，因而不至于使动物偏食。

2. 认知制粒系统的工艺流程

制粒系统的工艺过程一般由预处理、制粒和后处理三大部分构成。这三部分是相互制约、相互影响的，它决定着成品的质量。

3. 认知制粒工艺流程应遵循基本原则

（1）设有待制粒仓，使制粒机可连续工作。仓上应装有粒位器和观察窗。待制粒仓的仓容，对 2.5 t/h 的设备应能满足制粒机 0.5～1 h 的工作量；对 5 t/h 以上成套设备，要满足 2～3 h 的工作量。

（2）在物料进入制粒机之前，应装有磁选装置，如永磁筒、磁盒等，以免损坏制粒机工作部件，影响生产。

（3）在待制粒仓物料出口处，应装有手动闸门，以便于无级调速给料器的维修。

（4）制粒机最好安装在冷却器之上，这样，从制粒机刚出来的热湿粒料可直接进入冷却器进行冷却。

（5）分级筛一般置于成品仓之上，一方面筛上的大颗粒、筛下的粉状物料便于回流破碎、重新制粒；另一方面成品颗粒料可靠自重直接流入成品仓。

4. 认知硬颗粒制粒前的液体添加和调质过程

（1）液体添加的目的和作用　为了增加颗粒饲料营养和改善制粒性能，常在制粒前添加适量的油脂、糖蜜或作为载体而含有微量元素矿物质及维生素的液体。

添加油脂目的：增加日粮热能量；增加适口性；具有润滑作用，减少模辊的磨损。

添加糖蜜的作用：提高饲料能量密度；作为开胃剂；作为颗粒的黏合剂；提供微量矿物质；作为非蛋白氮和维生素液态增补剂的载体。

（2）液体添加的方法　液体添加分制粒前和制粒后两种方法。制粒前添加可在混合机与制粒机配套的调质器或熟化罐中进行，制粒后可用涂油机喷涂于颗粒表面。

（3）液体添加量的确定　在调质器内添加液体饲料时，由于物料在调质器内停留时间短，液体饲料附在粉料表面，因而一定要注意液体饲料的添加量。油脂添加一般控制在 3% 以下，否则将难于制粒成型。如果要添加多量的油脂，则常采用涂油机在制粒后喷涂的方法来添加。糖蜜的添加量可根据制粒物料的不同而定，一般为 2%～10%。

（4）调质的作用　调质是饲料制粒前通入蒸汽，使饲料与蒸汽进行搅拌混合、湿热交换的过程。调质的效果是使淀粉糊化，提高了饲料的消化率；调质后的饲料具有一定的黏着性，有利于成形；能软化饲料，起润滑作用，减少模辊的磨损，节省电耗，最终提高了制粒机的生产率和产品的质量。

（5）影响调质质量的因素　调质时间、蒸汽质量、饲料原料特性及调质设备性能等。

5. 认知制粒机设备

软颗粒压制机(见图 4-28)、硬颗料压制机(见图 4-29)。

图 4-28　软颗粒压制机

图片说明：主要由螺杆、机筒、模板、切刀、传动装置以及机架等部分构成。它用于压制含水量较高的，具有一定可塑性、凝聚性和流动性的配合饲料。压制出的软颗粒饲料水分较高，一般在饲养场现压现喂。

图 4-29　硬颗料压制机

图片说明：应用最广泛的是环模制粒机和平模制粒机。环模制粒机主要由螺旋喂料器、搅拌调质器、制粒机构和传动装置等组成。平模制粒机主要由螺旋喂料器、搅拌调质器、制粒机构组成。

6. 认知制粒后的处理设备

从制粒机出来的颗粒饲料，还不是最后产品，必须经过冷却降温、去水和筛分，有的还需要破碎和喷涂油脂等工序。因此，冷却器、破碎机、分级筛、涂油机是制粒系统必不可少的配套设备。

(1)冷却器　从制粒机刚生产出来的颗粒饲料，其温度达 70 ℃～85 ℃，水分含量为 13%～17%。这种状态的颗粒饲料易破碎，需将其迅速冷却、去水，使其温度降至接近室温，水分降至 12%～13%，使颗粒变硬，便于破碎和贮运。实现这一工序过程的设备为冷却器。

冷却器主要有立式、卧式、逆流式 3 种。立式冷却器占地面积小，结构简单，动力消耗小，特别是对小颗粒更适用。缺点是易出碎粒，冷却不均匀，对厂房高度要求较高。卧式冷却器占地面积较大，通风量大，冷却效果好，颗粒不易破碎，对厂房高度要求较低。逆流式冷却器具有自动化程度高、占地面积小、吸风量小、功耗低等优点。

(2)颗粒破碎机　见图 4-30～图 4-32。

图 4-30　冷却破碎部位

图 4-31　SSLG15 系列双辊破碎机

图 4-32　SSLG 系列三辊碎粒机

图 4-33　SFJHd 系列回转分级筛

在制粒系统中，一些大、中型饲料厂常配上颗粒破碎机，将冷却后的较大颗粒破碎成较小的碎粒。其目的有两个：一是满足喂饲幼鸡等家禽和幼小的动物的要求；二是根据制粒原理，压制小颗粒饲料，产量低，动力消耗大，且难以成型，易产生细粉，故通常先压制成直径 4.0～6.0 mm 的颗粒，再用粉碎机破碎成小颗粒。颗粒破碎机主要由活门控制装置、慢辊、快辊、轧距调节机构和传动部分组成。其工作原理是颗粒料经活门均匀稳定地流入一对转速不同、向内相对旋转、齿形不同的轧辊间，颗粒在两轧辊间受到剪切和挤压作用被破碎，然后由出料口排出。

(3)颗粒分级筛　已冷却的颗粒或由破碎机破碎的颗粒，需要经过颗粒分级筛提取合格的产品，把不合格的小碎粒和粉末筛理出来返回重新制粒，不合格的大颗粒再经破碎机破碎成合格的碎粒。颗粒分级筛有两种形式：振动分级筛和平面回转分级筛(见图 4-33)。

7.认知涂油设备

制粒前添加油脂量一般不超过 3%，添加量过大，则不易混合均匀，有碍淀粉糊化，缺乏黏和性，不利于制粒。畜禽需要油脂添加量有的高达 9%，为此，常在制粒后进行表面涂油。这种方法既增加了油脂添加量，又不使颗粒软化。

制粒后涂油一般有两种形式：一是颗料依靠自重自流下落过程中进行喷涂；二是颗粒在滚筒内翻转过程中进行喷涂。配套的涂油设备有：

(1)转盘式涂油机　也称自流式涂油机。它由料斗、振动给料器、分料圆盘、喷嘴等部件构成。工作过程如下：

颗粒饲料由料斗经振动给料器均匀、稳定地进入加温室内转动斩圆盘上，由离心力的作用，颗粒被抛散在圆盘四周，形成一空心料流柱体，同时油脂由喷嘴向四周喷洒。圆盘的转速可以调节，料流柱体的直径和料层厚度相应改变，有利于均匀涂油。在料流柱外围设有环形蒸汽加热层，对颗粒进行加热，有利于颗粒迅速吸收油脂。喷涂油脂后的颗料进入螺旋输送机，颗粒在输送中相互接触摩擦，有助于油脂的进一步均布，涂好油的颗粒从出料口排出。

喷涂油脂量可由手控或自控，自控是在料斗和喷涂室之间安装一个能测出颗粒流量的传感器，连接一比例控制器，它能按要求的喷油率和颗粒流量使供油球阀作脉冲运动。只要调节到所需的喷油率，喷油量就能按颗粒流量自动调节。

(2)卧式转筒涂油机　由料斗、流量调节装置、喷涂滚筒、喷嘴和传动装置构成。

8.认知颗粒饲料质量指标

认知颗粒饲料质量指标主要包括：含水率、容重、粉化率、硬度。

9. 认知影响颗粒饲料质量因素

(1)原料　颗粒饲料质量的好坏，生产能耗的高低，除与制粒机的性能有关外，还取决于原料特性。原料特性主要包括容重、粒度、含水量、各种营养成分的含量、摩擦特性和腐蚀性等。这些因素都直接影响颗粒饲料的质量、生产能耗以及机器寿命。

(2)压模几何参数　压模的几何参数对颗粒饲料质量的影响主要表现为模孔的有效长度、孔径、模孔的粗糙度、模孔间距、模孔形状等的影响。

(3)蒸汽　蒸汽质量的好坏及进汽量的大小对颗粒质量有较大的影响。饲料在压制前需进行调质，调质过程中物料温度升高、淀粉糊化、蛋白质及糖分塑化、水分增加，这些都有利于制粒过程的进行和颗粒质量的提高。调质的效果通过调节和提高蒸汽的质量来保证。蒸汽必须具有足够的压力和温度，同时应该确保供给干蒸汽。

(4)操作条件　操作条件包括模辊间隙、切刀性状以及进料流量。

10. 认知饲料挤压膨化特点

挤压膨化是通过水分、热量、机械能、压力等的综合作用完成的，为高温、短时加工过程。是对物料进行调质，连续增压挤出骤然降压，使其体积膨大的工艺操作。

(1)挤压膨化过程中的高温、高压处理，使饲料组分中的淀粉糊化比较安全。糊化后的淀粉具有较大的吸水能力，可以加快淀粉的酶解过程，从而提高消化率。

(2)挤压膨化可以得到质地膨松、多孔的饲料产品，具有适宜的漂浮特性和抗水稳定性，可减轻水质污染和避免浪费。

(3)挤压膨化可使大豆等一类植物组织化，有利于动物的消化吸收。

(4)挤压膨化过程中的压力和温度可钝化天然存在的毒素和抗营养因子，杀灭有害微生物，从而有良好的消毒效果。

(5)挤压膨化饲料可通过更换不同的模板生产各种几何形状的颗粒产品。

11. 认知饲料膨化方法

根据处理原料水分的高低，可分为干法膨化和湿法膨化。

(1)干法膨化　是利用摩擦产生的热量，使物料升温，在挤压螺旋的作用下，强迫物料通过模孔，同时获得一定的压力，物料挤出模孔后，压力急剧下降，水分蒸发，物料内部形成多孔结构，体积增大，从而达到膨化的目的。干法膨化的水分一般为15％～20％。

(2)湿法膨化　原理与干法膨化大体相同，但湿法膨化物料的水分常高于20％，甚至达到30％以上。

12. 认知膨化机设备

目前，用于饲料工业中的挤压膨化机为螺杆式膨化机。它又分为单螺杆挤压膨化机和双螺杆挤压膨化机两种。

13. 认知膨化饲料加工工艺

挤压膨化是生产膨化饲料的最主要形式。利用螺杆挤压膨化可生产各种膨化谷物颗粒饲料、观赏动物及鱼虾等水产养殖饵料。

(1)挤压膨化饲料加工过程　原料清理、粉碎、配料、筛理、微粉碎、混合、磁选、加蒸汽调质、挤压膨化(添加调味剂、油、肉浆等成分)、干燥冷却、筛理(筛下物返回混合机)、喷涂油脂或维生素或调味剂等，制成成品。

(2)粉碎的粒度要求　谷物及饼粕等基础原料应采用筛板孔径为1.5～2 mm的锤片式

粉碎机进行粉碎，其粒度以控制在 16 目筛上物低于 9% 为宜。生产幼小水产动物饲料应对原料进行微粉碎，通常要求粉碎粒度控制在 1 mm 以下。

（3）调质　饲料的调质效果和膨化效果与饲料的粉碎粒度有密切关系。各种干粉料经配料混合后，即可送入调质器内进行调质处理。

调质目的是对原料进行调湿调温，使物料有良好的挤压膨化加工性能，提高膨化机的产量。通常将饱和水蒸汽注入调质器中进行调温调湿，同时还可将调味剂、色素、油脂及肉浆等一类液体添加入调质器中，调质器回转桨叶的搅拌混合使物料各部分的温度和湿度均匀一致。调质的温度、湿度视原料的性质、产品类型、膨化机的型号及运行操作参数等因素而定。对于干膨化饲料，物料经调质后的湿基含水量为 20%～30%，常在 25%～28%，温度在 60 ℃～90 ℃为宜。另外，要加以说明的是，在这个阶段只可加入少量的油脂，物料中含有一定量的油脂可起到润滑剂的作用，有利于物料在膨化机内的流动，但油脂过多则会降低挤出产品的膨化程度。油脂添加量超过 5% 的饲料，大部分油脂应在干燥冷却后的颗粒产品上喷涂补加。

（4）干燥冷却　物料在挤压腔的高温区段不宜停留过长，应少于 20 s，以免一些营养成分被破坏。挤压膨化后的粒状物料送入干燥冷却系统。物料干燥到什么程度才适宜贮存，取决于贮存环境及相对湿度，干膨化饲料的含水率应低于 12%（湿基）。目前多采用连续输送式干燥机，干燥介质为热风，常取热风温度为 90 ℃～200 ℃。

干燥后的料温比较高，然而后续的油脂喷涂工段要求物料温度在 30 ℃～38 ℃。为了使生产连续化，干燥后常采用强制冷却的措施，目前多采用通风冷却的方法。为了提高热能利用率，普遍采用干燥、冷却组合装置来完成干燥和冷却操作。干燥冷却机组多采用多层连续输送的结构。

（5）筛理、喷涂　干燥冷却后的膨化饲料经过筛理，筛下的细小颗料和粉末送回膨化机再次加工，筛上符合规格的颗粒送到喷涂机进行油脂、维生素、香味剂及色素的喷涂，经过喷涂，不仅补充了必要的饲料成分，饲料的表面感观质量亦有明显提高，鱼、虾饵料还可提高抗水稳定性。

喷涂后的膨化饲料成品经称重包装，即可入库贮存。

实例：鱼、虾膨化饵料加工工艺流程

（1）原料接收清理　粒状原料经清理除杂、粉碎后由分配器进入配料仓。不需粉碎的副料经输送、清理后直接进入配料仓参与配料。

（2）配料混合工段　配料仓底部出口处各装有一台螺旋喂料器，可按配方比例依次向配料秤供料，当每批料达到额定值时，秤斗卸料门自动打开，粒度符合要求的原料可直接进入混合机进行混合，粒度比较大的原料，经筛分后，筛上物经粉碎后参与混合，筛下物直接进入混合机混合。

（3）挤压膨化工段　混合后的粉状料由斗提机提升经永磁筒除铁后进入螺杆式挤压膨化机，物料由螺旋喂料机均匀、稳定地送入调质器，与通入调质器内的蒸汽充分混合进行调质处理，同时可加入适量的油脂等其他液体，经高温、高压、短时间的挤压膨化处理后的产品进入后处理工段。

（4）后处理工段　包括干燥冷却、筛分、涂油。膨化后的颗粒饲料进入干燥冷却机进行烘干冷却，随后进入筛子进行筛分，筛下物可返回重新加工，筛上物即成品颗粒便进入喷涂机进行油脂、维生素等液体的喷涂，然后经称重包装入库贮存。

任务7　输送与包装饲料

1. 认知饲料输送机械设备

饲料厂中输送机械的任务是将原料、半成品和成品从一工序运送至另一工序。被输送的物料一般为粒状、粉状。为了达到良好的输送效果，应根据输送物料的性质、工艺要求及输送位置的不同而选择适当形式的输送设备。饲料厂中常用的输送设备有胶带输送机、刮板输送机、螺旋输送机、斗式提升机、气力输送设备及溜管、溜槽等。

(1)胶带输送机　胶带输送机可输送粉状、粒状、块状及袋状物料，可以水平输送，也可以倾斜输送，在输送过程中物料不受损坏。其主要优点是结构简单，操作维修方便，工作平稳可靠，噪声小，可以在输送长度的任何地方进行装、卸料。缺点是不密封，输送轻质粉状物料时易飞扬。

(2)刮板输送机　刮板输送机是一种利用装于牵引构件的刮板沿着固定的料槽拖带物料前进在开口处卸出的输送设备。由于输送物料时牵引构件和刮板总是沉埋在物料底部，被刮运的物料只限于同刮板和链条接触的一部分，而很大部分是被刮运的物料带动着输送的，故刮板输送机又常被称作"埋刮板输送机"。它不仅能水平输送，也能倾斜输送。

其特点是结构简单，体积小，密封性好，安装、维修方便，能作水平、倾斜甚至垂直输送，能在机身任意位置作多点装料和卸料，工艺布置灵活，壳体的良好密封可防止灰尘飞扬。该设备适合于小块状、粒状、粉状物料的输送。由于这种输送机需克服物料与机壳间的摩擦力，故机槽和刮板磨损较快，功率消耗也较大。

(3)螺旋输送机　螺旋输送机主要由槽体、转轴、螺旋叶片、轴承和传动装置构成。槽体为 U 形槽，槽两端有端板，转轴有两端板上的轴承支撑，轴上焊有薄钢板制成的螺旋叶片。当输送机太长时，应在输送机内增设轴承吊架。螺旋输送机可分为水平螺旋输送机和垂直螺旋输送机机两种。

水平螺旋输送机的优点：结构简单，占地面积小，可以吊装，也可以放在地面上；工作可靠，维护操作方便，成本较低；能水平输送，亦可倾斜输送，但斜度不应大于 20°；可多点进料和多点卸料，进料和出料机构简单。

水平螺旋输送机的缺点：在输送物料时，物料与机槽、叶片间都有摩擦力，因此功率消耗较大；由于螺旋叶片的作用，可使物料造成严重的破损，同时，叶片和料槽之间也会出现较严重的磨损；对超载敏感，要求进料均匀；输送距离不宜太长，一般均在 15m 以下。

垂直螺旋输送机是依靠较高的转速向上输送物料的。

选用螺旋输送机时，应根据被输送物料的的特性、输送距离或高度、输送量以及工艺要求进行选择。

(4)斗式提升机　斗式提升机是用于垂直提升粉状、粒状、块装物料的立式输送设备。在饲料厂中，通常用于将散装的物料由下而上垂直输送。其主要优点是提升高度大，提升稳定，占地面积小，运输系统布置紧凑，输送能力大，有良好的密封性，需用动力较小。其主要缺点是过载敏感性大，必须均匀地给料。

(5)气力输送　气力输送是在承载介质中输送散粒体物料的一种输送装置。其工作原理是借助一定能量的气流，沿一定管道来完成输送任务。

（6）自流、截流和导流构件与装置

① 溜槽：溜槽是用作袋装物料的降运。常见的溜槽有平溜槽和螺旋溜槽两种。

袋包平溜槽一般用厚度为 30～50 mm 光滑木板做成 U 形，其宽度应比袋包宽度大100 mm，侧板高度应大于袋包厚度的 1/2，平溜槽的倾角应以 17°～18°为限，使袋包在溜槽内下滑速度适当，以免滑速过快造成袋包损坏，甚至发生伤人事故。

螺旋溜槽用于袋包的垂直下滑。一般用 2～3 mm 厚的薄钢板或 30～50 mm 厚的光滑木板做成。螺旋溜槽有单螺旋和双螺旋之分。

②溜管：一般用薄板或有机玻璃制成圆形，也有的做成矩形。

③ 三通阀门：按照工艺要求，当溜管内的料流需要分别进入两台设备或两个仓体时，需设三通阀门。三通阀门有旁三通和正三通之分，按操作动力方式可分为手动三通、电动三通和气动三通。

④溜管分配器：是一种自动调位、定位，并利用物料自流输入到指定部位的装置，它广泛用于饲料加工厂中间产品进入配料仓或其他仓体。溜管分配器一般安置在仓群中心的上方，并保证分配管有足够的倾角。根据输送物料的不同，倾角为 40°～60°或更大。

⑤ 闸门：各种料仓、秤斗加料或卸料进行到一定程度或一定量时需要停止加料或卸料，这一工艺过程常用闸门来完成，即起止流作用。

2. 认知常用的气力输送形式及特点

按设备组合形式的不同分为吸送式、压送式和混合式 3 种。

（1）吸送式的特点　输送装置处于负压状态，物料和灰尘不会飞扬；适用于物料从几处向一处集中输送；适用于堆集面广或装在深处、低处物料的输送；喂料方式比压送系统中的供料器简单；对卸料器、除尘器的严密性要求高；输送量、输送距离受到限制，动力消耗较高。

（2）压送式的特点　适合于大流量长距离输送；可以改变输送路线，同时向几处送料；排料容易，供料复杂，灰尘容易飞扬。

（3）混合式的特点　综合了吸送式和压送式的特点，既可以从几处吸取物料，又可以把物料输送到多处，且输送距离较长。其主要缺点是带粉尘的空气通过风机，使风机的工作条件差。整个装置的结构复杂。

3. 认知气力输送和机械输送相比的优点

（1）结构简单，设备费用低，工艺布置灵活，易于实现自动化。

（2）密封性好，可以有效地控制粉尘飞扬。

（3）输送过程中能使物料自然降温降湿，有利于产品质量及物料贮存。

（4）粉碎后的物料采用气力输送，可提高粉碎机的生产能力，同时，将输送和除尘系统合并，降低了设备投资。

（5）输送路线可以随意组合、变更，输送距离大。

4. 认知气力输送和机械输送相比的缺点

（1）相对机械输送来说，动力消耗较大，噪声高，弯管等部件易被磨损。

（2）对物料的粒度、黏度、温度等有一定的要求。

图 4-34　人工打包工序

5. 饲料包装

包装过程见图 4-34、图 4-35。

图 4-35　自动打包工序

6. 散装饲料运输车的优越性

(1)机械化程度高，减轻劳动强度，减少装卸人员。

(2)节省大量袋装材料和库房容量及投资。

(3)减少运输中散漏损失和饲料污染。

(4)运输车可专料专用，专场专用，防止交叉污染。

(5)省去包装工序，运输成本比袋装运输低。

7. 散装饲料运输车结构和种类

(1)结构　散装饲料运输车是在载重汽车底盘上改制而成的，由底盘、料箱、动力输出轴、传动系统、卸料搅龙升降系统、回转机构和转速监视仪等部分组成。

(2)种类　我国设计的饲料散装运输车有：机械驱动搅龙输送式和全液压控制搅龙输

送式。国外还生产气力输送饲料散装运输车，并朝着大型、高速、低损耗方向发展，这样提高了装载能力，加大了服务半径。应该指出，用气力输送与搅龙输送相比，虽然气力输送能力大、输送管路简单，但难以保证配合饲料原有的混合均匀度。

单元 2　饲料产品质量控制

任务 1　分析饲料产品的常规成分

注：内容同学习情境 2 中的模块 2。（略）

任务 2　测定配合饲料混合均匀度

1. 甲基紫法

以甲基紫色素作为示踪物，将其与添加剂一起预先混合于饲料中，然后以比色法测定样品中甲基紫含量，以饲料中甲基紫含量的差异来反映饲料的混合均匀度。适用于饲料产品质量检测、混合机测试和加工工艺测试。

（1）仪器　721 型分光光度计；0.106 mm 标准铜丝网筛；100 mL 的小烧杯。

（2）试剂　甲基紫；无水乙醇。

（3）示踪物的制备及添加　将测定用的甲基紫混匀并充分研磨，使其全部通过 0.106 mm 标准筛。按照配合饲料成品量十万分之一的用量，在加入添加剂工段投入甲基紫。

（4）样品的采集与制备　所需样品是配合饲料成品，必须单独采制；每一批饲料至少抽取 10 个有代表性的原始样品。每个原始样品的数量应以畜禽的平均 1 天采食量为准，即肉用仔鸡前期饲料取样 50 g；肉用仔鸡后期与产蛋鸡料取样 100 g；生长肥育猪饲料取样 500 g。该 10 个原始样品的分布点必须考虑各方位的深度、袋数或料流的代表性。但是，每一个原始样品必须由一点集中取，取样前不允许有任何翻动或混合；将上述每个原始样品在化验室内充分混匀，以四分法从中分取 10g 化验样进行测定。

（5）测定步骤　从原始样品中准确称取 10 g 化验样，放在 100 mL 的小烧杯中，加入 30 mL 乙醇不时地加以搅动，烧杯上盖一表面玻皿，30 min 后用定性滤纸、中速过滤，以乙醇液作空白调节零点，用分光光度计，以 5 mm 比色器在 590 nm 的波长下测定滤液的吸光度。

各次测定吸光度值为 x_1，x_2，x_3，$\cdots$，x_{10}，其平均值 $\overline{X}$，标准差 S 和变异系数 CV 分别按下式计算。

$$\overline{X} = \frac{x_1 + x_2 + x_3 + \cdots + x_{10}}{10}$$

$$S = \sqrt{\frac{x_1^2 + x_2^2 + x_3^2 + \cdots + x_{10}^2 - 10\,\overline{X}^2}{10 - 1}}$$

$$CV = \frac{S}{\overline{X}} \times 100\%$$

（6）注意事项　由于出厂的各批甲基紫的甲基化程度不同，色调可能有差别，因此，测定混合均匀度所用的甲基紫，必须用同一批次的并加以混匀后才能保持同一批饲料中各样品测定值的可比性；配合饲料中若添加有苜蓿粉、槐叶粉等含有叶绿素的组分，则不能用甲基紫法测定。

2. 沉淀法

利用密度为 1.59 以上的四氯化碳液处理样品，使沉于底部的矿物质等与饲料中的有机组分分开，然后将沉淀的无机物回收、烘干、称重，以各样品中沉淀物含量的差异来反映饲料的混合均匀度。

(1)仪器　500 ml 梨形分液漏斗；电吹风或电热板；烘箱；天平。

(2)试剂　四氯化碳。

(3)样品的采集与制备　化验样取 50 g，其他与甲基紫法相同。

(4)测定步骤　称取 50 g 化验样本，小心地移入 500 mL 梨形分液漏斗中，加入四氯化碳 100 mL，搅拌均匀，静置 5 min，摇动一次再静置 5 min，慢慢将分液漏斗底部的沉淀物放入 100 mL 的小烧杯，静置 5 min 后将烧杯中的上层清液倒回漏斗中，将分液漏斗摇动并静置 5 min，小心倒去烧杯中的上层清液后加入 25 mL 新鲜的四氯化碳，摇动后静置 5 min，再倒去上层清液。每个样品放出沉淀物及倾倒上清液时，其液体数量要大致相似；用电热吹风或在电热板上烘干小烧杯中的沉淀物，待溶剂挥发后将沉淀物置 90 ℃ 烘箱中烘干 2 h 后称重，得各化验样品中沉淀物的重量或样品中沉淀物的重量百分比 x_1，x_2，x_3，…，x_{10}。10 个样品沉淀物的平均值 $\overline{X}$，标准差 S 和变异系数 CV 计算公式与甲基紫法相同。

(5)注意事项　同一批饲料的 10 个样品测定时应尽量保持操作的一致性，以保证测定值的稳定性和重复性；小烧杯中的沉淀物干燥时应特别小心，严防因残余溶剂沸腾而使沉淀物溅出；整个操作最好在通风橱内进行，以保证操作人员的健康。

任务 3　测定配合饲料颗粒硬度

1. 适用范围

颗粒饲料的硬度是指颗粒对外压力所引起变形的抵抗能力。

2. 测定原理

用对单颗粒径向加压的方法，使其破碎。以此时的压力表示该颗粒的硬度，用多个颗粒饲料的硬度平均值表示该样品的硬度。

3. 仪器设备

木屋式硬度计。

4. 试样选取与制备

从每批颗粒饲料中取出具有代表性的实验室样品约 20 g，用四分法从各部分选取长度 6 mm 以上，大体上同样大小、长度的颗粒 20 粒。

5. 测定步骤

将硬度计的压力指针调整至零点，用镊子将颗粒横放到载物台上，正对压杆下方。转动手轮，使压杆下降，速度中等、均匀、颗粒破碎后读取压力数值。清扫载物台上碎屑。将压力计指针重新调整至零，开始下一样品的测定。

任务4　检测配合饲料粉碎粒度

1. 适用范围

本测定适用于规定的标准编织筛测定配合饲料成品的粉碎粒度。

2. 仪器设备

(1)标准编织筛　筛目：4、6、8、12、16（目）；净孔边长：5.00、3.20、2.50、1.60、1.25（mm）。

(2)摇筛机　统一型号电动摇筛机。

(3)天平　感量为 0.01 g。

3. 测定步骤

从原始样品中称取试样 100 g，放入规定筛层的标准编织筛内，开动电动机连续筛 10 min，筛完后将各层筛上物分别称重、计算。

任务5　控制饲料产品的质量

1. 全面质量管理的概念

我国许多饲料企业多年运用全面质量管理（TQC），所谓全面质量管理是对企业生产的产品在质量、价格、交货期限、售后服务以及满足用户要求等方面所进行的各种活动的有机整体，是对产品质量实行总体的综合管理。全面质量管理活动包括从产品的市场调查、计划制订、产品设计、原料进厂、加工生产、产品包装、运输、销售到为用户服务等一系列活动的全过程。全面质量管理是企业管理的中心环节，有助于提供用户满意的优质产品。

2. 全面质量管理的作用

(1)产品质量不断提高，次品不断减少，产品质量稳定，均匀一致，产品在市场上有竞争力，信誉高。

(2)成本消耗降低，利润增加，有利于扩大再生产。

(3)减少返工，提高效率。

(4)促进技术人员的合理使用，提高职工的专业技术。

(5)促进企业内各部门之间关系协调一致和全部组织的合理化，有助企业基层干部管理水平和工作效率不断提高。

3. 全面质量管理的工作内容

(1)产品设计过程的质量管理

(2)生产过程的质量管理

(3)生产辅助过程的质量管理

(4)使用过程的质量管理

4. 饲料产品质量的指标

(1)性能　不同饲养目的及生长期的饲养对象有不同的营养要求。因此，不同饲料产品应具有不同的营养素含量要求，即具有良好的性能。例如，饲养肉鸡和饲养蛋鸡的饲料，在粗蛋白、钙、磷等营养物质方面的含量均不相同。

(2)可靠性　可靠性是饲料产品性能得以正常发挥的保证，是关系到产品成败的大事。

各种饲料产品应标明饲养对象，使用方法及有效使用期。

（3）安全性　要求饲料产品在流通使用过程中对动物健康不造成损害，并确保人体的健康。对生活环境不造成或尽量减少污染，使产品达到安全的要求。在预混合饲料及含药饲料的生产过程中，尤其要注意这个问题。

（4）经济性　经济性是饲料产品具有市场竞争能力的前提。经济性以往仅仅理解为价格便宜，实际上产品是否经济只有在投入价值和产出价值的比较中才能得到。

（5）时间性　在规定期限内满足用户对产品交货期以及数量的要求是产品质量的时间性指标。在抓好现有产品生产的同时，要抓紧时间开发新产品，增强企业的竞争能力。

（6）适应性　适应性是指饲料产品适应环境变化的能力。要控制饲料产品的相对湿度和温度，因为饲料产品在高温和潮湿的条件下最易变质。

由此可见，用户要求的产品质量性能好、安全可靠、经济效益好、交货迅速和适应性强，即广义的产品质量指标。

5. 影响饲料产品质量因素的分析

（1）配方　饲料配方要以饲料标准为依据，考虑动物的生理及环境变化等因素进行科学配制，否则将影响到配合饲料产品的质量。

（2）原料　产品质量同原料质量密切相关。研究表明，饲料产品营养成分及质量的差异 40%～70% 来自原料质量的差异。如果原料有结块、发霉、污染、虫蛀、变质等质量问题，则产品质量就得不到保证。

（3）工艺　尽管饲料配方设计对饲料产品起着决定性作用，但并不意味着有了良好的饲料配方就一定能生产出优质的饲料产品。实践表明，在生产工艺流程中，各道工序的工作质量将直接影响到产品质量。清理、粉碎、计量、混合、成形等到主要设备必须性能良好，工作正常，且工艺流程合理。在这些工艺流程中，计量和混合又是保证产品质量的关分健工序。

（4）贮藏　因为原料供应和产品销售受到诸多因素的制约，为保证饲料厂生产、销售等正常运转，需要建立仓库，进行必要的贮存。影响原料或产品贮存质量的主要因素如下。

① 仓库的温度和相对湿度：如控制不当，会使饲料结块、发霉、变质。

② 管理制度：如管理不严，会造成贮存物料乱堆放或混杂，不能按时间顺序数量要求进出物料。

③ 安全防护：如不得力，会出现老鼠、昆虫啃咬，造成污染、损失。

（5）服务　产品的售后服务是管理中不可缺少的环节。有的企业重销售轻服务，只强调如何卖出产品，不管用户使用情况怎样。这种作法不仅会影响到老产品的改进、新产品的开发，而且最终会导致产品销售量的减少。

6. 提高饲料产品质量管理的措施

（1）原料的采购管理　原料的采购在生产中是关健环节。产品营养成分差异 40%～70% 来自原料。因此，采购管理在全面质量管理中占有举足轻重的地位，必须强化采购工作的职能。为此，要做到以下几点：

① 掌握原料质量性能和标准；

② 订立责任合同；

③ 去原料产地查看原料及其生产工艺；

④ 掌握本厂生产、库存等情况；

⑤ 严格进厂原料化验和验收。

(2)饲料加工中的质量管理　饲料加工是保证产品性能和经济性的关键。一套先进设备和良好工艺，不仅省去大量的人力物力，而且能获得优良的产品质量。

(3)贮藏中的质量管理　饲料原料或成品在贮藏中注意事项如下。

① 原料入库要填写《原料接收报告》，写明原料品名、入厂日期和检验的各项情况的结果，并保留一定的接收样品。

② 不同品种、不同营养成分含量、不同入库期的原料或成品都分开存放，分门别类挂上标签，建立库存卡，保证做到先进先出。

③ 成品一般都要包装，都应带有产品标签，注明产品名称、商标名称、饲料成分的保证值、每种组分的常用名称、净重、生产日期、产品有效期、使用说明、生产厂家和通信地址等条目。对于加药饲料，还要有加药目的，所有活性药物原料的名称、用量、停药期的注意事项以及防止滥用的警告等内容。

④ 仓库应有料温自动记录仪、报警装置、控温设备和湿度检测计等仪器设备。控制仓库温度和湿度，防止因饲料水分高和空气相对湿度大而引起的霉菌繁殖。成品贮藏期尽可能缩短。对于浓缩料和预混料均应加入适量的抗氧化剂和防腐剂，这样可贮藏 3～4 周。

⑤ 建立安全保护措施，防止老鼠、昆虫的啃咬。仓库要定期清扫，尤其对散装物料存放的仓库，换装物料时一定要清扫。

(4)饲料产品使用过程的质量管理

产品好坏最终要依据用户的评价。使用过程的质量管理包括以下几个方面。

① 产品运输：饲料产品运输可看做动态贮存，最突出的问题是运输中粉料的分级及异物成分的混入，要采取必要措施：如添加糖蜜或油脂，以减少粉尘和分级；采取密闭运输以减少污染。

② 销售：产品销售要体现经济效益的中心环节。销售人员要密切注意市场动态，重视产品质量，不出售劣质产品，树立良好企业形象。在保证产品质量的前提下，做到主动热情，急用户所急，想用户所想，积极帮助用户解决问题，不断提高服务质量。注意增加产品品种，以产品多样化吸引用户。

③ 服务：搞好产品的技术服务。配合饲料是科学产品，因此，饲料行业的技术人员要深入到饲养场和养殖专业户中具体指导和服务，帮助他们掌握正确的饲养方法和用量，使配合饲料发挥出最佳效果。

④ 信息反馈：要随时掌握用户对饲料饲喂效果的反映，及时总结经验和改进配方，以便促进饲料质量不断提高。

⑤ 及时处理用户意见：认真处理出厂产品的质量问题和用户意见是全面质量管理的一项重要内容，它直接涉及厂家和用户的利益。对用户因使用不当或其他原因造成的损失，要耐心解释和热情指导；因质量问题造成动物的生产、生长受到影响或发生死亡时，应在调查核实的基础上，作好经济赔偿工作，以保证企业的信誉。

7. 饲料加工质量标准检测体系

(1)检测体系　检测体系从宏观上讲，包括国家监督、专业检测部门、企业自检和用户用户反馈意见四个方面。从微观上讲，它是指企业内保证产品质量的一系列机构、职能和措施，它包括原料采购、产品加工、饲喂效果等。

(2)随机抽样　抽样检查是饲料厂常用的检测方法。随机抽样要求抽取对象都具有同等被抽取到的机会，即构成总体的每一单位或单位量都以同等概念出现在样本中，为了排除人为主观因素，确保抽样的随机性，应采用随机数表法抽样。

原料取样，除采购员到原料产地实地取样检查外，对到厂原料应立即取样进行理化检验。谷物原料一般要检验水分含量、等级、粒度、气味、颜色等项目；糖蜜要测定糖度；脂肪要测定脂肪酸含量、酸价等。有条件的企业还要对抗营养物质进行测定，如测定大豆中脲酶活性；对谷物和矿物质要严格检验重金属和其他有毒有害物质含量，如铅、汞、氟及黄曲霉菌毒素等的含量。原料检验报告应立即送交采购、质量保证等有关部门，并留存一定数量的样品。

对于半成品和成品取样，要把好生产工序的各个环节，重点把好配料关和混合关。加强成品检测是向用户负责，保证产品质量信誉的重要步骤。厂质检部门一般对每个生产班次至少进行一次半成品和成品取样检测，并保留试样，以备复查。检测表除分析各种营养成分外，还要准确记录产品名称、取样部位、日期、时间和生产班组，以便反映实际情况。

(3)化学检验　化学检验是饲料厂化验室常用的基本手段。化验测定可分为采购、质检、生产和管理者提供有关数据，用以正确评价原料、半成品和成品的质量。

化验分析分为常规分析和专项分析两种。目前饲料厂的常规分析有：水分含量、蛋白质含量、脂肪含量、灰分含量、钙、磷等项目。专项分析有测定微生物含量、微量元素含量及药物含量等。有些专项分析还需要借助专门的检测部门。

(4)浮选检测　浮选技术是利用被检物料与其他物质的密度或比重的不同，用浮选液把被检物与其他物质相分离，进而测得其含量的方法。

它是测定饲料中某种组分或测定掺假含量的一种有效而简便的方法。

(5)显微镜检测法　显微镜检测有定性和定量两种形式。

①定性显微检测通过表面性或细胞性来鉴定单一料或混合料的成分及杂质。

②定量显微检测是测定饲料内组成的配比或饲料中杂质的含量。

显微检测的一般步骤见图 4-36。

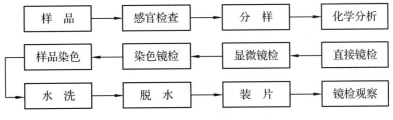

图 4-36　镜检步骤方框图

(6)近红外反光分析技术　它的最大特点是时间快、误差小。如用化学分析法分析常规成分至少用一天，甚至两天。而用近红外反光分析法仅需 10 min。

实践经验告诉我们，在配备两名技术员的质量控制实验室内，运用近红外反光分析可使生产率增加 65%，每个样品的成本可降低 80%，很便于原料的接收和加工的分析。

单元3 饲料产品应用

近年来，我国畜牧业生产更加趋向于规模化、集约化、有机化发展，但是与国外一些发达国家相比，还存在很大差距，主要原因在于饲养环境、管理措施、育种等方面还存在着很大差距和问题，尤其是在配合饲料产品的应用上也存在一些问题，很大程度上影响着畜禽产品质量及养殖经济效益。

一、猪饲料产品应用

（一）后备母猪饲料应用

1. 后备母猪专用料的使用技巧

后备母猪按以下四个阶段饲喂：

（1）生长前期（25～60 kg）采用生长育肥期饲料饲喂，自由采食。

（2）生长后期（60～100 kg）后备母猪体重达到75～90 kg 时即可使用后备母猪专用料，后备母猪专用料营养指标比育肥料高30％左右；145～150 日龄体重要求达到90～100 kg，P_2背膘12～14 mm（注：P_2背膘为猪倒数第2～4 肋骨间、距离背中线5 cm 处的背膘厚为 P_2点，这点的膘情为 P_2背膘。），每日喂二次，日喂量控制在2.2～2.5 kg。

（3）100 kg 到配种前 使用后备母猪料，根据膘情适当限制或增加饲喂量，日喂量达2.5 kg 左右，日喂2～3 次。供清洁充足饮水。保证骨骼和性器官充分发育，确保八成膘。

（4）配种前10～14 d 采用短期优饲方法饲喂，饲喂量在原基础上增加1～2 kg，达到日喂量3～3.5 kg。目的是增加后备母猪的排卵数。从配种要求上看，后备母猪在190～230 日龄，体重达125～135 kg 时 P_2背膘16～18 mm 为配种最佳时期。配种结束后马上恢复到原饲料给量。

2. 保障饲料饲喂效果的管理要点

（1）要求小群饲养，一般每栏4～6 头，圈栏面积足够大，地板要防滑。

（2）要加强猪舍内的采光和通风换气。

（3）夏季注意防暑降温、冬季加强防寒保暖。

（4）不要饲喂发霉变质的饲料，给予充足清洁的饮水。

（5）应注意观察猪群。

（6）配种前一个月要进行驱虫一次。

（7）配种前要做好引发繁殖障碍的主要传染病的免疫接种工作。

（二）妊娠母猪饲料应用

1. 妊娠母猪专用料使用技巧

妊娠前期：配种后22～88 d，母猪维持期。妊娠后22～60 d 日喂量1.8～2 kg，60～88 d 日喂量2～2.3 kg，要求保持中等膘情即可。

妊娠后期：配种后89～107 d。此期胎儿发育最快，母猪每天应增加喂料量，一般在2.5～3.5 kg 为宜。

2. 保障饲料饲喂效果的管理要点

（1）母猪分群饲养：要求大小分开，强弱分开。

（2）限位栏饲养时，限位栏大小要根据饲养品种的体尺确定，不要过于狭窄。要求圈舍平整、干燥、卫生、光线充足，通风好，防高温、贼风。

(3)妊娠母猪适宜温度为 10 ℃～28 ℃.

(4)加强消毒工作，妊娠母猪一般每周带猪消毒 3 次，采取隔日消毒。

(5)要求饲养人员要温和耐心细致，不要打骂惊吓母猪。

(6)对拉干粪的母猪要喂些青绿饲料或健胃药物。

(7)加强免疫工作。

(三)泌乳母猪饲料应用

1. 泌乳母猪专用料的使用技巧

(1)为了减少泌乳母猪失重，保证下一个繁殖周期正常进行，泌乳母猪宜使用较高质量的泌乳期配合饲料，并采取自由采食的方式饲喂。

(2)给产后母猪加料时，要有适宜的过渡，即每餐增加料量 0.5 kg 左右。

(3)母猪再次发情时体储损耗不可超过 15 kg 即 3 mm 背膘，否则影响连续性生产性能。

(4)最佳饲喂方法是湿拌料，一天四次。

(5)泌乳母猪饲料必须添加油或混合油脂，添加混合油脂的饲喂效果好于纯豆油的效果。

2. 保障饲料饲喂效果的管理要点

(1)保持良好的环境条件，舍温不应超过 22 ℃，以免影响采食量。夏季应防暑降温，冬季应防寒保暖。

(2)产房要严格地清理、冲洗、消毒，至少空舍 7 d 以上，方可转入待产母猪。

(3)创造安静环境。

(4)多晒太阳，保证母仔健康，促进乳汁分泌。

(5)保护好母猪乳房和乳头。

(6)注意产后要多观察，如乳房、恶露、泌乳等情况。

(7)净化母猪疾病，并切断疾病从母猪到仔猪的垂直传播。

(四)仔猪饲料应用

1. 仔猪专用料应用技巧

仔猪饲料也叫仔猪开食料、教槽料。仔猪生长期饲料可分为调教期和适应期两个阶段，调教期从开始训练到认料，一般约为 1 周，即仔猪 7～15 日龄。适应期是从仔猪认料到能正式吃料的过程，一般需要 10 d 左右，即仔猪 15～30 日龄。

仔猪采食教槽料的时间各不相同，但通常从 1～2 周龄开始。7 日龄开始诱食，可在母猪吃不到的地方投放教槽料 10～30 g/d·头，让仔猪任意玩耍舔食；10～15 日龄，在固定料槽内投料 50～100 g/d·头；15～21 日龄，投料 30～50 g/d·头；21 日龄至断乳，投料 50～100 g/d·头。21 天断乳时尽量让每头猪吃到 500 g 以上的教槽料，为顺利断乳提供保障。

教槽料可干喂，也可湿拌为糊状饲喂。颗粒饲料湿拌用于开食时，最好用 80 ℃～90 ℃的热水拌湿，放置 0.5 h，让其温度降到接近室温后饲喂，效果更好，甚至可以减少仔猪腹泻；粉状饲料用于开食，最好用不低于 90 ℃的热水拌成接近半流体状，在不低于 50 ℃的条件下保持 0.5 h 左右，待温度降到接近室温后再饲喂。

2. 保障饲料饲喂效果的管理要点

(1)局部保温、湿度控制。

(2)及时吃初乳。

(3)固定乳头。

(4)仔猪补铁、硒。

(5)疾病防治：如仔猪黄白痢、仔猪红痢、传染性胃肠炎等。

(五)保育猪的饲料应用

1. 保育猪的饲料应用技巧

保育猪即体重 10～20 kg 或断乳后 10～65 日龄的仔猪。保育猪断乳后要继续留原圈饲养 1 周，待逐渐适应了保育饲料后，再转到保育舍进行饲养，转到保育舍后要保持原饲养制度和原饲料不变，以减少环境变化引起的应激。每天饲喂 4～6 次。

仔猪刚转到保育舍时，最好供给温开水，并加入葡萄糖、钾盐、钠盐等电解质或维生素、抗生素等药物，对提高自然抗应激能力是非常有效的。

仔猪进入保育舍 3～5d 后，采食量的增加较快，容易过食引起腹泻。这时应增加饲喂量和饲喂次数。注意此时仔猪采食量应循序渐进，慢慢增加，绝不可以暴食，也可适当限饲。

2. 保障饲料饲喂效果的管理要点

(1)饲养密度适宜：保育舍单栏面积应为 3.0 m²，可将保育栏设计为 2.0 m×1.5 m 的单栏。

(2)保持圈舍适宜环境：温度：3～7 周龄 25 ℃～28 ℃，8 周龄以后 20 ℃～22 ℃。湿度：65%～75%。

(3)仔猪饲料适宜于阴凉干燥处，避光保存。

(4)有足够的料槽长度，及时清理料槽，保持环境卫生，防止饲料遭受污染。

(5)保证仔猪能饮到清洁的水。

(6)断乳后 7d 内避免并窝或转群。

(7)留心猪群状态，猪只离群、精神呆滞、多为有疾病发生，及时发生病猪。

(8)保持保育舍清洁卫生。

(六)生长育肥猪饲料应用

1. 生长育肥猪饲料应用技巧

70～180 日龄为生长速度最快的时期。49～77 日龄饲喂生长育肥前期配合饲料，78～119 日龄饲喂生长肥育中期配合饲料，120 日龄至出栏饲喂生长育肥后期配合饲料。或生长育肥前期配合饲料从 2～20 kg 开始试用，直到 50 kg；生长育肥中期配合饲料从 50 kg 开始使用，直到 75 kg；生长育肥后期配合饲料从 75 kg 开始试用，直到出栏。

2. 保证饲料饲喂效果的管理要点

(1)育肥前的准备：实行全进全出，圈舍彻底清理，确保冲洗到边到头，到顶到底，任何部位无粪迹、无污垢等，自然晾干，并喷洒消毒液。

(2)保温与通风：猪舍温度应保持在 23 ℃，稳定在 18 ℃～20 ℃。加强通风，预防呼吸道疾病。

（3）训练猪群吃料、睡觉、排便的"三定位"。

（4）合理调群：分群合群时，为了减少相互咬架而产生应激，应遵循"留弱不留强""拆多不拆少""夜并昼不并"的原则。

（5）坚持每天两次巡视：主要检查室内温度、湿度、通风等情况。

二、鸡饲料应用

（一）蛋鸡饲料应用

1. 育雏期蛋鸡饲料应用

（1）育雏期蛋鸡饲料使用技巧

雏鸡开食在平面上进行，用专用开始盘后将料撒在纸张、蛋托上，轻轻敲打引诱雏鸡啄食，10 d 后的雏鸡要逐步引导使用料桶或料槽，15 d 后完全更换为料桶或料槽。应少喂勤添，一般 1～2 周每天喂 5～6 次，3～4 周每天喂 4～5 次，5 周以后每天喂 3～4 次。

（2）保证饲料饲喂效果的管理要点

① 温度控制：雏鸡活动区域温度为：1～3 日龄 33 ℃～35 ℃；4～7 日龄 31 ℃～33 ℃；第 2 周 29 ℃～31 ℃；第 3 周 27 ℃～29 ℃；第 4 周 25 ℃～27 ℃；第 5、6 周不低于 22 ℃。

② 湿度控制：第 1 周要求湿度为 70%，第 2 周为 65%，以后保持在 60% 即可。

③ 通风控制：通风的目的主要是排除舍内污浊的空气，换进新鲜空气。

④ 光照控制：育雏期前 3 天，采用 24 h 光照制度，白天利用自然光，夜间补充光照的强度约为 20 lx，相当于每平方米 10～15 W 白炽灯光线；第 2 周每天 20 h，第 3 周每天 18 h，第 4～6 周每天 16 h。光的颜色以红色或弱的白炽光为好，能有效防止啄癖发生。

⑤ 饲养密度控制：饲养密度合理，有利于雏鸡正常采食和发育。饲养密度与雏鸡的饲养方式有关，因此要根据鸡舍的构造、通风条件、饲养方式等具体情况灵活掌握。

⑥ 断喙：断喙可有效防止饲料浪费和减少啄癖。断喙时间应安排在 7～15 日龄进行。

⑦ 做好记录：每日记录雏鸡死淘率、耗料量、温度、防疫情况、饲养管理措施、用药情况等。

2. 育成期蛋鸡饲料应用

（1）育成期蛋鸡饲料使用技巧

据蛋鸡育成期前期和后期生理特点及培育目标的差异，可按 7～12 周龄和 13～18 周龄两个阶段划分选用饲料。由育雏期蛋鸡饲料转换为育成前期蛋鸡饲料时应循序渐进。

（2）保证饲料饲喂效果的管理要点

① 光照控制：光照控制包括光照时间控制和光照强度控制，光照时间控制有固定短光照方案和逐渐缩短光照时间两种方式。

② 温度控制：对于育成鸡适宜的温度为 15 ℃～28 ℃。

③ 通风控制：保证良好的空气质量，要求在人员进入鸡舍后没有明显的刺鼻、刺眼等不适感。

④ 湿度控制：育成鸡舍很少有湿度偏低的问题，一般常见问题多为湿度偏高。所以，要求通过合理通风、减少供水系统漏水、使用乳头式饮水器等措施来减低湿度。

⑤ 饲养密度控制：单笼饲养时每笼 5～6 只，每组笼饲养 120～140 只；网上平养与地面垫料平养时 18～20 只/m²。

⑥ 安全转群：蛋鸡饲养一般要进行两次转群。第一次转群在 6～7 周龄时进行，由育雏舍转入育成舍。第二次转群是在 17～18 周龄时进行，由育成舍转入产蛋鸡舍。

⑦ 体重和均匀度的控制：育成鸡体重过大，应进行限饲，减缓生长速度，防止过早性成熟。体重的均匀度是指在平均标准体重±10％范围内的鸡只数占抽测鸡数的百分比。育成鸡周龄不同，要求的均匀度也不一样，一般 10 周龄时应达到 70％；15 周龄应达到 75％；18 周龄应达到 80％。与标准体重的差异应不超过 5％，变异系数越大，整齐度越差，后果是蛋鸡的产蛋性能降低。

3. 产蛋期蛋鸡饲料应用

(1)产蛋期蛋鸡饲料使用技巧

① 饲料的选用：对于 18～22 周龄预产阶段的蛋鸡，使用粗蛋白质含量为 15.5％～16.5％、钙含量为 2.2％左右、代谢能为 11.6 MJ/kg 左右的预产期饲料，当产蛋率达到 5％～10％时换用产蛋期饲料；根据蛋鸡的产蛋规律和各个时期的生理特点，21～35 周龄、36～48 周龄和 49～72 周龄分别选用产蛋前期、中期和后期蛋鸡饲料。

② 喂料量的控制：产蛋前期要促进采食，产蛋后期应适当控制采食量；上高峰提前增，下高峰推迟降；气温低需要增加。

③ 饲喂次数的控制：产蛋前期鸡的采食量增加，应日喂 2～3 次，第一次应在早上开灯后 2 h，最后一次在关灯前 2 h，若喂三次，中午加一次。喂料量以早、晚为主。产蛋期每天喂三次，第一次在早晨开灯后 21 h 内，最后一次在晚上关灯前 3.5～4 h，中午喂一次。同时注意饮水要充足。

(2)保证饲料饲喂效果的管理要点

① 温度控制：蛋鸡适宜的温度为 15 ℃～25 ℃。温度低于 15 ℃饲料效率下降，高于 25 ℃蛋重降低。

② 湿度控制：产蛋鸡舍相对湿度保持在 60％左右为宜。

③ 通风控制：保证良好的空气质量，要求在人员进入鸡舍后没有明显的刺鼻、刺眼等不适感。

④ 光照控制：产蛋初期随着产蛋率的增加，光照时间也要增加，26 周龄鸡群产蛋率达到高峰，每天光照时间也应该达到 16 h，并保持恒定，不可缩短。

⑤ 商品蛋的收集：一般每天收集 3 次，上午 11 时，下午 14 时、18 时。

⑥ 减少应激：蛋鸡进入产蛋期，就应保持鸡舍环境安静，尤其是进入高峰期，一旦有异常响动、突然变更饲料、停电、接种疫苗等应激出现，就会导致惊群，严重影响鸡的采食和产蛋。

⑦ 加强防疫，抗体水平监测。

⑧ 及时淘汰鸡：55～60 周龄时对鸡群逐只挑选。

⑨ 注意观察鸡群行为表现、粪便和产蛋情况。

(二)肉仔鸡饲料应用

1. 肉仔鸡饲料使用技巧

肉仔鸡饲喂原则是让其采食充足，摄入足够的饲料量。肉仔鸡的饲料多采用 3 段式，即 0～3 周龄选用前期料，4～5 周龄选用中期料，6 周龄至出栏选用后期料。也有使用2段式的，4 周龄为分界点。各阶段之间在转换饲料时，应逐渐更换，有 3～5 天的过渡期，避免突然换料造成鸡群出现较大的应激反应，引起鸡群疾病。

2. 保证饲料饲喂效果的管理要点

(1)温度与湿度控制　合适的温度和湿度可以保持良好的食欲和较高的抵抗力。

(2)光照控制　一般有窗鸡舍采用连续光照制度。具体方法是：前两天，每天 24 h，以后每天 23 h，夜间开灯补充光照。

(3)舍内空气质量控制　肉仔鸡舍要求无明显的刺鼻、刺眼气味。

(4)饲养密度控制　合适的饲养密度可以保证肉仔鸡均匀采食、生长均匀一致和较高的成活率。

(5)分群管理　分群管理有助于提高肉仔鸡的均匀度、合格率和成活率。肉仔鸡每一周结束都要根据生长情况，进行强弱分群。

(6)垫料的管理　选择比较松软、干燥，有良好吸水性和释水性，既能容纳水分，又容易随通风换气释放鸡粪中的大量水分的垫料。

(7)做好带鸡消毒工作　带鸡消毒应选择刺激性小、高效低毒的消毒剂。消毒前提高舍内温度 2 ℃～3 ℃，中午进行较好，防止水分蒸发引起鸡受惊。

(8)注意观察鸡群状况　早晨进入鸡舍先注意鸡群的活动、叫声，休息是否正常，对刺激的反应是否敏捷，分布是否均匀，有无扎堆、呆立、闭目无神、羽毛蓬乱、翅膀下垂、采食不积极的雏鸡。夜间倾听鸡群内有无异常呼吸声，出现呼吸道症状时，立即改善环境和投药。

三、牛饲料应用

(一)犊牛饲料应用

1. 犊牛饲料使用技巧　犊牛出生后一周以内以母乳为主。一周以后可以适当给予优质干草，任其自由咀嚼，练习采食，同时进行犊牛开食料的诱食训练，每天 15～25 g。犊牛日采食量达到 1 kg 时可断乳，断乳后不要立即更换开食料，7 天左右逐渐过渡到犊牛后期精饲料，以减少应激。

犊牛后期精料喂饲，4～5 月龄每日每头喂饲优质干草 1.8～2.2 kg，犊牛后期精料1.4～1.8 kg；5～6 月龄每日每头饲喂犊牛后期精料 2～2.5 kg，青贮料 3～4 kg，优质干草 1～2 kg。

2. 保证饲料效果管理要点

(1)环境温湿度控制　犊牛出生后应及时放入已消毒并空放 3 周的保育栏内，18 ℃～22 ℃条件下单独饲养，低于 13 ℃时，会出现冷应激反应。15 日龄后转入犊牛舍栏中集中管理。犊牛舍定期用 2% 火碱水冲刷，勤换褥草。冬夏均要保持清洁干燥、空气新鲜。3～6 月龄犊牛舍内适宜温度 10 ℃～24 ℃、适宜相对湿度 50%～70%。

(2)补硒　及时补硒是预防白肌病的关键。生后当天肌内注射 0.1% 亚硒酸钠 8～10 mL 或亚硒酸钠、维生素 E 合剂 5～8 mL，15 天再补 1 次，最后臀部肌内注射。

(3)注意观察犊牛状态　每天两次观察犊牛精神状态和粪便情况，及时发现异常犊牛，并做适当处理。

(4)预防肺炎和下痢　犊牛生后头几周，是发病率较高的时期，易患肺炎和下痢。主要是由于环境温度的骤变、病源微生物感染以及饲喂方法不当造成的。应注意牛舍保温、哺乳卫生，乳温适宜，不宜过量饲喂。

(二)生长育成牛精饲料应用技术

1.投料技巧

根据育成牛前期和后期生理特点和培育目标的不同，将育成牛分为7～18月龄和19～30月龄二阶段选用饲料。

第一阶段以优质青粗饲料为主，适当补饲育成牛前期精料。每头日喂量：干草由2～2.5 kg增至3 kg，青贮料由10～15 kg增至15～20 kg，精料由3 kg逐渐增至3.5～4 kg。此期主要培育生长牛耐粗饲，增加瘤胃容积。

第二阶段按月龄和妊娠情况分为以下三个阶段：

19月龄至预产期前60 d：以中等质量的粗饲料为主，喂精料4 kg左右，日粮粗蛋白质为14％左右。

预产前60 d至产前15 d：适当降低精料与青贮饲料喂量，干草自由采食。

产前15 d至分娩：应从妊娠后期的饲料向泌乳期过渡，日采食风干物质量为12～14 kg，精料给量5～6kg，适当补饲苜蓿等优质粗饲料。

2.保证饲料饲喂效果的管理要点

(1)分群饲养　应按月龄、体重分群饲养。

(2)环境控制　环境应清洁、干燥，冬季要注意防寒保温。

(3)定期称重和测定体尺。

(4)定期修蹄和刷拭牛体。

(三)奶牛泌乳期精饲料应用

1.奶牛泌乳期精饲料使用技巧

新产阶段日粮营养浓度保持在产前日粮和高峰期日粮之间，并保证变化不超过10％，分娩后1～3 d，喂饲精料4 kg/(d·头)，硫酸钠40～60 g/(d·头)，青贮饲料10～15 kg/(d·头)，干草2～3 kg/(d·头)，适当控制食盐喂量，不得以凉水饮牛。

泌乳早期饲喂：此期DMI应占体重的2.5％～3.5％。日产20 kg给精料7～8.5 kg；产乳30 kg给精料8.5～10 kg；日产乳40 kg给精料10～12 kg。青贮饲料每天20 kg，优质干草4 kg以上，糟渣12 kg一下，多汁饲料3～5 kg。精、粗饲料比60∶40～75∶25，粗纤维含量不少于17％。

泌乳中期饲喂：此期DMI应占体重的3.0％～3.2％，精料和粗料比为40∶60，粗纤维含量不少于17％。日产乳15 kg给精料6～7 kg；日产乳20 kg给精料6.5～7.5 kg；日产乳30 kg给精料7～8 kg。每日喂青贮饲料15～20 kg，干草4 kg以上。

泌乳后期饲喂：此期DMI应占体重的3.0％～3.2％，尽量以粗饲料为主，精料与粗料比值为40∶60～30∶70，粗纤维含量不少于20％，每天供给精料6～7 kg，青贮饲料不低于20 kg，干草4～5 kg，糟渣不超过20 kg。

2.保证饲料效果管理要点

(1)创造良好的饲养环境：良好的饲养环境能促进牛体健康成长和繁殖，并能防止多种呼吸道、消化道和皮肤病的发生。每头成年母牛宜占用牛舍面积8～10 m²，运动场面积

20～25 m²，采食地面长度或食槽长度 100～115 cm；牛舍要阳光充足，通风良好，冬天能保暖，夏天能防暑，排水通畅，舍内适宜温度 9～16 ℃，湿度 55％～75％，氨不应超过 0.002 6％，硫化氢不应超过 0.000 66％，一氧化碳不应超过 0.002 41％，二氧化碳不应超过 0.15％；运动场干燥无积水；经常刷洗牛体；牛床和运动场地面要松软舒适，减少肢蹄病发生。

(2)保证适当的运动：每天上下午让牛在舍外自由运动 1～2 h，呼吸新鲜空气、沐浴阳光，以增强心肺功能，促进钙吸收，防止产后瘫痪，夏季应建凉棚，避免阳光直射牛体。

(3)合理分群，及时调群

(4)做好疫病防治工作

(四)肉牛饲料应用

1. 肉牛饲料使用技巧

肉牛快速育肥前期时间长短以体重而定，要求本期结束时体重达到 400 kg 以上。干物质采食量为活体体重的 1％，粗料与精料比为 60：40，每天喂 2 次，上午、下午各 1 次，每次持续时间 60～90 min，间隔 8 h，喂完后 1 h 下槽饮水。

肉牛快速育肥中期一般 30～60 d，要求牛体重基本达到 450 kg。粗料与精料比为 40：60，精料喂量占体重的 1％～1.2％。每天喂 2 次，上、下午各 1 次，每次 2 h，间隔 8 h。

肉牛快速育肥后期一般 30 d 左右，要求体重基本达到 550 kg，粗料与精料比控制在 (25～35)：(65～75)，精料喂量占体重的 1％～1.2％。每天喂 2 次，上、下午各 1 次，每次 2.5 h。

2. 保证饲料饲喂效果的管理要点

(1)牛舍要求　牛舍温度要求夏季 20 ℃～25 ℃，冬季 6 ℃～8 ℃。管理上做到勤打扫、勤换垫草、勤观察、勤消毒。

(2)限制运动　育肥牛体重达 350 kg 以上要限制运动，加快增重，减少消耗。

(3)选择合适的肥育季节　春秋季气温适宜，适合肉牛生长。调整饲料，保证营养供给，加强饲养管理，促其快速增重。

(4)适时出栏　牛体重达 500 kg 以后，采食量增加，但增重速度下降，继续饲养会增大成本。所以肉牛体重达到 500 kg 后就应及时出栏。

(5)采用全进全出育肥制度　便于饲养管理。

作　业　单

学习情境 4	配合饲料产品生产与应用
作业完成方式	课余时间独立完成； 查资料获得相关信息。
作业题 1	试为猪、鸡、牛配制全价饲料配方。
作业解答	针对同学们提出的疑问进行解答； 针对难点进行解答；
作业题 2	试为猪、鸡配制浓缩饲料配方。
作业解答	针对同学们提出的疑问进行解答； 针对难点进行解答；
作业题 3	试述配合饲料加工工艺流程工序有哪几个环节？
作业解答	针对同学们提出的疑问进行解答； 针对难点进行解答；
作业题 4	配合饲料质量检测需要检测哪些指标？具体操作步骤如何？
作业解答	针对同学们提出的疑问进行解答； 针对难点进行解答；

	班　　级		第　　组	组长签字	
	学　　号		姓　　名		
	教师签字		教师评分		日期
作业评价	评语：				

附录

附录一 中国饲料成分及营养价值表(2005 年第 16 版 中国饲料数据库)

附表 1-1 饲料描述及常规成分

序号	饲料名称	饲料描述	干物质 DM (%)	粗蛋白质 GP (%)	粗脂肪 EE (%)	粗纤维 GF (%)	无氮浸出物 NFE (%)	粗灰分 Ash (%)	中性洗涤纤维 NDF (%)	酸性洗涤纤维 ADF (%)	钙 Ca (%)	总磷 P (%)	非植酸磷 (%)
1	玉米	成熟,高蛋白质,优质	86	9.4	3.1	1.2	71.1	1.2	9.4	3.5	0.02	0.27	0.12
2	玉米	成熟,高赖氨酸,优质	86	8.5	5.3	2.6	67.3	1.3	9.4	3.5	0.16	0.25	0.09
3	玉米	成熟,GB/T 17890—1999—,1 级	86	8.7	3.6	1.6	70.7	1.4	9.3	2.7	0.02	0.27	0.12
4	玉米	成熟,GB/T 17890—1999—,2 级	86	7.8	3.5	1.6	71.8	1.3	7.9	2.6	0.02	0.27	0.12
5	高粱	成熟,NY/T 1 级	86	9	3.4	1.4	70.4	1.8	17.4	8	0.13	0.36	0.17
6	小麦	混合小麦,成熟 NY/T 2 级	87	13.9	1.7	1.9	67.6	1.9	13.3	3.9	0.17	0.41	0.13
7	小麦(裸)	裸大麦,成熟 NY/T 2 级	87	13	2.1	2	67.7	2.2	10	2.2	0.04	0.39	0.21
8	小麦(皮)	皮大麦,成熟 NY/T 1 级	87	11	1.7	4.8	67.1	2.4	18.4	6.8	0.09	0.33	0.17
9	黑麦	籽粒,进口	88	11	1.5	2.2	71.5	1.8	12.3	4.6	0.05	0.3	0.11
10	稻谷	成熟,晒干 NT/T 2 级	86	7.8	1.6	8.2	63.4	4.6	27.4	28.7	0.03	0.36	0.2
11	糙米	良,成熟,未去米糠	87	8.8	2	0.7	74.2	1.3	13.9	—	0.03	0.35	0.15
12	碎米	良,加工精米后的副产品	88	10.4	2.2	1.1	72.7	1.6	1.6	—	0.06	0.35	0.15
13	粟(谷子)	合格,带壳,成熟	86.5	9.7	2.3	6.8	65	2.7	15.2	13.3	0.12	0.3	0.11
14	木薯干	木薯干片,晒干 NY/T 合格	87	2.5	0.7	2.5	79.4	1.9	8.4	6.4	0.27	0.09	0.07
15	甘薯干	甘薯干片,晒干 NY/T 合格	87	4	0.8	2.8	76.4	3	8.1	4.1	0.19	0.02	0.02
16	次粉	黑面,黄粉,下面 NY/T 1 级	88	15.4	2.2	1.5	67.1	1.5	18.7	4.3	0.08	0.48	0.14
17	次粉	黑面,黄粉,下面 NY/T 2 级	87	13.6	2.1	2.8	66.7	1.8	31.9	10.5	0.08	0.48	0.14
18	小麦麸	传统制粉工艺 NY/T 1 级	87	15.7	3.9	6.5	56	4.9	37	13	0.11	0.92	0.24
19	小麦麸	传统制粉工艺 NY/T 2 级	87	14.3	4	6.8	57.1	4.8	—	—	0.1	0.93	0.24
20	米糠	新鲜不脱脂 NY/T 2 级	87	12.8	16.5	5.7	44.5	7.5	22.9	13.4	0.07	1.43	0.1
21	米糠饼	未脱脂,机榨 NY/T 1 级	88	14.7	9	7.4	48.2	8.7	27.7	11.6	0.14	1.69	0.22

续表

序号	饲料名称	饲料描述	干物质 DM (%)	粗蛋白质 GP (%)	粗脂肪 EE (%)	粗纤维 GF (%)	无氮浸出物 NFE (%)	粗灰分 Ash (%)	中性洗涤纤维 NDF (%)	酸性洗涤纤维 ADF (%)	钙 Ca (%)	总磷 P (%)	非植酸磷 (%)
22	米糠粕	浸提或预压浸提，NY/T 1级	87	15.1	2	7.5	53.6	8.8	23.3	10.9	0.15	1.82	0.24
23	大豆	黄大豆,成熟 NY/T 2级	87	35.5	17.3	4.3	25.7	4.2	7.9	7.3	0.27	0.48	0.3
24	全脂大豆	湿法膨化,生大豆为 NY/T 2级	88	35.5	18.7	4.6	25.2	4	11	6.4	0.32	0.4	0.25
25	大豆饼	机榨 NY/T 2级	89	41.8	5.8	4.8	30.7	5.9	18.1	15.5	0.31	0.5	0.25
26	大豆粕	去皮,浸提或预压浸提,NY/T 1级	89	47.9	1.5	3.3	29.7	4.9	8.8	5.3	0.34	0.65	0.19
27	大豆粕	浸提或预压浸提,NY/T 2级	89	44.2	1.9	5.9	28.3	6.1	13.6	9.6	0.33	0.62	0.18
28	棉籽饼	机榨 NY/T 2级	88	36.3	7.4	12.5	26.1	5.7	32.1	22.9	0.21	0.83	0.28
29	棉籽粕	浸提或预压浸提,NY/T 1级	90	47	0.5	10.2	26.3	6	22.5	15.3	0.25	1.1	0.38
30	棉籽粕	浸提或预压浸提,NY/T 2级	90	43.5	0.5	10.5	28.9	6.6	28.4	19.4	0.28	1.04	0.36
31	菜籽饼	机榨 NY/T 2级	88	35.7	7.4	11.4	26.3	7.2	33.3	26	0.59	0.96	0.33
32	菜籽粕	浸提或预压浸提,NY/T 2级	88	38.6	1.4	11.8	28.9	7.3	20.7	16.8	0.65	1.02	0.35
33	花生仁饼	机榨 NY/T 2级	88	44.7	7.2	5.9	25.1	5.1	14	8.7	0.25	0.53	0.31
34	花生仁粕	浸提或预压浸提,NY/T 2级	88	47.8	1.4	6.2	27.2	5.4	15.5	11.7	0.27	0.56	0.33
35	向日葵仁饼	壳仁比 35:65 NY/T 3级	88	29	2.9	20.4	31	4.7	41.4	29.6	0.24	0.87	0.13
36	向日葵仁粕	壳仁比 16:84 NY/T 2级	88	36.5	1	10.5	34.4	5.6	14.9	13.6	0.27	1.13	0.17
37	向日葵仁粕	壳仁比 24:76 NY/T 2级	88	33.6	1	14.8	38.8	5.3	32.8	23.5	0.26	1.03	0.16
38	亚麻仁饼	机榨 NY/T 2级	88	32.2	7.8	7.8	34	6.2	29.7	27.1	0.39	0.88	0.38
39	亚麻仁粕	浸提或预压浸提,NY/T 2级	88	34.8	1.8	8.2	36.6	6.6	21.6	14.4	0.42	0.95	0.42
40	芝麻饼	机榨,GP 40%	92	39.2	10.3	7.2	24.9	10.4	18	13.2	2.24	1.19	0.22
41	玉米蛋白粉	玉米去胚芽,淀粉后的面筋部分 GP 60%	90.1	63.5	5.4	1	19.2	1	8.7	4.6	0.07	0.44	0.17
42	玉米蛋白粉	同上,中等蛋白质产品,GP 50%	91.2	51.3	7.8	2.1	28	2	10.1	7.5	0.06	0.42	0.16

续表

序号	饲料名称	饲料描述	干物质 DM（%）	粗蛋白质 GP（%）	粗脂肪 EE（%）	粗纤维 GF（%）	无氮浸出物 NFE（%）	粗灰分 Ash（%）	中性洗涤纤维 NDF（%）	酸性洗涤纤维 ADF（%）	钙 Ca（%）	总磷 P（%）	非植酸磷（%）
43	玉米蛋白粉	同上,中等蛋白质产品,GP 40 %	89.9	44.3	6	1.6	37.1	0.9	29.1	8.2	0.12	0.5	0.18
44	玉米蛋白饲料	玉米去胚芽,淀粉后的含皮残渣	88	19.3	7.5	7.8	48	5.4	33.6	10.5	0.15	0.7	0.25
45	玉米胚芽饼	玉米湿磨后的胚芽,机榨	90	16.7	9.6	6.3	50.8	6.6	28.5	7.4	0.04	1.45	0.36
46	玉米胚芽饼	玉米湿磨后的胚芽,浸提	90	20.8	2	6.5	54.8	5.9	38.2	10.7	0.06	1.23	0.31
47	DDGS	玉米酒精糟及可溶物,脱水	90	28.3	13.7	7.1	36.8	4.1	38.7	15.3	0.2	0.74	0.42
48	蚕豆粉浆蛋白粉	蚕豆去皮制粉丝后的浆液,脱水	88	66.3	4.7	4.1	10.3	2.6	—	—		0.59	—
49	麦芽根	大麦芽副产品,干燥	89.7	28.3	1.4	12.5	41.4	6.1	40	15.1	0.22	0.73	0.17
50	鱼粉（CP 64.5%）	7样平均值	90	64.5	5.6	0.5	8	11.4	—	—	3.81	2.83	2.83
51	鱼粉（CP 62.5%）	8样平均值	90	62.5	4	0.5	10	12.3	—	—	3.96	3.05	3.05
52	鱼粉（CP 60.5%）	沿海产海鱼粉,脱脂,12样平均值	90	60.2	4.9	0.5	11.6	12.8	10.8	1.8	4.04	2.9	2.9
53	鱼粉（CP 53.5%）	沿海产海鱼粉,脱脂,11样平均值	90	53.5	10	0.8	4.9	20.8	—	—	5.88	3.2	3.2
54	血粉	鲜猪血,喷雾干燥	88	82.8	0.4	0	1.6	3.2	9.8	1.8	0.29	0.31	0.31
55	羽毛粉	纯净羽毛,水解	88	77.9	2.2	0.7	1.4	5.8	40.5	14.7	0.2	0.68	0.68
56	皮革粉	废牛皮,水解	88	74.7	0.8	1.6	0	10.9	—	—	4.4	0.15	0.15
57	肉骨粉	屠宰下脚料,带骨干燥粉碎	93	50	8.5	2.8	0	31.7	32.5	5.6	9.2	4.7	4.7
58	肉粉	脱脂	94	54	12	1.4	4.3	22.3	31.6	8.3	7.69	3.88	—
59	苜蓿草粉（CP 19%）	一茬盛开期烘干 NY/T 1级	87	19.1	2.3	22.7	35.3	7.6	36.7	25	1.4	0.51	0.51
60	苜蓿草粉（CP 17%）	一茬盛开期烘干 NY/T 2级	87	17.2	2.6	25.6	33.3	8.3	39	28.6	1.52	0.22	0.22

序号	饲料名称	饲料描述	干物质 DM (%)	粗蛋白质 GP (%)	粗脂肪 EE (%)	粗纤维 GF (%)	无氮浸出物 NFE (%)	粗灰分 Ash (%)	中性洗涤纤维 NDF (%)	酸性洗涤纤维 ADF (%)	钙 Ca (%)	总磷 P (%)	非植酸磷 (%)
61	苜蓿草粉(CP 14~15%)	NY/T 3 级	87	14.3	2.1	29.8	33.8	10.1	36.8	2.9	1.34	0.19	0.19
62	啤酒糟	大麦酿造副产品	88	52.4	5.3	13.4	40.8	4.2	39.4	24.6	0.32	0.42	0.14
63	啤酒酵母	啤酒酵母菌粉,QB/T 1940－94	91.7	12	0.4	0.6	33.6	4.7	6.1	1.8	0.16	1.02	—
64	乳清粉	乳清,脱水,低乳糖含量	94	88.7	0.7	0	71.6	9.7	0	0	0.87	0.79	0.79
65	酪蛋白	脱水	91	88.6	0.8	—	—	—	0	0	0.63	1.01	0.82
66	明胶	—	90	4	0.5	—	—	—	0	0	0.49	—	—
67	牛奶乳糖	进口,含乳糖80%以上	96	0.3	0.5	0	83.5	8	0	0	0.52	0.62	0.62
68	乳糖	—	96	0.3	—	—	95.7	—	0	0	—	—	—
69	葡萄糖	—	90	0	—	—	89.7	—	0	0	—	—	—
70	蔗糖	—	99	0.3	0	—	—	—	0	0	0.04	0.01	0.01
71	玉米淀粉	—	99	0	0.2	—	—	—	0	0	0	0.03	0.01
72	牛脂	—	99	0	≥98	0	—	—	0	0	0	0	0
73	猪油	—	99	0	≥98	0	—	—	0	0	0	0	0
74	家禽脂肪	—	99	0	≥98	0	—	—	0	0	0	0	0
75	鱼油	—	99	0	≥98	0	—	—	0	0	0	0	0
76	菜籽油	—	99	0	≥98	0	—	—	0	0	0	0	0
77	椰子油	—	99	0	≥98	0	—	—	0	0	0	0	0
78	玉米油	—	99	0	≥98	0	—	—	0	0	0	0	0
79	棉籽油	—	99	0	≥98	0	—	—	0	0	0	0	0
80	棕榈油	—	99	0	≥98	0	—	—	0	0	0	0	0
81	花生油	—	99	0	≥98	0	—	—	0	0	0	0	0
82	芝麻油	—	99	0	≥98	0	—	—	0	0	0	0	0
83	大豆油	—	99	0	≥98	0	—	—	0	0	0	0	0
84	葵花油	—	99	0	≥98	0	—	—	0	0	0	0	0

附表 1-2 有效能

序号	饲料名称	干物质 DM (%)	粗蛋白质 CP (%)	猪消化能 DE Mcal/kg	猪消化能 DE MJ/kg	猪代谢能 ME Mcal/kg	猪代谢能 ME MJ/kg	鸡代谢能 ME Mcal/kg	鸡代谢能 ME MJ/kg	肉牛维持净能 NEm Mcal/kg	肉牛维持净能 NEm MJ/kg	肉牛增重净能 NEg Mcal/kg	肉牛增重净能 NEg MJ/kg	奶牛产奶净能 NEl Mcal/kg	奶牛产奶净能 NEl MJ/kg	羊消化能 DE Mcal/kg	羊消化能 DE MJ/kg
1	玉米	86.0	9.4	3.44	14.39	3.24	13.57	3.18	13.31	2.20	9.19	1.68	7.02	1.83	7.66	3.40	14.23
2	玉米	86.0	8.5	3.45	14.43	3.25	13.60	3.25	13.60	2.24	9.39	1.72	7.21	1.84	7.70	3.41	14.27
3	玉米	86.0	8.7	3.41	14.27	3.21	13.43	3.24	13.56	2.21	9.25	1.69	7.09	1.84	7.70	3.41	14.27
4	玉米	86.0	7.8	3.39	14.18	3.20	13.39	3.22	13.47	2.19	9.16	1.67	7.00	1.83	7.66	3.38	14.14
5	高粱	86.0	9.0	3.15	13.18	2.97	12.43	2.94	12.30	1.86	7.80	1.30	5.44	1.59	6.65	3.12	13.05
6	小麦	87.0	13.9	3.39	14.18	3.16	13.22	3.04	12.72	2.09	8.73	1.55	6.46	1.75	7.32	3.40	14.23
7	大麦（裸）	87.0	13.0	3.24	13.56	3.03	12.68	2.68	11.21	1.99	8.31	1.43	5.99	1.68	7.03	3.21	13.43
8	大麦（皮）	87.0	11.0	3.02	12.64	2.83	11.84	2.70	11.30	1.90	7.95	1.35	5.64	1.62	6.78	3.16	13.22
9	黑麦	88.0	11.0	3.31	13.85	3.10	12.97	2.69	11.25	1.98	8.27	1.42	5.95	1.68	7.03	3.39	14.18
10	稻谷	86.0	7.8	2.69	11.25	2.54	10.63	2.63	11.00	1.80	7.54	1.28	5.33	1.53	6.40	3.02	12.64
11	糙米	87.0	8.8	3.44	14.39	3.24	13.57	3.36	14.06	2.22	9.28	1.71	7.16	1.84	7.70	3.41	14.27
12	碎米	88.0	10.4	3.60	15.06	3.38	14.14	3.40	14.23	2.40	10.05	1.92	8.03	1.97	8.24	3.43	14.35
13	粟（谷子）	86.5	9.7	3.09	12.93	2.91	12.18	2.84	11.88	1.97	8.25	1.43	6.00	1.67	6.99	3.00	12.55
14	木薯干	87.0	2.5	3.13	13.10	2.97	12.43	2.96	12.38	1.67	6.99	1.12	4.70	1.43	5.98	2.99	12.51
15	甘薯干	87.0	4.0	2.82	11.80	2.68	11.21	2.34	9.79	1.85	7.76	1.33	5.57	1.57	6.57	3.27	13.68
16	次粉	88.0	15.4	3.27	13.68	3.04	12.72	3.05	12.76	2.41	10.10	1.92	8.02	1.99	8.32	3.32	13.89
17	次粉	87.0	13.6	3.21	13.43	2.99	12.51	2.99	12.51	2.37	9.92	1.88	7.87	1.95	8.16	3.25	13.60
18	小麦麸	87.0	15.7	2.24	9.37	2.08	8.7	1.63	6.82	1.67	7.01	1.09	4.55	1.46	6.11	2.91	12.18
19	小麦麸	87.0	14.3	2.23	9.33	2.07	8.66	1.62	6.78	1.66	6.95	1.07	4.50	1.45	6.08	2.89	12.10
20	米糠	87.0	12.8	3.02	12.64	2.82	11.80	2.68	11.21	2.05	8.58	1.40	5.85	1.78	7.45	3.29	13.77
21	米糠饼	88.0	14.7	2.99	12.51	2.78	11.63	2.43	10.17	1.72	7.20	1.11	4.65	1.50	6.28	2.85	11.92
22	米糠粕	87.0	15.1	2.76	11.55	2.57	10.75	1.98	8.28	1.45	6.06	0.90	3.75	1.26	5.27	2.39	10.00
23	大豆	87.0	35.5	3.97	16.61	3.53	14.77	3.24	13.56	2.16	9.03	1.42	5.93	1.90	7.95	3.91	16.36
24	全脂大豆	88.0	35.5	4.24	17.74	3.77	15.77	3.75	15.69	2.20	9.19	1.44	6.01	1.94	8.12	3.99	16.99
25	大豆饼	89.0	41.8	3.44	14.39	3.01	12.59	2.52	10.54	2.02	8.44	1.36	5.67	1.75	7.32	3.37	14.10
26	大豆粕	89.0	47.9	3.60	15.06	3.11	13.01	2.53	10.58	2.07	8.68	1.45	6.06	1.78	7.45	3.42	14.31
27	大豆粕	89.0	44.2	3.37	14.26	2.97	12.43	2.39	10.00	2.08	8.71	1.48	6.20	1.78	7.45	3.41	14.27
28	棉籽饼	88.0	36.3	2.37	9.92	2.10	8.79	2.16	9.04	1.79	7.51	1.13	4.72	1.58	6.61	3.16	13.22

续表

序号	饲料名称	干物质 DM (%)	粗蛋白质 CP (%)	猪消化能 DE		猪代谢能 ME		鸡代谢能 ME		肉牛维持净能 NEm		肉牛增重净能 NEg		奶牛产奶净能 NEl		羊消化能 DE	
				Mcal/kg	MJ/kg	Mcal/kg	MJ/kg	Mcal/kg	MJ/kg	Mcal/kg	MJ/kg	Mcal/kg	MJ/kg	Mcal/kg	MJ/kg	Mcal/kg	MJ/kg
29	棉籽粕	90.0	47.0	2.25	9.41	1.95	8.28	1.86	7.78	1.78	7.44	1.13	4.73	1.56	6.53	3.12	13.05
30	棉籽粕	90.0	43.5	2.31	9.68	2.01	8.43	2.03	8.49	1.76	7.35	1.12	4.69	1.54	6.44	2.98	12.47
31	菜籽饼	88.0	35.7	2.88	12.05	2.56	10.71	1.95	8.16	1.59	6.64	0.93	3.90	1.42	5.94	3.14	13.14
32	菜籽粕	88.0	38.6	2.53	10.59	2.23	9.33	1.77	7.41	1.57	6.56	0.95	3.98	1.39	5.82	2.88	12.05
33	花生仁饼	88.0	44.7	3.08	12.89	2.68	11.21	2.78	11.63	2.37	9.91	1.73	7.22	2.02	8.45	3.44	14.39
34	花生仁粕	88.0	47.8	2.97	12.43	2.56	10.71	2.60	10.88	2.10	8.80	1.48	6.20	1.80	7.53	3.24	13.56
35	向日葵仁饼	88.0	29.0	1.89	7.91	1.70	7.11	1.59	6.65	1.43	5.99	0.82	3.41	1.28	5.36	2.10	8.79
36	向日葵仁粕	88.0	36.5	2.78	11.63	2.46	10.29	2.32	9.71	1.75	7.33	1.14	4.76	1.53	6.40	2.54	10.63
37	向日葵仁粕	88.0	33.6	2.49	10.42	2.22	9.29	2.03	8.49	1.58	6.60	0.93	3.90	1.41	5.90	2.04	8.54
38	亚麻仁饼	88.0	32.2	2.90	12.13	2.60	10.88	2.34	9.79	1.90	7.96	1.25	5.23	1.66	6.95	3.20	13.39
39	亚麻仁粕	88.0	34.8	2.37	9.92	2.11	8.83	1.90	7.95	1.78	7.44	1.17	4.89	1.54	6.44	2.99	12.51
40	芝麻饼	92.0	39.2	3.20	13.39	2.82	11.80	2.14	8.95	1.92	8.02	1.23	5.13	1.69	7.07	3.51	14.69
41	玉米蛋白粉	90.1	63.5	3.60	15.06	3.00	12.55	3.88	16.23	2.32	9.71	1.58	6.61	2.02	8.45	4.39	18.37
42	玉米蛋白粉	91.2	51.3	3.73	15.61	3.19	13.35	3.41	14.27	2.14	8.96	1.40	5.85	1.89	7.91	—	—
43	玉米蛋白粉	89.9	44.3	3.59	15.02	3.13	13.10	3.18	13.31	0.59	1.97	1.26	5.26	8.26	7.28	—	—
44	玉米蛋白饲料	88.0	19.3	2.48	10.38	2.28	9.54	2.02	8.45	0.61	1.97	1.36	5.69	8.26	7.11	3.20	13.39
45	玉米胚芽饼	90.0	16.7	3.51	14.69	3.25	13.60	2.24	9.37	0.61	2.03	1.40	5.86	8.49	7.32	—	—
46	玉米胚芽粕	90.0	20.8	3.28	13.72	3.01	12.59	2.07	8.66	0.60	1.86	1.27	5.33	7.79	6.69	—	—
47	DDGS	90.0	28.3	3.43	14.35	3.10	12.97	2.20	9.20	0.59	1.98	1.26	5.29	8.30	7.32	3.50	14.64
48	蚕豆粉浆蛋白粉	88.0	66.3	3.23	13.51	2.69	11.25	3.47	14.52	0.60	2.20	1.47	6.16	9.19	8.03	—	—
49	麦芽根	89.7	28.3	2.31	9.67	2.09	8.74	1.41	5.90	0.59	1.63	1.02	4.29	6.84	5.98	2.73	11.42

续表

序号	饲料名称	干物质 DM (%)	粗蛋白质 CP (%)	猪消化能 DE Mcal /kg	猪消化能 DE MJ /kg	猪代谢能 ME Mcal /kg	猪代谢能 ME MJ /kg	鸡代谢能 ME Mcal /kg	鸡代谢能 ME MJ /kg	肉牛维持净能 NEm Mcal /kg	肉牛维持净能 NEm MJ /kg	肉牛增重净能 NEg Mcal /kg	肉牛增重净能 NEg MJ /kg	奶牛产奶净能 NEl Mcal /kg	奶牛产奶净能 NEl MJ /kg	羊消化能 DE Mcal /kg	羊消化能 DE MJ /kg
50	鱼粉(CP 64.5%)	90.0	64.5	3.15	13.18	2.61	10.92	2.96	12.38	1.92	8.01	1.22	5.12	1.69	7.07	—	—
51	鱼粉(CP 62.5%)	90.0	62.5	3.10	12.97	2.58	10.79	2.91	12.18	1.85	7.75	1.19	4.97	1.63	6.82	—	—
52	鱼粉(CP 60.5%)	90.0	60.2	3.00	12.55	2.52	10.54	2.82	11.80	1.86	7.77	1.19	4.98	1.63	6.82	—	—
53	鱼粉(CP 53.5%)	90.0	53.5	3.09	12.93	2.63	11.00	2.90	12.13	1.85	7.72	1.21	5.05	1.61	6.74	—	—
54	血粉	88.0	82.8	2.73	11.42	2.16	9.04	2.46	10.29	1.45	6.08	0.75	3.13	1.34	5.61	2.40	10.04
55	羽毛粉	88.0	77.9	2.77	11.59	2.22	9.29	2.73	11.42	1.46	6.10	0.76	3.19	1.34	5.61	2.54	10.63
56	皮革粉	88.0	74.7	2.75	11.51	2.23	9.33	—	—	—	—	—	—	—	—	2.64	11.05
57	肉骨粉	93.0	50.0	2.83	11.84	2.43	10.17	2.38	9.96	1.65	6.91	1.08	4.53	1.43	5.98	2.77	11.59
58	肉粉	94.0	54.0	2.70	11.30	2.30	9.62	2.20	9.20	1.66	6.95	1.05	4.39	1.34	5.61	—	—
59	苜蓿草粉(CP 19%)	87.0	19.1	1.66	6.95	1.53	6.40	0.97	4.06	1.29	5.40	0.73	3.04	1.15	4.81	2.36	9.87
60	苜蓿草粉(CP 17%)	87.0	17.2	1.46	6.11	1.35	5.65	0.87	3.64	1.29	5.38	0.73	3.05	1.14	4.77	2.29	9.58
61	苜蓿草粉(CP 14%—15%)	87.0	14.3	1.49	6.23	1.39	5.82	0.84	3.51	1.11	4.66	0.57	2.40	1.00	4.18	—	—
62	啤酒糟	88.0	24.3	2.25	9.41	2.05	8.58	2.37	9.92	1.56	6.55	0.93	3.90	1.39	5.82	—	—
63	啤酒酵母	91.7	52.4	3.54	14.81	3.02	12.64	2.52	10.54	1.90	7.93	1.22	5.10	1.67	6.99	3.21	13.43
64	乳清粉	94.0	12.0	3.44	14.39	3.22	13.47	2.73	11.42	2.05	8.56	1.53	6.39	1.72	7.20	3.43	14.35
65	酪蛋白	91.0	88.7	4.13	17.27	3.22	13.47	4.13	17.28	—	—	—	—	2.31	9.67	—	—
66	明胶	90.0	88.6	2.80	11.72	2.19	9.16	2.36	9.87	—	—	—	—	1.56	6.53	3.36	14.06
67	牛奶乳糖	96.0	4.0	3.37	14.10	3.21	13.43	2.69	11.25	2.32	9.72	1.85	7.76	1.91	7.99	—	—
68	乳糖	96.0	0.3	3.53	14.77	3.39	14.18	—	—	—	—	—	—	2.06	8.62	—	—

续表

序号	饲料名称	干物质 DM (%)	粗蛋白质 CP (%)	猪消化能 DE Mcal/kg	猪消化能 DE MJ/kg	猪代谢能 ME Mcal/kg	猪代谢能 ME MJ/kg	鸡代谢能 ME Mcal/kg	鸡代谢能 ME MJ/kg	肉牛维持净能 NEm Mcal/kg	肉牛维持净能 NEm MJ/kg	肉牛增重净能 NEg Mcal/kg	肉牛增重净能 NEg MJ/kg	奶牛产奶净能 NEl Mcal/kg	奶牛产奶净能 NEl MJ/kg	羊消化能 DE Mcal/kg	羊消化能 DE MJ/kg
69	葡萄糖	90.0	0.3	3.36	14.06	3.22	13.47	3.08	12.89	—	—	—	—	1.76	7.36	—	—
70	蔗糖	99.0	0.0	3.80	15.90	3.65	15.27	3.90	16.32	—	—	—	—	2.06	8.62	—	—
71	玉米淀粉	99.0	0.3	4.00	16.74	3.84	16.07	3.16	13.22	—	—	—	—	1.87	7.82	—	—
72	牛脂	100.0	0.0	8.00	33.47	7.68	32.13	7.78	32.55	—	—	—	—	5.20	21.76	—	—
73	猪油	100.0	0.0	8.29	34.69	7.96	33.30	9.11	38.11	—	—	—	—	5.20	21.76	—	—
74	家禽脂肪	100.0	0.0	8.52	35.65	8.18	34.23	9.36	39.16	—	—	—	—	5.20	21.76	—	—
75	鱼油	100.0	0.0	8.44	35.31	8.10	33.89	8.45	35.35	—	—	—	—			—	—
76	菜籽油	100.0	0.0	8.76	36.65	8.41	35.19	9.21	38.53	—	—	—	—	5.16	21.59	—	—
77	椰子油	100.0	0.0	8.75	36.61	8.40	35.15	9.66	40.42	—	—	—	—	5.16	21.59	—	—
78	玉米油	100.0	0.0	8.40	35.11	8.06	33.69	8.81	36.83	—	—	—	—	5.16	21.59	—	—
79	棉籽油	100.0	0.0	8.60	35.98	8.26	34.43	—	—	—	—	—	—	5.16	21.59	—	—
80	棕榈油	100.0	0.0	8.01	33.51	7.69	32.17	5.80	24.27	—	—	—	—	5.16	21.59	—	—
81	花生油	100.0	0.0	8.73	36.53	8.38	35.06	9.36	39.16	—	—	—	—	5.16	21.59	—	—
82	芝麻油	100.0	0.0	8.75	36.61	8.40	35.15	—	—	—	—	—	—	5.16	21.59	—	—
83	大豆油	100.0	0.0	8.75	36.61	8.40	35.15	8.37	35.02	—	—	—	—	5.16	21.59	—	—
84	葵花油	100.0	0.0	8.76	36.65	8.41	35.19	9.66	40.42	—	—	—	—	5.16	21.59	—	—

附表 1-3　饲料中氨基酸含量

序号	饲料名称	干物质 DM (%)	粗蛋白质 CP (%)	精氨酸 Arg (%)	组氨酸 His (%)	异亮氨酸 Ile (%)	亮氨酸 Leu (%)	赖氨酸 Lys (%)	蛋氨酸 Met (%)	胱氨酸 Cys (%)	苯丙氨酸 Phe (%)	酪氨酸 Tyr (%)	苏氨酸 Thr (%)	色氨酸 Trp (%)	缬氨酸 Val (%)
1	玉米	86.0	9.4	0.38	0.23	0.26	1.03	0.26	0.19	0.22	0.43	0.34	0.31	0.08	0.40
2	玉米	86.0	8.5	0.50	0.29	0.27	0.74	0.36	0.15	0.18	0.37	0.28	0.30	0.08	0.46
3	玉米	86.0	8.7	0.39	0.21	0.25	0.93	0.24	0.18	0.20	0.41	0.33	0.30	0.07	0.38
4	玉米	86.0	7.8	0.37	0.20	0.24	0.93	0.23	0.15	0.15	0.38	0.31	0.29	0.06	0.35
5	高粱	86.0	9.0	0.33	0.18	0.35	1.08	0.18	0.17	0.12	0.45	0.32	0.26	0.08	0.44
6	小麦	87.0	13.9	0.58	0.27	0.44	0.80	0.30	0.25	0.24	0.58	0.37	0.33	0.15	0.56
7	大麦(裸)	87.0	13.0	0.64	0.16	0.43	0.87	0.44	0.14	0.25	0.68	0.40	0.43	0.16	0.63

续表

序号	饲料名称	干物质 DM (%)	粗蛋白质 CP (%)	精氨酸 Arg (%)	组氨酸 His (%)	异亮氨酸 Ile (%)	亮氨酸 Leu (%)	赖氨酸 Lys (%)	蛋氨酸 Met (%)	胱氨酸 Cys (%)	苯丙氨酸 Phe (%)	酪氨酸 Tyr (%)	苏氨酸 Thr (%)	色氨酸 Trp (%)	缬氨酸 Val (%)
8	大麦(皮)	87.0	11.0	0.65	0.24	0.52	0.91	0.42	0.18	0.18	0.59	0.35	0.41	0.12	0.64
9	黑麦	88.0	11.0	0.50	0.25	0.40	0.64	0.37	0.16	0.25	0.49	0.26	0.34	0.12	0.52
10	稻谷	86.0	7.8	0.57	0.15	0.32	0.58	0.29	0.19	0.16	0.40	0.37	0.25	0.10	0.47
11	糙米	87.0	8.8	0.65	0.17	0.30	0.61	0.32	0.20	0.14	0.35	0.31	0.28	0.12	0.49
12	碎米	88.0	10.4	0.78	0.27	0.39	0.74	0.42	0.22	0.17	0.49	0.39	0.38	0.12	0.57
13	粟(谷子)	86.5	9.7	0.30	0.20	0.36	1.15	0.15	0.25	0.20	0.49	0.26	0.35	0.17	0.42
14	木薯干	87.0	2.5	0.40	0.05	0.11	0.15	0.13	0.05	0.04	0.10	0.04	0.10	0.03	0.13
15	甘薯干	87.0	4.0	0.16	0.08	0.17	0.26	0.16	0.06	0.08	0.19	0.13	0.18	0.05	0.27
16	次粉	88.0	15.4	0.86	0.41	0.55	1.06	0.59	0.23	0.37	0.66	0.46	0.50	0.21	0.72
17	次粉	87.0	13.6	0.85	0.33	0.48	0.98	0.52	0.16	0.33	0.63	0.45	0.50	0.18	0.68
18	小麦麸	87.0	15.7	0.97	0.39	0.46	0.81	0.58	0.13	0.26	0.58	0.28	0.43	0.20	0.63
19	小麦麸	87.0	14.3	0.88	0.35	0.42	0.74	0.53	0.12	0.24	0.53	0.25	0.39	0.18	0.57
20	米糠	87.0	12.8	1.06	0.39	0.63	1.00	0.74	0.25	0.19	0.63	0.50	0.48	0.14	0.81
21	米糠饼	88.0	14.7	1.19	0.43	0.72	1.06	0.66	0.26	0.30	0.76	0.51	0.53	0.15	0.99
22	米糠粕	87.0	15.1	1.28	0.46	0.78	1.30	0.72	0.28	0.32	0.82	0.55	0.57	0.17	1.07
23	大豆	87.0	35.5	2.57	0.59	1.28	2.72	2.20	0.56	0.70	1.42	0.64	1.41	0.45	1.50
24	全脂大豆	88.0	35.5	2.63	0.63	1.32	2.68	2.37	0.55	0.76	1.39	0.67	1.42	0.49	1.53
25	大豆饼	89.0	41.8	2.53	1.10	1.57	2.75	2.43	0.60	0.62	1.79	1.53	1.44	0.64	1.70
26	大豆粕	89.0	47.9	3.43	1.22	2.10	3.57	2.99	0.68	0.73	2.33	1.57	1.85	0.65	2.26
27	大豆粕	89.0	44.2	3.38	1.17	1.99	3.35	2.68	0.59	0.65	2.21	1.47	1.71	0.57	2.09
28	棉籽饼	88.0	36.3	3.94	0.90	1.16	2.07	1.40	0.41	0.70	1.88	0.95	1.14	0.39	1.51
29	棉籽粕	88.0	47.0	4.98	1.26	1.40	2.67	2.13	0.56	0.66	2.43	1.11	1.35	0.54	2.05
30	棉籽粕	90.0	43.5	4.65	1.19	1.29	2.47	1.97	0.58	0.68	2.28	1.05	1.25	0.51	1.91
31	菜籽饼	88.0	35.7	1.82	0.83	1.24	2.26	1.33	0.60	0.82	1.35	0.92	1.40	0.42	1.62
32	菜籽粕	88.0	38.6	1.83	0.86	1.29	2.34	1.30	0.63	0.87	1.45	0.97	1.49	0.43	1.74
33	花生仁饼	88.0	44.7	4.60	0.83	1.18	2.36	1.32	0.39	0.38	1.81	1.31	1.05	0.42	1.28
34	花生仁粕	88.0	47.8	4.88	0.88	1.25	2.50	1.40	0.41	0.40	1.92	1.39	1.11	0.45	1.36
35	向日葵仁饼	88.0	29.0	2.44	0.62	1.19	1.76	0.96	0.59	0.43	1.21	0.77	0.98	0.28	1.35
36	向日葵仁粕	88.0	36.5	3.17	0.81	1.51	2.25	1.22	0.72	0.62	1.56	0.99	1.25	0.47	1.72

续表

序号	饲料名称	干物质 DM (%)	粗蛋白质 CP (%)	精氨酸 Arg (%)	组氨酸 His (%)	异亮氨酸 Ile (%)	亮氨酸 Leu (%)	赖氨酸 Lys (%)	蛋氨酸 Met (%)	胱氨酸 Cys (%)	苯丙氨酸 Phe (%)	酪氨酸 Tyr (%)	苏氨酸 Thr (%)	色氨酸 Trp (%)	缬氨酸 Val (%)
37	向日葵仁粕	88.0	33.6	2.89	0.74	1.39	2.07	1.13	0.69	0.50	1.43	0.91	1.14	0.37	1.58
38	亚麻仁饼	88.0	32.2	2.35	0.51	1.15	1.62	0.73	0.46	0.48	1.32	0.50	1.00	0.48	1.44
39	亚麻仁粕	88.0	34.8	3.59	0.64	1.33	1.85	1.16	0.55	0.55	1.51	0.93	1.10	0.70	1.51
40	芝麻饼	92.0	39.2	2.38	0.81	1.42	2.52	0.82	0.82	0.75	1.68	1.02	1.29	0.49	1.84
41	玉米蛋白粉	90.1	63.5	1.90	1.18	2.85	11.59	0.97	1.42	0.96	4.10	3.19	2.08	0.36	2.98
42	玉米蛋白粉	91.2	51.3	1.48	0.89	1.75	7.87	0.92	1.14	0.76	2.83	2.25	1.59	0.31	2.05
43	玉米蛋白粉	89.9	44.3	1.31	0.78	1.63	7.08	0.71	1.04	0.65	2.61	2.03	1.38	—	1.84
44	玉米蛋白饲料	88.0	19.3	0.77	0.56	0.62	1.82	0.63	0.29	0.33	0.70	0.50	0.68	0.14	0.93
45	玉米胚芽饼	90.0	16.7	1.16	0.45	0.53	1.25	0.70	0.31	0.47	0.64	0.54	0.64	0.16	0.91
46	玉米胚芽粕	90.0	20.8	1.51	0.62	0.77	1.54	0.75	0.21	0.28	0.93	0.66	0.68	0.18	1.66
47	DDGS	90.0	28.3	0.98	0.59	0.98	2.63	0.59	0.59	0.39	1.93	1.37	0.92	0.19	1.30
48	蚕豆粉浆蛋白粉	88.0	66.3	5.96	1.66	2.90	5.88	4.44	0.60	0.57	3.34	2.21	2.31	—	3.20
49	麦芽根	89.7	28.3	1.22	0.54	1.08	1.58	1.30	0.37	0.26	0.85	0.67	0.96	0.42	1.44
50	鱼粉（CP64.5%）	90.0	64.5	3.91	1.75	2.68	4.99	5.22	1.71	0.58	2.71	2.13	2.87	0.78	3.25
51	鱼粉（CP62.5%）	90.0	62.5	3.86	1.83	2.79	5.06	5.12	1.66	0.55	2.67	2.01	2.78	0.75	3.14
52	鱼粉（CP60.5%）	90.0	60.2	3.57	1.71	2.68	4.80	4.72	1.64	0.52	2.35	1.96	2.57	0.70	3.17
53	鱼粉（CP53.5%）	90.0	53.5	3.24	1.29	2.30	4.30	3.87	1.39	0.49	2.22	1.70	2.51	0.60	2.77
54	血粉	88.0	82.8	2.99	4.40	0.75	8.38	6.67	0.74	0.98	5.23	2.55	2.86	1.11	6.08
55	羽毛粉	88.0	77.9	5.30	0.58	4.21	6.78	1.65	0.59	2.93	3.57	1.79	3.51	0.40	6.05
56	皮革粉	88.0	74.7	4.45	0.40	1.06	2.53	2.18	0.80	0.16	1.56	0.63	0.71	0.50	1.91
57	肉骨粉	93.0	50.0	3.35	0.96	1.70	3.20	2.60	0.67	0.33	1.70	1.26	1.63	0.26	2.25
58	肉粉	94.0	54.0	3.60	1.14	1.60	3.84	3.07	0.80	0.60	2.17	1.40	1.97	0.35	2.66
59	苜蓿草粉（CP19%）	87.0	19.1	0.78	0.39	0.68	1.20	0.82	0.21	0.22	0.82	0.58	0.74	0.43	0.91
60	苜蓿草粉（CP17%）	87.0	17.2	0.74	0.32	0.66	1.10	0.81	0.20	0.16	0.81	0.54	0.69	0.37	0.85

续表

序号	饲料名称	干物质 DM（%）	粗蛋白质 CP（%）	精氨酸 Arg（%）	组氨酸 His（%）	异亮氨酸 Ile（%）	亮氨酸 Leu（%）	赖氨酸 Lys（%）	蛋氨酸 Met（%）	胱氨酸 Cys（%）	苯丙氨酸 Phe（%）	酪氨酸 Tyr（%）	苏氨酸 Thr（%）	色氨酸 Trp（%）	缬氨酸 Val（%）
61	苜蓿草粉（CP14%－15%）	87.0	14.3	0.61	0.19	0.58	1.00	0.60	0.18	0.15	0.59	0.38	0.45	0.24	0.58
62	啤酒糟	88.0	24.3	0.98	0.51	1.18	1.08	0.72	0.52	0.35	2.35	1.17	0.81	0.28	1.66
63	啤酒酵母	91.7	52.4	2.67	1.11	2.85	4.76	3.38	0.83	0.50	4.07	0.12	2.33	2.08	3.40
64	乳清粉	94.0	12.0	0.40	0.20	0.90	1.20	1.10	0.20	0.30	0.40	0.21	0.80	0.20	0.70
65	酪蛋白	91.0	88.7	3.26	2.82	4.66	8.79	7.35	2.70	0.41	4.79	4.77	3.98	1.14	6.10
66	明胶	90.0	88.6	6.60	0.66	1.42	2.91	3.62	0.76	0.12	1.74	0.43	1.82	0.05	2.26
67	牛奶乳糖	96.0	4.0	0.29	0.10	0.10	0.18	0.16	0.03	0.04	0.10	0.02	0.10	0.10	0.10

附表 1-4 矿物质含量

序号	饲料名称	钠 Na（%）	氯 Cl（%）	镁 Mg（%）	钾 K（%）	铁 Fe（mg/kg）	铜 Cu（mg/kg）	锰 Mn（mg/kg）	锌 Zn（mg/kg）	硒 Se（mg/kg）
1	玉米	0.01	0.04	0.11	0.29	36	3.4	5.8	21.1	0.04
2	玉米	0.01	0.04	0.11	0.29	36	3.4	5.8	21.1	0.04
3	玉米	0.02	0.04	0.12	0.3	37	3.3	6.1	19.2	0.03
4	玉米	0.02	0.04	0.12	0.3	37	3.3	6.1	19.2	0.03
5	高粱	0.03	0.09	0.15	0.34	87	7.6	17.1	20.1	0.05
6	小麦	0.06	0.07	0.11	0.5	88	7.9	45.9	29.7	0.05
7	小麦（裸）	0.04	—	0.11	0.6	100	7	18	30	0.16
8	大麦（皮）	0.02	0.15	0.14	0.56	87	5.6	17.5	23.6	0.06
9	黑麦	0.02	0.04	0.12	0.42	117	7	53	35	0.4
10	稻谷	0.04	0.07	0.07	0.34	40	3.5	20	8	0.04
11	糙米	0.04	0.06	0.14	0.34	78	3.3	21	10	0.07
12	碎米	0.07	0.08	0.11	0.13	62	8.8	47.5	36.4	0.06
13	粟（谷子）	0.04	0.14	0.16	0.43	270	24.5	22.5	15.9	0.08
14	木薯干	—	—	—		150	4.2	6	14	0.04
15	甘薯干	—	—	0.08	—	107	6.1	10	9	0.07
16	次粉	0.6	0.04	0.41	0.6	140	11.6	94.2	73	0.07
17	次粉	0.6	0.04	0.41	0.6	140	11.6	94.2	73	0.07

续表

序号	饲料名称	钠 Na(%)	氯 Cl(%)	镁 Mg(%)	钾 K(%)	铁 Fe (mg/kg)	铜 Cu (mg/kg)	锰 Mn (mg/kg)	锌 Zn (mg/kg)	硒 Se (mg/kg)
18	小麦麸	0.07	0.07	0.52	1.19	170	13.8	104.3	96.5	0.07
19	小麦麸	0.07	0.07	0.47	1.19	157	16.5	80.6	104.7	0.05
20	米糠	0.07	0.07	0.9	1.73	304	7.1	175.9	50.3	0.09
21	米糠饼	0.08	—	1.26	1.8	400	8.7	211.6	56.4	0.09
22	米糠粕	0.09	—	—	1.8	432	9.4	228.4	60.9	0.1
23	大豆	0.02	0.03	0.28	1.7	111	18.1	21.5	40.7	0.06
24	全脂大豆	0.02	0.03	0.28	1.7	111	18.1	21.5	40.7	0.06
25	大豆饼	0.02	0.02	0.25	1.77	187	19.8	32	43.4	0.04
26	大豆粕	0.03	0.05	0.28	2.05	185	24	38.2	46.4	0.1
27	大豆粕	0.03	0.05	0.28	1.72	185	24	28	46.4	0.06
28	棉籽饼	0.04	0.14	0.52	1.2	266	11.6	17.8	44.9	0.11
29	棉籽柏	0.04	0.04	0.4	1.16	263	14	18.7	55.5	0.15
30	棉籽柏	0.04	0.04	0.4	1.16	263	14	18.7	55.5	0.15
31	棉籽饼	0.02	—	—	1.34	687	7.2	78.1	59.2	0.29
32	棉籽柏	0.09	0.11	0.51	1.4	653	7.1	82.2	67.5	0.16
33	花生仁饼	0.04	0.03	0.33	1.14	347	23.7	36.7	52.5	0.06
34	花生仁粕	0.07	0.03	0.31	1.23	368	25.1	38.9	55.7	0.06
35	向日葵仁饼	0.02	0.01	0.75	1.17	424	45.6	41.5	62.1	0.09
36	向日葵仁粕	0.2	0.01	0.75	1	226	32.8	34.5	82.7	0.06
37	向日葵仁粕	0.2	0.1	0.68	1.23	310	35	35	80	0.08
38	亚麻仁饼	0.09	0.04	0.58	1.25	204	27	40.3	36	0.18
39	亚麻仁粕	0.14	0.05	0.56	1.38	219	25.5	43.3	38.7	0.18
40	芝麻饼	0.04	0.05	0.5	1.39	—	50.4	32	2.4	—
41	玉米蛋白粉	0.01	0.05	0.08	0.3	230	1.9	5.9	19.2	0.02
42	玉米蛋白粉	0.02	—	—	0.35	332	10	78	49	—
43	玉米蛋白粉	0.02	0.08	0.05	0.4	400	28	7	49	1
44	玉米蛋白 饲料	0.12	0.22	0.42	1.3	282	10.7	77.1	59.2	0.23
45	玉米胚芽饼	0.01	—	0.1	0.3	99	12.8	19	108.1	—
46	玉米胚芽粕	0.01	—	0.16	0.69	214	7.7	23.3	126.6	0.33
47	DDGS	0.88	0.17	0.35	0.98	197	43.9	29.5	83.5	0.37

续表

序号	饲料名称	钠 Na(%)	氯 Cl(%)	镁 Mg(%)	钾 K(%)	铁 Fe (mg/kg)	铜 Cu (mg/kg)	锰 Mn (mg/kg)	锌 Zn (mg/kg)	硒 Se (mg/kg)
48	蚕豆粉浆蛋白粉	0.01	—	—	0.06	—	22	16		—
49	麦芽根	0.06	0.59	0.16	2.18	198	5.3	67.8	42.4	0.6
50	鱼粉 (CP64.5%)	0.88	0.6	0.24	0.9	226	9.1	9.2	98.9	2.7
51	鱼粉 (CP62.5%)	0.78	0.61	0.16	0.83	181	6	12	90	1.62
52	鱼粉 (CP60.2%)	0.97	0.61	0.16	1.1	80	8	10	80	1.5
53	鱼粉 (CP53.5%)	1.15	0.61	0.16	0.94	292	8	9.7	88	1.94
54	血粉	0.31	0.27	0.16	0.9	2100	8	2.3	14	0.7
55	羽毛粉	0.31	0.26	0.2	0.18	73	6.8	8.8	53.8	0.8
56	皮革粉	—	—	—	—	131	11.1	25.2	89.8	—
57	肉骨粉	0.73	0.75	1.13	1.4	500	1.5	12.3	90	0.25
58	肉粉	0.8	0.97	0.35	0.57	440	10	10	94	0.37
59	苜蓿草粉 (CP19%)	0.09	0.38	0.3	2.08	372	9.1	30.7	17.1	0.46
60	苜蓿草粉 (CP17%)	0.17	0.46	0.36	2.4	361	9.7	30.7	21	0.46
61	苜蓿草粉 (CP14%～15%)	0.11	0.46	0.19	2.22	437	9.1	33.2	22.6	0.48
62	啤酒糟	0.25	0.12	0.19	0.08	274	20.1	35.6	104	0.41
63	啤酒酵母	0.1	0.12	0.23	1.7	248	61	22.3	86.7	1
64	乳清粉	2.11	0.14	0.13	1.81	160	43.1	4.6	3	0.06
65	酪蛋白	0.01	0.14	0.01	0.01	14	4	4	30	0.16
66	明胶	—	—	0.05	—	—	—	—	—	—
67	牛奶乳糖	—	—	0.15	2.4	—	—	—	—	—

附表1-5 维生素含量

序号	饲料名称	胡萝卜素 (mg/kg)	维生素E (mg/kg)	维生素B$_1$ (mg/kg)	维生素B$_2$ (mg/kg)	泛酸 (mg/kg)	烟酸 (mg/kg)	生物素 (mg/kg)	叶酸 (mg/kg)	胆碱 (mg/kg)	维生素B$_6$ (mg/kg)	维生素B$_{12}$ (mg/kg)	亚油酸 (%)
1	玉米	—	22	3.5	1.1	5	24	0.06	0.15	620	10	—	2.2
2	玉米	—	22	3.5	1.1	5	24	0.06	0.15	620	10	—	2.2
3	玉米	0.8	22	2.6	1.1	3.9	21	0.08	0.12	620	10	0	2.2
4	玉米	—	22	2.6	1.1	3.9	21	0.08	0.12	620	10	—	2.2
5	高粱	—	7	3	1.3	12.4	41	0.26	0.2	668	5.2	0	1.13
6	小麦	0.4	13	4.6	1.3	11.9	51	0.11	0.36	1040	3.7	0	0.59
7	小麦（裸）	—	48	4.1	1.4	—	87	—	—		19.3	0	
8	大麦（皮）	4.1	20	4.5	1.8	8	55	0.15	0.07	990	4	0	0.83
9	黑麦	—	15	3.6	1.5	8	16	0.06	0.6	440	2.6	0	0.76
10	稻谷		16	3.1	1.2	3.7	34	0.08	0.45	900	28		0.28
11	糙米	—	13.5	2.8	1.1	11	30	0.08	0.4	1014	—	—	—
12	碎米	—	14	1.4	0.7	8	30	0.08	0.2	800	28	—	—
13	粟（谷子）	1.2	36.3	6.6	1.6	7.4	53		15	790			0.84
14	木薯干	—	—	—	—	—	—	—	—				—
15	甘薯干	—	—	—	—	—	—	—	—				—
16	次粉	3	20	16.5	1.8	15.6	72	0.33	0.76	1187	9	—	1.74
17	次粉	3	20	16.5	1.8	15.6	72	0.33	0.76	1187	9	—	1.74
18	小麦麸	1	14	8	4.6	31		0.36	0.63	980	7	0	1.7
19	小麦麸	1	14	8	4.6	31	186	0.36	0.63	980	7	0	1.7
20	米糠	—	60	22.5	2.5	23	293	0.42	2.2	1135	14	0	3.57
21	米糠饼		11	24	2.9	94.9	689	0.7	0.88	1700	54	40	—
22	米糠粕	—	—	—	—	—	—	—	—				—
23	大豆	—	40	12.3	2.9	17.4	24	0.42	—	3200	12	—	8
24	全脂大豆	—	40	12.3	2.9	17.4	24	0.42	—	3200	12	—	8
25	大豆饼	—	6.6	1.7	4.4	13.8	37	0.32	0.45	2673	—	—	—
26	大豆粕	0.2	3.1	4.6	3	16.4	30.7	0.33	0.81	2858	6.1	0	0.51
27	大豆粕	0.2	3.1	4.6	3	16.4	30.7	0.33	0.81	2858	6.1	0	0.51
28	棉籽饼	0.2	16	6.4	5.1	10	38	0.53	1.65	2753	5.3	0	2.47
29	棉籽粕	0.2	15	7	5.5	12	40	0.3	2.51	2933	5.1	0	1.51

续表

序号	饲料名称	胡萝卜素（mg/kg）	维生素E（mg/kg）	维生素B₁（mg/kg）	维生素B₂（mg/kg）	泛酸（mg/kg）	烟酸（mg/kg）	生物素（mg/kg）	叶酸（mg/kg）	胆碱（mg/kg）	维生素B₆（mg/kg）	维生素B₁₂（mg/kg）	亚油酸（%）
30	棉籽粕	0.2	15	7	5.5	12	40	0.3	2.51	2933	5.1	0	1.51
31	棉籽饼	—	—	—	—	—	—	—	—	—	—	—	—
32	棉籽粕	—	54	5.2	3.7	9.5	160	0.98	0.95	6700	7.2	0	0.42
33	花生仁饼	—	3	7.1	5.2	47	166	0.33	0.4	1655	10	0	1.43
34	花生仁粕	—	3	5.7	11	53	173	0.39	0.39	1854	10	0	0.24
35	向日葵仁饼	—	0.9	—	18	4	86	1.4	0.4	800	—	—	—
36	向日葵仁粕	—	0.7	4.6	2.3	39	22	1.7	1.6	3260	17.2	—	—
37	向日葵仁粕	—	—	3	3	29	14	1.4	1.14	3100	11.1	0	0.98
38	亚麻仁饼	—	7.7	2.6	4.1	16.5	37.4	0.36	2.9	1672	6.1	—	—
39	亚麻仁粕	0.2	5.8	7.5	3.2	14.7	33	0.41	0.34	1512	6	200	0.36
40	芝麻饼	0.2	—	2.8	3.6	6	30	2.4	—	1536	12.5	0	1.9
41	玉米蛋白粉	44	25.5	0.3	2.2	3	55	0.15	0.2	330	6.9	50	1.17
42	玉米蛋白粉	—	—	—	—	—	—	—	—	—	—	—	—
43	玉米蛋白粉	16	19.9	0.2	1.5	9.6	54.5	0.15	0.22	330	—	—	—
44	玉米蛋白饲料	8	14.8	2	2.4	17.8	75.5	0.22	0.28	1700	13	250	1.43
45	玉米胚芽饼	2	87	—	3.7	3.3	42	—	—	1936	—	—	1.47
46	玉米胚芽粕	2	80.8	1.1	4	4.4	37.7	0.22	0.2	2000	—	—	1.47
47	DDGS	3.5	40	3.5	8.6	11	75	0.3	0.88	2637	2.28	10	2.15
48	蚕豆粉浆蛋白粉	—	—	—	—	—	—	—	—	—	—	—	—
49	麦芽根	—	4.2	0.7	1.5	8.6	43.3	—	0.2	1548	—	—	—
50	鱼粉（CP64.5%）	—	5	0.3	7.1	15	100	0.23	0.37	4408	4	352	0.2
51	鱼粉（CP62.5%）	—	5.7	0.2	4.9	9	55	0.15	0.3	3099	4	150	0.12
52	鱼粉（CP60.2%）	—	7	0.5	4.9	9	55	0.2	0.3	3056	4	104	0.12
53	鱼粉（CP53.5%）	—	5.6	0.4	8.8	8.8	65	—	—	3000	—	143	—
54	血粉	—	1	0.4	1.6	1.2	23	0.09	0.11	800	4.4	50	1
55	羽毛粉	—	7.3	0.1	2	10	27	0.04	0.2	880	3	71	0.83
56	皮革粉	—	—	—	—	—	—	—	—	—	—	—	—

续表

序号	饲料名称	胡萝卜素 (mg/kg)	维生素E (mg/kg)	维生素B₁ (mg/kg)	维生素B₂ (mg/kg)	泛酸 (mg/kg)	烟酸 (mg/kg)	生物素 (mg/kg)	叶酸 (mg/kg)	胆碱 (mg/kg)	维生素B₆ (mg/kg)	维生素B₁₂ (mg/kg)	亚油酸 (%)
57	肉骨粉		0.8	0.2	5.2	4.4	59.4	0.14	0.6	2000	4.6	100	0.72
58	肉粉		1.2	0.6	4.7	5	57	0.08	0.5	2077	2.4	80	0.8
59	苜蓿草粉 (CP19%)	94.6	144	5.8	15.5	34	40	0.35	4.36	1419	8	0	0.44
60	苜蓿草粉 (CP17%)	94.6	125	3.4	13.6	29	38	0.3	4.2	1401	6.5	0	0.35
61	苜蓿草粉 (CP14%~15%)	63	98	3	10.6	20.8	41.8	0.25	1.54	1548	—	—	—
62	啤酒糟	0.2	27	0.6	1.5	8.6	43	0.24	0.24	1723	0.7	0	2.94
63	啤酒酵母	—	2.2	91.8	37	109	448	0.693	9.9	3984	42.8	999.9	0.04
64	乳清粉	—	0.3	3.9	29.9	47	10	0.34	0.66	1500	4	20	0.01
65	酪蛋白		0.4	1.5	2.7	1		0.04	0.51	205	0.4	—	—
66	明胶												
67	牛奶乳糖	—	—	—	—	—	—	—	—	—	—	—	—

附表 1-6　常用矿物质饲料中矿物元素的含量(以饲喂状态为基础)

序号	饲料名称	化学公子式	钙 Ca (%)	磷 P (%)	磷利用率 b(%)	钠 Na (%)	氯 Cl (%)	钾 K (%)	镁 Mg (%)	硫 S (%)	铁 Fe (%)	锰 Mn (%)
01	碳酸钙,饲料级轻质	$CaCO_3$	38.42	0.02	—	0.08	0.02	0.08	1.610	0.08	0.06	0.02
02	磷酸氢钙,无水	$CaHPO_4$	29.60	22.77	95—100	0.18	0.47	0.15	0.800	0.80	0.79	0.14
03	磷酸氢钙,2个结晶水	$CaHPO_4 \cdot 2H_2O$	23.29	18.00	95—100	—	—	—	—	—	—	—
04	磷酸二氢钙	$Ca(H_2PO_4)2 \cdot H_2O$	15.90	24.58	100	0.20	—	0.16	0.900	0.80	0.75	0.01
05	磷酸三钙(磷酸钙)	$Ca_3(PO_4)_2$	38.76	20.00	—	—	—	—	—	—	—	—
06	石粉、石灰石、方解石等	—	35.84	0.01	—	0.06	0.02	0.11	2.060	0.04	0.35	0.02
07	骨粉、脱脂		29.80	12.50	80—90	0.04	—	0.20	0.300	2.40	—	0.03
08	贝壳粉	—	32—35									

续表

序号	饲料名称	化学公子式	钙 Ca (%)	磷 P (%)	磷利 用率 b(%)	钠 Na (%)	氯 Cl (%)	钾 K (%)	镁 Mg (%)	硫 S (%)	铁 Fe (%)	锰 Mn (%)
09	蛋壳粉	—	30—40	0.1— 0.4	—	—	—	—	—	—	—	—
10	磷酸氢铵	$(NH_4)_2HPO_4$	0.35	23.48	100	0.20	—	0.16	0.750	1.50	0.41	—
11	磷酸氢二铵	$NH_4H_2PO_4$	—	26.93	100		—	—	—	—	—	0.01
12	磷酸氢二钠	Na_2HPO_4	0.09	21.82	100	31.04	—	—	—	—	—	—
13	磷酸二氢钠	NaH_2PO_4	—	25.81	100	19.17	0.02	0.01	0.010	—	—	—
14	碳酸钠	Na_2CO_3	—	—	—	43.30	—	—	—	—	—	—
15	碳酸氢钠	$NaHCO_3$	0.01	—	—	27.00	—	0.01	—	—	—	—
16	氯化钠	$NaCL$	0.30	—	—	39.50	59.00	—	0.005	0.20	0.01	—
17	硫酸镁,7个结晶水	$MgSO_4 \cdot 7H_2O$	0.02	—	—	—	0.01	—	9.860	13.01	—	—
18	碳酸镁	$MgCO_3 \cdot Mg(OH)_2$	0.02	—	—	—	—	—	34.000	—	—	0.01
19	氧化镁	MgO	1.69	—	—	—	—	0.02	55.000	0.10	1.06	—

附录二　奶牛常用饲料营养成分及营养价值表

编号/种类	饲料名称	样品说明	干物质（%）	奶牛能量单位（NND/kg）	粗蛋白质（%）	可消化粗蛋白质（%）	粗纤维（%）	钙（%）	磷（%）
青饲料									
2-01-072	甘薯蔓	11 省市 15 样平均数	13.0	0.22	2.1	1.4	2.5	0.20	0.05
2-01-631	黑麦草	北京,阿文意大利黑麦草	16.3	0.34	3.5	2.6	3.4	0.10	0.04
2-01-632	黑麦草	北京,伯克意大利黑麦草	16.3	0.37	2.1	1.6	4.0	—	—
2-01-677	野青草	北京,狗尾草为主	25.3	0.39	1.7	1.0	7.1	—	0.12
2-01-645	苜蓿	北京,盛花期	26.2	0.31	3.8	2.6	9.4	0.34	0.01
2-01-197	苜蓿	吉林公主岭,亚洲苜蓿营养期	25.0	0.44	5.2	4.1	7.9	0.52	0.06
2-01-655	沙打旺	北京	14.9	0.29	3.5	2.6	2.3	0.20	0.05
2-01-429	紫云英	8 省市 8 样平均值	13.0	0.29	2.9	2.1	2.5	0.18	0.07
2-01-243	玉米青割	哈尔滨,乳熟期,玉米叶	17.9	0.35	1.1	0.7	5.2	0.06	0.04
2-01-687	玉米青割	上海,抽穗期	17.6	0.34	1.5	0.9	5.8	0.09	0.05
2-01-690	玉米青割	北京,生长后期,全株	27.1	0.54	0.8	0.3	7.9	0.09	0.10
2-01-610	大麦青割	北京,五月上旬	15.7	0.30	2.0	1.4	4.7	0.09	0.05
2-01-668	小麦青割	北京,春小麦	29.8	0.58	4.8	3.0	8.6	0.27	0.03
青贮饲料									
3-03-025	玉米青贮	吉林双阳,收获后黄干贮	25.0	0.19	1.4	0.3	8.9	0.10	0.02
3-03-031	玉米青贮	浙江,乳熟期	25.0	0.40	1.5	0.8	7.7	—	—
3-03-605	玉米青贮	4 省市 5 样平均	22.7	0.36	1.6	0.8	6.9	0.10	0.06
3-03-019	苜蓿青贮	青海西宁,盛花期	33.7	0.46	5.3	3.2	12.8	0.50	0.10
块根、块茎、瓜果类									
4-04-600	甘薯	10 省市 11 样平均	24.7	0.70	1.0	0.6	0.9	0.13	0.05
4-04-207	甘薯	8 省市 40 样平均,甘薯干	90.0	2.61	3.9	0.5	2.3	0.15	0.12
4-04-208	胡萝卜	12 省市 13 样平均	12.0	0.36	1.1	0.8	1.2	0.15	0.09
4-04-210	萝卜	11 省市 11 样平均	7.0	0.19	0.9	0.6	0.7	0.05	0.03
4-04-211	马铃薯	10 省市 10 样平均	22.0	0.61	1.6	0.9	0.7	0.02	0.03
4-04-212	南瓜	9 省市 9 样平均	10.0	0.28	1.0	0.7	1.2	0.04	0.02
4-04-213	甜菜	8 省市 9 样平均	15.0	0.28	2.0	—	1.7	0.06	0.04
4-04-215	芜菁甘蓝	3 省市 5 样平均	10.0	0.30	1.0	0.7	1.3	0.06	0.02

续表

编号/种类	饲料名称	样品说明	干物质（%）	奶牛能量单位（NND/kg）	粗蛋白质（%）	可消化粗蛋白质（%）	粗纤维（%）	钙（%）	磷（%）
青干草类									
1-05-601	白茅	南京，地上茎叶	90.9	1.10	7.4	2.7	29.4	0.28	0.09
1-05-602	稗草	黑龙江	93.4	1.12	5.0	0.7	37.0	—	—
1-05-604	草木樨	江苏，整株	88.3	1.18	16.8	10.6	27.9	2.42	0.02
1-05-606	大米草	江苏，整株	83.2	1.11	12.8	7.7	30.3	0.42	0.02
1-05-607	黑麦草	吉林	87.8	1.76	17.0	11.9	20.4	0.93	0.24
1-05-610	混合牧草	内蒙古，夏季，	90.1	1.21	13.9	8.3	34.4	—	—
1-05-611	混合牧草	内蒙古，秋季，以禾本科为主	92.2	1.36	9.6	3.5	27.2	—	—
1-05-620	芦苇	2省市2样品平均	95.7	0.93	5.5	2.8	34.7	0.08	0.10
1-05-622	苜蓿干草	北京，苏联苜蓿2号	92.4	1.56	16.8	11.1	29.5	1.95	0.28
青干草类									
1-05-626	苜蓿干草	黑龙江，紫花苜蓿	93.9	1.88	17.9	13.8	24.8	—	—
1-05-029	苜蓿干草	吉林，公农1号苜蓿，现蕾期，一茬	87.4	1.68	19.8	15.2	25.4	—	—
1-05-030	苜蓿干草	吉林，公农1号苜蓿，营养期，三茬	88.3	1.55	22.1	14.6	29.5	1.44	0.19
1-05-031	苜蓿干草	吉林，公农1号苜蓿，营养期，一茬	87.7	1.56	18.3	12.1	31.5	1.47	0.19
1-05-640	苏丹草	辽宁，抽穗期	90.0	1.32	6.3	2.1	34.1	—	—
1-05-641	苏丹草	南京	91.5	1.34	6.9	3.5	27.8	—	—
1-05-642	燕麦干草	北京	86.5	1.22	7.7	4.5	28.4	0.37	0.31
1-05-645	羊草	黑龙江，4样平均	91.6	1.35	7.4	3.7	29.4	0.37	0.18
1-05-646	野干草	北京，秋白草	85.2	1.07	6.8	4.3	27.5	0.41	0.31
1-05-054	野干草	内蒙古	91.4	1.19	6.2	3.7	30.5	—	—
1-05-055	野干草	吉林，山草	90.6	1.14	8.9	5.3	33.7	0.54	0.09
1-05-056	野干草	山东沾化，野生杂草	92.1	1.13	7.6	4.6	31.0	0.45	0.07
5-05-080	紫云英	江苏，初花期，全株	90.8	2.07	25.8	19.9	11.8	—	—
1-05-081	紫云英	江苏，盛花期，全株	88.0	1.91	22.3	18.1	19.5	3.63	0.53
1-05-082	紫云英	江苏，结荚，全株	90.8	1.62	19.4	12.6	20.2	—	—
常用农产品类									
1-06-603	大麦秸	新疆	88.4	0.83	4.9	1.7	33.8	0.05	0.06

续表

编号/种类	饲料名称	样品说明	干物质（%）	奶牛能量单位（NND/kg）	粗蛋白质（%）	可消化粗蛋白质（%）	粗纤维（%）	钙（%）	磷（%）
1-06-604	大豆秸	吉林公主岭	89.7	0.92	3.2	0.9	46.7	0.61	0.03
1-06-607	稻草	南京	95.1	1.05	3.6	0.2	27.0	—	—
1-06-011	稻草	福建福州,糯稻	83.3	0.98	3.1	0.2	25.8	—	0.05
1-06-013	稻草	湖北武汉,早稻	85.0	1.00	2.9	0.2	21.4	0.09	0.04
1-06-038	甘薯藤	山东 25 样平均	90.0	1.34	7.6	3.0	30.7	1.63	0.08
1-06-100	甘薯藤	7 省市 31 样平均	88.0	1.29	8.1	3.2	28.5	1.55	0.11
1-06-615	谷草	黑龙江,谷秸 2 样平均	90.7	1.23	4.5	2.6	32.6	0.34	0.03
1-06-617	花生藤	山东,伏花生	91.3	1.46	11.0	8.8	29.6	2.46	0.04
1-06-620	小麦秸	北京,冬小麦	43.5	0.46	4.4	0.6	15.7	—	—
1-06-621	小麦秸	宁夏固原,春小麦	91.6	0.68	2.8	0.8	40.9	0.26	0.03
1-06-062	玉米秸	辽宁 3 样平均	90.0	1.74	5.9	2.0	24.9	—	—
谷实类									
4-07-038	大米	9 省市 16 样籼稻米平均	87.5	2.75	8.5	6.5	0.8	0.06	0.21
4-07-022	大麦	12 省市 49 样平均	88.8	2.47	10.8	7.9	4.7	0.12	0.29
4-07-074	稻谷	9 省市 34 样平均,籼稻	90.6	2.38	8.3	4.8	8.5	0.13	0.28
4-07-104	高粱	17 省市 38 样平均值,高粱	89.3	2.47	8.7	5.0	2.2	0.09	0.28
4-07-123	荞麦	11 省市 14 样平均值	87.1	2.20	9.9	7.2	11.5	0.09	0.30
4-07-164	小麦	15 省市 28 样平均值	91.8	2.82	12.1	9.4	2.4	0.11	0.36
4-07-173	小米	8 省市 9 样平均值	86.8	2.69	8.9	6.4	1.3	0.05	0.32
4-07-188	燕麦	11 省市 17 样平均值	90.3	2.45	11.6	9.0	8.9	0.15	0.33
4-07-263	玉米	23 省市 120 样平均值	88.4	2.76	8.6	5.9	2.0	0.08	0.21
糠麸类									
1-08-001	大豆皮	北京	91.0	1.94	18.8	9.0	25.1	—	0.35
4-08-030	米糠	4 省市 13 样平均值	90.2	2.62	12.1	8.7	9.2	0.14	1.04
4-08-049	小麦麸	山东,39 样平均值	89.3	2.01	15.0	11.7	10.3	0.14	0.54
4-08-604	小麦麸	上海,进口小麦	88.2	2.04	11.7	9.1	10.1	0.11	0.87
4-08-067	小麦麸	广东,14 样平均值	87.8	2.08	12.7	9.7	8.6	0.11	0.92
4-08-077	小麦麸	云南,19 样平均值	89.8	2.15	13.9	10.6	8.7	0.15	0.92
4-08-078	小麦麸	全国 115 样平均值	88.6	2.08	14.4	10.9	9.2	0.18	0.78
4-08-094	玉米皮	6 省市 6 样平均值	88.2	2.07	9.7	5.5	9.1	0.28	0.35

编号/种类	饲料名称	样品说明	干物质（%）	奶牛能量单位（NND/kg）	粗蛋白质（%）	可消化粗蛋白质（%）	粗纤维（%）	钙（%）	磷（%）
豆类									
5-09-201	蚕豆	14省市23样平均值	88.0	2.41	24.9	18.9	7.5	0.15	0.40
5-09-202	大豆	吉林，2样平均值	90.0	3.45	36.5	32.9	4.6	0.05	0.42
5-09-217	大豆	16省市40样平均值	88.0	3.23	37.0	33.3	5.1	0.27	0.48
饼粕类									
5-10-022	菜籽饼	13省市机榨21样平均值	92.2	2.49	36.4	31.3	10.7	0.73	0.95
5-10-023	菜籽饼	2省土榨2样平均值	90.1	2.40	34.1	29.0	14.2	0.84	1.64
5-10-027	豆饼	黑龙江，机榨2样平均值	91.0	2.79	41.8	35.5	5.0	—	—
5-10-039	豆饼	广东，机榨8样平均值	89.0	2.65	42.6	36.2	5.1	0.31	0.49
5-10-043	豆饼	13省市机榨42样平均值	90.6	2.71	43.0	36.6	5.7	0.32	0.50
5-10-062	胡麻饼	8省市机榨11样平均值	92.0	2.56	33.1	29.1	9.8	0.58	0.77
5-10-066	花生饼	山东，10样平均值	89.0	2.76	49.1	44.2	5.3	0.30	0.29
5-10-075	花生饼	9省市机榨34样平均值	90.0	2.76	43.9	39.5	5.3	0.25	0.52
5-10-084	米糠饼	7省市机榨13样平均值	90.7	2.03	15.2	10.3	8.9	0.12	0.18
5-10-610	棉仁粕	上海，去壳浸提2样平均值	88.3	2.16	39.4	31.9	10.4	0.23	2.01
5-10-612	棉仁饼	4省市去壳机榨6样平均值	89.6	2.34	32.5	26.3	10.7	0.27	0.81
5-10-110	向日葵粕	北京，去壳浸提	92.6	1.85	46.1	41.0	11.8	0.53	0.35
1-10-113	向日葵饼	吉林，带壳复提	92.5	1.18	32.1	26.6	22.8	0.29	0.84
5-10-126	玉米胚芽饼	北京	93.0	2.29	17.5	11.0	14.9	0.05	0.49
5-10-138	芝麻饼	10省市机榨13样平均值	90.7	2.61	56.0	37.0	22.4	8.96	3.00
糟渣类									
1-11-602	豆腐渣	2省市4样平均值	11.0	0.34	3.3	2.8	2.1	0.05	0.03
1-11-032	粉渣	北京，绿豆粉渣	14.0	0.32	2.1	1.4	2.8	0.06	0.03
1-11-046	粉渣	河北张家口，玉米粉渣	15.0	0.47	1.6	1.4	1.4	0.01	0.05
1-11-058	粉渣	玉米粉渣6省7样平均值	15.0	0.46	1.8	1.5	1.4	0.02	0.02
1-11-048	粉渣	河南郑州，豌豆粉渣	15.0	0.29	3.5	2.4	2.7	0.13	—
4-11-033	粉渣	福建南安，甘薯粉渣	15.0	0.36	0.3	—	0.8	—	—
4-11-069	粉渣	马铃薯粉渣3省3样平均值	15.0	0.33	1.0	—	1.3	0.06	0.04

续表

编号/ 种类	饲料名称	样品说明	干物质 （%）	奶牛能 量单位 (NND/kg)	粗蛋 白质 （%）	可消化粗 蛋白质 （%）	粗纤维 （%）	钙 （%）	磷 （%）
5-11-083	酱油渣	四川重庆，黄豆2份，麸1份	22.4	0.49	7.1	4.8	3.4	0.11	0.03
5-11-103	酒糟	吉林，高粱酒糟	37.7	1.09	9.3	6.7	3.4	—	—
4-11-092	酒糟	贵州，玉米酒糟	21.0	0.47	4.0	2.4	2.3	—	—
5-11-606	啤酒糟	黑龙江齐齐哈尔市	13.6	0.27	3.6	2.6	2.3	0.06	0.08
5-11-607	啤酒糟	2省市3样平均值	23.4	0.52	6.8	5.0	3.9	0.09	0.18
1-11-608	甜菜渣	北京	15.2	0.31	1.3	0.7	2.8	0.11	0.02
动物性饲料									
5-13-022	牛乳	北京，全脂鲜乳	13.0	0.66	3.3	3.2	—	0.12	0.09
5-13-601	牛乳	哈尔滨，全脂鲜乳	12.3	0.46	3.1	3.0	—	0.12	0.09

附录三　鸡的饲养标准

本标准引用中华人民共和国农业行业标准（NY/T33－2004），适用于专业化养鸡场和配合饲料厂。蛋用鸡营养需要适用于轻型和中型蛋鸡，肉用鸡营养需要适用于专门化培育的品系。

1. 蛋用鸡的营养需要

附表 3-1　生长蛋鸡营养需要

营养指标 Nutrient	单位 Unit	0～8周龄 0～8wks	918周龄 9～18wks	19周龄～开产 19wks～Onset of lay
代谢能 ME	MJ/kg (Mcal/kg)	11.91(2.85)	11.70(2.80)	11.50(2.75)
粗蛋白质 CP	%	19.0	15.5	17.0
蛋白能量比 CP/ME	g/MJ (g/Mcal)	15.95(66.67)	13.25(55.30)	14.78(61.82)
赖氨酸能量比 Lys/ME	g/MJ (g/Mcal)	0.84(3.51)	0.58(2.43)	0.61(2.55)
赖氨酸 Lys	%	1.00	0.68	0.70
蛋氨酸 Met	%	0.37	0.27	0.34
蛋氨酸＋胱氨酸 Met＋Cys	%	0.74	0.55	0.64
苏氨酸 Thr	%	0.66	0.55	0.62
色氨酸 Trp	%	0.20	0.18	0.19
精氨酸 Arg	%	1.18	0.98	1.02
亮氨酸 Leu	%	1.27	1.01	1.07
异亮氨酸 Ile	%	0.71	0.59	0.60
苯丙氨酸 Phe	%	0.64	0.53	0.54
苯丙氨酸＋酪氨酸 Phe＋Tyr	%	1.18	0.98	1.00
组氨酸 His	%	0.31	0.26	0.27
脯氨酸 Pro	%	0.50	0.34	0.44
缬氨酸 Val	%	0.73	0.60	0.62
甘氨酸＋丝氨酸 Gly＋Ser	%	0.82	0.68	0.71
钙 Ca	%	0.90	0.80	2.00
总磷 Total P	%	0.70	0.60	0.55
非植酸磷 Nonphytate P	%	0.40	0.35	0.32
钠 Na	%	0.15	0.15	0.15
氯 Cl	%	0.15	0.15	0.15
铁 Fe	mg/kg	80	60	60
铜 Cu	mg/kg	8	6	8

续表

营养指标 Nutrient	单位 Unit	0~8周龄 0~8wks	9~18周龄 9~18wks	19周龄~开产 19wks~Onset of lay
锌 Zn	mg/kg	60	40	80
锰 Mn	mg/kg	60	40	60
碘 I	mg/kg	0.35	0.35	0.35
硒 Se	mg/kg	0.30	0.30	0.30
亚油酸 Linoleic Acid	%	1	1	1
维生素 A Vitamin A	IU/kg	4000	4000	4000
维生素 D Vitamin D	IU/kg	800	800	800
维生素 E Vitamin E	IU/kg	10	8	8
维生素 K Vitamin K	mg/kg	0.5	0.5	0.5
硫胺素 Thiamin	mg/kg	1.8	1.3	1.3
核黄素 Riboflavin	mg/kg	3.6	1.8	2.2
泛酸 Pantothenic acid	mg/kg	10	10	10
烟酸 Niacin	mg/kg	30	11	11
吡哆醇 Pyridoxine	mg/kg	3	3	3
生物素 Biotin	mg/kg	0.15	0.10	0.10
叶酸 Folic acid	mg/kg	0.55	0.25	0.25
维生素 B_{12} Vitamin B_{12}	mg/kg	0.010	0.003	0.004
胆碱 Choline	mg/kg	1300	900	500

注:根据中型体重鸡制订,轻型鸡可酌减10%;开产日龄按5%产蛋率计算。

附表 3-2　产蛋鸡营养需要

营养指标	单位	开产~高峰期 (>85%)	高峰后 (<85%)	种鸡
代谢能 ME	MJ/kg(Mcal/kg)	11.29(2.70)	10.87(2.65)	11.29(2.70)
粗蛋白质 CP	%	16.5	15.5	18.0
蛋白能量比 CP/ME	g/MJ (g/Mcal)	14.61(61.11)	14.26(58.49)	15.94(66.67)
赖氨酸能量比 Lys/ME	g/MJ (g/Mcal)	0.64(2.67)	0.61(2.54)	0.63(2.63)
赖氨酸 Lys	%	0.75	0.70	0.75
蛋氨酸 Met	%	0.34	0.32	0.34
蛋氨酸+胱氨酸 Met+Cys	%	0.65	0.56	0.65
苏氨酸 Thr	%	0.55	0.50	0.55
色氨酸 Trp	%	0.16	0.15	0.16

续表

营养指标	单位	开产～高峰期 （＞85％）	高峰后 （＜85％）	种鸡
精氨酸 Arg	％	0.76	0.69	0.76
亮氨酸 Leu	％	1.02	0.98	1.02
异亮氨酸 Ile	％	0.72	0.66	0.72
苯丙氨酸 Phe	％	0.58	0.52	0.58
苯丙氨酸＋酪氨酸 Phe＋Tyr	％	1.08	1.06	1.08
组氨酸 His	％	0.25	0.23	0.25
缬氨酸 Val	％	0.59	0.54	0.59
甘氨酸＋丝氨酸 Gly＋Ser	％	0.57	0.48	0.57
可利用赖氨酸 AvailableLys	％	0.66	0.60	—
可利用蛋氨酸 Available Met	％	0.32	0.30	—
钙 Ca	％	3.5	3.5	3.5
总磷 Total P	％	0.60	0.60	0.60
非植酸磷 Nonphytate P	％	0.32	0.32	0.32
钠 Na	％	0.15	0.15	0.15
氯 Cl	％	0.15	0.15	0.15
铁 Fe	mg/kg	60	60	60
铜 Cu	mg/kg	8	8	6
锰 Mn	mg/kg	60	60	60
锌 Zn	mg/kg	80	80	60
碘 I	mg/kg	0.35	0.35	0.35
硒 Se	mg/kg	0.30	0.30	0.30
亚油酸 Linoleic Acid	％	1	1	1
维生素 A Vitamin A	IU/kg	8000	8000	10000
维生素 D Vitamin D	IU/kg	1600	1600	2000
维生素 E Vitamin E	IU/kg	5	5	10
维生素 K Vitamin K	mg/kg	0.5	0.5	1.0
硫胺素 Thiamin	mg/kg	0.8	0.8	0.8
核黄素 Riboflavin	mg/kg	2.5	2.5	3.8
泛酸 Pantothenic acid	mg/kg	2.2	2.2	10

续表

营养指标	单位	开产～高峰期 （＞85％）	高峰后 （＜85％）	种鸡
烟酸 Niacin	mg/kg	20	20	30
吡哆醇 Pyridoxine	mg/kg	3.0	3.0	4.5
生物素 Biotin	mg/kg	0.10	0.10	0.15
叶酸 Folic acid	mg/kg	0.25	0.25	0.35
维生素 B_{12} Vitamin B_{12}	mg/kg	0.004	0.004	0.004
胆碱 Choline	mg/kg	500	500	500

附表 3-3 生长蛋鸡体重与耗料量

周龄 wks	周末体重,克/只 BW,g/bird	耗料量,克/只 FI,g/bird	累计耗料量,克/只 Accumulative FI,g/bird
1	70	84	84
2	130	119	203
3	200	154	357
4	275	189	546
5	360	224	770
6	445	259	1029
7	530	294	1323
8	615	329	1652
9	700	357	2009
10	785	385	2394
11	875	413	2807
12	965	441	3248
13	1055	469	3717
14	1145	497	4214
15	1235	525	4739
16	1325	546	5285
17	1415	567	5852
18	1505	588	6440
19	1595	609	7049
20	1670	630	7679

注:0～8周龄为自由采食,9周龄开始结合光照进行限饲。

2. 肉用鸡营养需要

附表 3-4　肉用仔鸡营养需要之一

营养指标 Nutrient	单位 Unit	0 周龄～3 周龄 0wks～3wks	4 周龄～6 周龄 4wks～6wks	7 周龄～ 7wks～
代谢能 ME	MJ/kg(Mcal/kg)	12.54(3.00)	12.96(3.10)	13.17(3.15)
粗蛋白质 CP	%	21.5	20.0	18.0
蛋白能量比 CP/ME	g/MJ (g/Mcal)	17.14(71.67)	15.43(64.52)	13.67(57.14)
赖氨酸能量比 Lys/ME	g/MJ (g/Mcal)	0.92(3.83)	0.77(3.23)	0.67(2.81)
赖氨酸 Lys	%	1.15	1.00	0.87
蛋氨酸 Met	%	0.50	0.40	0.34
蛋氨酸＋胱氨酸 Met＋Cys	%	0.91	0.76	0.65
苏氨酸 Thr	%	0.81	0.72	0.68
色氨酸 Trp	%	0.21	0.18	0.17
精氨酸 Arg	%	1.20	1.12	1.01
亮氨酸 Leu	%	1.26	1.05	0.94
异亮氨酸 Ile	%	0.81	0.75	0.63
苯丙氨酸 Phe	%	0.71	0.66	0.58
苯丙氨酸＋酪氨酸 Phe＋Tyr	%	1.27	1.15	1.00
组氨酸 His	%	0.35	0.32	0.27
脯氨酸 Pro	%	0.58	0.54	0.47
缬氨酸 Val	%	0.85	0.74	0.64
甘氨酸＋丝氨酸 Gly＋Ser	%	1.24	1.10	0.96
钙 Ca	%	1.0	0.9	0.8
总磷 Total P	%	0.68	0.65	0.60
非植酸磷 Nonphytate P	%	0.45	0.40	0.35
氯 Cl	%	0.20	0.15	0.15
钠 Na	%	0.20	0.15	0.15
铁 Fe	mg/kg	100	80	80
铜 Cu	mg/kg	8	8	8
锰 Mn	mg/kg	120	100	80
锌 Zn	mg/kg	100	80	80
碘 I	mg/kg	0.70	0.70	0.70
硒 Se	mg/kg	0.30	0.30	0.30
亚油酸 Linoleic Acid	%	1	1	1

续表

营养指标 Nutrient	单位 Unit	0 周龄～3 周龄 0wks～3wks	4 周龄～6 周龄 4wks～6wks	7 周龄～ 7wks～
维生素 A Vitamin A	IU/kg	8000	6000	2700
维生素 D Vitamin D	IU/kg	1000	750	400
维生素 E Vitamin E	IU/kg	20	10	10
维生素 K Vitamin K	mg/kg	0.5	0.5	0.5
硫胺素 Thiamin	mg/kg	2.0	2.0	2.0
核黄素 Riboflavin	mg/kg	8	5	5
泛酸 Pantothenic acid	mg/kg	10	10	10
烟酸 Niacin	mg/kg	35	30	30
吡哆醇 Pyridoxine	mg/kg	3.5	3.0	3.0
生物素 Biotin	mg/kg	0.18	0.15	0.10
叶酸 Folic acid	mg/kg	0.55	0.55	0.50
维生素 B_{12} Vitamin B_{12}	mg/kg	0.010	0.010	0.007
胆碱 Choline	mg/kg	1300	1000	750

附表 3-5 肉用仔鸡营养需要之二

营养指标 Nutrient	单位 Unit	0 周龄～2 周龄 0wks～2wks	3 周龄～6 周龄 3wks～6wks	7 周龄～ 7wks～
代谢能 ME	MJ/kg(Mcal/kg)	12.75(3.05)	12.96(3.10)	13.17(3.15)
粗蛋白质 CP	%	22.0	20.0	17.0
蛋白能量比 CP/ME	g/MJ (g/Mcal)	17.25(72.13)	15.43(64.52)	12.91(53.97)
赖氨酸能量比 Lys/ME	g/MJ (g/Mcal)	0.88(3.67)	0.77(3.23)	0.62(2.60)
赖氨酸 Lys	%	1.20	1.00	0.82
蛋氨酸 Met	%	0.52	0.40	0.32
蛋氨酸＋胱氨酸 Met＋Cys	%	0.92	0.76	0.63
苏氨酸 Thr	%	0.84	0.72	0.64
色氨酸 Trp	%	0.21	0.18	0.16
精氨酸 Arg	%	1.25	1.12	0.95
亮氨酸 Leu	%	1.32	1.05	0.89
异亮氨酸 Ile	%	0.84	0.75	0.59
苯丙氨酸 Phe	%	0.74	0.66	0.55
苯丙氨酸＋酪氨酸 Phe＋Tyr	%	1.32	1.15	0.98
组氨酸 His	%	0.36	0.32	0.25

营养指标 Nutrient	单位 Unit	0周龄～2周龄 0wks～2wks	3周龄～6周龄 3wks～6wks	7周龄～ 7wks～
脯氨酸 Pro	%	0.60	0.54	0.44
缬氨酸 Val	%	0.90	0.74	0.72
甘氨酸＋丝氨酸 Gly＋Ser	%	1.30	1.10	0.93
钙 Ca	%	1.05	0.95	0.80
总磷 Total P	%	0.68	0.65	0.60
非植酸磷 Nonphytate P	%	0.50	0.40	0.35
钠 Na	%	0.20	0.15	0.15
氯 Cl	%	0.20	0.15	0.15
铁 Fe	mg/kg	120	80	80
铜 Cu	mg/kg	10	8	8
锰 Mn	mg/kg	120	100	80
锌 Zn	mg/kg	120	80	80
碘 I	mg/kg	0.70	0.70	0.70
硒 Se	mg/kg	0.30	0.30	0.30
亚油酸 Linoleic Acid	%	1	1	1
维生素 A Vitamin A	IU/kg	10000	6000	2700
维生素 D Vitamin D	IU/kg	2000	1000	400
维生素 E Vitamin E	IU/kg	30	10	10
维生素 K Vitamin K	mg/kg	1.0	0.5	0.5
硫胺素 Thiamin	mg/kg	2	2	2
核黄素 Riboflavin	mg/kg	10	5	5
泛酸 Pantothenic acid	mg/kg	10	10	10
烟酸 Niacin	mg/kg	45	30	30
吡哆醇 Pyridoxine	mg/kg	4.0	3.0	3.0
生物素 Biotin	mg/kg	0.20	0.15	0.10
叶酸 Folic acid	mg/kg	1.00	0.55	0.50
维生素 B_{12} Vitamin B_{12}	mg/kg	0.010	0.010	0.007
胆碱 Choline	mg/kg	1500	1200	750

附表 3-6　肉用仔鸡体重与耗料量

周龄 wks	周末体重,克/只 BW,g/bird	耗料量,克/只 FI,g/bird	累计耗料量,克/只 Accumulative FI,g/bird
1	126	113	113
2	317	273	386
3	558	473	859
4	900	643	1502
5	1309	867	2369
6	1696	954	3323
7	2117	1164	4487
8	2457	1079	5566

附表 3-7　肉用种鸡营养需要

营养指标 Nutrient	单位 Unit	0 周龄～ 6 周龄 0wks～6wks	7 周龄～ 18 周龄 7wks～18wks	19 周龄～开产 19wks～ Onset of lay	开产至高峰期 (产蛋＞65％) Onset of lay to＞65％ Rate of lay	高峰期后 (产蛋＜65％) Rate of lay ＜65％
代谢能 ME	MJ/kg （Mcal/kg）	12.12 (2.90)	11.91 (2.85)	11.70 (2.80)	11.70 (2.80)	11.70 (2.80)
粗蛋白质 CP	％	18.0	15.0	16.0	17.0	16.0
蛋白能量比 CP/ME	g/MJ （g/Mcal）	14.85 (62.07)	12.59 (52.63)	13.68 (57.14)	14.53 (60.71)	13.68 (57.14)
赖氨酸能量比 Lys/ME	g/MJ （g/Mcal）	0.76 (3.17)	0.55 (2.28)	0.64 (2.68)	0.68 (2.86)	0.64 (2.68)
赖氨酸 Lys	％	0.92	0.65	0.75	0.80	0.75
蛋氨酸 Met	％	0.34	0.30	0.32	0.34	0.30
蛋氨酸＋胱氨酸 Met＋Cys	％	0.72	0.56	0.62	0.64	0.60
苏氨酸 Thr	％	0.52	0.48	0.50	0.55	0.50
色氨酸 Trp	％	0.20	0.17	0.16	0.17	0.16
精氨酸 Arg	％	0.90	0.75	0.90	0.90	0.88
亮氨酸 Leu	％	1.05	0.81	0.86	0.86	0.81
异亮氨酸 Ile	％	0.66	0.58	0.58	0.58	0.58
苯丙氨酸 Phe	％	0.52	0.39	0.42	0.51	0.48
苯丙氨酸＋酪氨酸 Phe＋Tyr	％	1.00	0.77	0.82	0.85	0.80

续表

营养指标 Nutrient	单位 Unit	0 周龄～ 6 周龄 0wks～6wks	7 周龄～ 18 周龄 7wks～18wks	19 周龄～开产 19wks～ Onset of lay	开产至高峰期 （产蛋＞65％） Onset of lay to＞65％ Rate of lay	高峰期后 （产蛋＜65％） Rate of lay ＜65％
组氨酸 His	％	0.26	0.21	0.22	0.24	0.21
脯氨酸 Pro	％	0.50	0.41	0.44	0.45	0.42
缬氨酸 Val	％	0.62	0.47	0.50	0.66	0.51
甘氨酸＋丝氨酸 Gly＋Ser	％	0.70	0.53	0.56	0.57	0.54
钙 Ca	％	1.00	0.90	2.0	3.30	3.50
总磷 Total P	％	0.68	0.65	0.65	0.68	0.65
非植酸磷 Nonphytate P	％	0.45	0.40	0.42	0.45	0.42
钠 Na	％	0.18	0.18	0.18	0.18	0.18
氯 Cl	％	0.18	0.18	0.18	0.18	0.18
铁 Fe	mg/kg	60	60	80	80	80
铜 Cu	mg/kg	6	6	8	8	8
锰 Mn	mg/kg	80	80	100	100	100
锌 Zn	mg/kg	60	60	80	80	80
碘 I	mg/kg	0.70	0.70	1.00	1.00	1.00
硒 Se	mg/kg	0.30	0.30	0.30	0.30	0.30
亚油酸 Linoleic Acid	％	1	1	1	1	1
维生素 A Vitamin A	IU/kg	8000	6000	9000	12000	12000
维生素 D Vitamin D	IU/kg	1600	1200	1800	2400	2400
维生素 E Vitamin E	IU/kg	20	10	10	30	30
维生素 K Vitamin K	mg/kg	1.5	1.5	1.5	1.5	1.5
硫胺素 Thiamin	mg/kg	1.8	1.5	1.5	2.0	2.0
核黄素 Riboflavin	mg/kg	8	6	6	9	9
泛酸 Pantothenic acid	mg/kg	12	10	10	12	12

营养指标 Nutrient	单位 Unit	0 周龄~ 6 周龄 0wks~6wks	7 周龄~ 18 周龄 7wks~18wks	19 周龄~开产 19wks~ Onset of lay	开产至高峰期 (产蛋>65%) Onset of lay to>65% Rate of lay	高峰期后 (产蛋<65%) Rate of lay <65%
烟酸 Niacin	mg/kg	30	20	20	35	35
吡哆醇 Pyridoxine	mg/kg	3.0	3.0	3.0	4.5	4.5
生物素 Biotin	mg/kg	0.15	0.10	0.10	0.20	0.20
叶酸 Folic acid	mg/kg	1.0	0.5	0.5	1.2	1.2
维生素 B_{12} Vitamin B_{12}	mg/kg	0.010	0.006	0.008	0.012	0.012
胆碱 Choline	mg/kg	1 300	900	500	500	500

附录四　猪的饲养标准

本标准引用中华人民共和国农业行业标准(NY/T 65-2004),规定了猪对能量、蛋白质、氨基酸、矿物元素和维生素的需要量。适用于配合饲料厂、养猪场和养猪专业户猪的饲粮配制。

1. 瘦肉型生长肥育猪饲养标准

附表 4-1　生长肥育猪每千克饲粮养分含量(自由采食,88%干物质)[a]

体重 BW,kg	3~8	8~20	20~35	35~60	60~90
平均体重 Average BW,kg	5.5	14.0	27.5	47.5	75.0
日增重 ADG,kg/d	0.24	0.44	0.61	0.69	0.80
采食量 ADFI,kg/d	0.30	0.74	1.43	1.90	2.50
饲料/增重 F/G	1.25	1.59	2.34	2.75	3.13
饲粮消化能含量 DE,MJ/kg(kcal/kg)	14.02 (3350)	13.60 (3250)	13.39 (3200)	13.39 (3200)	13.39 (3200)
饲粮代谢能含量 ME,MJ/kg(Kcal/kg)[b]	13.46 (3215)	13.06 (3210)	12.86 (3070)	12.86 (3070)	12.86 (3070)
粗蛋白质 CP,%	21.0	19.0	17.8	16.4	14.5
能量蛋白比 DE/CP,KJ/%(kcal/%)	668 (160)	716 (170)	752 (180)	817 (195)	923 (220)
赖氨酸能量比 Lys/DE,g/MJ(g/Mcal)	1.01 (4.24)	0.85 (3.56)	0.68 (2.83)	0.61 (2.56)	0.53 (2.19)
氨基酸 amino acids[c],%					
赖氨酸 Lys	1.42	1.16	0.90	0.82	0.70
蛋氨酸 Met	0.40	0.30	0.24	0.22	0.19
蛋氨酸+胱氨酸 Met+Cys	0.81	0.66	0.51	0.48	0.40
苏氨酸 Thr	0.94	0.75	0.58	0.56	0.48
色氨酸 Trp	0.27	0.21	0.16	0.15	0.13
异亮氨酸 Ile	0.79	0.64	0.48	0.46	0.39
亮氨酸 Leu	1.42	1.13	0.85	0.78	0.63
精氨酸 Arg	0.56	0.46	0.35	0.30	0.21
缬氨酸 Val	0.98	0.80	0.61	0.57	0.47
组氨酸 His	0.45	0.36	0.28	0.26	0.21
苯丙氨酸 Phe	0.85	0.69	0.52	0.48	0.40
苯丙氨酸+酪氨酸 Phe+Tyr	1.33	1.07	0.82	0.77	0.64

续表

体重 BW,kg	3～8	8～20	20～35	35～60	60～90
矿物元素 minerals[d],%或每千克饲粮含量					
钙 Ca,%	0.88	0.74	0.62	0.55	0.49
总磷 Total P,%	0.74	0.58	0.53	0.48	0.43
非植酸磷 Nonphytate P,%	0.54	0.36	0.25	0.20	0.17
钠 Na,%	0.25	0.15	0.12	0.10	0.10
氯 Cl,%	0.25	0.15	0.10	0.09	0.08
镁 Mg,%	0.04	0.04	0.04	0.04	0.04
钾 K,%	0.30	0.26	0.24	0.21	0.18
铜 Cu,mg	6.00	6.00	4.50	4.00	3.50
碘 I,mg	0.14	0.14	0.14	0.14	0.14
铁 Fe,mg	105	105	70	60	50
锰 Mn,mg	4.00	4.00	3.00	2.00	2.00
硒 Se,mg	0.30	0.30	0.30	0.25	0.25
锌 Zn,mg	110	110	70	60	50
维生素和脂肪酸 vitamins and fatty acid[e],%或每千克饲粮含量					
维生素 A Vitamin A,IU[f]	2000	1800	1500	1400	1300
维生素 D_3 Vitamin D_3,IU[g]	220	200	170	160	150
维生素 E Vitamin E,IU[h]	16	11	11	11	11
维生素 K Vitamin K,mg	0.50	0.50	0.50	0.50	0.50
硫胺素 Thiamin,mg	1.50	1.00	1.00	1.00	1.00
核黄素 Riboflavin,mg	4.00	3.50	2.50	2.00	2.00
泛酸 Pantothenic acid,mg	12.00	10.00	8.00	7.50	7.00
烟酸 Niacin,mg	20.00	15.00	10.00	8.50	7.50
吡哆醇 Pyridoxine,mg	2.00	1.50	1.00	1.00	1.00
生物素 Biotin,mg	0.08	0.05	0.05	0.05	0.05
叶酸 Folic acid,mg	0.30	0.30	0.30	0.30	0.30
维生素 B_{12} Vitamin B_{12}, g	20.00	17.50	11.00	8.00	6.00
胆碱 Choline,g	0.60	0.50	0.35	0.30	0.30
亚油酸,Linoleic acid %	0.10	0.10	0.10	0.10	0.10

a 瘦肉率高于 56% 的公母混养猪群(阉公猪和青年母猪各一半)。

b 假定代谢能为消化能的 96%。

c 3kg～20kg 猪的赖氨酸百分比是根据试验和经验数据的的估测值,其他氨基酸需要量是根据其与赖氨酸的比例(理想蛋白质)的估测值;20kg～90kg 猪的赖氨酸需要量是结合生长模型、试验数据和经验数据的估测值,其他氨基酸需要量是根据其与赖氨酸的比例(理想蛋白质)的估测值。

^d 矿物质需要量包括饲料原料中提供的矿物质量,对于发育公猪和后备母猪,钙、总磷和有效磷的需要量应提高 0.05～0.1 个百分点。

^e 维生素需要量包括饲料原料中提供的维生素量。

^f 1IU 维生素 A＝0.344μg 维生素 A 醋酸酯。

^g 1IU 维生素 D$_3$＝0.025μg 胆钙化醇。

^h 1IU 维生素 E＝0.67 mg D-α-生育酚或 1mg DL-α-生育酚醋酸酯。

附表 4-2　生长肥育猪每日每头养分需要量(自由采食,88％干物质)^a

体重 BW,kg	3～8	8～20	20～35	35～60	60～90
平均体重 Average BW,kg	5.5	14.0	27.5	47.5	75.0
日增重 ADG,kg/d	0.24	0.44	0.61	0.69	0.80
采食量 ADFI,kg/d	0.30	0.74	1.43	1.90	2.50
饲料/增重 F/G	1.25	1.59	2.34	2.75	3.13
饲粮消化能摄入量 DE,MJ/d(Mcal/d)	4.21 (1005)	10.06 (2405)	19.15 (4575)	25.44 (6080)	33.48 (8000)
饲粮代谢能摄入量 ME,MJ/d(Mcal/d)^b	4.04 (965)	9.66 (2310)	18.39 (4390)	24.43 (5835)	32.15 (7675)
粗蛋白质 CP,g/d	63	141	255	312	363
氨基酸 amino acids^c,g/d					
赖氨酸 Lys	4.3	8.6	12.9	15.6	17.5
蛋氨酸 Met	1.2	2.2	3.4	4.2	4.8
蛋氨酸＋胱氨酸 Met＋Cys	2.4	4.9	7.3	9.1	10.0
苏氨酸 Thr	2.8	5.6	8.3	10.6	12.0
色氨酸 Trp	0.8	1.6	2.3	2.9	3.3
异亮氨酸 Ile	2.4	4.7	6.7	8.7	9.8
亮氨酸 Leu	4.3	8.4	12.2	14.8	15.8
精氨酸 Arg	1.7	3.4	5.0	5.7	5.5
缬氨酸 Val	2.9	5.9	8.7	10.8	11.8
组氨酸 His	1.4	2.7	4.0	4.9	5.5
苯丙氨酸 Phe	2.6	5.1	7.4	9.1	10.0
苯丙氨酸＋酪氨酸 Phe＋Tyr	4.0	7.9	11.7	14.6	16.0
矿物元素 minerals^d,g 或 mg/d					
钙 Ca,g	2.64	5.48	8.87	10.45	12.25
总磷 Total P,g	2.22	4.29	7.58	9.12	10.75
非植酸磷 Nonphytate P,g	1.62	2.66	3.58	3.80	4.25

续表

体重 BW,kg	3～8	8～20	20～35	35～60	60～90
钠 Na,g	0.75	1.11	1.72	1.90	2.50
氯 Cl,g	0.75	1.11	1.43	1.71	2.00
镁 Mg,g	0.12	0.30	0.57	0.76	1.00
钾 K,g	0.90	1.92	3.43	3.99	4.50
铜 Cu,mg	1.80	4.44	6.44	7.60	8.75
碘 I,mg	0.04	0.10	0.20	0.27	0.35
铁 Fe,mg	31.50	77.70	100.10	114.00	125.00
锰 Mn,mg	1.20	2.96	4.29	3.80	5.00
硒 Se,mg	0.09	0.22	0.43	0.48	0.63
锌 Zn,mg	33.00	81.40	100.10	114.00	125.00
维生素和脂肪酸 vitamins and fatty acid[e],IU、g、mg 或 μg/d					
维生素 A Vitamin A,IU[f]	660	1330	2145	2660	3250
维生素 D_3 Vitamin D_3,IU[g]	66	148	243	304	375
维生素 E Vitamin E,IU[h]	5	8.5	16	21	28
维生素 K Vitamin K,mg	0.15	0.37	0.72	0.95	1.25
硫胺素 Thiamin,mg	0.45	0.74	1.43	1.90	2.50
核黄素 Riboflavin,mg	1.20	2.59	3.58	3.80	5.00
泛酸 Pantothenic acid,mg	3.60	7.40	11.44	14.25	17.50
烟酸 Niacin,mg	6.00	11.10	14.30	16.15	18.75
吡哆醇 Pyridoxine,mg	0.60	1.11	1.43	1.90	2.50
生物素 Biotin,mg	0.02	0.04	0.07	0.10	0.13
叶酸 Folic acid,mg	0.09	0.22	0.43	0.57	0.75
维生素 B_{12} Vitamin B_{12},μg	6.00	12.95	15.73	15.20	15.00
胆碱 Choline,g	0.18	0.37	0.50	0.57	0.75
亚油酸,g	0.30	0.74	1.43	1.90	2.50

[a] 瘦肉率高于 56% 的公母混养猪群(阉公猪和青年母猪各一半)。

[b] 假定代谢能为消化能的 96%。

[c] 3kg～20Kg 猪的赖氨酸每日需要量是用附表—2 中百分率乘以采食量的估测值,其他氨基酸需要量是根据其与赖氨酸的比例(理想蛋白质)的估测值;20Kg～90Kg 猪的赖氨酸需要量是根据生长模型的估测值,其他氨基酸需要量是根据其与赖氨酸的比例(理想蛋白质)的估测值。

[d] 矿物质需要量包括饲料原料中提供的矿物质量,对于发育公猪和后备母猪,钙、总磷和有效磷的需要量应提高 0.05～0.1 个百分点。

[e] 维生素需要量包括饲料原料中提供的维生素量。

[f] 1IU 维生素 A＝0.344μg 维生素 A 醋酸酯。

g 1IU 维生素 D_3＝$0.025\mu g$ 胆钙化醇。

h 1IU 维生素 E＝0.67mg D－α－生育酚或 1mg DL－α－生育酚醋酸酯。

2. 母猪饲养标准

附表 4-3　妊娠母猪每千克饲粮养分含量(自由采食,88％干物质)[a]

妊娠期	妊娠前期 Early pregnancy			妊娠后期 Late pregnancy		
配种体重 BW at mating,kg[b]	120～150	150～180	＞180	120～150	150～180	＞180
预期窝产仔数 Litter size	10	11	11	10	11	11
采食量 ADFI,kg/d	2.10	2.10	2.00	2.60	2.80	3.00
饲粮消化能含量 DE,MJ/kg (kcal/kg)	12.75 (3050)	12.35 (2950)	12.15 (2950)	12.75 (3050)	12.55 (3000)	12.55 (3000)
饲粮代谢能含量 ME,MJ/kg (Kcal/kg)[c]	12.25 (2930)	11.85 (2830)	11.65 (2830)	12.25 (2930)	12.05 (2880)	12.05 (2880)
粗蛋白质 CP,％[d]	13.0	12.0	12.0	14.0	13.0	12.0
能量蛋白比 DE/CP,KJ/％ (kcal/％)	981 (235)	1029 (246)	1013 (246)	911 (218)	965 (231)	1045 (250)
赖氨酸能量比 Lys/DE,g/MJ (g/Mcal)	0.42 (1.74)	0.40 (1.67)	0.38 (1.58)	0.42 (1.74)	0.41(1.70)	0.38(1.60)
氨基酸 amino acids,％						
赖氨酸 Lys	0.53	0.49	0.46	0.53	0.51	0.48
蛋氨酸 Met	0.14	0.13	0.12	0.14	0.13	0.12
蛋氨酸＋胱氨酸 Met＋Cys	0.34	0.32	0.31	0.34	0.33	0.32
苏氨酸 Thr	0.40	0.39	0.37	0.40	0.40	0.38
色氨酸 Trp	0.10	0.09	0.09	0.10	0.09	0.09
异亮氨酸 Ile	0.29	0.28	0.26	0.29	0.29	0.27
亮氨酸 Leu	0.45	0.41	0.37	0.45	0.42	0.38
精氨酸 Arg	0.06	0.02	0.00	0.06	0.02	0.00
缬氨酸 Val	0.35	0.32	0.30	0.35	0.33	0.31
组氨酸 His	0.17	0.16	0.15	0.17	0.17	0.16
苯丙氨酸 Phe	0.29	0.27	0.25	0.29	0.28	0.26
苯丙氨酸＋酪氨酸 Phe＋Tyr	0.49	0.45	0.43	0.49	0.47	0.44
矿物元素 minerals[e],％或每千克饲粮含量						
钙 Ca,％	0.68					
总磷 Total P,％	0.54					
非植酸磷 Nonphytate P,％	0.32					
钠 Na,％	0.14					

续表

妊娠期	妊娠前期 Early pregnancy			妊娠后期 Late pregnancy		
配种体重 BW at mating,kg[b]	120~150	150~180	>180	120~150	150~180	>180
氯 Cl,%	0.11					
镁 Mg,%	0.04					
钾 K,%	0.18					
铜 Cu,mg	5.0					
碘 I,mg	0.13					
铁 Fe ,mg	75.0					
锰 Mn,mg	18.0					
硒 Se,mg	0.14					
锌 Zn,mg	45.0					
维生素和脂肪酸 vitamins and fatty acid[e],%或每千克饲粮含量[f]						
维生素 A Vitamin A,IU[g]	3620					
维生素 D₃ Vitamin D₃,IU[h]	180					
维生素 E Vitamin E,IU[i]	40					
维生素 K Vitamin K,mg	0.50					
硫胺素 Thiamin,mg	0.90					
核黄素 Riboflavin,mg	3.40					
泛酸 Pantothenic acid,mg	11					
烟酸 Niacin,mg	9.05					
吡哆醇 Pyridoxine,mg	0.90					
生物素 Biotin,mg	0.19					
叶酸 Folic acid,mg	1.20					
维生素 B₁₂ Vitamin B₁₂,μg	14					
胆碱 Choline,g	1.15					
亚油酸,Linoleic acid %	0.10					

   a 消化能、氨基酸是根据国内试验报告、企业经验数据和 NRC(1998)妊娠模型得到的。

   b 妊娠前期指妊娠前 12 周,妊娠后期指妊娠后 4 周;"120kg~150kg"阶段适用于初产母猪和因泌乳期消耗过度的经产母猪,"150kg~180kg"阶段适用于自身尚有生长潜力的经产母猪,"180kg 以上"指达到标准成年体重的经产母猪,其对养分的需要量不随体重增长而变化。

   c 假定代谢能为消化能的 96%。

   d 以玉米—豆粕型日粮为基础确定的。

   e 矿物质需要量包括饲料原料中提供的矿物质。

   f 维生素需要量包括饲料原料中提供的维生素量。

   g 1IU 维生素 A=0.344μg 维生素 A 醋酸酯。

ʰ 1IU 维生素 D₃＝0.025μg 胆钙化醇。

ⁱ 1IU 维生素 E＝0.67mg D-α-生育酚或 1mg DL-α-生育酚醋酸酯。

附表 4-4　泌乳母猪每千克饲粮养分含量(自由采食,88％干物质)ᵃ

分娩体重 BW post-farrowing,kg	140～180		180～240	
泌乳期体重变化,kg	0.0	−10.0	−7.5	−15
哺乳窝仔数 Litter size,头	9	9	10	10
采食量 ADFI,kg/d	5.25	4.65	5.65	5.20
饲粮消化能含量 DE,MJ/kg (kcal/kg)	13.80(3300)	13.80(3300)	13.80(3300)	13.80(3300)
饲粮代谢能含量 ME,MJ/kg ᵇ (Kcal/kg)	13.25(3170)	13.25(3170)	13.25(3170)	13.25(3170)
粗蛋白质 CP,％ᶜ	17.5	18.0	18.0	18.5
能量蛋白比 DE/CP,KJ/％ (kcal/％)	789(189)	767(183)	767(183)	746(178)
赖氨酸能量比 Lys/DE,g/MJ (g/Mcal)	0.64(2.67)	0.67(2.82)	0.66(2.76)	0.68(2.85)
氨基酸 amino acids,％				
赖氨酸 Lys	0.88	0.93	0.91	0.94
蛋氨酸 Met	0.22	0.24	0.23	0.24
蛋氨酸＋胱氨酸 Met＋Cys	0.42	0.45	0.44	0.45
苏氨酸 Thr	0.56	0.59	0.58	0.60
色氨酸 Trp	0.16	0.17	0.17	0.18
异亮氨酸 Ile	0.49	0.52	0.51	0.53
亮氨酸 Leu	0.95	1.01	0.98	1.02
精氨酸 Arg	0.48	0.48	0.47	0.47
缬氨酸 Val	0.74	0.79	0.77	0.81
组氨酸 His	0.34	0.36	0.35	0.37
苯丙氨酸 Phe	0.47	0.50	0.48	0.50
苯丙氨酸＋酪氨酸 Phe＋Tyr	0.97	1.03	1.00	1.04
矿物元素 mineralsᵈ,％或每千克饲粮含量				
钙 Ca,％	0.77			
总磷 Total P,％	0.62			
有效磷 Nonphytate P,％	0.36			
钠 Na,％	0.21			
氯 Cl,％	0.16			
镁 Mg,％	0.04			
钾 K,％	0.21			

续表

分娩体重 BW post-farrowing,kg	140～180	180～240
铜 Cu,mg	5.0	
碘 I,mg	0.14	
铁 Fe ,mg	80.0	
锰 Mn,mg	20.5	
硒 Se,mg	0.15	
锌 Zn,mg	51.0	
维生素和脂肪酸 vitamins and fatty acid,%或每千克饲粮含量[e]		
维生素 A Vitamin A,IU[f]	2050	
维生素 D₃ Vitamin D$_3$,IU[g]	205	
维生素 E Vitamin E,IU[h]	45	
维生素 K Vitamin K,mg	0.5	
硫胺素 Thiamin,mg	1.00	
核黄素 Riboflavin,mg	3.85	
泛酸 Pantothenic acid,mg	12	
烟酸 Niacin,mg	10.25	
吡哆醇 Pyridoxine,mg	1.00	
生物素 Biotin,mg	0.21	
叶酸 Folic acid,mg	1.35	
维生素 B$_{12}$ Vitamin B$_{12}$,μg	15.0	
胆碱 Choline,g	1.00	
亚油酸 Linoleic acid,%	0.10	
分娩体重 BW post－farrowing,kg	140～180	180～240

注：[a] 由于国内缺乏哺乳母猪的试验数据，消化能和氨基酸是根据国内一些企业的经验数据和 NRC (1998)泌乳模型得到的。

[b] 假定代谢能为消化能的 96%。

[c] 以玉米—豆粕型日粮为基础确定的。

[d] 矿物质需要量包括饲料原料中提供的矿物质。

[e] 维生素需要量包括饲料原料中提供的维生素量。

[f] 1IU 维生素 A＝0.344μg 维生素 A 醋酸酯。

[g] 1IU 维生素 D$_3$＝0.025μg 胆钙化醇。

[h] 1IU 维生素 E＝0.67mg D-α-生育酚或 1mg DL-α-生育酚醋酸酯。

3. 种公猪饲养标准

附表 4-5　配种公猪每千克饲粮和每日每头养分需要量(自由采食,88％干物质)ᵃ

饲粮消化能含量 DE,MJ/kg（kcal/kg）	12.95(3100)	12.95(3100)
饲粮代谢能含量 ME,MJ/kgᵇ（Kcal/kg）	12.45(2975)	12.45(2975)
消化能摄入量 DE,MJ/kg（kcal/kg）	21.70(6820)	21.70(6820)
代谢能摄入量 ME,MJ/kg（Kcal/kg）	20.85(6545)	20.85(6545)
采食量 ADFI,kg/dᵈ	2.2	2.2
粗蛋白质 CP,％ᶜ	13.50	13.50
能量蛋白比 DE/CP,KJ/％（kcal/％）	959(230)	959(230)
赖氨酸能量比 Lys/DE,g/MJ（g/Mcal）	0.42(1.78)	0.42(1.78)
需要量 requirements		
	每千克饲料中含量	每日需要量
氨基酸 amino acids		
赖氨酸 Lys	0.55％	12.1g
蛋氨酸 Met	0.15％	3.31g
蛋氨酸＋胱氨酸 Met＋Cys	0.38％	8.4g
苏氨酸 Thr	0.46％	10.1g
色氨酸 Trp	0.11％	2.4g
异亮氨酸 Ile	0.32％	7.0g
亮氨酸 Leu	0.47％	10.3g
精氨酸 Arg	0.00％	0.0g
缬氨酸 Val	0.36％	7.9g
组氨酸 His	0.17％	3.7g
苯丙氨酸 Phe	0.30％	6.6g
苯丙氨酸＋酪氨酸 Phe＋Tyr	0.52％	11.4g
矿物元素 mineralsᵉ		
钙 Ca	0.70％	15.4g
总磷 Total P	0.55％	12.1g
有效磷 Nonphytate P	0.32％	7.04g
钠 Na	0.14％	3.08g
氯 Cl	0.11％	2.42g
镁 Mg	0.04％	0.88g
钾 K	0.20％	4.40g
铜 Cu	5mg	11.0mg

续表

	每千克饲料中含量	每日需要量
碘 I	0.15mg	0.33mg
铁 Fe	80mg	176.00mg
锰 Mn	20mg	44.00mg
硒 Se	0.15mg	0.33mg
锌 Zn	75mg	165mg
维生素和脂肪酸 vitamins and fatty acid[f]		
维生素 A Vitamin A[g]	4000IU	8800IU
维生素 D_3 Vitamin D_3[h]	220IU	485IU
维生素 E Vitamin E[i]	45IU	100IU
维生素 K Vitamin K	0.50mg	1.10mg
硫胺素 Thiamin	1.0mg	2.20mg
核黄素 Riboflavin	3.5mg	7.70mg
泛酸 Pantothenic acid	12mg	26.4mg
烟酸 Niacin	10mg	22mg
吡哆醇 Pyridoxine	1.0mg	2.20mg
生物素 Biotin	0.20mg	0.44mg
叶酸 Folic acid	1.30mg	2.86mg
维生素 B_{12} Vitamin B_{12}	15μg	33μg
胆碱 Choline	1.25g	2.75g
亚油酸 Linoleic acid	0.1%	2.2g

[a] 需要量的制定以每日采食 2.2kg 饲粮为基础,采食量需根据公猪的体重和期望的增重进行调整。

[b] 假定代谢能为消化能的 96%。

[c] 以玉米—豆粕型日粮为基础确定的。

[d] 配种前一个月采食量增加 20%～25%,冬季严寒期采食量增加 10%～20%。

[e] 矿物质需要量包括饲料原料中提供的矿物质。

[f] 维生素需要量包括饲料原料中提供的维生素量。

[g] 1IU 维生素 A＝0.344μg 维生素 A 醋酸酯。

[h] 1IU 维生素 D_3＝0.025μg 胆钙化醇。

[i] 1IU 维生素 E＝0.67mg D—α—生育酚或 1mg DL—α—生育酚醋酸酯。

附录五 奶牛的饲养标准(节选)

本标准引用中华人民共和国农业行业标准(NY/T 34—2004)。适用于奶牛饲料厂、国营、集体、个体奶牛场配合饲料和日粮。

附表 5-1 成年母牛维持的营养需要

体重 kg	DM kg	NND	NE_L Mcal	NE_L MJ	可消化 CP g	小肠可 消化 CP g	钙 g	磷 g	胡萝卜素 mg	维生素 A IU
350	5.02	9.17	6.88	28.79	243	202	21	16	63	25000
400	5.55	10.13	7.60	31.80	268	224	24	18	75	30000
450	6.06	11.07	8.30	34.73	293	244	27	20	85	34000
500	6.56	11.97	8.98	37.57	317	264	30	22	95	38000
550	7.04	12.88	9.65	40.38	341	284	33	25	105	42000
600	7.52	13.73	10.30	43.10	364	303	36	27	115	46000
650	7.98	14.59	10.94	45.77	386	322	39	30	123	49000
700	8.44	15.43	11.57	48.41	408	340	42	32	133	53000
750	8.89	16.24	12.18	50.96	430	358	45	34	143	57000

注1:对第一个泌乳期的维持需要按上表基础增加20%,第二个泌乳期增加10%。

注2:如第一个泌乳期的年龄和体重过小,应按生长牛的需要计算实际增重的营养需要。

注3:放牧运动时,须在上表基础上增加能量需要量。

注4:在环境温度低的情况下,维持能量消耗增加,须在上表基础上增加需要量。

注5:泌乳期间,每增重1 kg体重需增加8 NND和325 g可消化粗蛋白;每减重1 kg需扣除6.56 NND和250 g可消化粗蛋白。

附表 5-2 每产 1kg 奶的营养需要

乳脂 率%	DM kg	NND	NE_L Mcal	NE_L MJ	可消化 CP g	小肠可 消化 CP g	钙 g	磷 g	胡萝卜素 mg	维生素 A IU
2.5	0.31~0.35	0.80	0.60	2.51	49	42	3.6	2.4	1.05	420
3.0	0.34~0.38	0.87	0.65	2.72	51	44	3.9	2.6	1.13	452
3.5	0.37~0.41	0.93	0.70	2.93	53	46	4.2	2.8	1.22	486
4.0	0.40~0.45	1.00	0.75	3.14	55	47	4.5	3.0	1.26	502
4.5	0.43~0.49	1.06	0.80	3.35	57	49	4.8	3.2	1.39	556
5.0	0.46~0.52	1.13	0.84	3.52	59	51	5.1	3.4	1.46	584
5.5	0.49~0.55	1.19	0.89	3.72	61	53	5.4	3.6	1.55	619

附表 5-3　母牛妊娠最后四个月的营养需要

体重 kg	怀孕 月份	日粮干 物质 kg	奶牛能 量单位 NND	产奶 净能 Mcal	产奶 净能 MJ	可消化 粗蛋白质 g	小肠可 消化粗 蛋白质 g	钙 g	磷 g	胡萝 卜素 mg	维生 素 A kIU
350	6	5.78	10.51	7.88	32.97	293	245	27	18	67	27
	7	6.28	11.44	8.58	35.90	327	275	31	20		
	8	7.23	13.17	9.88	41.34	375	317	37	22		
	9	8.70	15.84	11.84	49.54	437	370	45	25		
400	6	6.30	11.47	8.60	35.99	318	267	30	20	76	30
	7	6.81	12.40	9.30	38.92	352	297	34	22		
	8	7.76	14.13	10.60	44.36	400	339	40	24		
	9	9.22	16.80	12.60	52.72	462	392	48	27		
450	6	6.81	12.40	9.30	38.92	343	287	33	22	86	34
	7	7.32	13.33	10.00	41.84	377	317	37	24		
	8	8.27	15.07	11.30	47.28	425	359	43	26		
	9	9.73	17.73	13.30	55.65	487	412	51	29		
500	6	7.31	13.32	9.99	41.80	367	307	36	25	95	38
	7	7.82	14.25	10.69	44.73	401	337	40	27		
	8	8.78	15.99	11.99	50.17	449	379	46	29		
	9	10.24	18.65	13.99	58.54	511	432	54	32		
550	6	7.80	14.20	10.65	44.56	391	327	39	27	105	42
	7	8.31	15.13	11.35	47.49	425	357	43	29		
	8	9.26	16.87	12.65	52.93	473	399	49	31		
	9	10.72	19.53	14.65	61.30	535	452	57	34		
600	6	8.27	15.07	11.30	47.28	414	346	42	29	114	46
	7	8.78	16.00	12.00	50.21	448	376	46	31		
	8	9.73	17.73	13.30	55.65	496	418	52	33		
	9	11.20	20.40	15.30	64.02	558	471	60	36		
650	6	8.74	15.92	11.94	49.96	436	365	45	31	124	50
	7	9.25	16.85	12.64	52.89	470	395	49	33		
	8	10.21	18.59	13.94	58.33	518	437	55	35		
	9	11.67	21.25	15.94	66.70	580	490	63	38		

续表

体重 kg	怀孕 月份	日粮干 物质 kg	奶牛能 量单位 NND	产奶 净能 Mcal	产奶 净能 MJ	可消化 粗蛋白质 g	小肠可 消化粗 蛋白质 g	钙 g	磷 g	胡萝 卜素 mg	维生 素A kIU
700	6	9.22	16.76	12.57	52.60	458	383	48	34		
	7	9.71	17.69	13.27	55.53	492	413	52	36	133	53
	8	10.67	19.43	14.57	60.97	540	455	58	38		
	9	12.13	22.09	16.57	69.33	602	508	66	41		
750	6	9.65	17.57	13.13	55.15	480	401	51	36		
	7	10.16	18.51	13.88	58.08	514	431	55	38	143	57
	8	11.11	20.24	15.18	63.52	562	473	61	40		
	9	12.58	22.91	17.18	71.89	624	526	69	43		

附表 5-4　生长母牛的营养需要

体重 kg	日增重 g	日粮干 物质 kg	奶牛能 量单位 NND	产奶 净能 Mcal	产奶 净能 MJ	可消化粗 蛋白质 g	小肠可 消化粗 蛋白质 g	钙 g	磷 g	胡萝 卜素 mg	维生 素A kIU
40	0		2.20	1.65	6.90	41	—	2	2	4.0	1.6
	200		2.67	2.00	8.37	92	—	6	4	4.1	1.6
	300		2.93	2.20	9.21	117	—	8	5	4.2	1.7
	400		2.23	2.42	10.13	141	—	11	6	4.3	1.7
	500		3.52	2.64	11.05	164	—	12	7	4.4	1.8
	600		3.84	2.86	12.05	188	—	14	8	4.5	1.8
	700		4.19	3.14	13.14	210	—	16	10	4.6	1.8
	800		4.56	3.42	14.31	231	—	18	11	4.7	1.9
50	0		2.56	1.92	8.04	49	—	3	3	5.0	2.0
	300		3.32	2.49	10.42	124	—	9	5	5.3	2.1
	400		3.60	2.70	11.30	148	—	11	6	5.4	2.2
	500		3.92	2.94	12.31	172	—	13	8	5.5	2.2
	600		4.24	3.18	13.31	194	—	15	9	5.6	2.2
	700		4.60	3.45	14.44	216	—	17	10	5.7	2.3
	800		4.99	3.74	15.65	238	—	19	11	5.8	2.3

续表

体重 kg	日增重 g	日粮干 物质 kg	奶牛能 量单位 NND	产奶 净能 Mcal	产奶 净能 MJ	可消化粗 蛋白质 g	小肠可 消化粗 蛋白质 g	钙 g	磷 g	胡萝 卜素 mg	维生 素 A kIU
60	0		2.89	2.17	9.08	56	—	4	3	6.0	2.4
	300		3.67	2.75	11.51	131	—	10	5	6.3	2.5
	400		3.96	2.97	12.43	154	—	12	6	6.4	2.6
	500		4.28	3.21	13.44	178	—	14	8	6.5	2.6
	600		4.63	3.47	14.52	199	—	16	9	6.6	2.6
	700		4.99	3.74	15.65	221	—	18	10	6.7	2.7
	800		5.37	4.03	16.87	243	—	20	11	6.8	2.7
70	0	1.22	3.21	2.41	10.09	63	—	4	4	7.0	2.8
	300	1.67	4.01	3.01	12.60	142	—	10	6	7.9	3.2
	400	1.85	4.32	3.24	13.56	168	—	12	7	8.1	3.2
	500	2.03	4.64	3.48	14.56	193	—	14	8	8.3	3.3
	600	2.21	4.99	3.74	15.65	215	—	16	10	8.4	3.4
	700	2.39	5.36	4.02	16.82	239	—	18	11	8.5	3.4
	800	3.61	5.76	4.32	18.08	262	—	20	12	8.6	3.4
80	0	1.35	3.51	2.63	11.01	70	—	5	4	8.0	3.2
	300	1.80	1.80	3.24	13.56	149	—	11	6	9.0	3.6
	400	1.98	4.64	3.48	14.57	174	—	13	7	9.1	3.6
	500	2.16	4.96	3.72	15.57	198	—	15	8	9.2	3.7
	600	2.34	5.32	3.99	16.70	222	—	17	10	9.3	3.7
	700	2.57	5.71	4.28	17.91	245	—	19	11	9.4	3.8
	800	2.79	6.12	4.59	19.21	268	—	21	12	9.5	3.8
90	0	1.45	3.80	2.85	11.93	76	—	6	5	9.0	3.6
	300	1.84	4.64	3.48	14.57	154	—	12	7	9.5	3.8
	400	2.12	4.96	3.72	15.57	179	—	14	8	9.7	3.9
	500	2.30	5.29	3.97	16.62	203	—	16	9	9.9	4.0
	600	2.48	5.65	4.24	17.75	226	—	18	11	10.1	4.0
	700	2.70	6.06	4.54	19.00	249	—	20	12	10.3	4.1
	800	2.93	6.48	4.86	20.34	272	—	22	13	10.5	4.2

续表

体重 kg	日增重 g	日粮干 物质 kg	奶牛能 量单位 NND	产奶 净能 Mcal	产奶 净能 MJ	可消化粗 蛋白质 g	小肠可 消化粗 蛋白质 g	钙 g	磷 g	胡萝 卜素 mg	维生 素 A kIU
	0	1.62	4.08	3.06	12.81	82	—	6	5	10.0	4.0
	300	2.07	4.93	3.70	15.49	173	—	13	7	10.5	4.2
	400	2.25	5.27	3.95	16.53	202	—	14	8	10.7	4.3
100	500	2.43	5.61	4.21	17.62	231	—	16	9	11.0	4.4
	600	2.66	5.99	4.49	18.79	258	—	18	11	11.2	4.4
	700	2.84	6.39	4.79	20.05	285	—	20	12	11.4	4.5
	800	3.11	6.81	5.11	21.39	311	—	22	13	11.6	4.6
	0	1.89	4.73	3.55	14.86	97	82	8	6	12.5	5.0
	300	2.39	5.64	4.23	17.70	186	164	14	7	13.0	5.2
	400	2.57	5.96	4.47	18.71	215	190	16	8	13.2	5.3
	500	2.79	6.35	4.76	19.92	243	215	18	10	13.4	5.4
125	600	3.02	6.75	5.06	21.18	268	239	20	11	13.6	5.4
	700	3.24	7.17	5.38	22.51	295	264	22	12	13.8	5.5
	800	3.51	7.63	5.72	23.94	322	288	24	13	14.0	5.6
	900	3.74	8.12	6.09	25.48	347	311	26	14	14.2	5.7
	1000	4.05	8.67	6.50	27.20	370	332	28	16	14.4	5.8
	0	2.21	5.35	4.01	16.78	111	94	9	8	15.0	6.0
	300	2.70	6.31	4.73	19.80	202	175	15	9	15.7	6.3
	400	2.88	6.67	5.00	20.92	226	200	17	10	16.0	6.4
	500	3.11	7.05	5.29	22.14	254	225	19	11	16.3	6.5
150	600	3.33	7.47	5.60	23.44	279	248	21	12	16.6	6.6
	700	3.60	7.92	5.94	24.86	305	272	23	13	17.0	6.8
	800	3.83	8.40	6.30	26.36	331	296	25	14	17.3	6.9
	900	4.10	8.92	6.69	28.00	356	319	27	16	17.6	7.0
	1000	4.41	9.49	7.12	29.80	378	339	29	17	18.0	7.2

续表

体重 kg	日增重 g	日粮干物质 kg	奶牛能量单位 NND	产奶净能 Mcal	产奶净能 MJ	可消化粗蛋白质 g	小肠可消化粗蛋白质 g	钙 g	磷 g	胡萝卜素 mg	维生素 A kIU
175	0	2.48	5.93	4.45	18.62	125	106	11	9	17.5	7.0
	300	3.02	7.05	5.29	22.14	210	184	17	10	18.2	7.3
	400	3.20	7.48	5.61	23.48	238	210	19	11	18.5	7.4
	500	3.42	7.95	5.96	24.94	266	235	22	12	18.8	7.5
	600	3.65	8.43	6.32	26.45	290	257	23	13	19.1	7.6
	700	3.92	8.96	6.72	28.12	316	281	25	14	19.4	7.8
	800	4.19	9.53	7.15	29.92	341	304	27	15	19.7	7.9
	900	4.50	10.15	7.61	31.85	365	326	29	16	20.0	8.0
	1000	4.82	10.81	8.11	33.94	387	346	31	17	20.3	8.1
200	0	2.70	6.48	4.86	20.34	160	133	12	10	20.0	8.0
	300	3.29	7.65	5.74	24.02	244	210	18	11	21.0	8.4
	400	3.51	8.11	6.08	25.44	271	235	20	12	21.5	8.6
	500	3.74	8.59	6.44	26.95	297	259	22	13	22.0	8.8
	600	3.96	9.11	6.83	28.58	322	282	24	14	22.5	9.0
	700	4.23	9.67	7.25	30.34	347	305	26	15	23.0	9.2
	800	4.55	10.25	7.69	32.18	372	327	28	16	23.5	9.4
	900	4.86	10.91	8.18	34.23	396	349	30	17	24.0	9.6
	1000	5.18	11.60	8.70	36.41	417	368	32	18	24.5	9.8
250	0	3.20	7.53	5.65	23.64	189	157	15	13	25.0	10.0
	300	3.83	8.83	6.62	27.70	270	231	21	14	26.5	10.6
	400	4.05	9.31	6.98	29.21	296	255	23	15	27.0	10.8
	500	4.32	9.83	7.37	30.84	323	279	25	16	27.5	11.0
	600	4.59	10.40	7.80	32.64	345	300	27	17	28.0	11.2
	700	4.86	11.01	8.26	34.56	370	323	29	18	28.5	11.4
	800	5.18	11.65	8.74	36.57	394	345	31	19	29.0	11.6
	900	5.54	12.37	9.28	38.83	417	365	33	20	29.5	11.8
	1000	5.90	13.13	9.83	41.13	437	385	35	21	30.0	12.0

续表

体重 kg	日增重 g	日粮干 物质 kg	奶牛能 量单位 NND	产奶 净能 Mcal	产奶 净能 MJ	可消化粗 蛋白质 g	小肠可 消化粗 蛋白质 g	钙 g	磷 g	胡萝 卜素 mg	维生 素 A kIU
300	0	3.69	8.51	6.38	26.70	216	180	18	15	30.0	12.0
	300	4.37	10.08	7.56	31.64	295	253	24	16	31.5	12.6
	400	4.59	10.68	8.01	33.52	321	276	26	17	32.0	12.8
	500	4.91	11.31	8.48	35.49	346	299	28	18	32.5	13.0
	600	5.18	11.99	8.99	37.62	368	320	30	19	33.0	13.2
	700	5.49	12.72	9.54	39.92	392	342	32	20	33.5	13.4
	800	5.85	13.51	10.13	42.39	415	362	34	21	34.0	13.6
	900	6.21	14.36	10.77	45.07	438	383	36	22	34.5	13.8
	1000	6.62	15.29	11.47	48.00	458	402	38	23	35.0	14.0
350	0	4.14	9.43	7.07	29.59	243	202	21	18	35.0	14.0
	300	4.86	11.11	8.33	34.86	321	273	27	19	36.8	14.7
	400	5.13	11.76	8.82	36.91	345	296	29	20	37.4	15.0
	500	5.45	12.44	9.33	39.04	369	318	31	21	38.0	15.2
	600	5.76	13.17	9.88	41.34	392	338	33	22	38.6	15.4
	700	6.08	13.96	10.47	43.81	415	360	35	23	39.2	15.7
	800	6.39	14.83	11.12	46.53	442	381	37	24	39.8	15.9
	900	6.84	15.75	11.81	49.42	460	401	39	25	40.4	16.1
	1000	7.29	16.75	12.56	52.56	480	419	41	26	41.0	16.4
400	0	4.55	10.32	7.74	32.39	268	224	24	20	40.0	16.0
	300	5.36	12.28	9.21	38.54	344	294	30	21	42.0	16.8
	400	5.63	13.03	9.77	40.88	368	316	32	22	43.0	17.2
	500	5.94	13.81	10.36	43.35	393	338	34	23	44.0	17.6
	600	6.30	14.65	10.99	45.99	415	359	36	24	45.0	18.0
	700	6.66	15.57	11.68	48.87	438	380	38	25	46.0	18.4
	800	7.07	16.56	12.42	51.97	460	400	40	26	47.0	18.8
	900	7.47	17.64	13.24	55.40	482	420	42	27	48.0	19.2
	1000	7.97	18.80	14.10	59.00	501	437	44	28	49.0	19.6

体重 kg	日增重 g	日粮干物质 kg	奶牛能量单位 NND	产奶净能 Mcal	产奶净能 MJ	可消化粗蛋白质 g	小肠可消化粗蛋白质 g	钙 g	磷 g	胡萝卜素 mg	维生素 A kIU
450	0	5.00	11.16	8.37	35.03	293	244	27	23	45.0	18.0
	300	5.80	13.25	9.94	41.59	368	313	33	24	48.0	19.2
	400	6.10	14.04	10.53	44.06	393	335	35	25	49.0	19.6
	500	6.50	14.88	11.16	46.70	417	355	37	26	50.0	20.0
	600	6.80	15.80	11.85	49.59	439	377	39	27	51.0	20.4
	700	7.20	16.79	12.58	52.64	461	398	41	28	52.0	20.8
	800	7.70	17.84	13.38	55.99	484	419	43	29	53.0	21.2
	900	8.10	18.99	14.24	59.59	505	439	45	30	54.0	21.6
	1000	8.60	20.23	15.17	63.48	524	456	47	31	55.0	22.0
500	0	5.40	11.97	8.98	37.58	317	264	30	25	50.0	20.0
	300	6.30	14.37	10.78	45.11	392	333	36	26	53.0	21.2
	400	6.60	15.27	11.45	47.91	417	355	38	27	54.0	21.6
	500	7.00	16.24	12.18	50.97	441	377	40	28	55.0	22.0
	600	7.30	17.27	12.95	54.19	463	397	42	29	56.0	22.4
	700	7.80	18.39	13.79	57.70	485	418	44	30	57.0	22.8
	800	8.20	19.61	14.71	61.55	507	438	46	31	58.0	23.2
	900	8.70	20.91	15.68	65.61	529	458	48	32	59.0	23.6
	1000	9.30	22.33	16.75	70.09	548	476	50	33	60.0	24.0
550	0	5.80	12.77	9.58	40.09	341	284	33	28	55.0	22.0
	300	6.80	15.31	11.48	48.04	417	354	39	29	58.0	23.0
	400	7.10	16.27	12.20	51.05	441	376	30	30	59.0	23.6
	500	7.50	17.29	12.97	54.27	465	397	31	31	60.0	24.0
	600	7.90	18.40	13.80	57.74	487	418	45	32	61.0	24.4
	700	8.30	19.57	14.68	61.43	510	439	47	33	62.0	24.8
	800	8.80	20.85	15.64	65.44	533	460	49	34	63.0	25.2
	900	9.30	22.25	16.69	69.84	554	480	51	35	64.0	25.6
	1000	9.90	23.76	17.82	74.56	573	496	53	36	65.0	26.0

续表

体重 kg	日增重 g	日粮干 物质 kg	奶牛能 量单位 NND	产奶 净能 Mcal	产奶 净能 MJ	可消化粗 蛋白质 g	小肠可 消化粗 蛋白质 g	钙 g	磷 g	胡萝 卜素 mg	维生 素 A kIU
	0	6.20	13.53	10.15	42.47	364	303	36	30	60.0	24.0
	300	7.20	16.39	12.29	51.43	441	374	42	31	66.0	26.4
	400	7.60	17.48	13.11	54.86	465	396	44	32	67.0	26.8
	500	8.00	18.64	13.98	58.50	489	418	46	33	68.0	27.2
600	600	8.40	19.88	14.91	62.39	512	439	48	34	69.0	27.6
	700	8.90	21.23	15.92	66.61	535	459	50	35	70.0	28.0
	800	9.40	22.67	17.00	71.13	557	480	52	36	71.0	28.4
	900	9.90	24.24	18.18	76.07	580	501	54	37	72.0	28.8
	1000	10.50	25.93	19.45	81.38	599	518	56	38	73.0	29.2

附录六 饲料卫生标准(GB 13078－2001)

1. 范围
本标准规定了饲料、饲料添加剂产品中有害物质及微生物的允许量及其试验方法。
本标准适用于表1中所列各种饲料和饲料添加剂产品。

2. 引用标准
下列标准所包含的条文,通过在本标准中引用而构成为本标准的条文。本标准出版时,所示版本均为有效,所有标准都会被修订,使用本标准的各方应探讨使用下列标准最新版本的可能性。

GB/T 8381－1987 饲料中黄曲霉毒素 B1 的测定方法

GB/T 13079－1999 饲料中总砷的测定

GB/T 13080－1991 饲料中铅的测定方法

GB/T 13081－1991 饲料中汞的测定方法

GB/T 13082－1991 饲料中镉的测定方法

GB/T 13083－1991 饲料中氟的测定方法

GB/T 13084－1991 饲料中氰化物的测定方法

GB/T 13085－1991 饲料中亚硝酸盐的测定方法

GB/T 13086－1991 饲料中游离棉酚的测定方法

GB/T 13087－1991 饲料中异硫氰酸酯的测定方法

GB/T 13088－1991 饲料中铬的测定方法

GB/T 13089－1991 饲料中噁唑烷硫酮的测定方法

GB/T 13090－1991 饲料中六六六、滴滴涕的测定

GB/T 13091－1991 饲料中沙门氏菌的测定方法

GB/T 13092－1991 饲料中霉菌检验方法

GB/T 13093－1991 饲料中细菌总数的检验方法

GB/T 17480－1998 饲料中黄曲霉毒素 B1 的测定 酶联免疫吸附法(eqv AOAC 方法)

HG 2636－1994 饲料级磷酸氢钙

3. 要求
饲料、饲料添加剂的卫生指标及试验方法见附表 6-1。

附表 6-1 饲料、饲料添加剂卫生指标

序号	卫生指标项目	产品名称	指标	试验方法	备注
1	砷(以总砷计)的允许量(每千克产品中),mg	石粉	≤2.0	GB/T 13079	不包括国家主管部门批准使用的有机砷制剂中的砷含量
		硫酸亚铁、硫酸镁	≤2.0		
		磷酸盐	≤20		
		沸石粉、膨润土、麦饭石	≤10		
		硫酸铜、硫酸锰、硫酸锌、碘化钾、碘酸钙、氯化钴	≤5.0		
		氧化锌	≤10.0		

续表

序号	卫生指标项目	产品名称	指标	试验方法	备注
		鱼粉、肉粉、肉骨粉	≤10.0	GB/T 13079	
		家禽、猪配合饲料	≤2.0		
		牛、羊精料补充料			
		猪、家禽浓缩饲料	≤10.0		以在配合饲料中20%添加量计
		猪、家禽添加剂预混合饲料			以在配合饲料中1%添加量计
2	铅（以 Pb 计）的允许量（每千克产品中），mg	生长鸭、产蛋鸭、肉鸭配合饲料	≤5	GB/T 13080	
		鸡配合饲料、猪配合饲料			
		奶牛、肉牛精料补充料	≤8		
		产蛋鸡、肉用仔鸡浓缩饲料	≤13		以在配合饲料中20%添加量计
		仔猪、生长肥育猪浓缩饲料			
		骨粉、肉骨粉、鱼粉、石粉	≤10		
		磷酸盐	≤30		
		产蛋鸡、肉用仔鸡复合预混合饲料	≤40		以在配合饲料中1%添加量计
		仔猪、生长肥育猪复合预混合饲料			
3	氟（以 F 计）的允许量（每千克产品中），mg	鱼粉	≤500	GB/T 13083	高氟饲料用HG2636—1994中4.4条
		石粉	≤2 000	GB/T 13083	
		磷酸盐	≤1 800	HG 2636	
		肉用仔鸡、生长鸡配合饲料	≤250	GB/T 13083	
		产蛋鸡配合饲料	≤350		
		猪配合饲料	≤100		
		骨粉、肉骨粉	≤1 800		
		生长鸭、肉鸭配合饲料	≤200		
		产蛋鸭配合饲料	≤250		
		牛（奶牛、肉牛）精料补充料	≤50		
		猪、禽添加剂预混合饲料	≤1 000	GB/T 13083	以在配合饲料中1%添加量计
		猪、禽浓缩饲料	按添加比例折算后，与相应猪、禽配合饲料规定值相同	GB/T 13083	

续表

序号	卫生指标项目	产品名称	指标	试验方法	备注
4	霉菌的允许量（每克产品中），霉菌数×10^3个	玉米	＜40	GB/T 13092	限量饲用：40～100
					禁用：＞100
		小麦麸、米糠			限量饲用：40～80
					禁用：＞80
		豆饼（粕）、棉籽饼（粕）、菜籽饼（粕）	＜50		限量饲用：50～100
					禁用：＞100
		鱼粉、肉骨粉	＜20		限量饲用：20～50
					禁用：＞50
		鸭配合饲料	＜35		
		猪、鸡配合饲料	＜45		
		猪、鸡浓缩饲料			
		奶、肉牛精料补充料			
5	黄曲霉毒素 B_1 允许量（每千克产品中），μg	玉米	≤50	GB/T 17480 或 GB/T8381	
		花生饼（粕）、棉籽饼（粕）、菜籽饼（粕）			
		豆粕	≤30		
		仔猪配合饲料及浓缩饲料	≤10		
		生长肥育猪、种猪配合饲料及浓缩饲料	≤20		
		肉用仔鸡前期、雏鸡配合饲料及浓缩饲料	≤10		
		肉用仔鸡后期、生长鸡、产蛋鸡配合饲料及浓缩饲料	≤20		
		肉用仔鸭前期、雏鸭配合饲料及浓缩饲料	≤10		
		肉用仔鸭后期、生长鸭、产蛋鸭配合饲料及浓缩饲料	≤15		
		鹌鹑配合饲料及浓缩饲料	≤20		
		奶牛精料补充料	≤10		
		肉牛精料补充料	≤50		

序号	卫生指标项目	产品名称	指标	试验方法	备注
6	铬（以 Cr 计）的允许量（每千克产品中），mg	皮革蛋白粉	≤200	GB/T 13088	
		鸡、猪配合饲料	≤10		
7	汞（以 Hg 计）的允许量（每千克产品中），mg	鱼粉	≤0.5	GB/T 13081	
		石粉	≤0.1		
		鸡配合饲料,猪配合饲料			
8	镉（以 Cd 计）的允许量（每千克产品中），mg	米糠	≤1.0	GB/T 13082	
		鱼粉	≤2.0		
		石粉	≤0.75		
		鸡配合饲料,猪配合饲料	≤0.5		
9	氰化物（以 HCN 计）的允许量（每千克产品中），mg	木薯干	≤100	GB/T 13084	
		胡麻饼、粕	≤350		
		鸡配合饲料,猪配合饲料	≤50		
10	亚硝酸盐（以 $NaNO_2$ 计）的允许量（每千克产品中），mg	鱼粉	≤60	GB/T 13085	
		鸡配合饲料,猪配合饲料	≤15		
11	游离棉酚的允许量（每千克产品中），mg	棉籽饼、粕	≤1200	GB/T 13086	
		肉用仔鸡、生长鸡配合饲料	≤100		
		产蛋鸡配合饲料	≤20		
		生长肥育猪配合饲料	≤60		
12	异硫氰酸酯(以丙烯基异硫氰酸酯计)的允许量（每千克产品中），mg	菜籽饼、粕	≤4 000	GB/T 13087	
		鸡配合饲料	≤500		
		生长肥育猪配合饲料			
13	恶唑烷硫酮的允许量（每千克产品中），mg	肉用仔鸡、生长鸡配合饲料	≤1 000	GB/T 13089	
		产蛋鸡配合饲料	≤500		
14	六六六的允许量（每千克产品中），mg	米糠	≤0.05	GB/T 13090	
		小麦麸			
		大豆饼、粕			
		鱼粉			
		肉用仔鸡、生长鸡配合饲料	≤0.3		
		产蛋鸡配合饲料			
		生长肥育猪配合饲料	≤0.4		

续表

序号	卫生指标项目	产品名称	指标	试验方法	备注
15	滴滴涕的允许量（每千克产品中），mg	米糠	≤0.02	GB/T 13090	
		小麦麸			
		大豆饼、粕			
		鱼粉			
		鸡配合饲料，猪配合饲料	≤0.2		
16	沙门氏杆菌	饲料	不得检出	GB/T 13091	
17	细菌总数的允许量（每克产品中），细菌总数×10^6个	鱼粉	<2	GB/T 13093	限量饲用：2～5 禁用：>5

注：1. 所列允许量均为以干物质含量为 88% 的饲料为基础计算；

　　2. 浓缩饲料、添加剂预混合饲料添加比例与本标准备注不同时，其卫生指标允许量可进行折算。

附录七　饲料和饲料添加剂管理条例(2011 年修订)

第一章　总则

第一条　为了加强对饲料、饲料添加剂的管理,提高饲料、饲料添加剂的质量,保障动物产品质量安全,维护公众健康,制定本条例。

第二条　本条例所称饲料,是指经工业化加工、制作的供动物食用的产品,包括单一饲料、添加剂预混合饲料、浓缩饲料、配合饲料和精料补充料。

本条例所称饲料添加剂,是指在饲料加工、制作、使用过程中添加的少量或者微量物质,包括营养性饲料添加剂和一般饲料添加剂。

饲料原料目录和饲料添加剂品种目录由国务院农业行政主管部门制定并公布。

第三条　国务院农业行政主管部门负责全国饲料、饲料添加剂的监督管理工作。县级以上地方人民政府负责饲料、饲料添加剂管理的部门(以下简称饲料管理部门),负责本行政区域饲料、饲料添加剂的监督管理工作。

第四条　县级以上地方人民政府统一领导本行政区域饲料、饲料添加剂的监督管理工作,建立健全监督管理机制,保障监督管理工作的开展。

第五条　饲料、饲料添加剂生产企业、经营者应当建立健全质量安全制度,对其生产、经营的饲料、饲料添加剂的质量安全负责。

第六条　任何组织或者个人有权举报在饲料、饲料添加剂生产、经营、使用过程中违反本条例的行为,有权对饲料、饲料添加剂监督管理工作提出意见和建议。

第二章　审定和登记

第七条　国家鼓励研制新饲料、新饲料添加剂。

研制新饲料、新饲料添加剂,应当遵循科学、安全、有效、环保的原则,保证新饲料、新饲料添加剂的质量安全。

第八条　研制的新饲料、新饲料添加剂投入生产前,研制者或者生产企业应当向国务院农业行政主管部门提出审定申请,并提供该新饲料、新饲料添加剂的样品和下列资料:

(一)名称、主要成分、理化性质、研制方法、生产工艺、质量标准、检测方法、检验报告、稳定性试验报告、环境影响报告和污染防治措施;

(二)国务院农业行政主管部门指定的试验机构出具的该新饲料、新饲料添加剂的饲喂效果、残留消解动态以及毒理学安全性评价报告。

申请新饲料添加剂审定的,还应当说明该新饲料添加剂的添加目的、使用方法,并提供该饲料添加剂残留可能对人体健康造成影响的分析评价报告。

第九条　国务院农业行政主管部门应当自受理申请之日起 5 个工作日内,将新饲料、新饲料添加剂的样品和申请资料交全国饲料评审委员会,对该新饲料、新饲料添加剂的安全性、有效性及其对环境的影响进行评审。

全国饲料评审委员会由养殖、饲料加工、动物营养、毒理、药理、代谢、卫生、化工合成、生物技术、质量标准、环境保护、食品安全风险评估等方面的专家组成。全国饲料评审委员会对新饲料、新饲料添加剂的评审采取评审会议的形式，评审会议应当有9名以上全国饲料评审委员会专家参加，根据需要也可以邀请1至2名全国饲料评审委员会专家以外的专家参加，参加评审的专家对评审事项具有表决权。评审会议应当形成评审意见和会议纪要，并由参加评审的专家审核签字；有不同意见的，应当注明。参加评审的专家应当依法公平、公正履行职责，对评审资料保密，存在回避事由的，应当主动回避。

全国饲料评审委员会应当自收到新饲料、新饲料添加剂的样品和申请资料之日起9个月内出具评审结果并提交国务院农业行政主管部门；但是，全国饲料评审委员会决定由申请人进行相关试验的，经国务院农业行政主管部门同意，评审时间可以延长3个月。

国务院农业行政主管部门应当自收到评审结果之日起10个工作日内作出是否核发新饲料、新饲料添加剂证书的决定；决定不予核发的，应当书面通知申请人并说明理由。

第十条　国务院农业行政主管部门核发新饲料、新饲料添加剂证书，应当同时按照职责权限公布该新饲料、新饲料添加剂的产品质量标准。

第十一条　新饲料、新饲料添加剂的监测期为5年。新饲料、新饲料添加剂处于监测期的，不受理其他就该新饲料、新饲料添加剂的生产申请和进口登记申请，但超过3年不投入生产的除外。

生产企业应当收集处于监测期的新饲料、新饲料添加剂的质量稳定性及其对动物产品质量安全的影响等信息，并向国务院农业行政主管部门报告；国务院农业行政主管部门应当对新饲料、新饲料添加剂的质量安全状况组织跟踪监测，证实其存在安全问题的，应当撤销新饲料、新饲料添加剂证书并予以公告。

第十二条　向中国出口中国境内尚未使用但出口国已经批准生产和使用的饲料、饲料添加剂的，应当委托中国境内代理机构向国务院农业行政主管部门申请登记，并提供该饲料、饲料添加剂的样品和下列资料：

（一）商标、标签和推广应用情况；

（二）生产地批准生产、使用的证明和生产地以外其他国家、地区的登记资料；

（三）主要成分、理化性质、研制方法、生产工艺、质量标准、检测方法、检验报告、稳定性试验报告、环境影响报告和污染防治措施；

（四）国务院农业行政主管部门指定的试验机构出具的该饲料、饲料添加剂的饲喂效果、残留消解动态以及毒理学安全性评价报告。

申请饲料添加剂进口登记的，还应当说明该饲料添加剂的添加目的、使用方法，并提供该饲料添加剂残留可能对人体健康造成影响的分析评价报告。

国务院农业行政主管部门应当依照本条例第九条规定的新饲料、新饲料添加剂的评审程序组织评审，并决定是否核发饲料、饲料添加剂进口登记证。

首次向中国出口中国境内已经使用且出口国已经批准生产和使用的饲料、饲料添加剂的，应当依照本条第一款、第二款的规定申请登记。国务院农业行政主管部门应当自受理申请之日起10个工作日内对申请资料进行审查；审查合格的，将样品交由指定的机构进行复核检测；复核检测合格的，国务院农业行政主管部门应当在10个工作日内核发饲料、饲料添加剂进口登记证。

饲料、饲料添加剂进口登记证有效期为5年。进口登记证有效期满需要继续向中国出口饲料、饲料添加剂的，应当在有效期届满6个月前申请续展。

禁止进口未取得饲料、饲料添加剂进口登记证的饲料、饲料添加剂。

第十三条 国家对已经取得新饲料、新饲料添加剂证书或者饲料、饲料添加剂进口登记证的、含有新化合物的饲料、饲料添加剂的申请人提交的其自己所取得且未披露的试验数据和其他数据实施保护。

自核发证书之日起 6 年内，对其他申请人未经已取得新饲料、新饲料添加剂证书或者饲料、饲料添加剂进口登记证的申请人同意，使用前款规定的数据申请新饲料、新饲料添加剂审定或者饲料、饲料添加剂进口登记的，国务院农业行政主管部门不予审定或者登记；但是，其他申请人提交其自己所取得的数据的除外。

除下列情形外，国务院农业行政主管部门不得披露本条第一款规定的数据：

(一)公共利益需要；

(二)已采取措施确保该类信息不会被不正当地进行商业使用。

第三章 生产、经营和使用

第十四条 设立饲料、饲料添加剂生产企业，应当符合饲料工业发展规划和产业政策，并具备下列条件：

(一)有与生产饲料、饲料添加剂相适应的厂房、设备和仓储设施；

(二)有与生产饲料、饲料添加剂相适应的专职技术人员；

(三)有必要的产品质量检验机构、人员、设施和质量管理制度；

(四)有符合国家规定的安全、卫生要求的生产环境；

(五)有符合国家环境保护要求的污染防治措施；

(六)国务院农业行政主管部门制定的饲料、饲料添加剂质量安全管理规范规定的其他条件。

第十五条 申请设立饲料添加剂、添加剂预混合饲料生产企业，申请人应当向省、自治区、直辖市人民政府饲料管理部门提出申请。省、自治区、直辖市人民政府饲料管理部门应当自受理申请之日起 20 个工作日内进行书面审查和现场审核，并将相关资料和审查、审核意见上报国务院农业行政主管部门。国务院农业行政主管部门收到资料和审查、审核意见后应当组织评审，根据评审结果在 10 个工作日内作出是否核发生产许可证的决定，并将决定抄送省、自治区、直辖市人民政府饲料管理部门。

申请设立其他饲料生产企业，申请人应当向省、自治区、直辖市人民政府饲料管理部门提出申请。省、自治区、直辖市人民政府饲料管理部门应当自受理申请之日起 10 个工作日内进行书面审查；审查合格的，组织进行现场审核，并根据审核结果在 10 个工作日内作出是否核发生产许可证的决定。

申请人凭生产许可证办理工商登记手续。

生产许可证有效期为 5 年。生产许可证有效期满需要继续生产饲料、饲料添加剂的，应当在有效期届满 6 个月前申请续展。

第十六条 饲料添加剂、添加剂预混合饲料生产企业取得国务院农业行政主管部门核发的生产许可证后，由省、自治区、直辖市人民政府饲料管理部门按照国务院农业行政主管部门的规定，核发相应的产品批准文号。

第十七条 饲料、饲料添加剂生产企业应当按照国务院农业行政主管部门的规定和有关标准，对采购的饲料原料、单一饲料、饲料添加剂、药物饲料添加剂、添加剂预混合饲料和用于饲料添加剂生产的原料进行查验或者检验。

饲料生产企业使用限制使用的饲料原料、单一饲料、饲料添加剂、药物饲料添加剂、添加剂预混合饲料生产饲料的，应当遵守国务院农业行政主管部门的限制性规定。禁止使用国务院农业行政主管部门公布的饲料原料目录、饲料添加剂品种目录和药物饲料添加剂品种目录以外的任何物质生产饲料。

饲料、饲料添加剂生产企业应当如实记录采购的饲料原料、单一饲料、饲料添加剂、药物饲料添加剂、添加剂预混合饲料和用于饲料添加剂生产的原料的名称、产地、数量、保质期、许可证明文件编号、质量检验信息、生产企业名称或者供货者名称及其联系方式、进货日期等。记录保存期限不得少于2年。

第十八条　饲料、饲料添加剂生产企业，应当按照产品质量标准以及国务院农业行政主管部门制定的饲料、饲料添加剂质量安全管理规范和饲料添加剂安全使用规范组织生产，对生产过程实施有效控制并实行生产记录和产品留样观察制度。

第十九条　饲料、饲料添加剂生产企业应当对生产的饲料、饲料添加剂进行产品质量检验；检验合格的，应当附具产品质量检验合格证。未经产品质量检验、检验不合格或者未附具产品质量检验合格证的，不得出厂销售。

饲料、饲料添加剂生产企业应当如实记录出厂销售的饲料、饲料添加剂的名称、数量、生产日期、生产批次、质量检验信息、购货者名称及其联系方式、销售日期等。记录保存期限不得少于2年。

第二十条　出厂销售的饲料、饲料添加剂应当包装，包装应当符合国家有关安全、卫生的规定。

饲料生产企业直接销售给养殖者的饲料可以使用罐装车运输。罐装车应当符合国家有关安全、卫生的规定，并随罐装车附具符合本条例第二十一条规定的标签。

易燃或者其他特殊的饲料、饲料添加剂的包装应当有警示标志或者说明，并注明储运注意事项。

第二十一条　饲料、饲料添加剂的包装上应当附具标签。标签应当以中文或者适用符号标明产品名称、原料组成、产品成分分析保证值、净重或者净含量、贮存条件、使用说明、注意事项、生产日期、保质期、生产企业名称以及地址、许可证明文件编号和产品质量标准等。加入药物饲料添加剂的，还应当标明"加入药物饲料添加剂"字样，并标明其通用名称、含量和休药期。乳和乳制品以外的动物源性饲料，还应当标明"本产品不得饲喂反刍动物"字样。

第二十二条　饲料、饲料添加剂经营者应当符合下列条件：

(一)有与经营饲料、饲料添加剂相适应的经营场所和仓储设施；

(二)有具备饲料、饲料添加剂使用、贮存等知识的技术人员；

(三)有必要的产品质量管理和安全管理制度。

第二十三条　饲料、饲料添加剂经营者进货时应当查验产品标签、产品质量检验合格证和相应的许可证明文件。

饲料、饲料添加剂经营者不得对饲料、饲料添加剂进行拆包、分装，不得对饲料、饲料添加剂进行再加工或者添加任何物质。

禁止经营用国务院农业行政主管部门公布的饲料原料目录、饲料添加剂品种目录和药物饲料添加剂品种目录以外的任何物质生产的饲料。

饲料、饲料添加剂经营者应当建立产品购销台账，如实记录购销产品的名称、许可证明文件编号、规格、数量、保质期、生产企业名称或者供货者名称及其联系方式、购销时间等。购销台账保存期限不得少于 2 年。

第二十四条　向中国出口的饲料、饲料添加剂应当包装，包装应当符合中国有关安全、卫生的规定，并附具符合本条例第二十一条规定的标签。

向中国出口的饲料、饲料添加剂应当符合中国有关检验检疫的要求，由出入境检验检疫机构依法实施检验检疫，并对其包装和标签进行核查。包装和标签不符合要求的，不得入境。

境外企业不得直接在中国销售饲料、饲料添加剂。境外企业在中国销售饲料、饲料添加剂的，应当依法在中国境内设立销售机构或者委托符合条件的中国境内代理机构销售。

第二十五条　养殖者应当按照产品使用说明和注意事项使用饲料。在饲料或者动物饮用水中添加饲料添加剂的，应当符合饲料添加剂使用说明和注意事项的要求，遵守国务院农业行政主管部门制定的饲料添加剂安全使用规范。

养殖者使用自行配制的饲料的，应当遵守国务院农业行政主管部门制定的自行配制饲料使用规范，并不得对外提供自行配制的饲料。

使用限制使用的物质养殖动物的，应当遵守国务院农业行政主管部门的限制性规定。禁止在饲料、动物饮用水中添加国务院农业行政主管部门公布禁用的物质以及对人体具有直接或者潜在危害的其他物质，或者直接使用上述物质养殖动物。禁止在反刍动物饲料中添加乳和乳制品以外的动物源性成分。

第二十六条　国务院农业行政主管部门和县级以上地方人民政府饲料管理部门应当加强饲料、饲料添加剂质量安全知识的宣传，提高养殖者的质量安全意识，指导养殖者安全、合理使用饲料、饲料添加剂。

第二十七条　饲料、饲料添加剂在使用过程中被证实对养殖动物、人体健康或者环境有害的，由国务院农业行政主管部门决定禁用并予以公布。

第二十八条　饲料、饲料添加剂生产企业发现其生产的饲料、饲料添加剂对养殖动物、人体健康有害或者存在其他安全隐患的，应当立即停止生产，通知经营者、使用者，向饲料管理部门报告，主动召回产品，并记录召回和通知情况。召回的产品应当在饲料管理部门监督下予以无害化处理或者销毁。

饲料、饲料添加剂经营者发现其销售的饲料、饲料添加剂具有前款规定情形的，应当立即停止销售，通知生产企业、供货者和使用者，向饲料管理部门报告，并记录通知情况。

养殖者发现其使用的饲料、饲料添加剂具有本条第一款规定情形的，应当立即停止使用，通知供货者，并向饲料管理部门报告。

第二十九条　禁止生产、经营、使用未取得新饲料、新饲料添加剂证书的新饲料、新饲料添加剂以及禁用的饲料、饲料添加剂。

禁止经营、使用无产品标签、无生产许可证、无产品质量标准、无产品质量检验合格证的饲料、饲料添加剂。禁止经营、使用无产品批准文号的饲料添加剂、添加剂预混合饲料。禁止经营、使用未取得饲料、饲料添加剂进口登记证的进口饲料、进口饲料添加剂。

第三十条　禁止对饲料、饲料添加剂作具有预防或者治疗动物疾病作用的说明或者宣传。但是，饲料中添加药物饲料添加剂的，可以对所添加的药物饲料添加剂的作用加以说明。

第三十一条　国务院农业行政主管部门和省、自治区、直辖市人民政府饲料管理部门应当按照职责权限对全国或者本行政区域饲料、饲料添加剂的质量安全状况进行监测，并根据监测情况发布饲料、饲料添加剂质量安全预警信息。

第三十二条　国务院农业行政主管部门和县级以上地方人民政府饲料管理部门，应当根据需要定期或者不定期组织实施饲料、饲料添加剂监督抽查；饲料、饲料添加剂监督抽查检测工作由国务院农业行政主管部门或者省、自治区、直辖市人民政府饲料管理部门指定的具有相应技术条件的机构承担。饲料、饲料添加剂监督抽查不得收费。

国务院农业行政主管部门和省、自治区、直辖市人民政府饲料管理部门应当按照职责权限公布监督抽查结果，并可以公布具有不良记录的饲料、饲料添加剂生产企业、经营者名单。

第三十三条　县级以上地方人民政府饲料管理部门应当建立饲料、饲料添加剂监督管理档案，记录日常监督检查、违法行为查处等情况。

第三十四条　国务院农业行政主管部门和县级以上地方人民政府饲料管理部门在监督检查中可以采取下列措施：

（一）对饲料、饲料添加剂生产、经营、使用场所实施现场检查；

（二）查阅、复制有关合同、票据、账簿和其他相关资料；

（三）查封、扣押有证据证明用于违法生产饲料的饲料原料、单一饲料、饲料添加剂、药物饲料添加剂、添加剂预混合饲料，用于违法生产饲料添加剂的原料，用于违法生产饲料、饲料添加剂的工具、设施，违法生产、经营、使用的饲料、饲料添加剂；

（四）查封违法生产、经营饲料、饲料添加剂的场所。

第四章　法律责任

第三十五条　国务院农业行政主管部门、县级以上地方人民政府饲料管理部门或者其他依照本条例规定行使监督管理权的部门及其工作人员，不履行本条例规定的职责或者滥用职权、玩忽职守、徇私舞弊的，对直接负责的主管人员和其他直接责任人员，依法给予处分；直接负责的主管人员和其他直接责任人员构成犯罪的，依法追究刑事责任。

第三十六条　提供虚假的资料、样品或者采取其他欺骗方式取得许可证明文件的，由发证机关撤销相关许可证明文件，处 5 万元以上 10 万元以下罚款，申请人 3 年内不得就同一事项申请行政许可。以欺骗方式取得许可证明文件给他人造成损失的，依法承担赔偿责任。

第三十七条　假冒、伪造或者买卖许可证明文件的，由国务院农业行政主管部门或者县级以上地方人民政府饲料管理部门按照职责权限收缴或者吊销、撤销相关许可证明文件；构成犯罪的，依法追究刑事责任。

第二十八条　未取得生产许可证生产饲料、饲料添加剂的，由县级以上地方人民政府饲料管理部门责令停止生产，没收违法所得、违法生产的产品和用于违法生产饲料的饲料原料、单一饲料、饲料添加剂、药物饲料添加剂、添加剂预混合饲料以及用于违法生产饲料添加剂的原料，违法生产的产品货值金额不足 1 万元的，并处 1 万元以上 5 万元以下罚款，货值金额 1 万元以上的，并处货值金额 5 倍以上 10 倍以下罚款；情节严重的，没收其生产设备，生产企业的主要负责人和直接负责的主管人员 10 年内不得从事饲料、饲料添加剂生产、经营活动。

已经取得生产许可证，但不再具备本条例第十四条规定的条件而继续生产饲料、饲料添加剂的，由县级以上地方人民政府饲料管理部门责令停止生产、限期改正，并处 1 万元以上 5 万元以下罚款；逾期不改正的，由发证机关吊销生产许可证。

已经取得生产许可证，但未取得产品批准文号而生产饲料添加剂、添加剂预混合饲料的，由县级以上地方人民政府饲料管理部门责令停止生产，没收违法所得、违法生产的产品和用于违法生产饲料的饲料原料、单一饲料、饲料添加剂、药物饲料添加剂以及用于违法生产饲料添加剂的原料，限期补办产品批准文号，并处违法生产的产品货值金额 1 倍以上 3 倍以下罚款；情节严重的，由发证机关吊销生产许可证。

第三十九条　饲料、饲料添加剂生产企业有下列行为之一的，由县级以上地方人民政府饲料管理部门责令改正，没收违法所得、违法生产的产品和用于违法生产饲料的饲料原料、单一饲料、饲料添加剂、药物饲料添加剂、添加剂预混合饲料以及用于违法生产饲料添加剂的原料，违法生产的产品货值金额不足 1 万元的，并处 1 万元以上 5 万元以下罚款，货值金额 1 万元以上的，并处货值金额 5 倍以上 10 倍以下罚款；情节严重的，由发证机关吊销、撤销相关许可证明文件，生产企业的主要负责人和直接负责的主管人员 10 年内不得从事饲料、饲料添加剂生产、经营活动；构成犯罪的，依法追究刑事责任：

（一）使用限制使用的饲料原料、单一饲料、饲料添加剂、药物饲料添加剂、添加剂预混合饲料生产饲料，不遵守国务院农业行政主管部门的限制性规定的；

（二）使用国务院农业行政主管部门公布的饲料原料目录、饲料添加剂品种目录和药物饲料添加剂品种目录以外的物质生产饲料的；

（三）生产未取得新饲料、新饲料添加剂证书的新饲料、新饲料添加剂或者禁用的饲料、饲料添加剂的。

第四十条　饲料、饲料添加剂生产企业有下列行为之一的，由县级以上地方人民政府饲料管理部门责令改正，处 1 万元以上 2 万元以下罚款；拒不改正的，没收违法所得、违法生产的产品和用于违法生产饲料的饲料原料、单一饲料、饲料添加剂、药物饲料添加剂、添加剂预混合饲料以及用于违法生产饲料添加剂的原料，并处 5 万元以上 10 万元以下罚款；情节严重的，责令停止生产，可以由发证机关吊销、撤销相关许可证明文件：

（一）不按照国务院农业行政主管部门的规定和有关标准对采购的饲料原料、单一饲料、饲料添加剂、药物饲料添加剂、添加剂预混合饲料和用于饲料添加剂生产的原料进行查验或者检验的；

（二）饲料、饲料添加剂生产过程中不遵守国务院农业行政主管部门制定的饲料、饲料添加剂质量安全管理规范和饲料添加剂安全使用规范的；

（三）生产的饲料、饲料添加剂未经产品质量检验的。

第四十一条　饲料、饲料添加剂生产企业不依照本条例规定实行采购、生产、销售记录制度或者产品留样观察制度的，由县级以上地方人民政府饲料管理部门责令改正，处 1

万元以上 2 万元以下罚款；拒不改正的，没收违法所得、违法生产的产品和用于违法生产饲料的饲料原料、单一饲料、饲料添加剂、药物饲料添加剂、添加剂预混合饲料以及用于违法生产饲料添加剂的原料，处 2 万元以上 5 万元以下罚款，并可以由发证机关吊销、撤销相关许可证明文件。

饲料、饲料添加剂生产企业销售的饲料、饲料添加剂未附具产品质量检验合格证或者包装、标签不符合规定的，由县级以上地方人民政府饲料管理部门责令改正；情节严重的，没收违法所得和违法销售的产品，可以处违法销售的产品货值金额 30％以下罚款。

第四十二条　不符合本条例第二十二条规定的条件经营饲料、饲料添加剂的，由县级人民政府饲料管理部门责令限期改正；逾期不改正的，没收违法所得和违法经营的产品，违法经营的产品货值金额不足 1 万元的，并处 2000 元以上 2 万元以下罚款，货值金额 1 万元以上的，并处货值金额 2 倍以上 5 倍以下罚款；情节严重的，责令停止经营，并通知工商行政管理部门，由工商行政管理部门吊销营业执照。

第四十三条　饲料、饲料添加剂经营者有下列行为之一的，由县级人民政府饲料管理部门责令改正，没收违法所得和违法经营的产品，违法经营的产品货值金额不足 1 万元的，并处 2000 元以上 2 万元以下罚款，货值金额 1 万元以上的，并处货值金额 2 倍以上 5 倍以下罚款；情节严重的，责令停止经营，并通知工商行政管理部门，由工商行政管理部门吊销营业执照；构成犯罪的，依法追究刑事责任：

（一）对饲料、饲料添加剂进行再加工或者添加物质的；

（二）经营无产品标签、无生产许可证、无产品质量检验合格证的饲料、饲料添加剂的；

（三）经营无产品批准文号的饲料添加剂、添加剂预混合饲料的；

（四）经营用国务院农业行政主管部门公布的饲料原料目录、饲料添加剂品种目录和药物饲料添加剂品种目录以外的物质生产的饲料的；

（五）经营未取得新饲料、新饲料添加剂证书的新饲料、新饲料添加剂或者未取得饲料、饲料添加剂进口登记证的进口饲料、进口饲料添加剂以及禁用的饲料、饲料添加剂的。

第四十四条　饲料、饲料添加剂经营者有下列行为之一的，由县级人民政府饲料管理部门责令改正，没收违法所得和违法经营的产品，并处 2000 元以上 1 万元以下罚款：

（一）对饲料、饲料添加剂进行拆包、分装的；

（二）不依照本条例规定实行产品购销台账制度的；

（三）经营的饲料、饲料添加剂失效、霉变或者超过保质期的。

第四十五条　对本条例第二十八条规定的饲料、饲料添加剂，生产企业不主动召回的，由县级以上地方人民政府饲料管理部门责令召回，并监督生产企业对召回的产品予以无害化处理或者销毁；情节严重的，没收违法所得，并处应召回的产品货值金额 1 倍以上 3 倍以下罚款，可以由发证机关吊销、撤销相关许可证明文件；生产企业对召回的产品不予以无害化处理或者销毁的，由县级人民政府饲料管理部门代为销毁，所需费用由生产企业承担。

对本条例第二十八条规定的饲料、饲料添加剂，经营者不停止销售的，由县级以上地方人民政府饲料管理部门责令停止销售；拒不停止销售的，没收违法所得，处 1000 元以上 5 万元以下罚款；情节严重的，责令停止经营，并通知工商行政管理部门，由工商行政管理部门吊销营业执照。

第四十六条　饲料、饲料添加剂生产企业、经营者有下列行为之一的，由县级以上地方人民政府饲料管理部门责令停止生产、经营，没收违法所得和违法生产、经营的产品，违法生产、经营的产品货值金额不足 1 万元的，并处 2000 元以上 2 万元以下罚款，货值金额 1 万元以上的，并处货值金额 2 倍以上 5 倍以下罚款；构成犯罪的，依法追究刑事责任：

（一）在生产、经营过程中，以非饲料、非饲料添加剂冒充饲料、饲料添加剂或者以此种饲料、饲料添加剂冒充他种饲料、饲料添加剂的；

（二）生产、经营无产品质量标准或者不符合产品质量标准的饲料、饲料添加剂的；

（三）生产、经营的饲料、饲料添加剂与标签标示的内容不一致的。

饲料、饲料添加剂生产企业有前款规定的行为，情节严重的，由发证机关吊销、撤销相关许可证明文件；饲料、饲料添加剂经营者有前款规定的行为，情节严重的，通知工商行政管理部门，由工商行政管理部门吊销营业执照。

第四十七条　养殖者有下列行为之一的，由县级人民政府饲料管理部门没收违法使用的产品和非法添加物质，对单位处 1 万元以上 5 万元以下罚款，对个人处 5000 元以下罚款；构成犯罪的，依法追究刑事责任：

（一）使用未取得新饲料、新饲料添加剂证书的新饲料、新饲料添加剂或者未取得饲料、饲料添加剂进口登记证的进口饲料、进口饲料添加剂的；

（二）使用无产品标签、无生产许可证、无产品质量标准、无产品质量检验合格证的饲料、饲料添加剂的；

（三）使用无产品批准文号的饲料添加剂、添加剂预混合饲料的；

（四）在饲料或者动物饮用水中添加饲料添加剂，不遵守国务院农业行政主管部门制定的饲料添加剂安全使用规范的；

（五）使用自行配制的饲料，不遵守国务院农业行政主管部门制定的自行配制饲料使用规范的；

（六）使用限制使用的物质养殖动物，不遵守国务院农业行政主管部门的限制性规定的；（七）在反刍动物饲料中添加乳和乳制品以外的动物源性成分的。

在饲料或者动物饮用水中添加国务院农业行政主管部门公布禁用的物质以及对人体具有直接或者潜在危害的其他物质，或者直接使用上述物质养殖动物的，由县级以上地方人民政府饲料管理部门责令其对饲喂了违禁物质的动物进行无害化处理，处 3 万元以上 10 万元以下罚款；构成犯罪的，依法追究刑事责任。

第四十八条　养殖者对外提供自行配制的饲料的，由县级人民政府饲料管理部门责令改正，处 2000 元以上 2 万元以下罚款。

第五章　附则

第四十九条　本条例下列用语的含义：

（一）饲料原料，是指来源于动物、植物、微生物或者矿物质，用于加工制作饲料但不属于饲料添加剂的饲用物质。

（二）单一饲料，是指来源于一种动物、植物、微生物或者矿物质，用于饲料产品生产的饲料。

（三）添加剂预混合饲料，是指由两种（类）或者两种（类）以上营养性饲料添加剂为主，与载体或者稀释剂按照一定比例配制的饲料，包括复合预混合饲料、微量元素预混合饲料、维生素预混合饲料。

（四）浓缩饲料，是指主要由蛋白质、矿物质和饲料添加剂按照一定比例配制的饲料。

（五）配合饲料，是指根据养殖动物营养需要，将多种饲料原料和饲料添加剂按照一定比例配制的饲料。

（六）精料补充料，是指为补充草食动物的营养，将多种饲料原料和饲料添加剂按照一定比例配制的饲料。

（七）营养性饲料添加剂，是指为补充饲料营养成分而掺入饲料中的少量或者微量物质，包括饲料级氨基酸、维生素、矿物质微量元素、酶制剂、非蛋白氮等。

（八）一般饲料添加剂，是指为保证或者改善饲料品质、提高饲料利用率而掺入饲料中的少量或者微量物质。

（九）药物饲料添加剂，是指为预防、治疗动物疾病而掺入载体或者稀释剂的兽药的预混合物质。

（十）许可证明文件，是指新饲料、新饲料添加剂证书，饲料、饲料添加剂进口登记证，饲料、饲料添加剂生产许可证，饲料添加剂、添加剂预混合饲料产品批准文号。

第五十条　药物饲料添加剂的管理，依照《兽药管理条例》的规定执行。

第五十一条　本条例自 2012 年 5 月 1 日起施行。

参考文献

[1] 冯仰廉. 动物营养研究进展. 北京：中国农业大学出版社，1996

[2] 东北农学院. 家畜饲养学. 北京：中国农业出版社，1979

[3] 李德发. 现代饲料生产. 北京：中国农业出版社，1997

[4] 胡坚. 动物饲养学. 长春：吉林科学技术出版社，1990

[5] 杨凤. 动物营养学. 北京：中国农业出版社，1993

[6] 姚军虎. 动物营养与饲料. 北京：中国农业出版社，2001

[7] 杨久仙，宁金友. 动物营养与饲料加工. 北京：中国农业出版社，2006

[8] 李爱杰. 水产动物营养与饲料学. 北京：中国农业出版社，1998

[9] 侯水清. 水产动物营养与饲料配方. 武汉：湖北科学技术出版社，2001

[10] 张淑娟. 经济动物生产. 北京：中国农业出版社，2011

[11] 白庆余. 实用经济动物养殖学. 长春：吉林科学技术出版社，1992

[12] 徐英岚. 无机与分析化学. 北京：中国农业出版社，2006

[13] 余协瑜. 分析化学实验. 北京：高等教育出版社，2002

[14] 张丽英. 饲料分析及饲料质量检测技术. 北京：中国农业大学出版社，2004

[15] 黄大器，李复兴. 饲料手册. 北京：北京科学技术出版社，1986

[16] 王安，单安山. 微量元素与动物生产. 哈尔滨：黑龙江科学技术出版社，2003

[17] 梁祖铎. 饲料生产学. 北京：中国农业出版社，2001

[18] 玉柱，贾玉山. 牧草饲料加工与贮藏. 北京：中国农业大学出版社，2010

[19] 周明. 饲料学. 合肥：安徽科学技术出版社，2007

[20] 王成章，王恬. 饲料学. 北京：中国农业出版社，2003

[21] 苏希孟. 饲料生产与加工. 北京：中国农业出版社，2001

[22] 龚月生，张文举. 饲料学. 杨凌：西北农林科技大学出版社，2008

[23] 郝波. 饲料加工设备维修. 北京：中国农业出版社，1998

[24] 中国养殖网饲料频道. 网址：http://www.chinabreed.com/Feed/

[25] 中国饲料行业信息网. 网址：http://www.feedtrade.com.cn

[26] 中国饲料原料信息网. 网址：http://www.feedonline.cn

[27] 绿色牧业网. 网址：http://www.lsmy.cn/edu/